Illustrator DESIGN BASIC

制作に役立つ基本とテクニック

井上のきあ

エムディエヌコーポレーション

4-1 オブジェクトの色を設定する

4-2 [オブジェクトを再配色]の活用

5-1 アピアランスで見た目を変える

5-2 アピアランスを分割する

6-1 ブラシを利用する

1 準備
2 描画と作成
3 変形
4 塗りと線
5 アピアランス
6 ブラシとパターン
7 その他の操作

サンプルのダウンロードデータについて

本書の解説で使用しているサンプルデータは、下記のURLからダウンロードできます。

https://books.mdn.co.jp/down/3220303044/

数字

［注意事項］

- 弊社Webサイトからダウンロードできるサンプルデータは、本書の解説内容をご理解いただくために、ご自身で試される場合にのみ使用できる参照用データです。その他の用途での使用や配布などは一切できませんので、あらかじめご了承ください。
- 弊社Webサイトからダウンロードできるサンプルデータの著作権は、それぞれの制作者に帰属します。
- 弊社Webサイトからダウンロードできるサンプルデータを実行した結果については、著者および株式会社エムディエヌコーポレーションは一切の責任を負いかねます。お客様の責任においてご利用ください。

本書は2020年5月に発売された電子書籍『きほんのイラレ　Illustrator必修ガイド』を元に再編集したものです。

本書では、Adobe Illustrator 2021（バージョン25）をインストールしていることを前提に、Illustratorの操作方法を解説しています。このため、それ以前のバージョンでは使用できない機能や操作などがあります。また、本書は2021年1月現在の情報を元に執筆しています。これ以降の仕様等の変更によっては、記載された内容と実際の動作が異なる場合があります。あらかじめご了承ください。

準備

1-1 作業用ファイルを用意する

- [新規ドキュメント] ダイアログは、環境設定で以前の様式に変更可能
- ファイルの用途（印刷／Web）を見極めると、設定しやすい
- 設定のポイントは、[単位] と [カラーモード]、アートボードサイズ
- ファイルの仕様は、作成後も変更できる

1 準備
2 描画と作成
3 変形
4 塗りと線
5 アピアランス
6 ブラシとパターン
7 その他の操作

1-1-1 新規ファイルを作成する

Illustratorで作業するためには、既存の**ファイル**★1を開くか、新たにファイルを作成する必要があります。開く場合は**[ファイル] メニュー**から**[開く]**や**[最近使用したファイルを開く]**、ファイルを作成する場合は**[新規]**を選択し、アートボードサイズや[単位]などを設定します。

設定は、**用途を具体的に思い浮かべる**とスムーズです。たとえばA4サイズのフライヤー（印刷物）をデザインする場合、**[カテゴリー]**で[印刷]を選択したあと、**[ドキュメントプリセット]**から[A4]を選択すれば、最適な状態に設定されます。用途が決まっていない場合や、練習用に何らかのファイルが必要な場合は、適当な設定で**[作成]**をクリックしてもかまいません。**ファイルの仕様は、作成後も変更可能**です。

★1 Illustratorでは、ファイルを「ドキュメント」と呼ぶことがある。「ファイル」も「ドキュメント」も同じものを指す。英語の「ドキュメント（document）」は、「書類」や「記録」といった意味を持つが、IT用語では、テキストと図版を組み合わせた文書や、文書的な体裁のデータを指す。本書では、メニューやパネルの名称に使われている場合を除き、「ファイル」で統一する。

新規ファイルを作成する

Step.1 ［ファイル］メニュー→［新規］を選択する

Step.2 ［新規ドキュメント］ダイアログ上端の［カテゴリー］で、用途に応じて［Web］や［印刷］などを選択する

Step.3 ダイアログ左側の［ドキュメントプリセット］で、サイズを選択する

Step.4 必要に応じて、ダイアログ右側でアートボードサイズなどを設定し、［作成］をクリックする

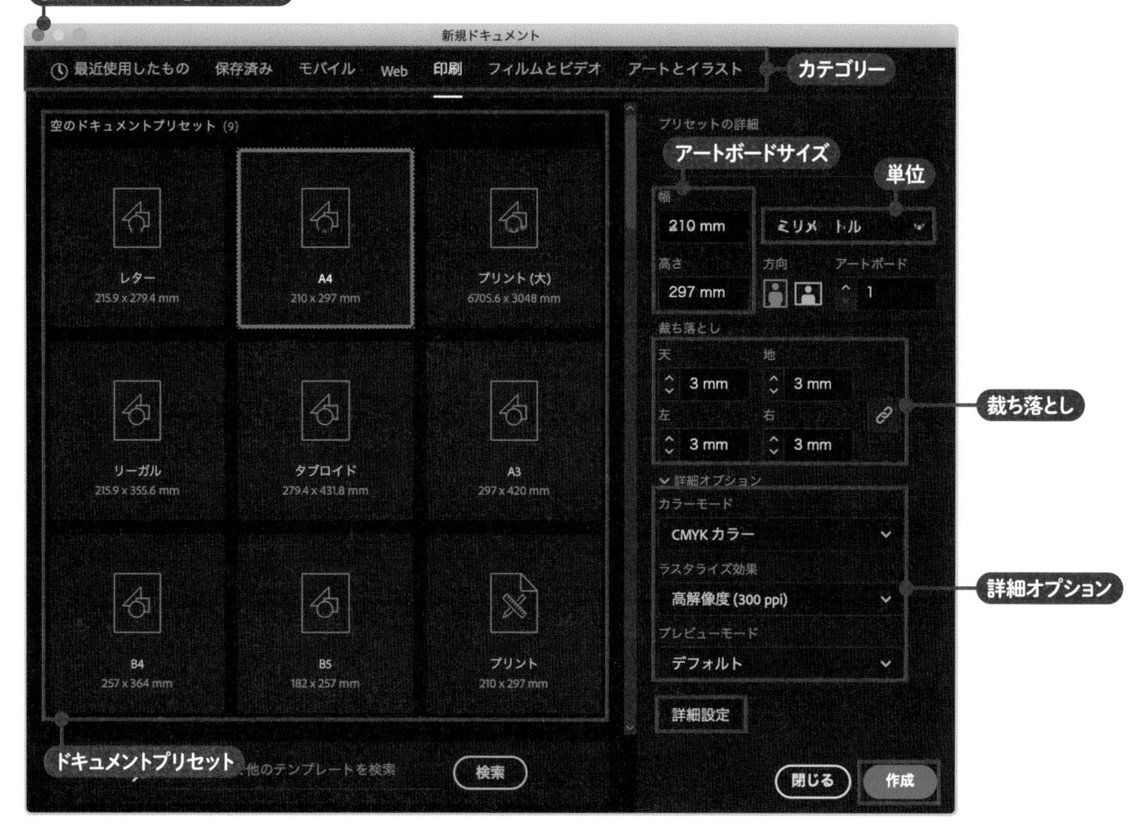

カテゴリー　ファイルの用途や作業内容に応じて選択する。

ドキュメントプリセット　アートボードサイズや[単位]などの設定をプリセット化したもの。図は[すべてのプリセットを表示]をクリックした状態。サイズ表示を基準に選択するとよい。

アートボードサイズ　アートボードのサイズを設定する。アートボードは、この段階では、用紙サイズのようなもの、と考えればよい。[幅]は横、[高さ]は縦の長さ。[方向]を変更すると、[幅]と[高さ]が入れ替わる。

単位　ドキュメントでおもに使用する[単位]を設定する。[印刷]および[アートとイラスト]は[ミリメートル]、それ以外は[ピクセル]に設定される。

裁ち落とし　印刷物の「裁ち落とし」と呼ばれる猶予エリアの幅を設定する。[印刷]を選択すると[3mm]、それ以外では[0]に設定される。

詳細オプション　[カラーモード]や[ラスタライズ効果]を設定する。通常はデフォルトでOK。[CMYKカラー]に設定されるのは[印刷]を選択した場合のみ。[ラスタライズ効果]については、**P156**で解説。

詳細設定　クリックすると、[詳細設定]ダイアログが開く。次のページに掲載。

このダイアログで **[詳細設定]** をクリックすると、**[詳細設定] ダイアログ**が開きます。★2 このダイアログは、**以前のバージョンの [新規ドキュメント] ダイアログ**と同じ様式です。[詳細設定] ダイアログで **[ドキュメント作成]** をクリックすると、新規ファイルが作成されます。

★2　[新規ドキュメント] ダイアログで [作成] をクリックすると新規ファイルが作成されるが、[詳細設定] をクリックした段階では、新規ファイルは作成されない。

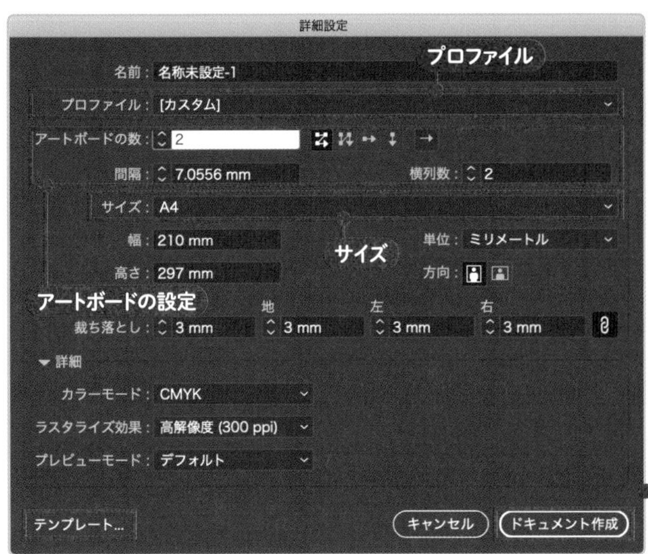

プロファイル [新規ドキュメント] ダイアログの [カテゴリー] に相当。[印刷] は [プリント] と表示される。

アートボードの設定 [アートボードの数：2] 以上に設定すると、アートボードの [配列] や [間隔] などを設定できる。なお、[新規ドキュメント] ダイアログで [アートボード：2] 以上に設定した場合、アートボードの間隔は、このダイアログの [間隔] の値が使用される。[間隔] を変更する場合は、結局のところ、このダイアログを開くことになる。

サイズ [ドキュメントプリセット] に相当。

テンプレート クリックすると、テンプレートファイル (.ait) を雛形として、新規ファイルを作成できる。テンプレートの使いかたについては、**P234**参照。このダイアログを [新規ドキュメント] ダイアログにするメリットは、アートボードの [間隔] を設定できる点と、テンプレートにアクセスしやすい点にある。

環境設定★3を変更すると、次回から**[詳細設定] ダイアログが [新規ドキュメント] ダイアログとして開く**ようになります。使いやすいほうに設定するとよいでしょう。

★3 [Illustrator] メニュー→[環境設定]→[一般] を選択すると、[環境設定] ダイアログが開く。Windowsの場合は [編集] メニューから開く。

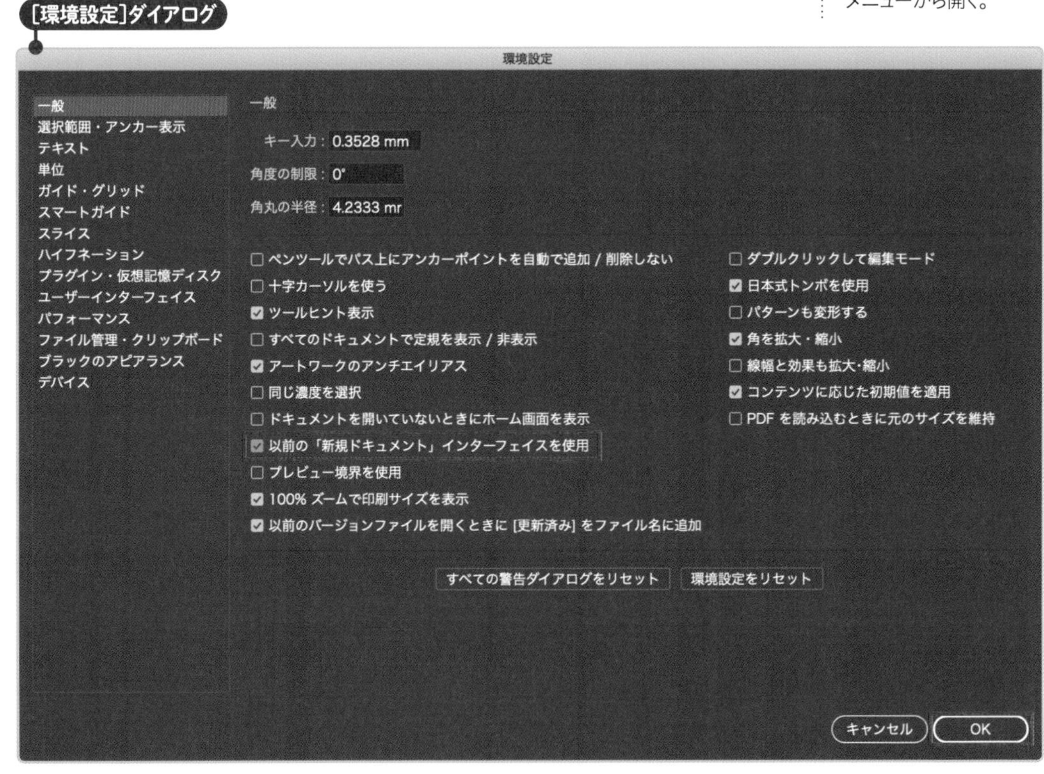

このダイアログで [以前の「新規ドキュメント」インターフェイスを使用] にチェックを入れると、[ファイル] メニュー→ [新規] を選択したときに、[詳細設定] ダイアログが [新規ドキュメント] ダイアログとして開くようになる。

1-1-2 ファイルの用途を考える

[新規ドキュメント]ダイアログ設定時の注目ポイントは、**アートボードサイズ**、**[単位]**、**[カラーモード]**の3つです。このうち[単位]と[カラーモード]については、**ファイルの用途(印刷／Web)**がはっきりしていれば、芋づる式に決まります。

単位	ファイルでおもに使用する単位。オブジェクトのサイズや座標、[角丸の半径]などは、設定した単位を基準に表示される。なお、[線幅]や[フォントサイズ]などは、独立した単位を使用している。これらの単位は、[環境設定]ダイアログで設定できる。
カラーモード	色を表現する方式。Illustratorでは、[RGBカラー][CMYKカラー]のいずれかを選択する。光の三原色で表現する[RGBカラー]は、Webデザインなどモニターに表示する成果物に、色材の三原色の[CMYKカラー]は、印刷物に向いている。

印刷用途の場合、一般的には**[単位:ミリメートル][カラーモード:CMYKカラー]**★4に設定します。なおIllustratorの場合、[カラーモード:グレースケール]は存在しないので、**モノクロ印刷であっても、[CMYKカラー]を選択**し、Kインキの[網点%(カラー値)]で色を指定します。

Web用途は、**[単位:ピクセル][カラーモード:RGBカラー]**の組み合わせをおすすめします。ダイアログ上端の**[カテゴリー]**([詳細設定]ダイアログの場合は**[プロファイル]**)から用途を選択すると、自動でこの組み合わせに設定されます。

★4　ただし、印刷用途でも、RGB入稿を予定している場合や、RGBインキで印刷する場合などは、[カラーモード:CMYK]が必ずしも適切とはいえない。印刷所に要相談。

1-1-3 アートボードサイズの決めかた

アートボードは、キャンバスに表示される、**矩形の黒枠とその内側の領域**を指します。このサイズにも、ファイルの用途が影響します。

印刷用途、とくにIllustratorファイルを入稿データとして使用する場合、アートボードは**断裁位置の指定(トンボ)**としても機能します。そのため、アートボードサイズは通常、**仕上がりサイズ**と同じ値に設定します。★5 家庭用プリンターなどで出力する場合は、使用する用紙に合わせるとよいでしょう。

印刷用途の場合、猶予エリアの**[裁ち落とし]**も設定します。[裁ち落とし]は、アートボードの周囲に**赤枠**で表示されます。一般的には、**[3mm]**に設定すればOKです。[新規ドキュメント]ダイアログで**[カテゴリー:印刷]**を選択すると、自動的にこの値に設定されます。

Web用途の場合は、画面サイズや、最終的に書き出す画像のサイズなどに合わせて設定するとよいでしょう。アートボードは、**書き出し範囲の指定**に使えるほか、他のソフトウエアでの読み込み時に、**トリミング範囲として認識**されます。

どちらとも決めかねる場合や、練習・素材制作などの中間作業のみをおこなう場合は、適当なサイズに設定してかまいません。ただ、**Bridgeなどのサムネール**に表示されるのは、アートボードの内側の領域である、ということはおぼえておきましょう。★6 **アートワーク**★7に対してアートボードサイズが広大すぎたり、アートボードの内側に何も描画されていないと、サムネールからファイルを判別しづらくなります。

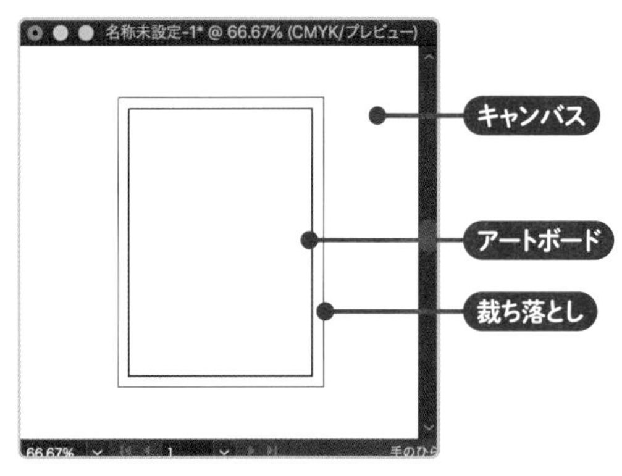

[裁ち落とし]に[0]以外の数値を入力すると、アートボードの周囲に赤枠で[裁ち落とし]が表示される。

★5 印刷所によっては、トンボ込みのアートボードサイズを求められることもある。

★6 アートボードが複数存在する場合、アートボードパネルでリストの一番上に表示されているもの(アートボード番号:1)の内容が表示される。

★7 Illustratorで作成したパスやテキストオブジェクト、配置した画像などを、ひとまとめに「オブジェクト」と呼ぶ。それらで構成された制作物(デザイン)を、「アートワーク」と呼ぶ。

1-1-4 ファイルの仕様を変更する

［新規ドキュメント］ダイアログの設定項目については、ファイル作成後も変更できます。ただし、それぞれにつき個別のダイアログやパネル、モードへの切り替えが必要です。★8 用途やサイズが決まっている場合は、［新規ドキュメント］ダイアログの段階で、きちんと設定しておいたほうが楽です。

★8　プロパティパネルには、ファイルの仕様変更についての項目が、比較的まとまっている。

［単位］を変更する

Method.A　〔Illustrator〕メニュー→〔環境設定〕→〔単位〕を選択し、〔環境設定〕ダイアログで〔一般〕を変更する

Method.B　〔ファイル〕メニュー→〔ドキュメント設定〕を選択し、〔ドキュメント設定〕ダイアログで〔単位〕を変更する

Method.C　〔表示〕メニュー→〔定規〕→〔定規を表示〕を選択して定規を表示したあと、定規にカーソルを合わせて〔control〕キーを押しながらクリック（右クリック）し、メニューから単位を選択する

Method.D　ツールバーで〔選択ツール〕をクリックして選択し、〔選択〕メニュー→〔選択を解除〕を選択したあと、〔ウィンドウ〕メニュー→〔プロパティ〕を選択してプロパティパネルを開き、〔単位〕を変更する

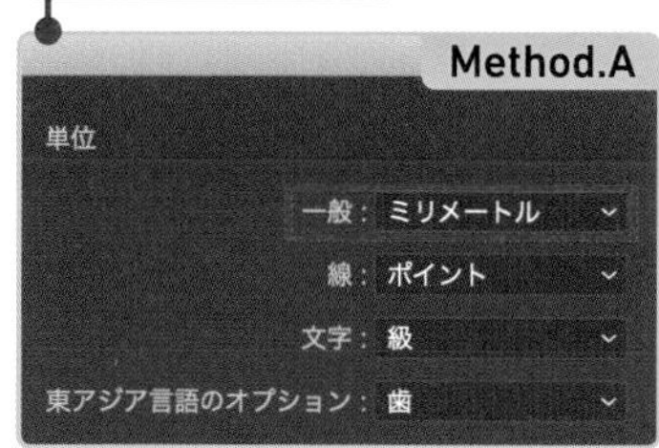

［一般］はファイルでおもに使用する［単位］を設定する項目。［新規ドキュメント］ダイアログや［ドキュメント設定］ダイアログ、プロパティパネルの［単位］に相当する。［線］は［線幅］、［文字］は［フォントサイズ］などをあらわす基準となる単位。

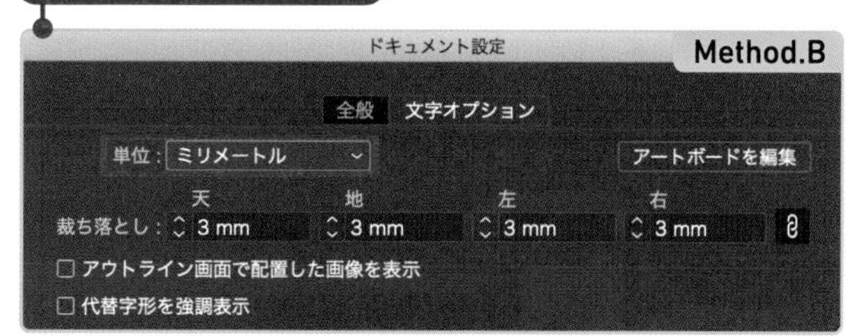

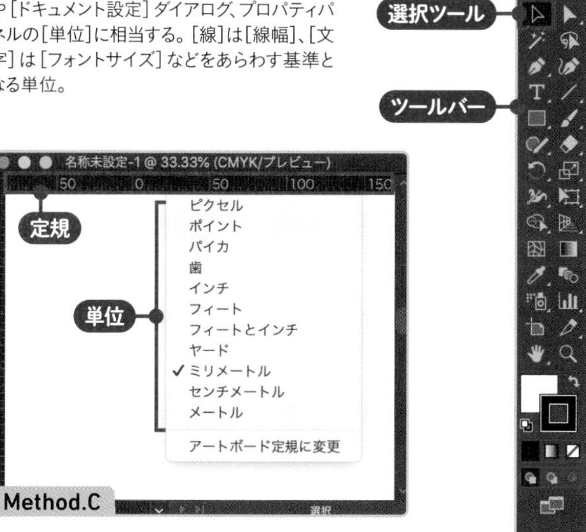

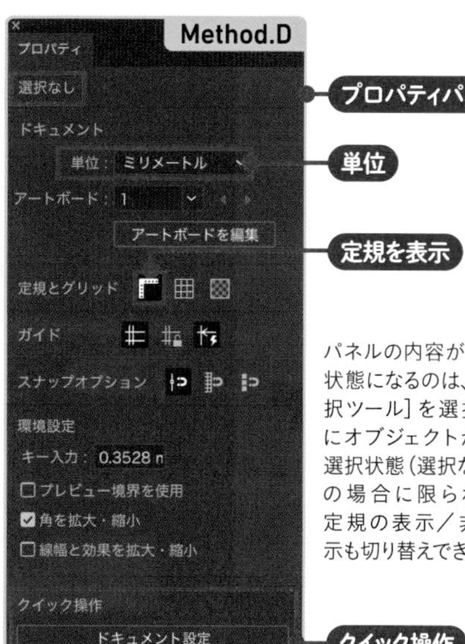

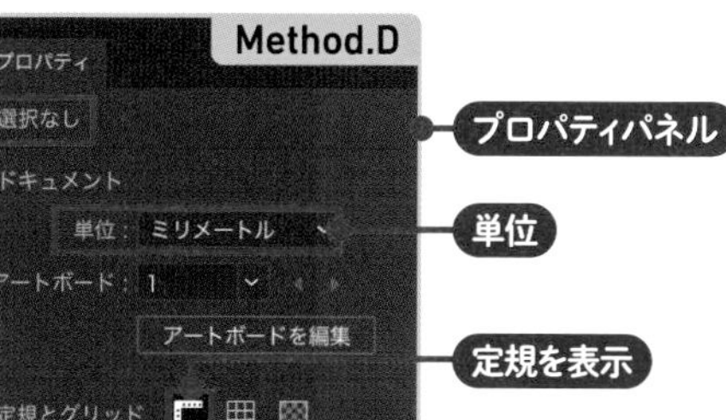

パネルの内容がこの状態になるのは、［選択ツール］を選択中にオブジェクトが未選択状態（選択なし）の場合に限られる。定規の表示／非表示も切り替えできる。

選択ツール　定規を表示

ファイル作成後の**[カラーモード]**の変更は可能ですが、これについてはできるだけ控えることをおすすめします。変更前と変更後で、色みが微妙、ときに大幅に変わってしまうためです。★9

★9　具体的な影響については、**P112**で解説。

[カラーモード]を変更する

Step.1　[ファイル]メニュー→[ドキュメントのカラーモード]を選択する

Step.2　[CMYKカラー]と[RGBカラー]のうち、チェックが入っていないほうを選択する

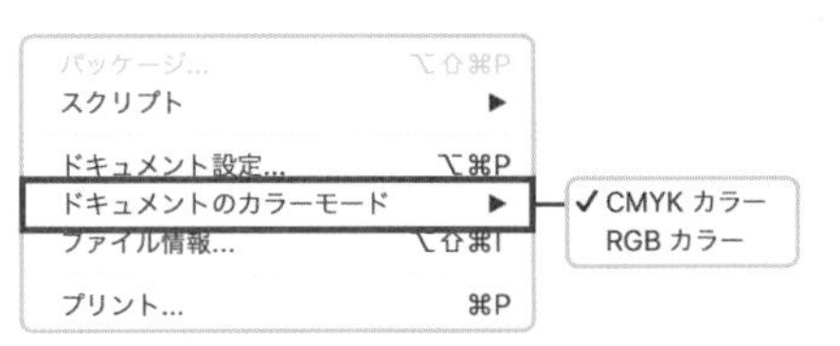

チェックが入っているほうが、現在設定されている[カラーモード]。[カラーモード]はウィンドウのタイトルバーにも表示される。

アートボードサイズを変更するには、**アートボード編集モード**に切り替える必要があります。

アートボードサイズを変更する

Step.1　ツールバーで[アートボードツール]をクリックして選択し、アートボード編集モードに切り替える

Step.2　コントロールパネルで[W]や[H]を変更する★10

Step.3　ツールバーで[選択ツール]などをクリックして選択し、アートボード編集モードを終了する

★10　バウンディングボックスのハンドルのドラッグでも変更可能。

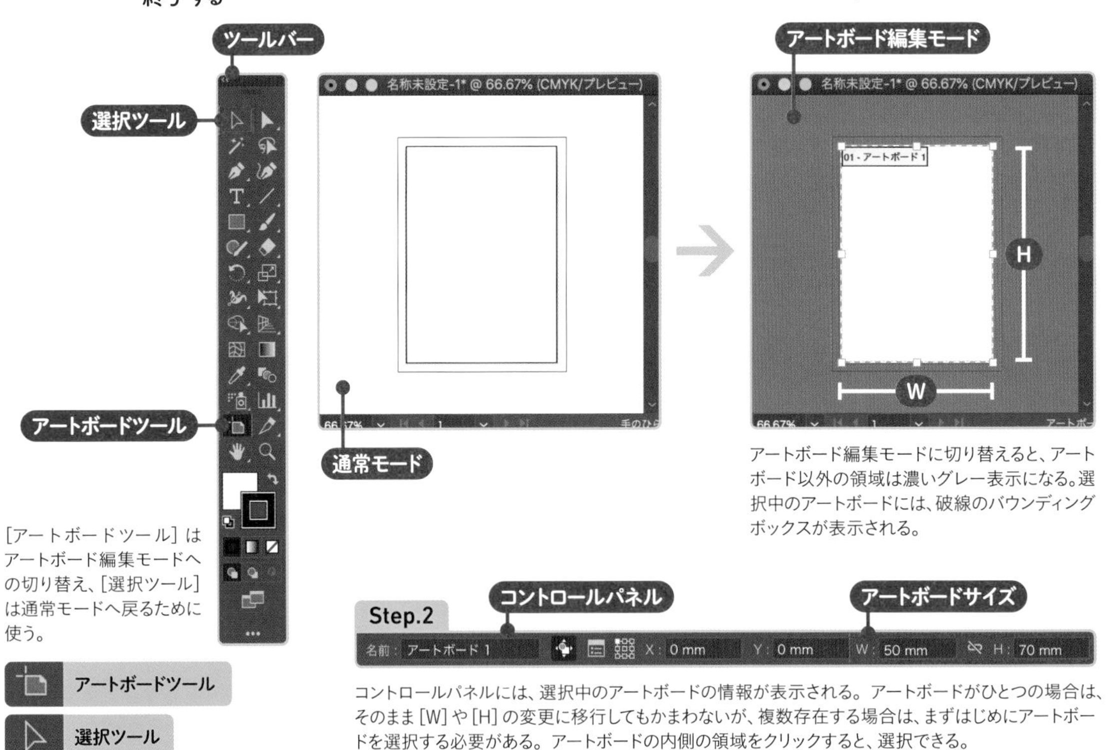

[アートボードツール]はアートボード編集モードへの切り替え、[選択ツール]は通常モードへ戻るために使う。

アートボードツール

選択ツール

アートボード編集モードに切り替えると、アートボード以外の領域は濃いグレー表示になる。選択中のアートボードには、破線のバウンディングボックスが表示される。

コントロールパネルには、選択中のアートボードの情報が表示される。アートボードがひとつの場合は、そのまま[W]や[H]の変更に移行してもかまわないが、複数存在する場合は、まずはじめにアートボードを選択する必要がある。アートボードの内側の領域をクリックすると、選択できる。

1-2 作業画面の見かた

- アートボードは、書き出し範囲や仕上がりサイズとして認識される
- アートボードは複数作成でき、追加も可能
- ツールバーはカスタマイズできる
- すべてのツールやパネルを使う必要はなく、よく使うものは限られている
- コントロールパネルやプロパティパネルには、
  選択したツールやオブジェクトに関する重要な情報や設定項目が表示される
- ナビゲーターパネルを利用すると、表示範囲や倍率を切り替えできる

1-2-1 キャンバスとアートボード

ファイルを開いたり作成すると、**ウィンドウ**が開きます。白地のエリア全体を「**キャンバス**」、矩形の黒枠およびその内側の領域を「**アートボード**」[★1]と呼びます。**作業自体はキャンバスのどこでも（アートボードの内側でも外側でも）可能**です。

★1　アートボードは書き出し範囲に指定できるほか、入稿データでは仕上がりサイズとして扱われる。入稿データに仕上げたり、画像やPDFファイルとして書き出す場合は、アートボードの位置やサイズに気を配る必要がある。

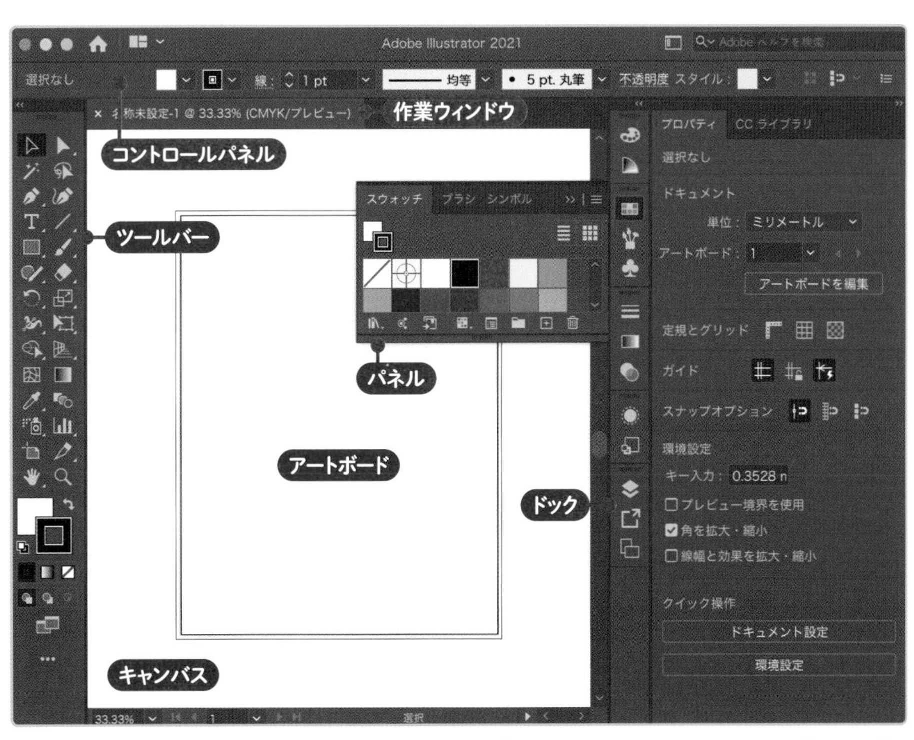

［ウィンドウ］メニュー→［ワークスペース］→［初期設定（クラシック）］を選択して構築した作業環境。さらに［ウィンドウ］メニュー→［アプリケーションフレーム］を選択して、パネルや作業ウィンドウを、ひとつのフレーム内におさめている。

1-2-2 アートボードを追加する

アートボードは、ひとつのファイルに**複数**作成できます。数は［新規ドキュメント］ダイアログで設定できますが、作業途中でも追加できます。**長方形をアートボードに変換**★2することも可能です。

★2 元となった長方形は消滅するため、必要な場合は複製しておく。

同じサイズのアートボードを追加する

Step.1 ツールバーで［アートボードツール］をクリックして選択し、アートボード編集モードに切り替える

Step.2 コントロールパネルやプロパティパネルで［新規アートボード］をクリックする

Step.3 ツールバーで［選択ツール］などをクリックして選択し、アートボード編集モードを終了する

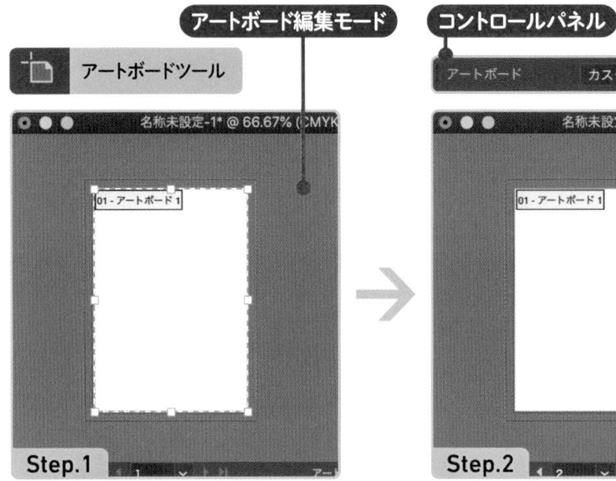

［新規アートボード］をクリックすると、選択中のアートボードと同じサイズのアートボードが追加される。アートボードが複数ある場合は、基準にするアートボードをクリックして選択したあと、［新規アートボード］をクリックする。

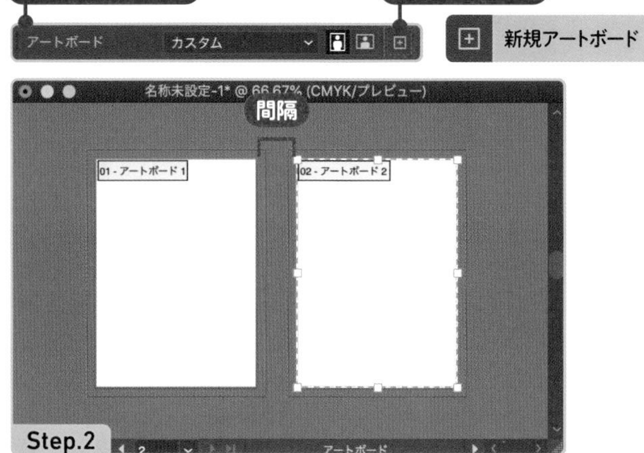

右側が追加されたアートボード。アートボードの［間隔］は、新規ファイル作成時の［詳細設定］ダイアログの値が適用される。アートボードの位置は、ドラッグで変更できる。このほか、コントロールパネルやプロパティパネルの座標で位置を変えることも可能。

長方形をアートボードに変換する

Step.1 ツールバーで［長方形ツール］をクリックして選択し、キャンバスでドラッグして長方形を描く

Step.2 ［オブジェクト］メニュー→［アートボード］→［アートボードに変換］を選択する

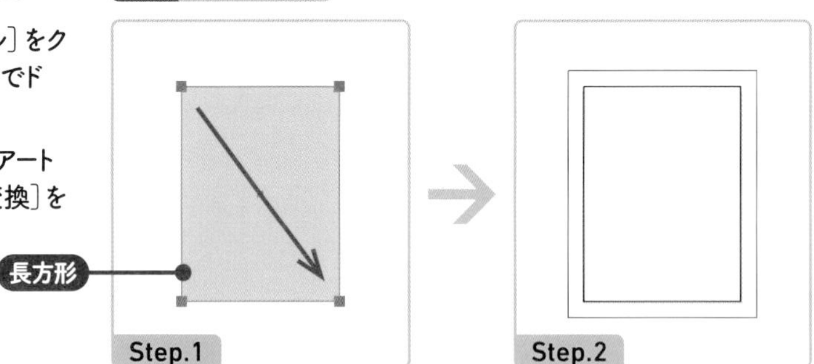

選択中の長方形がそのままアートボードに変換される。［裁ち落とし］はファイルに設定されている値が適用される。複数の長方形を選択して［アートボードに変換］を選択すると、それぞれ個別のアートボードに変換される（P236参照）。

1-2-3 ツールバーのカスタマイズ

ツールバーの表示は、**[ウィンドウ] メニュー→[ツールバー]** で、**[基本]** と **[詳細]** のいずれかに切り替えできます。すべてのツールがおさめられているのは［詳細］ですが、［基本］でもバー下端の **[ツールバーを編集]** をクリックすると、非表示のツールを選択できます。**ツールのツールバーへの追加や削除などのカスタマイズも可能**です。必要なツールだけを集めた、**カスタムツールバー**も作成できます。★3

★3　ツールバーでグループ化されているツールは、長押しメニューから選択する。このメニューの右端の▶をドラッグすると、分離して独立したバーになる。カスタムツールバーを作成するまでもないときに便利。

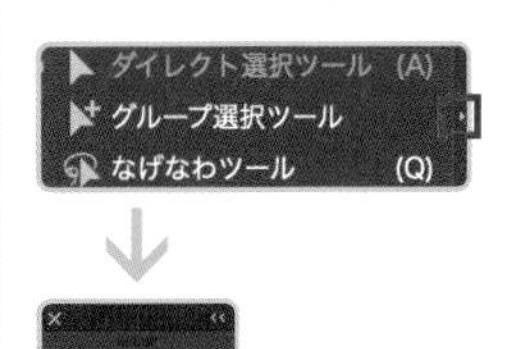

ツールバーをカスタマイズする

Step.1　ツールバーで［ツールバーを編集］をクリックしてドロワーを開く
Step.2　ツールを追加する場合は、ドロワーのツールをツールバーへドラッグする
Step.3　ツールを削除する場合は、ツールバーのツールをドロワーへドラッグする

基本ツールバー
Step.2
すべてのツール
選択：
選択ツール V
ダイレクト選択ツール A
グループ選択ツール
自動選択ツール Y
なげなわツール Q
アートボードツール Shif...
描画：
ペンツール P
アンカーポイントの追... Shif...
アンカーポイントの削... -
アンカーポイントツール Shif...
曲線ツール Shif...
直線ツール ¥
表示：
ツールバーを編集
ドロワー
追加したツール

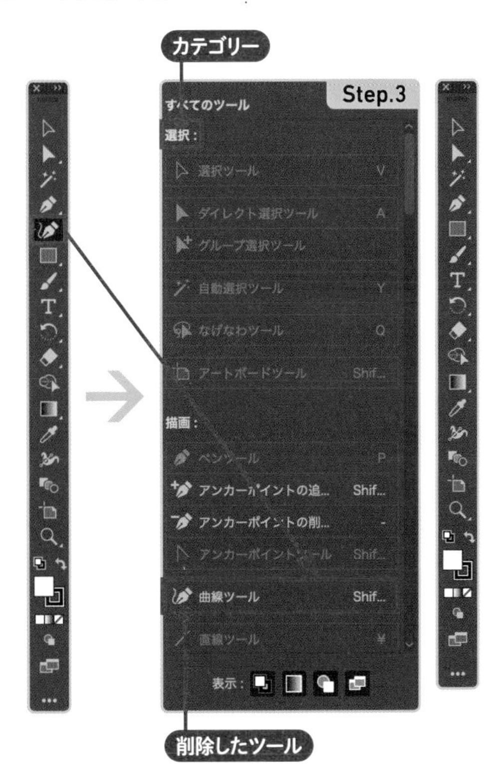

ツールを追加する
ドロワーのツールを、ツールバーのツールとツールの間へドラッグすると、単独のツールとして追加される。ツールに重ねるようにドラッグすると、グループへ追加される。

ツールを削除する
ツールをドロワーへドラッグすると、ツールバーから削除される。ツールは元のカテゴリーへ自動で戻る。

カスタムツールバーを作成する

Step.1 〔ウィンドウ〕メニュー→〔ツールバー〕→〔新しいツールバー〕を選択する

Step.2 〔新しいツールバー〕ダイアログで〔名前〕を入力し、〔OK〕をクリックする

Step.3 新しいツールバーで〔ツールバーを編集〕をクリックしてドロワーを開き、ツールバーに追加するツールを〔＋〕へドラッグする

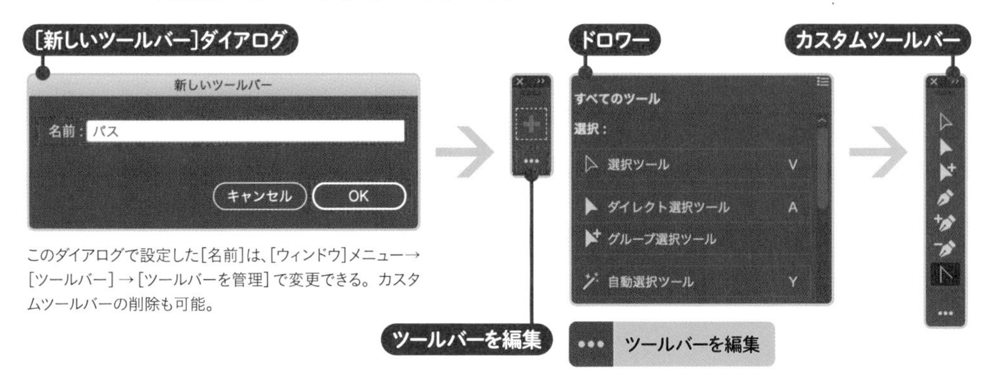

このダイアログで設定した[名前]は、[ウィンドウ]メニュー→[ツールバー]→[ツールバーを管理]で変更できる。カスタムツールバーの削除も可能。

ツールバーのツールをすべて使いこなす必要はありません。ツールを使うより、メニューやパネル経由で適用したほうが、簡単にできる操作もあります。★4 以下は、使用頻度が高いと予想されるツールのうち、ツールを使ったほうが操作しやすいもの、メニューやパネルでは代用できないもの、という基準で絞り込んだリストです。

★4 たとえば、90° 回転などは、変形パネルの[回転]のメニューから選択しておこなうことも可能。

★印は、キーボードショートカットで兼用したり、パネルから適用する方法もあるため、習熟後は重要度が下がると予想されるもの。

1-2-4　よく使うパネルについて

Illustratorに用意されているパネルの全貌は、**[ウィンドウ] メニュー**で確認できます。Illustratorには数多くのパネルが用意されていますが、ツール同様、そのすべてを使うわけではありません。よく使うものは限られていますし、用途によっても偏ります。★5

本書でよく使うものとしては、ツールバー、コントロールパネル、レイヤーパネル、スウォッチパネル、線パネル、文字パネル、アピアランスパネル、プロパティパネルなどが挙げられます。ワークスペースに見当たらない場合は、**[ウィンドウ] メニューからパネル名を選択**すると、表示されます。

★5　印刷用途の場合、オーバープリントを設定する属性パネルや、版の状態を確認する分版プレビューパネル、文字のアウトライン化をチェックするドキュメント情報パネルなどは必須だが、他の用途ではそれほど出番がないと思われる。

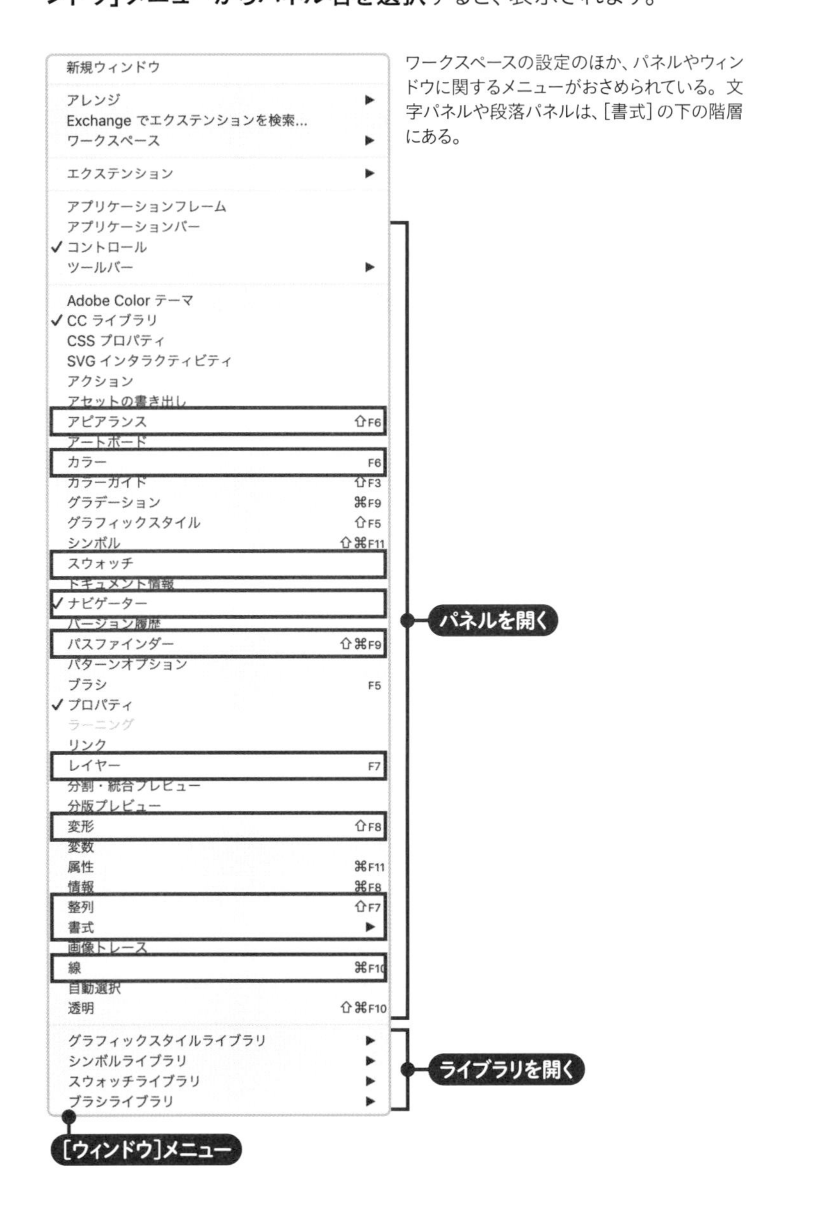

ワークスペースの設定のほか、パネルやウィンドウに関するメニューがおさめられている。文字パネルや段落パネルは、[書式] の下の階層にある。

パネルによっては、**オプション**が用意されているものがあります。ただし、これらは**デフォルトでは非表示**です。オプションに重要な設定項目が含まれていることも多いため、★6 **パネルメニューから[オプションを表示]を選択**して、表示を切り替えておくことをおすすめします。本書では、オプションが表示されていることを前提に、解説をすすめています。

★6　とくに線パネル、カラーパネル、属性パネルなどは、オプションに重要な項目が含まれている。

線パネル

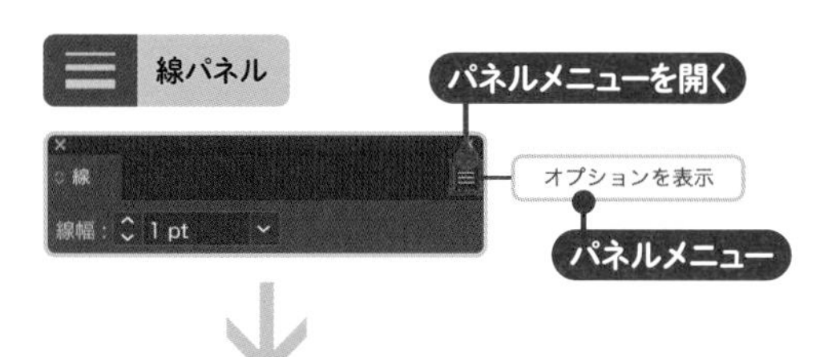

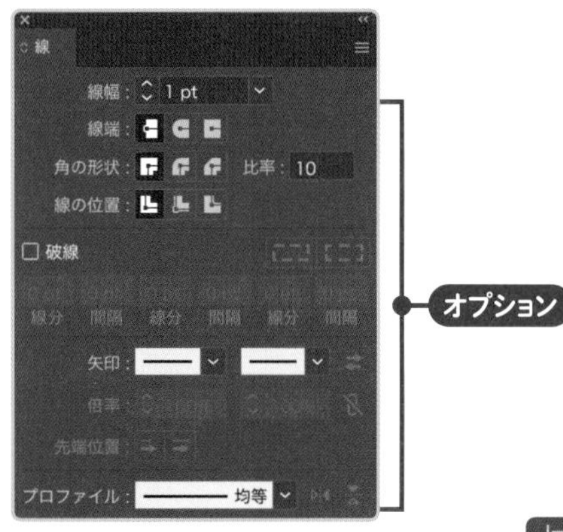

線パネルは、オプションに大半の設定項目が含まれている。破線や矢印もこのパネルで設定する。

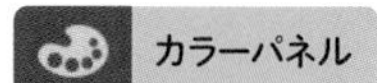

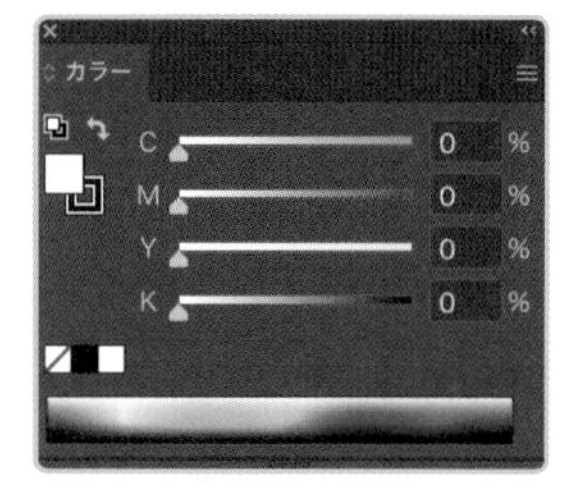

CMYKの網点％やRGBの値などを変更して、色みを調整できる。

スウォッチパネル

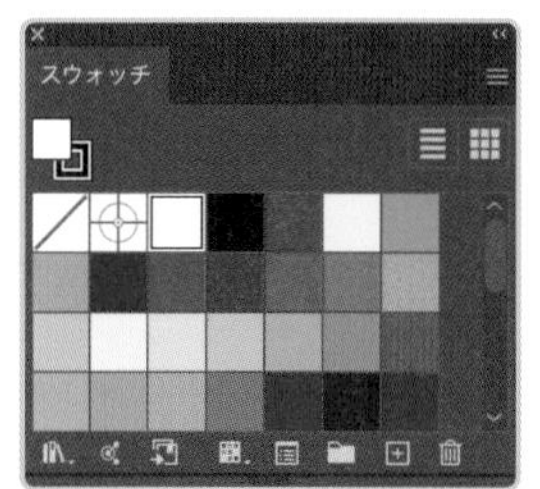

色みの設定をプリセット（スウォッチ）として登録し、オブジェクトに設定できる。カラーパネルとスウォッチパネルは、同時に見られるようにしておくと、作業しやすい。

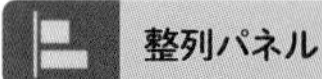

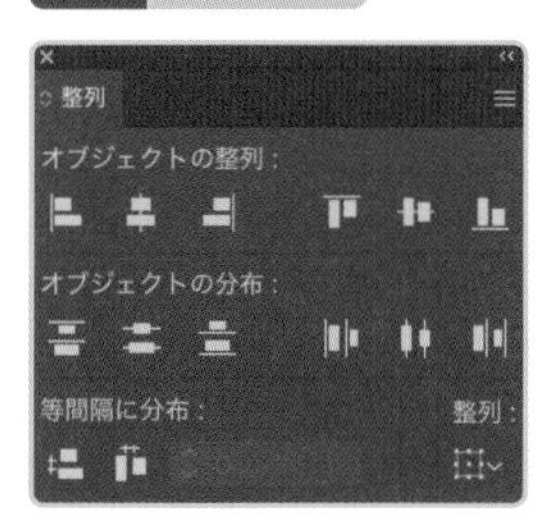

オブジェクトを整列できる。アートボードを基準にした整列も可能。

オブジェクトやレイヤーの見た目に関係する設定が集約されており、設定の変更も可能。

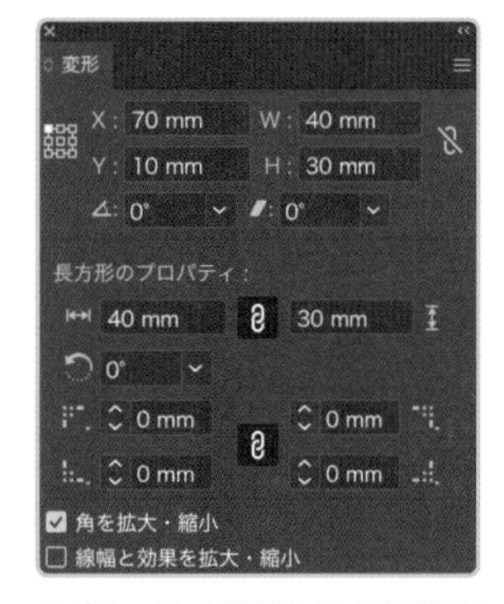

オブジェクトの座標やサイズを設定できる。ライブシェイプについては、選択した図形の種類によって中段の[プロパティ]の表示が変わる。

パスファインダーパネル

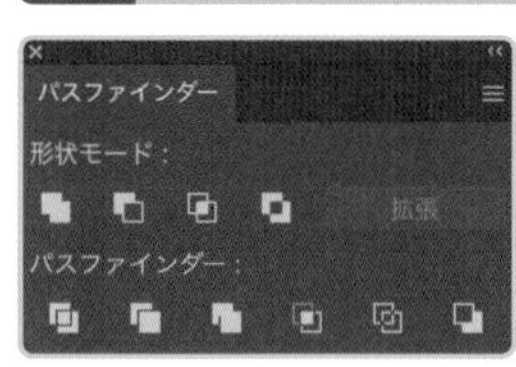

オブジェクトどうしの合体や分割などの処理が可能。

レイヤーパネル

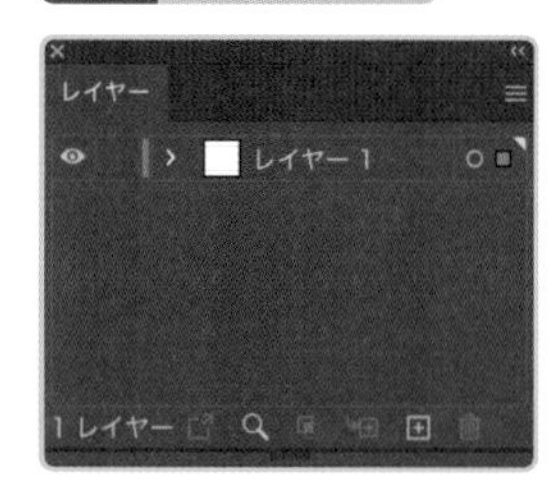

レイヤーの内容を確認したり、オブジェクトを選択できる。レイヤーを作成したり、レイヤー間のオブジェクトの移動も可能。

パネルメニューは、**パネル右上角の三本線のアイコン**★7をクリックすると、選択できます。パネルメニューには、[オプションを表示] 以外にも、重要なメニューが用意されています。なかには、パネルメニューを経由しないとできない操作もあり、文字パネルや段落パネルなど、**テキストオブジェクトに関連する操作**は、とくにその傾向が強いです。

★7　いわゆる「ハンバーガーメニュー」と呼ばれるもので、クリックするとメニューが表示される。

書体やサイズなど、文字についての設定をおこなう。

段落パネル

オプションを隠す
ぶら下がり
禁則調整方式
✓分離禁止処理
繰り返し文字の処理
ぶら下がり (欧文)
✓仮想ボディの上基準の行送り
欧文ベースライン基準の行送り
ジャスティフィケーション...
ハイフネーション...
✓Adobe 日本語単数行コンポーザー
Adobe 日本語段落コンポーザー
パネルを初期化

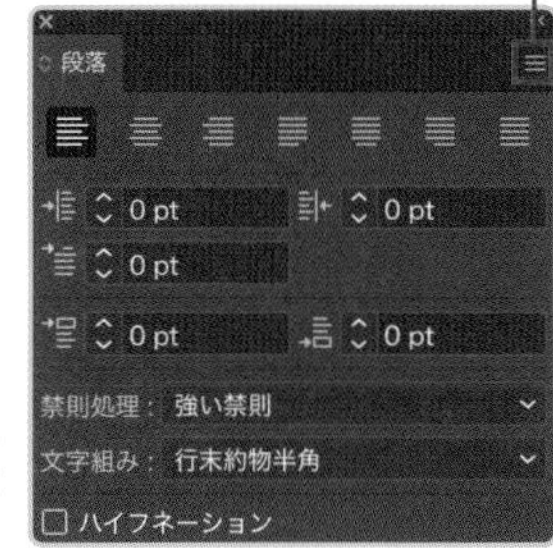

行揃えやインデント、文字組みアキ量など、段落についての設定をおこなう。

パネルメニューを開く

このアイコンはパネルの右上角にあり、クリックするとパネルメニューが開く。本書での「○○パネルのメニューを開く」という記述は、パネルメニューを開くことを意味している。

メインメニューは、画面上端の**メニューバー**★8から選択します。本書の、**[ファイル] メニュー→ [新規] を選択する**、という記述は、**メニューバーの[ファイル] をクリックしてメニューを開き、その中から [新規] をクリックする**操作を意味します。

★8　Windowsの場合、[環境設定] ダイアログは[編集] メニューから開く。

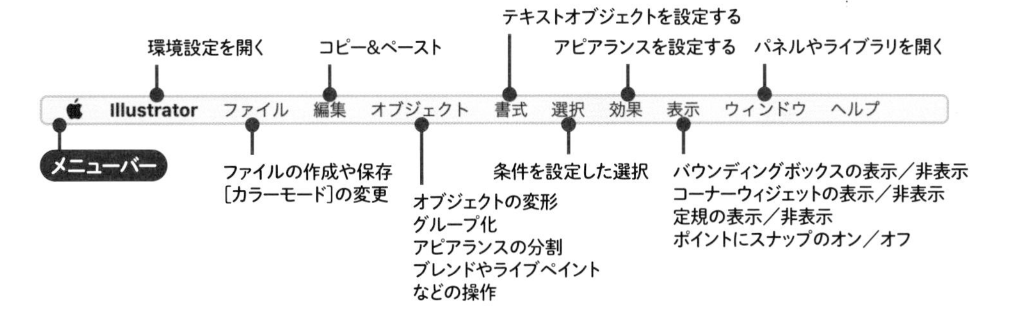

1-2-5 コントロールパネルとプロパティパネル

コントロールパネルと**プロパティパネル**は、どちらも、**選択したツールやオブジェクトによって内容が変化するパネル**です。操作を補助する重要な項目が表示されるので、メニューやパネルを探したり、ツールを切り替えるより、スピーディに作業できることがあります。

プロパティパネルについては、変形パネルとアピアランスパネルが合体したようなもの、と捉えておけばよいでしょう。★9 **ファイルの仕様変更**については、関連するメニューが集約されているので、このパネルを利用すると従来よりスムーズに調整できるでしょう。

★9 プロパティパネルは高さを自由に縮めることができないため、モニターのサイズによっては場所をとることがある。同程度のアピアランス情報はコントロールパネルにも表示されるため、それと変形パネルの併用でも十分に作業できる。

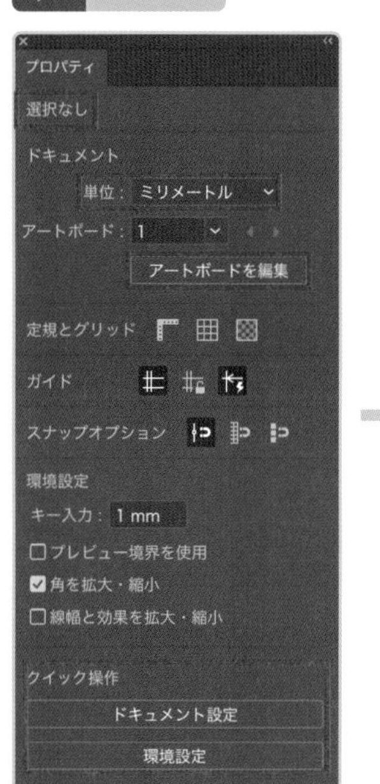

選択なし（未選択状態）
［選択ツール］を選択中にオブジェクトが未選択状態の場合、ファイルの仕様変更が可能になる。

単位 ファイルでおもに使用する［単位］を変更する。

アートボードを編集 アートボード編集モードに切り替わり、［アートボードツール］が選択状態になる。

クイック操作 関連するメニューやダイアログへアクセスできる。［ドキュメント設定］ダイアログや［環境設定］ダイアログを開くことができる。

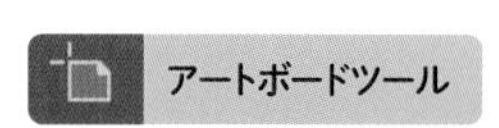

アートボード編集モード
コントロールパネルとほぼ同じ内容が表示される。［アートボードツール］選択中も同じ内容になる。

終了 アートボード編集モードを終了し、通常モードへ戻る。

プロパティパネル

コントロールパネル

詳細オプション

詳細オプションパネルを開く

シェイプの属性とオプション

アピアランスパネルを開く

詳細オプション

長方形を選択

長方形に限らず、オブジェクト選択中はだいたいこのような内容になる。プロパティパネルには、変形パネルとアピアランスパネルの項目の一部が表示される。パネルの[…]をクリックすると、変形パネルの残りの項目([シェイプの属性とオプション])へアクセスしたり、アピアランスパネルを開くことができる。

アンカーポイントを選択

[選択したアンカーポイントを削除]やライブコーナーの設定など、アンカーポイントの操作に関するメニューが表示される。

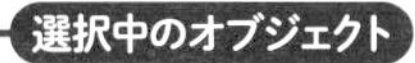

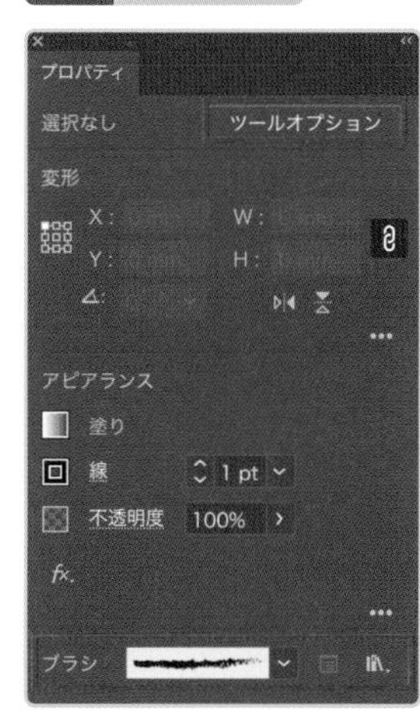

ブラシツールを選択

選択したツールにオプションが用意されている場合、[ツールオプション]をクリックするとダイアログが開く。[ブラシツール]のほか、[拡大・縮小ツール]や[回転ツール]、[ブレンドツール]などもツールオプションを設定できる。

テキストオブジェクトを選択

文字パネルや段落パネルの項目の一部が表示され、それぞれのパネルへもアクセスできる。[文字ツール]選択中も同様の表示になる。

1-2-6 ナビゲーターパネルを活用する

キャンバスの表示位置の変更や表示倍率の調整は、**ナビゲーターパネル**が便利です。このパネルは、**[ウィンドウ] メニュー→[ナビゲーター]** を選択すると開きます。

デフォルトでは、このパネルの**プレビュー**には、キャンバスに配置されているすべてのオブジェクトが表示されます。★10 パネルメニューで**[アートボード上のみ表示]** にチェックを入れると、プレビュー範囲をアートボードの内側に限定できます。

★10 パネルメニューで[アートボード上のみ表示]がオフになっている(チェックが外れている)状態であるため。

パネルのプレビュー内でドラッグすると、表示位置を変更できます。ウィンドウに表示されているのがアートワークの一部である場合、表示領域が**赤枠**で表示されます。パネル下端では**表示倍率**を変更できます。

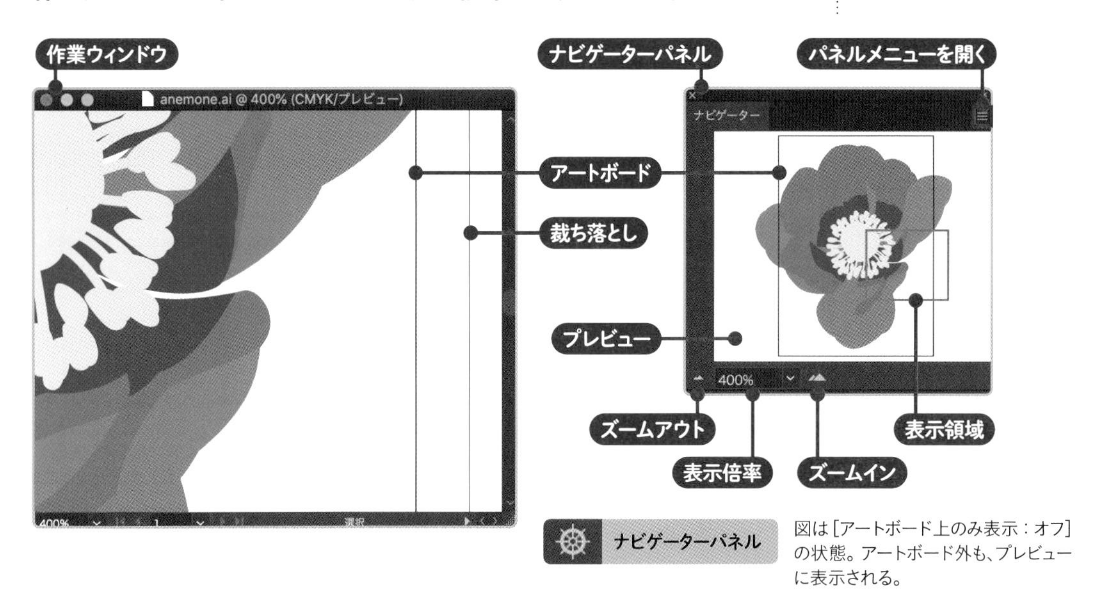

図は[アートボード上のみ表示:オフ]の状態。アートボード外も、プレビューに表示される。

パネル右下をドラッグして、パネルのサイズを大きめに変更すると、全体のバランスを引きで確認する用途にも使えます。[アートボード上のみ表示]に変更すれば、書き出し後や断裁後の状態も確認できます。

引きで確認する場合、**[ウィンドウ]メニュー→[新規ウィンドウ]** を選択し、低倍率の**別ウィンドウを開く**方法もあります。★11 こちらの場合、**レイヤーの表示/非表示をウィンドウごとに変更できる**ので、片方のウィンドウだけ下書きレイヤーを非表示にする、などの融通が効きます。

★11 ひとつのファイルに対し、複数のウィンドウを開いて作業していると、まれに、ダイアログを経由した移動などができなくなることがある。その場合は、他のウィンドウを閉じて、単一のウィンドウに戻すと解決する。

2

描画と作成

2-1 図形描画の基本

- Illustratorには、ドラッグで感覚的に描画する方法（ざっくり描画）と、色やサイズを指定して描画する方法（きちんと描画）がある
- ツールで描画した図形は、すべてパスとなる
- 描画中の [shift] キーは縦横比や角度、[option (Alt)] キーは描画の開始地点や星の形状に影響する
- アピアランスパネルにはオブジェクトの見た目に関係する設定が表示され、ここからスウォッチパネルや線パネルなどへアクセスできる
- オブジェクトのサイズは、変形パネルで変更できる
- ライブシェイプは、サイズや角の設定などを動的に変更できるほか、多角形については図形の中心で回転できるメリットがある

2-1-1 ざっくり描画ときちんと描画

シンプルな**図形**は、デザインの基本パーツです。たとえば、長方形は枠や背景として使えるほか、配置画像をトリミングするマスクや、テキストを流し込むフレームにもなります。直線はそのままでも罫線として使えますが、ブラシなどを適用すれば、装飾罫線にもなります。

図形の描画法は、大きく分けて2通りあります。**描画後に色やサイズなどを調整する「ざっくり描画」**と、**色やサイズなどを指定してから描画する「きちんと描画」**です。どちらを経由しても**最終的に同じものを描画できる**★1ので、やりやすいほうでOKです。

★1 これが可能なのは、描画したものがパスであるため。パスには、色やサイズなどを変更しても劣化しないというメリットがある（ただし厳密には、数値的な誤差が発生することがある）。

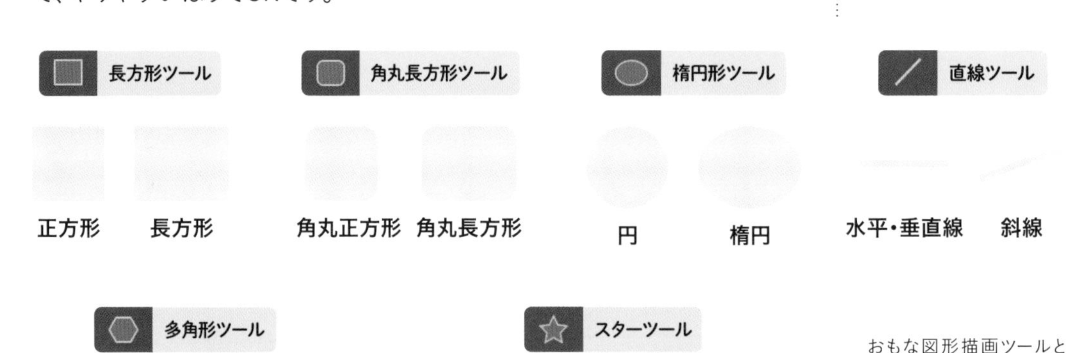

おもな図形描画ツールと図形の名称。[直線ツール] 以外は、ツールバーで [長方形ツール] と同じグループにある。

2-1-2　ざっくり描画の流れ

ざっくり描画は、試行錯誤に最適です。**色やサイズの決定を先送りできる**ので、思考を邪魔しません。ここでは、長方形を描いたあと、その色やサイズを調整する工程を例に、手順を解説します。**長方形**は、**[長方形ツール]**で描きますが、このような図形描画に使用するツールは、**ツールバー**の**[描画]カテゴリー**★2 におさめられています。

★2　カテゴリーの分類は、ツールバーのドロワーで確認できる。ドロワーは、ツールバー下端の[ツールバーを編集]をクリックすると開く。

[長方形ツール]で長方形を描く

Step.1　ツールバーで[長方形ツール]を選択する
Step.2　キャンバスでドラッグする

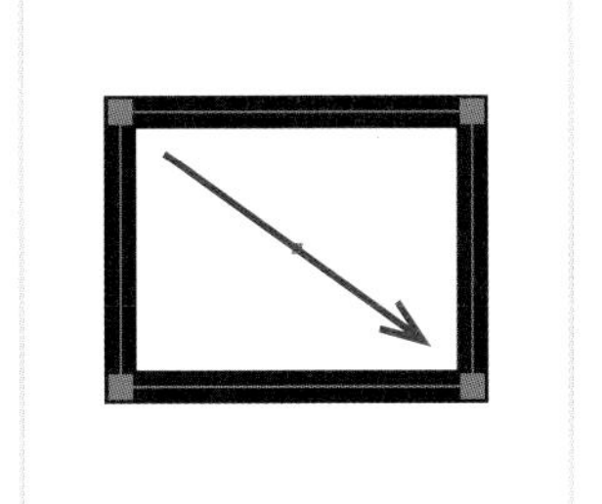

デフォルトの設定で描画すると、黒縁の長方形になる。内側には色が設定されていないように見えるが、実際には白で塗りつぶされている。本書ではこの設定を、[塗り:白][線:黒]と記述する。

Step.2で**[shift]キーを押しながらドラッグ**すると、**正方形**になります。[shift]キーは、描画作業において重要な役割を果たします。このキーを押しながらドラッグすると、**図形の縦横比を1：1に固定**したり、**角度を水平／垂直／斜め45°のいずれかに固定**できます。★3

★3　影響はツールによって変わり、たとえば[楕円形ツール]の場合は縦横比、[直線ツール]は角度を固定できる。

長方形は、**[Shaperツール]**でも描画できます。[Shaperツール]は、**ドラッグの軌跡から形状を判断して図形に変換するツール**で、丸を描くようにドラッグすると**円**や**楕円**、四角では**長方形**や**正方形**を描画できます。

[Shaperツール]で長方形を描く

Step.1　ツールバーで[Shaperツール]を選択する
Step.2　キャンバスで四角形を描くようにドラッグする

長方形を描くには、長辺と短辺の差が大きくなるようにドラッグする。差が小さいと、正方形になる。また、長方形と認識されず、円や正六角形に変換されることもある。角をしっかり尖らせるようにドラッグするのがポイント。

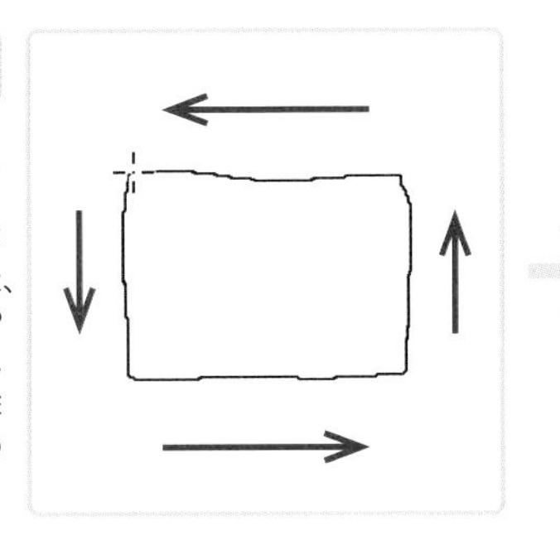

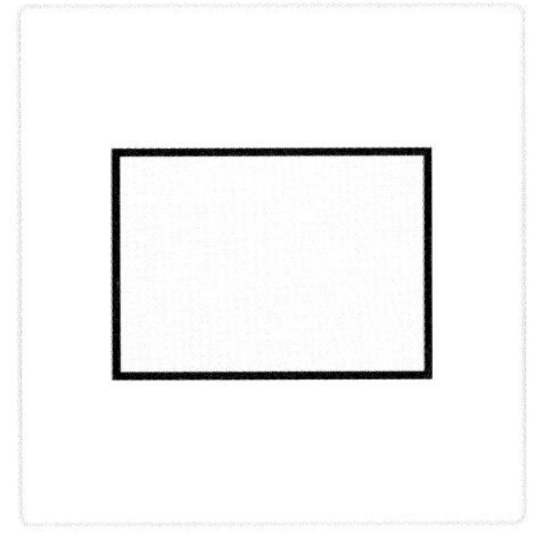

［Shaperツール］で描けるのは、**円／楕円／正方形／長方形／正三角形／正六角形／直線**の7種に限られますが、ツールの切り替えが不要なのは大きなメリットです。このツールで描画した図形は、すべて**［線：黒］［塗り：グレー（K：10%）］**に設定され、**ライブシェイプ**★4 になります。

★4 ライブシェイプは、サイズや辺の数などを動的に変更できる特殊な図形。P40で解説。

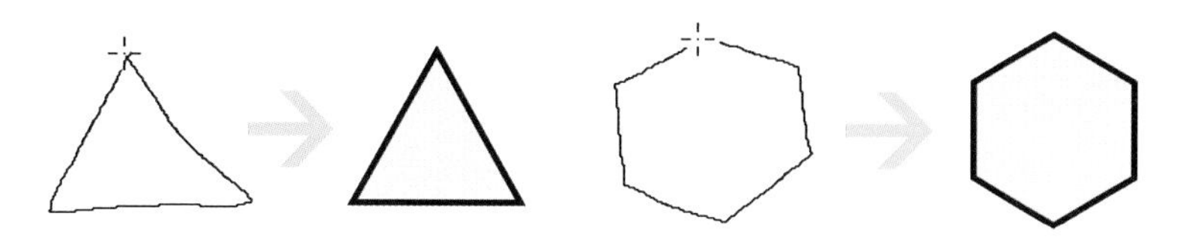

5辺以上の多角形は、すべて正六角形として処理される。多角形は、描画後も辺の数の変更が可能。五角形や八角形などが必要な場合は、正三角形や正六角形を描き、辺の数を変更すれば、対応できる。

色や**サイズ**を変更するには、**オブジェクト（長方形）を選択**する必要があります。★5 ただ、**描画直後であれば選択状態**になっているので、その場合は、**Step.1**の［選択ツール］による操作は不要です。

★5 色やサイズに限らず、オブジェクトに変更を加える場合は、最初に「選択」という操作が必要。

長方形の色を変更する

Step.1 ツールバーで［選択ツール］を選択し、長方形をクリックして選択する
Step.2 ［ウィンドウ］メニュー→［アピアランス］を選択して、アピアランスパネルを開く
Step.3 アピアランスパネルで［塗り］のサムネールを2回クリックしてスウォッチパネルへアクセスし、スウォッチをクリックして色を変更する
Step.4 同様にして［線］の色も変更する

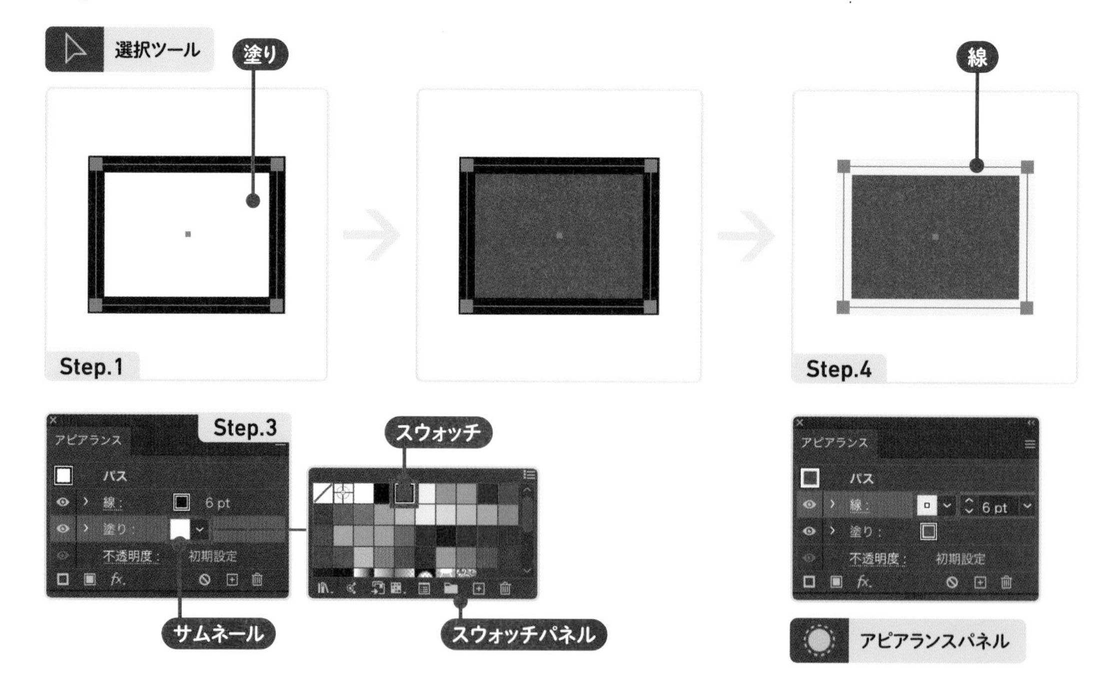

1 準備
2 描画と作成
3 変形
4 塗りと線
5 アピアランス
6 ブラシとパターン
7 その他の操作

アピアランスパネルには、選択した長方形の色や［線幅］など、**見た目に関係する設定**が表示されます。このパネルから、**スウォッチパネル**や**線パネル**などへアクセスして、設定を変更することも可能です。★6　長方形の内側の領域とその輪郭線には、それぞれ別の色を設定できます。内側の領域を**［塗り］**、輪郭線を**［線］**と呼びます。

★6　スウォッチパネルや線パネルなどはフローティングパネルとして開く。［線幅］については、アピアランスパネルで直接変更可能。

オブジェクトのサイズは、**変形パネル**で変更できます。長方形を選択すると、変形パネルにはそのサイズが表示されます。**［W］**は「**幅（横の長さ）**」、**［H］**は「**高さ（縦の長さ）**」を意味します。**［単位］**は**［新規ドキュメント］ダイアログ**で設定したものが使用されます。★7　**［X］**と**［Y］**は**座標**で、この値を操作することで、正確な位置に配置できます。作業によってはこのパネルを頻繁に使うことになるので、見やすい場所に常時表示しておくとよいでしょう。

★7　新規ファイル作成後に［単位］を変更した場合は、その単位で表示される。［単位］の変更方法については、P19参照。

長方形を指定したサイズに変更する

Step.1　長方形を選択したあと、〔ウィンドウ〕メニュー→〔変形〕を選択して、変形パネルを開く

Step.2　変形パネルで〔W〕と〔H〕を変更する

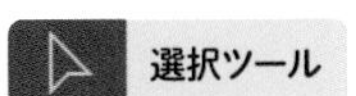

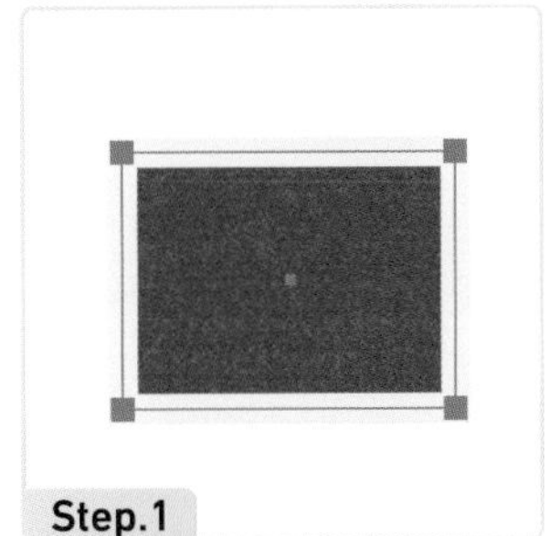

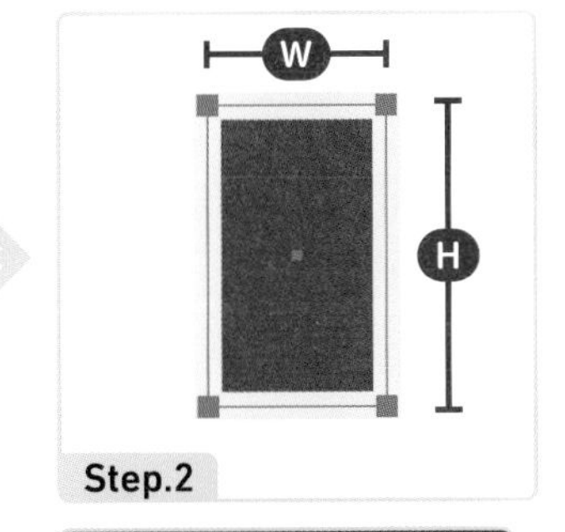

変形
X: 100 mm　W: 24 mm
Y: 0 mm　H: 18 mm
長方形のプロパティ：
24 mm　18 mm
角を拡大・縮小
線幅と効果を拡大・縮小

サイズ

変形パネル

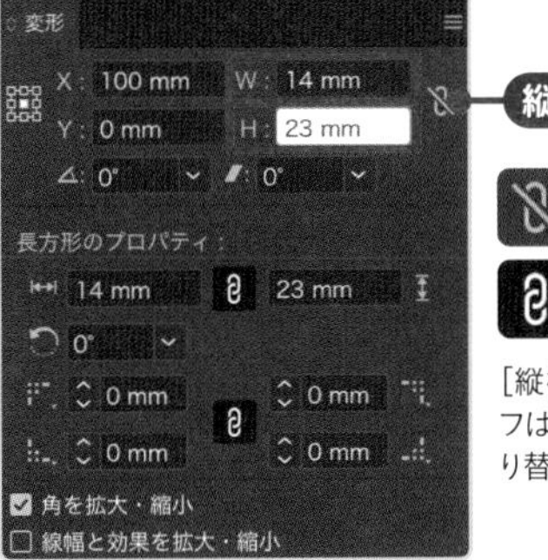

［W］や［H］などの入力ボックスにカーソルを挿入し、［↑］キーや［↓］キーを押すと、整数値になる。さらに［shift］キーを押しながら［↑］キーなどを押すと、増減値が10倍になる。

縦横比を固定

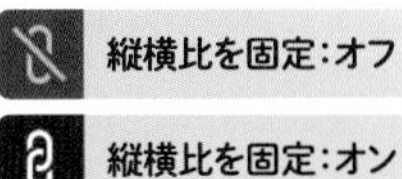

［縦横比を固定］のオン／オフは、クリックでトグル式に切り替えできる。

2-1-3 プロパティパネルを利用した変更

プロパティパネルを利用すると、ひとつのパネルで色とサイズを変更できます。★8 プロパティパネルの内容は、**選択したオブジェクトやツールによって変わります**。長方形の場合は、**変形パネル**や**アピアランスパネル**と同等の項目が表示されます。

コントロールパネルも、選択したオブジェクトやツールによって内容が切り替わるパネルで、同様の変更が可能です。

★8 プロパティパネルは、[ウィンドウ]メニュー→[プロパティ]で開く。このパネルについては、P28参照。

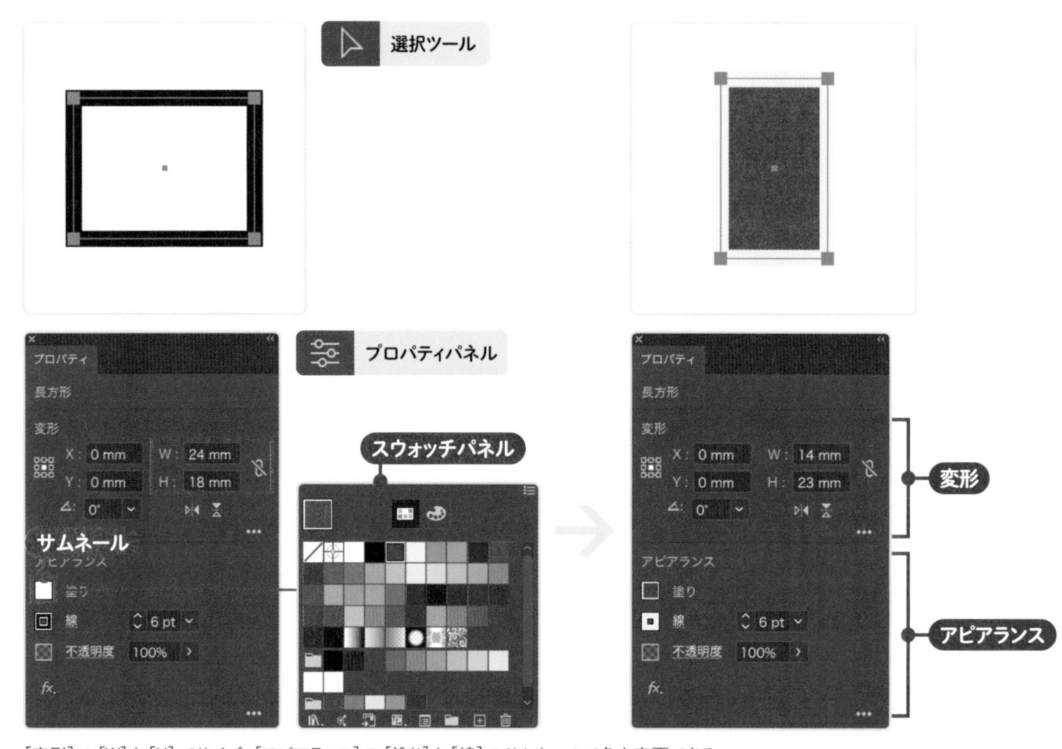

[変形]の[W]と[H]でサイズ、[アピアランス]の[塗り]と[線]のサムネールで色を変更できる。

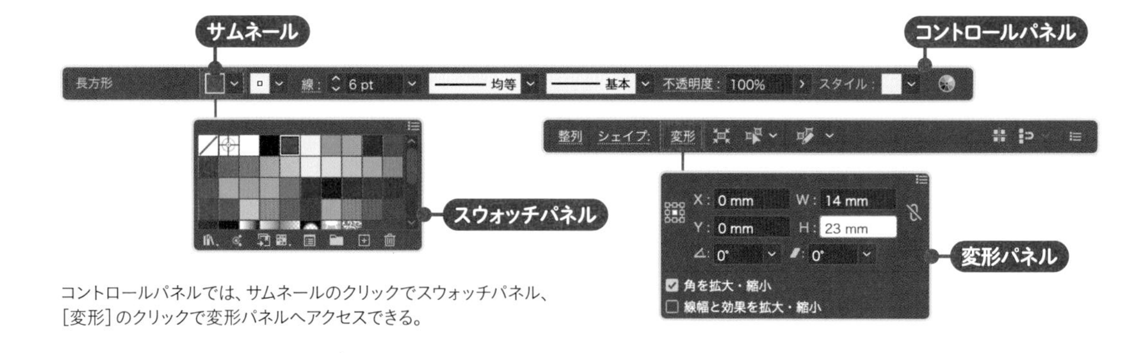

コントロールパネルでは、サムネールのクリックでスウォッチパネル、[変形]のクリックで変形パネルへアクセスできる。

1 準備 2 描画と作成 3 変形 4 塗りと線 5 アピアランス 6 ブラシとパターン 7 その他の操作

2-1-4　きちんと描画の流れ

きちんと描画は、**色やサイズが決まっていたり、同じ設定のものを連続して描くとき**に向いています。無駄がなく確実な工程のため、レシピ系の解説書などではやむを得ずこちらのルートを通ることが多いですが、試行錯誤には不向きです。

★9　未選択状態は、オブジェクトが何も選択されていない状態を指す。アピアランスパネルやプロパティパネルに、「選択なし」と表示される。操作を始める前は、この状態にしておくと問題が起きにくい。また、操作終了後に選択を解除する癖をつけておくとよい。確実に解除できるのは［選択］メニュー→［選択を解除］だが、［選択ツール］でキャンバスの何も描画されていない場所でクリックして解除する方法もある。

色とサイズを指定して長方形を描く

Step.1　［選択］メニュー→［選択を解除］を選択する（未選択状態にする★9）
Step.2　アピアランスパネルで［塗り］と［線］を設定する
Step.3　ツールバーで［長方形ツール］を選択したあと、キャンバスでクリックする
Step.4　［長方形］ダイアログで［幅］と［高さ］を設定し、［OK］をクリックする

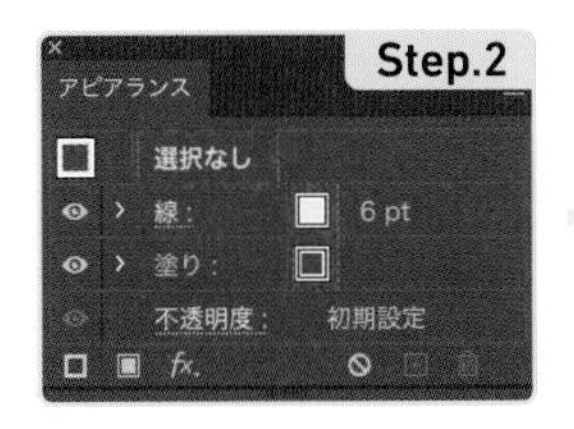

アピアランスパネル上端には、選択中のオブジェクトの属性が表示される。未選択状態では「選択なし」と表示される。

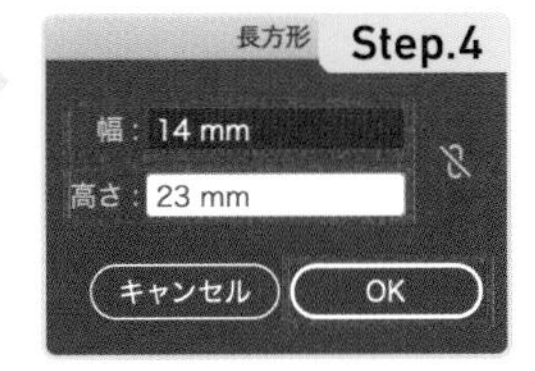

キャンバスでクリックすると、［長方形］ダイアログが開く。［楕円形ツール］や［多角形ツール］なども、同様の操作でダイアログが開く。

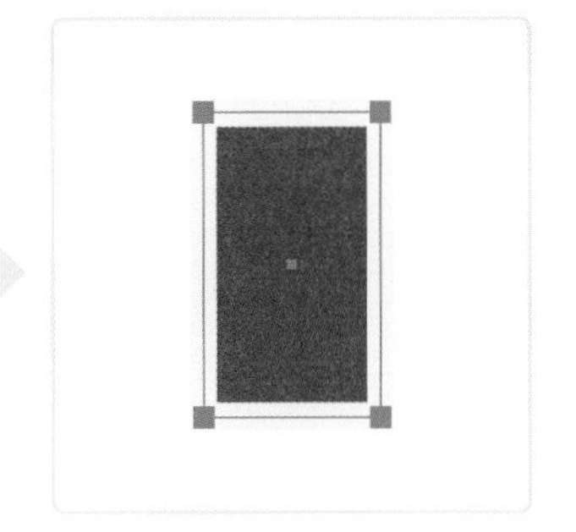
［幅：14mm］［高さ：23mm］の長方形が描画される。［塗り］と［線］は、アピアランスパネルで設定した色になる。

描画ツールのうち、［長方形ツール］や［直線ツール］などは、**直前に選択したオブジェクトの色や［線幅］などの設定を引き継ぎます。**既存のオブジェクトと同じ設定で描画する場合、それを選択したあと描画すると、［塗り］や［線］の設定を省略できます。ただしその中には、知らずに**引き継ぐとトラブルの原因になる設定もある**ので、注意が必要です。★10

★10　とくに気をつけたいのがオーバープリントの設定。オーバープリントは、図柄を他の版に重ねて印刷する指定だが、淡い色のオブジェクトにこれが設定されていると、印刷結果にほとんど反映されないことがある。画面では判別しづらいので、注意が必要。入稿データに含まれる黒1色のロゴや文字は、オーバープリントに設定されている可能性が高いため、データの再利用時には注意する。

引き継がれる設定	［塗り］と［線］の色やパターン、グラデーション ［線幅］（可変線幅を使用していない場合に限る） ［線端］／［角の形状］／［線の位置］／［破線］ パターンスウォッチの拡大・縮小率や角度 オーバープリント
引き継がれない設定	［矢印］／［描画モード］／［不透明度］ （可変線幅の）［プロファイル］

2-1-5 図形描画の基本法則

[shift] キー以外にも、描画に影響するキーがあります。たとえば **[option (Alt)] キー**は、描画の開始地点を中心に変更したり、星の肩を水平にするなどの効果があります。

キー名称	影響	ツール	描画結果
[shift] キー	図形の縦横比を1:1にする（半径を同一にする）	長方形ツール	
		角丸長方形ツール	
		楕円形ツール	
	図形の角度を固定する（多角形は底辺が水平、星は垂直に起立、直線は水平／垂直／斜め45°のいずれか）	多角形ツール	
		スターツール	
		直線ツール	
[option (Alt)] キー	図形の中心から描画する（カーソルが-¦-から[¦]に変わる）	長方形ツール 角丸長方形ツール 楕円形ツール	
	2辺が同一直線上にある（肩が水平な）星を描画する	スターツール	
[shift] キー ＋ [option (Alt)] キー	2辺が同一直線上にあり、垂直に起立した星を描画する	スターツール	

1 準備
2 描画と作成
3 変形
4 塗りと線
5 アピアランス
6 ブラシとパターン
7 その他の操作

[多角形ツール]や**[スターツール]**は、**辺や点**★11の数を変更できます。変更すると、角や突起の数は、ダイアログで設定した数に固定されます。さらに数を変更する場合は、この操作を再度おこないます。

★11　星の突起を、「点」と呼ぶ。「ポイント」と表記することもあり、たとえば突起が5つある星は、「5ポイントの星」となる。

[多角形ツール]の辺の数を変更する

Step.1　ツールバーで［多角形ツール］を選択したあと、キャンバスでクリックする
Step.2　［多角形］ダイアログで［辺の数］を変更し、［OK］をクリックする
Step.3　描画された多角形が不要な場合は、［delete］キーを押して削除する

多角形ツール

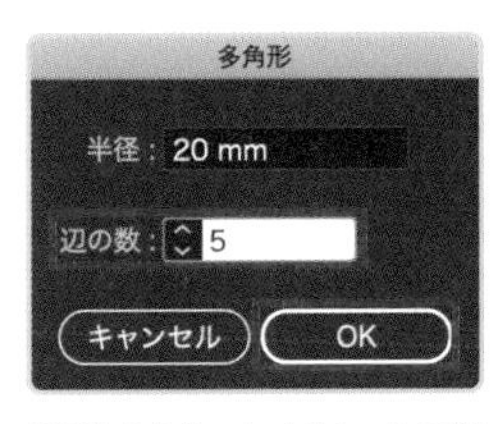

[OK]をクリックすると、この場合はひとまず正五角形が描画されるが、不要なら削除する。

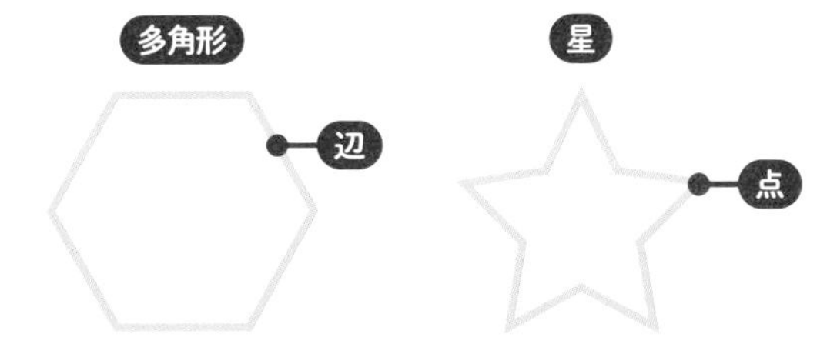

多角形は[辺の数]、星は[点の数]で角の数を指定する。多角形のデフォルトは[6]、星は[5]。

描画中に**矢印キー**を押すことでも辺や点の数を増減できますが、入力デバイス★12によってはうまく機能しないことがあります。**[↑]キー**で増、**[↓]キー**で減になります。

★12　たとえばペンタブレットでは、一度のキー押下による増減の幅が大きすぎることがある。

［多角形ツール］で描画した多角形は、**「ライブシェイプ」**という扱いになるため、**描画後に辺の数を変更**できます。ライブシェイプについては、次のページで解説します。［スターツール］についてはこの方法が使えないため、事前にダイアログで調整する必要があります。

2-1-6 ライブシェイプとなる図形について

［長方形ツール］や［多角形ツール］、［Shaperツール］などで描画した図形は、**パス**であると同時に、**ライブシェイプ**になります。ライブシェイプは**サイズや［角度］、［角丸の半径］、［辺の数］などを動的に変更できる特殊な図形**です。これらの設定は、**変形パネル**中段の **［プロパティ］**★13で調整できます。

★13 英語の「プロパティ(property)」は「属性」という意味を持つ。変形パネルの［プロパティ］は「シェイプの属性」と呼ばれることもある。コントロールパネルの破線の下線付きの文字［シェイプ］は、［プロパティ］へアクセスできる。

長方形を選択

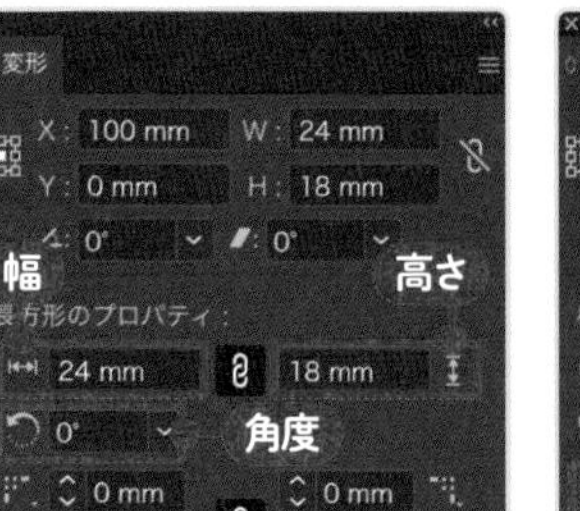

楕円形を選択

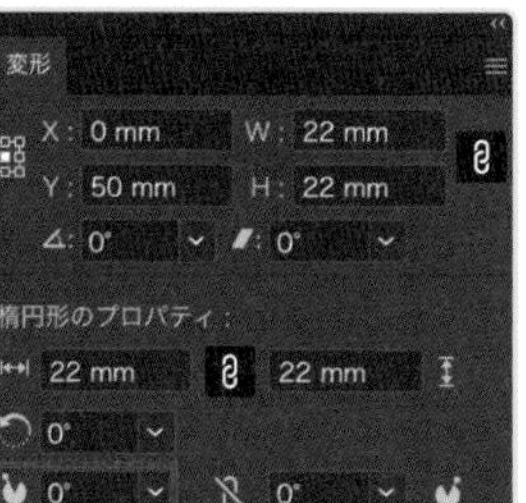

多角形を選択

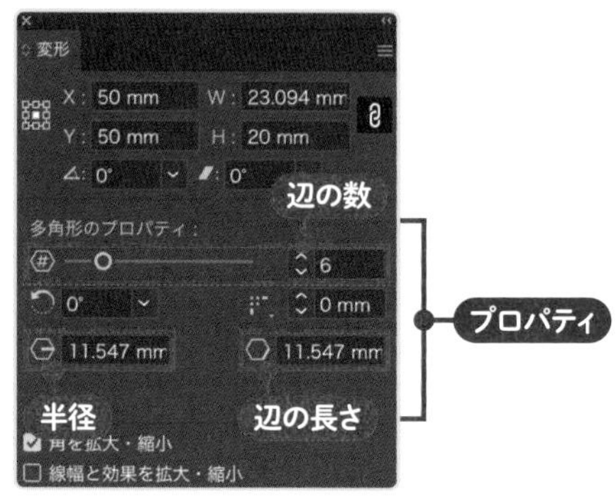

ライブシェイプの多角形の場合、変形パネルで［辺の数］を簡単に変更できます。そのため、多角形については、**［辺の数］をダイアログで設定したあと描画する従来型**から、ひとまず**多角形を描いたあと、変形パネルで［辺の数］を調整する現行型**★14のフローに切り替えると、作業スピードが上がります。一方、**［スターツール］**で描画した星はライブシェイプではなく、描画後に点の数を変更することはできないので、注意します。

★14 ［Shaperツール］による描画は、この方法が適している。

ライブシェイプ導入前のIllustratorで作成した図形は、それが［長方形ツール］や［多角形ツール］などで描画したものであっても、**通常のパス**になります。ただし条件を満たせば、**［オブジェクト］メニュー→［シェイプ］→［シェイプに変換］**で**ライブシェイプに変換**できます。［ペンツール］で描画した長方形や多角形、直線などは、ライブシェイプではありませんが、これらも条件を満たせば、ライブシェイプに変換できます。★15

★15 条件を満たさない場合は、「オブジェクトが変換されていません」とメッセージが表示され、変換がキャンセルされる。

ライブシェイプとなる図形、またはそれに変換できる図形は、右ページの表のとおりです。ライブシェイプの条件は、図形の一般的な定義と同じです。

ツール	オブジェクト名	動的に変更できる項目	ライブシェイプの条件
長方形ツール	＜長方形＞	[長方形の幅] [長方形の高さ] [長方形の角度] [角の種類] [角丸の半径]	4つの角がすべて90°である。 ハンドルを持たない4つのコーナーポイントで構成されたクローズパスである。
楕円形ツール	＜楕円形＞	[楕円形の幅] [楕円形の高さ] [楕円形の角度] [扇形の開始角度] [扇形の終了角度]	2つの焦点からの距離の和が一定である。 4つのスムーズポイントで構成されたクローズパスである。
多角形ツール	＜多角形＞	[多角形の辺の数] [多角形の角度] [角の種類] [角丸の半径] [多角形の半径] [多角形の辺の長さ] [辺の長さを等しくする]	ハンドルを持たないコーナーポイントのみで構成されたクローズパスである。
直線ツール	＜直線＞	[線の長さ] [線の角度]	2つのコーナーポイントで構成されたオープンパスである。 セグメント側にハンドルを持たない。
Shaperツール	(図形の種類によって変わる)		

[角丸長方形ツール]で描画した角丸長方形もライブシェイプで、<長方形>と表示されますが、性質は[長方形ツール]と同じなので、上の表では割愛しています。角丸設定済みの長方形と捉えるとよいでしょう。

図形に変更を加えると、場合によっては自動的に**拡張**されて、**ライブシェイプ属性**を失います。ライブシェイプか否かは、**レイヤーパネルの表示(オブジェクト名)**で判別できます。**<パス>**と表示されていたら、拡張されて通常のパスとなり、ライブシェイプ属性を失っています。★16 ライブシェイプを、ユーザーが手動で拡張することも可能です。

★16 ライブシェイプは、クリッピングパスやガイドに変換しても、シェイプ名(図形の名前)で表示される。

ライブシェイプを拡張する（通常のパスに変換する）

Method.A ライブシェイプを選択し、［オブジェクト］メニュー→［シェイプ］→［シェイプを拡張］を選択する

Method.B ＜長方形＞や＜楕円形＞のアンカーポイント[★17]を移動する

Method.C ＜長方形＞や＜多角形＞、＜直線＞のアンカーポイントをスムーズポイントに変更する

Method.D ＜楕円形＞のアンカーポイントをコーナーポイントに変更、あるいはハンドルの角度を変更する

Method.E アンカーポイントを追加／削除、あるいはパスを切断する

Method.F パスファインダーパネルの［合体］などを適用する

Method.G 回転した＜長方形＞を、縦横比を固定せずに拡大・縮小する

★17 パスを構成する点を「アンカーポイント」と呼び、そのうち尖った角をつくるものは「コーナーポイント」、滑らかな曲線をつくるものは「スムーズポイント」に分類される。

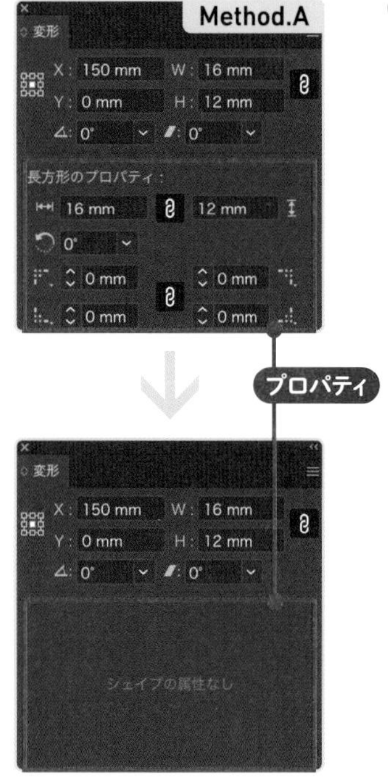

ライブシェイプを通常のパスに変換すると、変形パネル中段の［プロパティ］が空白になる。

シェイプを拡張

シェイプが拡張されると、このメッセージが一瞬だけ表示される。

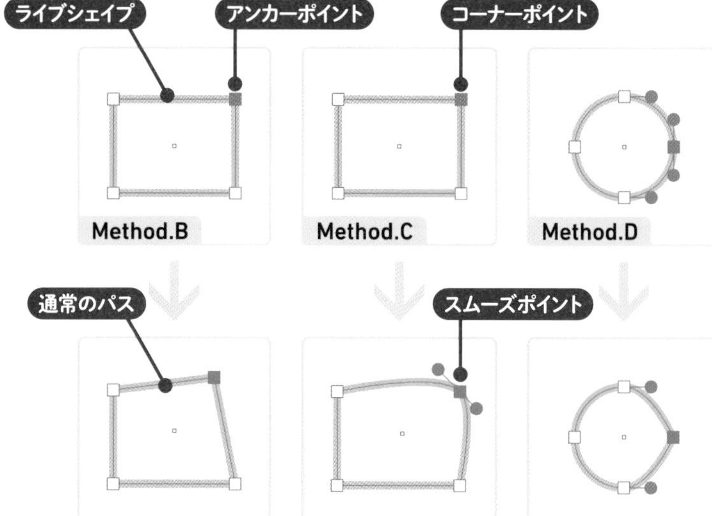

＜多角形＞の場合は、この操作で拡張されない。

コーナーポイントを、コントロールパネルの［選択したアンカーをスムーズポイントに切り替え］でスムーズポイント化する。

スムーズポイントを、コントロールパネルの［選択したアンカーをコーナーポイントに切り替え］でコーナーポイント化する。

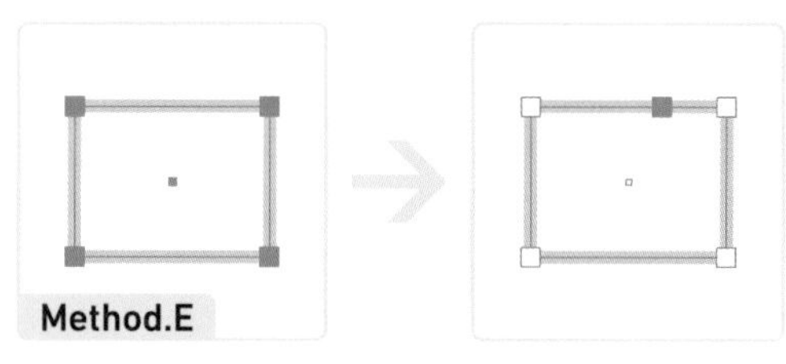

追加や削除、切断によって、アンカーポイントの数が変わると、ライブシェイプ属性を失う。

2-1-7 ライブシェイプの長方形と多角形の違い

ライブシェイプの長方形は、**[長方形ツール]**のほか、**[多角形ツール]**でも描けます。見た目は同じですが、前者は**<長方形>**、後者は**<多角形>**という扱いになり、それぞれ特性や変形後の結果が変わります。<長方形>の場合、**変形パネルで角ごとに個別の[角の種類]と[角丸の半径]を設定でき、回転後も[幅]と[高さ]を個別に調整できる**、<多角形>の場合、**アンカーポイントを個別に移動しても拡張されず、ライブシェイプ属性を保持できる**、といったメリットがあります。

台形や**平行四辺形**、**菱形**などを、<多角形>として作成した長方形から作成すると、★18 ライブシェイプ属性を保持できます。ただ、この属性を保持するメリットは、**ライブコーナー**（**P46**参照）を使わない限りはそれほど大きくないので、無理に<多角形>で作成する必要はないでしょう。

★18　台形にするには、1辺のアンカーポイントを選択したあと、[拡大・縮小ツール]でドラッグするか、[拡大・縮小]ダイアログで比率を入力する。平行四辺形にするには、長方形を選択し、変形パネルで[シアー]の角度を変更する。菱形は、正方形を45°回転したあと、[W]や[H]を調整する。

[多角形ツール]で長方形を描く

Step.1　ツールバーで［多角形ツール］を選択したあと、キャンバスでドラッグして適当な多角形を描く

Step.2　変形パネルで［多角形の辺の数：4］［多角形の角度：0°］に変更する

Step.3　変形パネルで［縦横比を固定：オフ］に設定し、［W］と［H］を入力する

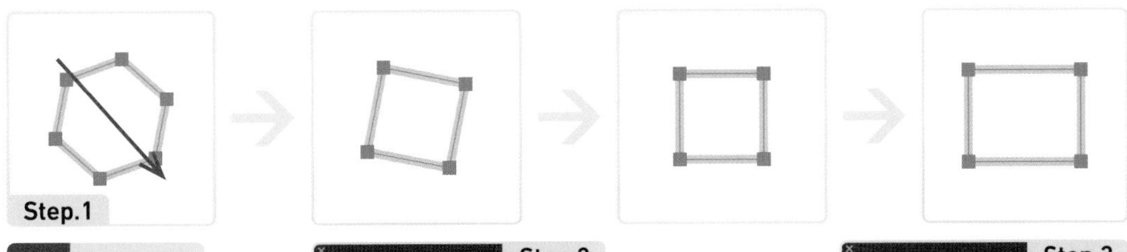

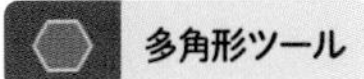

［多角形ツール］で適当にドラッグする。なお、[shift]キーを押しながらドラッグすると底辺が水平になる。

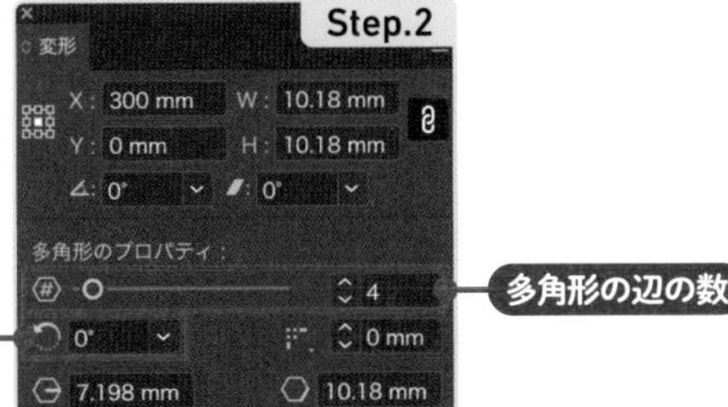

［多角形の辺の数：4］に変更すると、正方形になり、［多角形の角度：0°］に変更すると、底辺が水平になる。

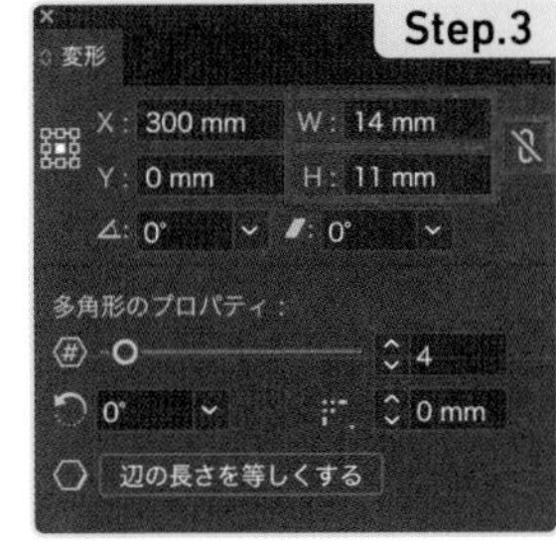

［W］と［H］に異なる値を設定すると、長方形になる。［辺の長さを等しくする］をクリックすると、正方形に戻る。

2-1-8 ライブシェイプのセンターポイントについて

通常のパスでは、三角形や五角形などの**奇数辺多角形のセンターポイントは、オブジェクトの中央**に表示されますが、ライブシェイプの場合、**図形の中心**[19]に表示されます。これにより、従来は面倒だった、円と正三角形の中心も、簡単に揃えられるようになりました。

円と正三角形の中心を揃える

Step.1 ［表示］メニュー→［バウンディングボックスを隠す］を選択する

Step.2 ［表示］メニュー→［ポイントにスナップ］にチェックが入っていることを確認する[20]

Step.3 ツールバーで［選択ツール］を選択し、正三角形を選択する

Step.4 ［ウィンドウ］メニュー→［属性］を選択して属性パネルを開き、［中心を表示］をクリックしてセンターポイントを表示する

Step.5 正三角形のセンターポイントにカーソルを合わせたあと、円のセンターポイント付近へドラッグして移動し、スナップさせる

★19 図形の中心は「重心」とも呼ばれ、「図形の釣り合いをとることができるただひとつの点」を指す。オブジェクトの中央は、「オブジェクトの幅と高さに合わせて作成した矩形の中心」に一致する。

★20 ［ポイントにスナップ］は、プロパティパネルでも切り替え可能。

ポイントにスナップ

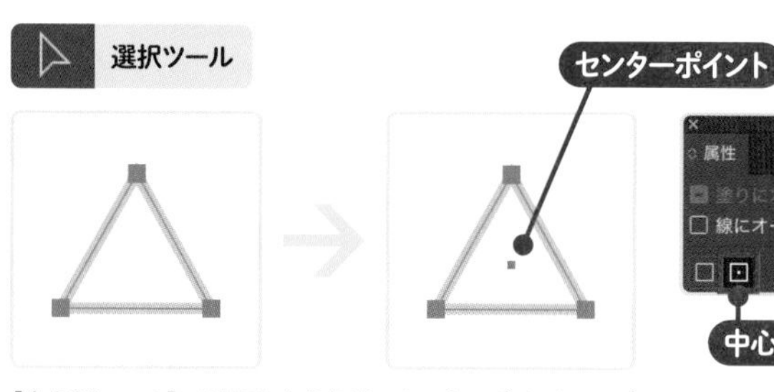

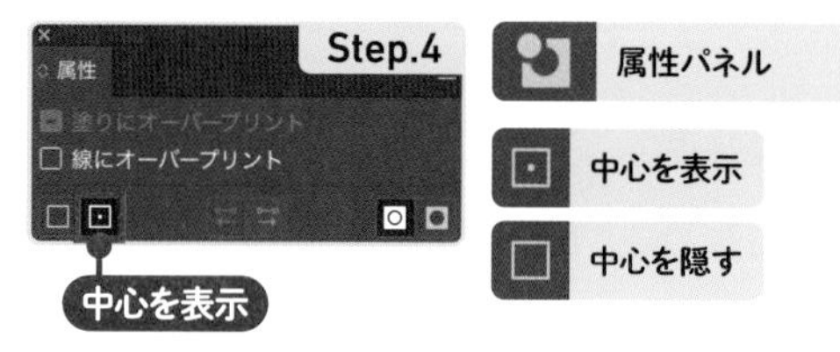

［多角形ツール］で描画した多角形のセンターポイントは、デフォルトは非表示だが、この方法で表示できる。［スターツール］や［ペンツール］で描画したパスのセンターポイントも、デフォルトは非表示となる。必要な場合は属性パネルで変更する。なお、［Shaperツール］で描画したパスについては、デフォルトでセンターポイントが表示される。

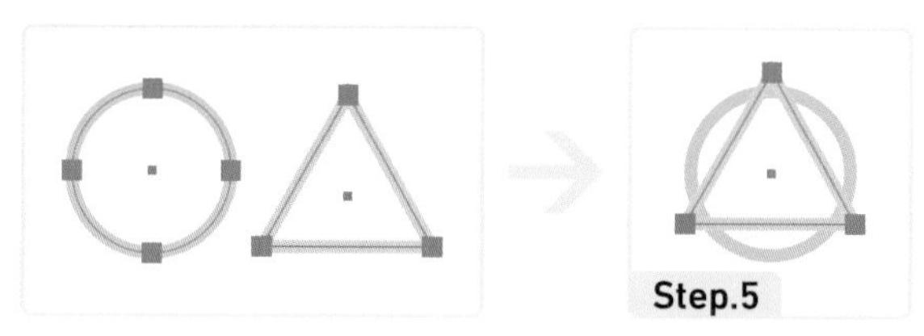

［ポイントにスナップ］にチェックが入っていれば、正三角形のセンターポイントを、円のセンターポイントにスナップできる。円はセンターポイントがデフォルトで表示される。

［ポイントにスナップ］は、**アンカーポイントやセンターポイントをスナップできる機能**で、デフォルトは［オン］になっています。ただしライブシェイプの場合、**バウンディングボックスが表示されている間は、センターポイントのスナップが無効**になります。**Step.1**でバウンディングボックスを非表示[21]にしているのは、そのためです。

★21 バウンディングボックスは基本的に非表示にしておいたほうが作業しやすい。バウンディングボックスのハンドルとアンカーポイントが重なることが多く、そのままではアンカーポイントにカーソルを合わせてドラッグできない（拡大・縮小モードになってしまう）ため。

図形の中心
ライブシェイプ
バウンディングボックス
ハンドル
通常のパス
オブジェクトの中央

長方形や円の場合は、図形の中心とオブジェクトの中央は同じ位置にあるが、正三角形などの奇数辺多角形の場合は、ずれが生じる。ライブシェイプの多角形の場合、基準となる角が◉で表示され、ドラッグすると[角丸の半径]を調整できる。通常のパスには表示されない。バウンディングボックス非表示の場合、センターポイントは■で表示されるが、バウンディングボックスを表示すると、ライブシェイプは●で表示される。

変形パネル上段の[W][H]や[回転][シアー]による変形、[拡大・縮小ツール]や[回転ツール]などのツールによる変形は、**[基準点]やオブジェクトの中央が基準**になります。ライブシェイプの場合、変形パネル中段の[プロパティ]でも拡大・縮小したり回転できますが、この場合は**センターポイント(図形の中心)が基準**になります。オブジェクトの中央と図形の中心が異なる**奇数辺多角形**★22の場合、前者で変形すると、[基準点:中央](オブジェクトの中央)に設定しても、変形するごとにセンターポイントの座標が変化します。一方、後者で変形すると、センターポイントを固定できます。このメリットについては、P92でも解説します。

★22　ライブシェイプ導入前は、奇数辺多角形のセンターポイントはオブジェクトの中央に表示されていた。そのため、図形の中心を突き止めるには、同じ半径を持つ円を描き、天位置を揃えるなどの工夫が必要だった。ライブシェイプでセンターポイントが図形の中心に表示されるという改良が施されたため、この手間を省けるようになった。

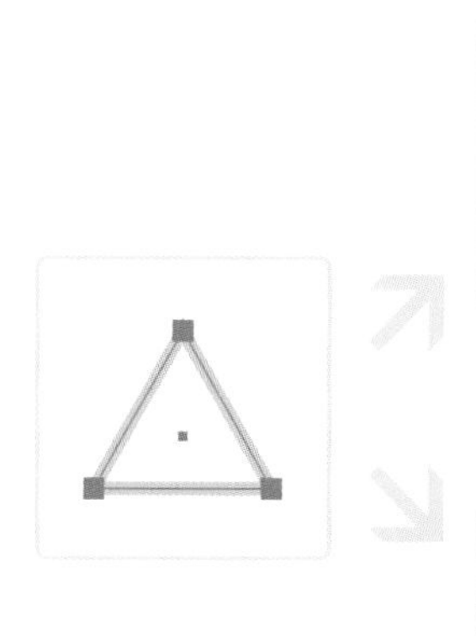

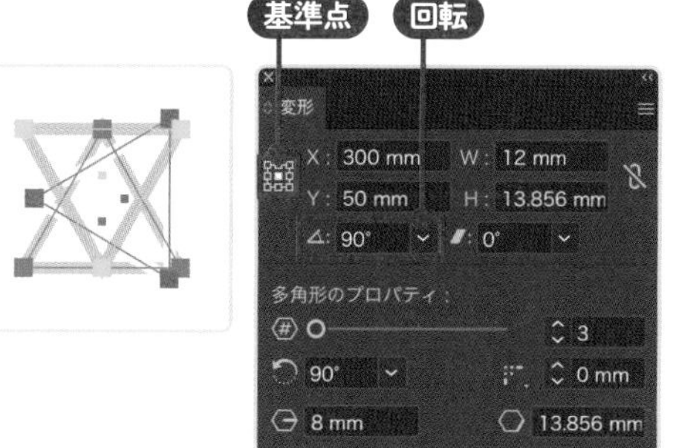

[回転]で回転

パネル上段の[回転]は[基準点]が回転の中心になる。[基準点:中央]に設定しても、奇数辺多角形の場合はセンターポイントと一致しないため、センターポイントの座標は変化する。

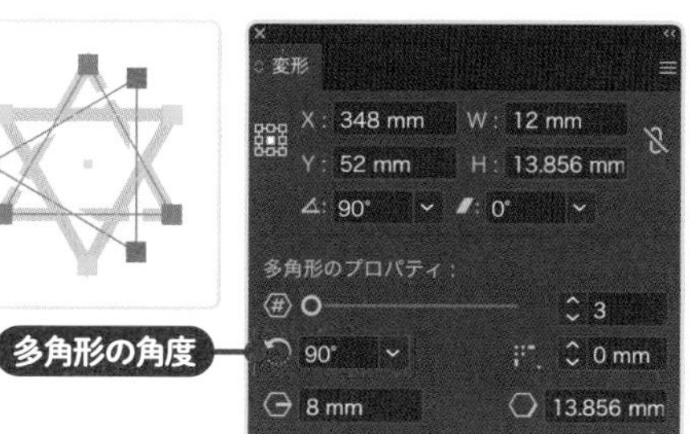

[多角形の角度]で回転

[プロパティ]の[多角形の角度]で回転すると、センターポイントを基準に回転するため、回転を重ねてもセンターポイントの座標は変化しない。

2-1-9 ライブコーナーによる角丸処理

Illustratorには、**角の丸みを動的に変更**できる、**ライブコーナー**という機能があります。コーナーポイントを選択すると、**「コーナーウィジェット」**と呼ばれる◉が表示され、★23 カーソルを合わせてドラッグすると角丸化できます。

★23 コーナーウィジェットが表示されるのは、[ダイレクト選択ツール] を選択しているときのみ。

ライブコーナーで角丸にする

Step.1 [表示] メニュー→ [コーナーウィジェットを表示] を選択する

Step.2 ツールバーで [ダイレクト選択ツール] を選択し、コーナーポイントをクリックして選択する

Step.3 コーナーウィジェットを角の内側へドラッグする

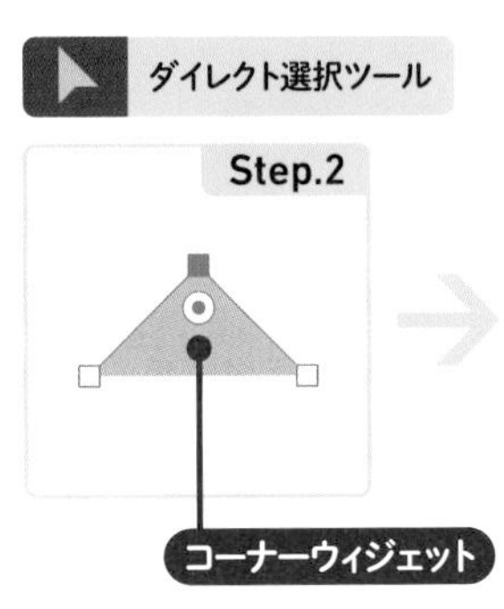

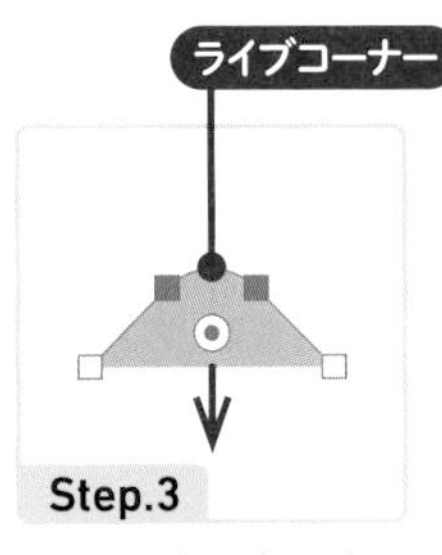

コーナーウィジェットにカーソルを合わせてドラッグすると、丸みを調節できる。また、角の外側へドラッグすると、元のコーナーポイントに戻せる。

コントロールパネルや**プロパティパネル**で、**[コーナーの半径]** に数値を入力して、角を丸めることもできます。**[0] に変更すると、元のコーナーポイントに戻せます**。この方法は、コーナーウィジェットが非表示でも利用できます。

アンカーポイント　変換：　ハンドル：　アンカー：　コーナー： 4 mm

コントロールパネル

コーナーの半径

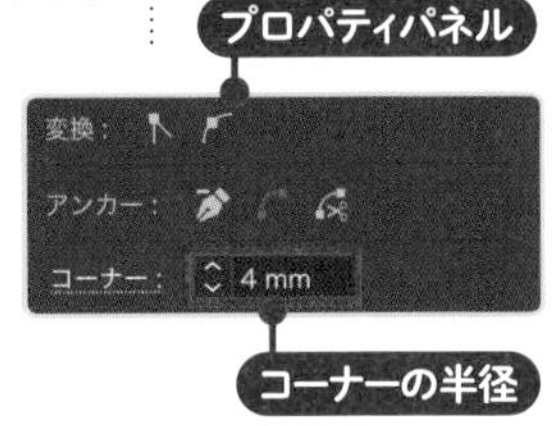

コーナーポイントを角丸化すると、見た目は2つのアンカーポイントによる構成に変化しますが、**片方のアンカーポイントを選択して [コーナーの半径] を変更すると、もう片方も連動して変化**します。ただし、**片方のアンカーポイントを移動**したり、**縦横比を固定しない変形**をおこなうと、ペアが解消され、**ライブコーナー部分がアウトライン化**（アンカーポイントとセグメントに変換）されてしまうので注意します。

[ダイレクト選択ツール] で複数のコーナーポイントを選択した状態で、ひとつのコーナーポイントを角丸化すると、他のコーナーポイントも**同じ半径で角丸化**できます。また、**[選択ツール] でパス全体を選択したあと [ダイレクト選択ツール] に切り替える**と、すべてのコーナーポイントが選択された状態になるため、いずれかひとつを角丸化すると、[コーナーの半径] を揃えることができます。

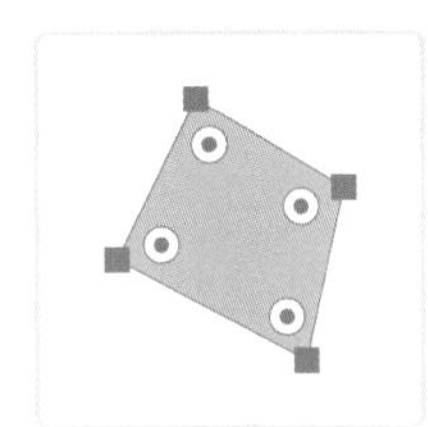

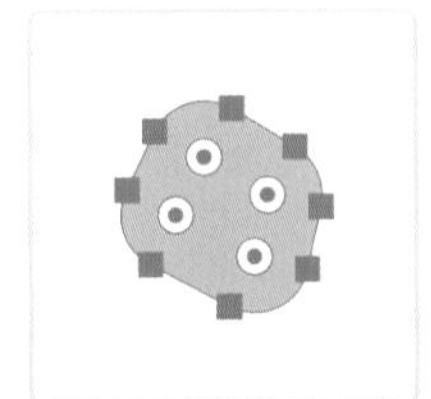

[角の種類] のデフォルトは、角に丸みをつける **[角丸 (外側)]** ですが、丸くえぐる **[角丸 (内側)]** や、斜めに断ち落とす **[面取り]** にも変更できます。★24

★24　[角の種類] を選べるのは、アピアランスの [角を丸くする] 効果にはないメリットだが、縦横比を固定しない拡大・縮小でアウトライン化しないよう、注意する必要がある。ライブコーナーは最後の仕上げで設定するとよい。

角の種類を変更する

Step.1　ツールバーで [ダイレクト選択ツール] を選択し、コーナーポイントまたはコーナーウィジェットをクリックして選択する

Step.2　コントロールパネルで [コーナー] をクリックしてパネルを開き、角の種類を選択する

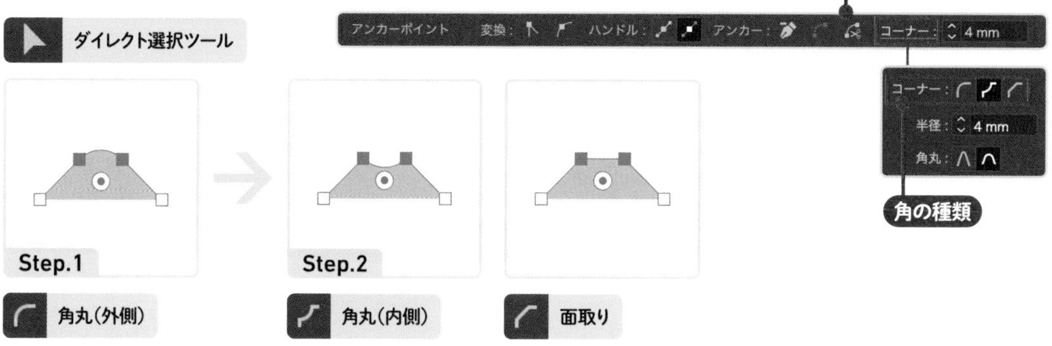

同様の操作は、**プロパティパネル**でも可能です。また、**[option (Alt)] キー**を押しながらコーナーウィジェットをクリックすると、**[角丸 (外側)] ⇒ [角丸 (内側)] ⇒ [面取り]** の順で種類を切り替えできます。

ライブシェイプの長方形や多角形の場合、**変形パネル**で角の状態をコントロールできます。★25　ライブシェイプの場合、[コーナーの半径] は **[角丸の半径]** に名称が変わりますが、指し示すところは同じです。

★25　ライブシェイプの多角形の場合、設定できるのは [角の種類] [角丸の半径] ともに1種類のみで、すべてのコーナーポイントに同じ設定が適用される。個別に設定する場合は、[ダイレクト選択ツール] でコーナーポイントを選択して変更する。

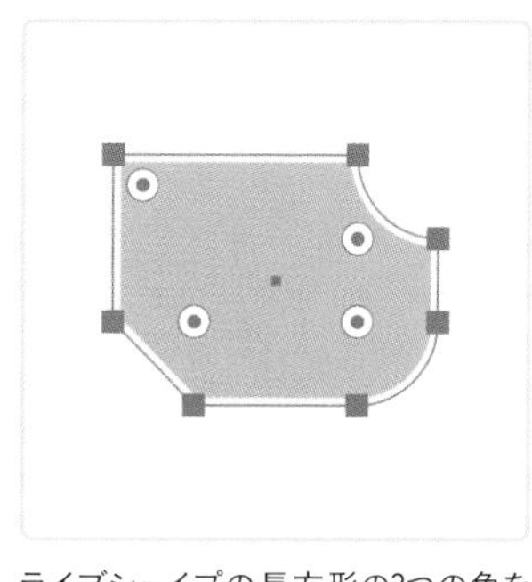

ライブシェイプの長方形の3つの角を、ライブコーナーで加工している。

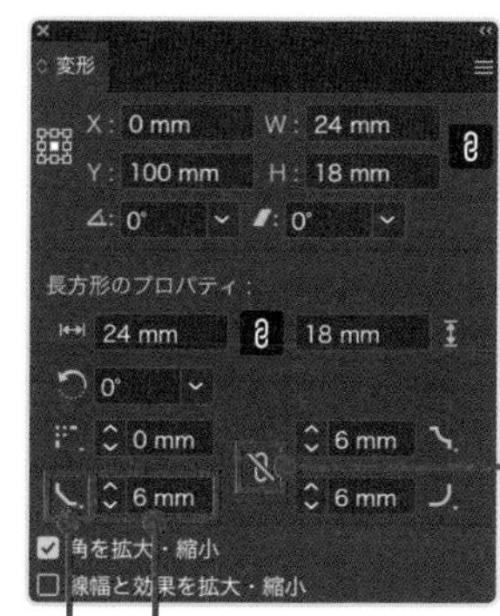

角丸の半径値をリンク：オフ

角丸の半径値をリンク：オン

鎖のアイコンは、ここでは [角丸の半径値をリンク] の設定になる。オン／オフは、クリックで切り替えできる。

2-2 文字入力(テキスト作成)の流れ

- 入力は[文字ツール]、設定の変更は文字パネルや段落パネルでおこなう
- [文字ツール]でクリックしたあと入力するとポイント文字、ドラッグしたあと入力するとエリア内文字になる
- 既存のパスも、エリア内文字のテキストエリアとして使える
- ポイント文字とエリア内文字は切り換え可能
- パス上文字を使うと、パスに沿って文字を配置できる
- 横組みと縦組みは変更可能

2-2-1 文字入力も、ざっくりorきちんと

テキストオブジェクトは、**文字を入力して作成するオブジェクト**です。図形同様、こちらも**適当な設定で入力したあと、書体やサイズなどを調整する「ざっくり入力」**と、**事前に設定してから入力する「きちんと入力」**の2通りの方法があります。文字の入力はおもに**[文字ツール]**、★1 文字の設定は**文字パネル**と**段落パネル**を使用します。

ざっくり入力は、ひとまず文字を入力したあと、設定を変更しながら仕上げていく方法です。たいていは、こちらのルートで作業することになるのではないかと思われます。

★1 [文字ツール]使用時に自動でテキストが挿入される場合は、環境設定で[新規テキストオブジェクトにサンプルテキストを割り付け]にチェックが入っている。不要なら、[Illustrator]メニュー→[環境設定]→[テキスト]で[環境設定]ダイアログを開き、チェックを外す。

テキストオブジェクトを作成する

Step.1 ツールバーで[文字ツール]を選択し、キャンバスの何も描画されていない場所でクリックする

Step.2 キーボードから文字を入力する

Step.3 [esc]キーを押して入力を終了する

入力後に**[esc] キー**★2を押すと、入力が終了すると同時に、**[選択ツール]**が選択されます。このほか、**ツールバーのいずれかのツールを選択して入力を終了**することもできます。次の作業で使うツールを選択すると、入力の終了とツールの選択が同時に完了します。

★2 [esc]や[return]キーは、操作の終了に使う。[return]キーは改行に使うため、[文字ツール]は[esc]キーで終了する。[ペンツール]による描画は、[return]キーで終了できる。

書体とサイズを変更する

Step.1 （ツールバーで［選択ツール］を選択したあと）テキストオブジェクトをクリックして選択する
Step.2 ［ウィンドウ］メニュー→［書式］→［文字］を選択して、文字パネルを開く
Step.3 ［フォントファミリ］のメニューから書体を選択する
Step.4 ［フォントサイズ］のメニューから選択、または数値を入力する

[選択ツール] でテキストオブジェクトを選択して設定を変更すると、それに含まれるすべての文字に変更が適用されます。一部の文字について変更する場合は、**[文字ツール]** で文字をドラッグして選択したあと、文字パネルで設定を変更します。文字パネルでは、行と行の間隔に影響する **[行送り]** や、文字と文字の間隔に影響する **[カーニング]**★3 なども設定できます。

★3 「カーニング」は、文字の間隔を調整する技術やその操作を指す。[カーニング] の選択肢は、[メトリクス] [オプティカル] [和文等幅] の3種類があり、このうち [メトリクス] は、フォントに内包されている詰め情報を利用して調整するもので、これを適用すると、フォントの設計者の意図を反映できる。ただし、すべてのフォントに詰め情報が用意されているわけではなく、詰め情報を持たないフォントにこれを適用しても、変化は起きない。そういったときは、文字の形状に応じて自動で間隔を調整する [オプティカル] が便利。

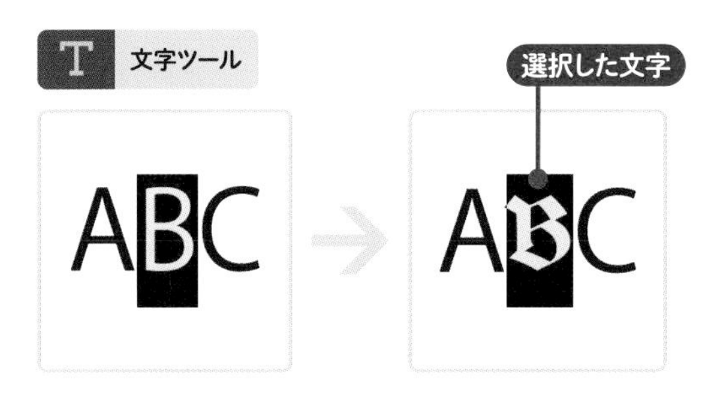

テキストの場合、図形と比べて設定項目が多いため、こと細かに設定したところで、入力後の調整が必要になるケースが多いです。こちらの方法（きちんと入力）はあまり現実的ではないかもしれませんが、すでにフォーマットデザインが確定していて、書体やサイズの指定がある場合や、頻繁に使う書体がある場合などには使えることがあります。

詳細を設定してテキストオブジェクトを作成する

Step.1 〔選択〕メニュー→〔選択を解除〕を選択し、未選択状態（選択なし）にする
Step.2 文字パネルで〔フォントファミリ〕や〔フォントサイズ〕などを設定する
Step.3 ツールバーで〔文字ツール〕を選択し、キャンバスの何も描画されていない場所でクリックする★4
Step.4 キーボードから文字を入力し、〔esc〕キーを押して入力を終了する

★4 オブジェクトを［文字ツール］でクリックすると、テキストエリア化されてしまうため。P53参照。

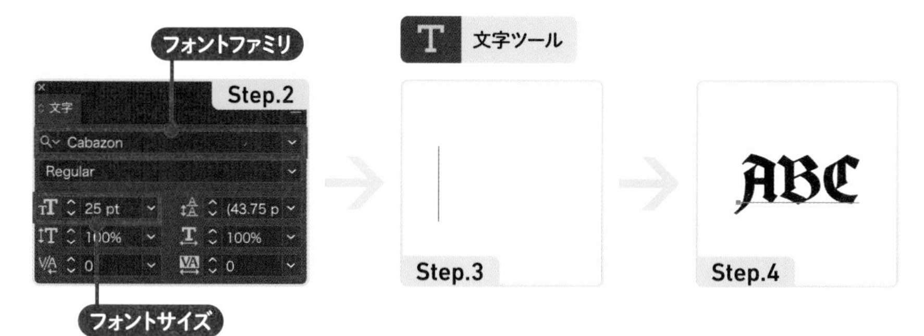

未選択状態でおこなった文字パネルの設定は、**以降のデフォルト**になります（ただし、ファイル限定のデフォルトで、かつファイルを閉じるとリセットされます）。［長方形ツール］などの描画ツールと異なり、**［文字ツール］は、直前に選択したテキストオブジェクトの設定を引き継ぎません**。作成されたテキストオブジェクトには、デフォルトの設定が適用されます。頻繁に使う書体やフォントサイズがある場合、未選択状態でデフォルトとして文字パネルに設定しておけば、ひと手間省けます。★5

★5 書式を効率よく管理する方法として、段落スタイルや文字スタイルを利用する方法がある。これについては、P210で解説。

2-2-2　ポイント文字とエリア内文字

[文字ツール]でクリックして作成したテキストオブジェクトは、「**ポイント文字**」に分類されます。**[文字ツール]でドラッグ**したあと文字を入力すると、長方形の**テキストエリア**★6内に文字が配置されます。このテキストオブジェクトは、「**エリア内文字**」に分類されます。★7

★6　InDesignの「テキストフレーム」に相当する。

★7　エリア内文字の場合、文字がテキストエリアの端(行末)に到達すると、自動で折り返される。これにより、テキストを長方形や円など特定の形状におさめることが可能になる。

エリア内文字を作成する

Step.1　ツールバーで[文字ツール]を選択し、キャンバスでドラッグする

Step.2　文字を入力したあと、[esc]キーを押して入力を終了する

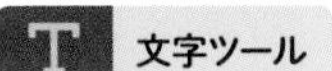

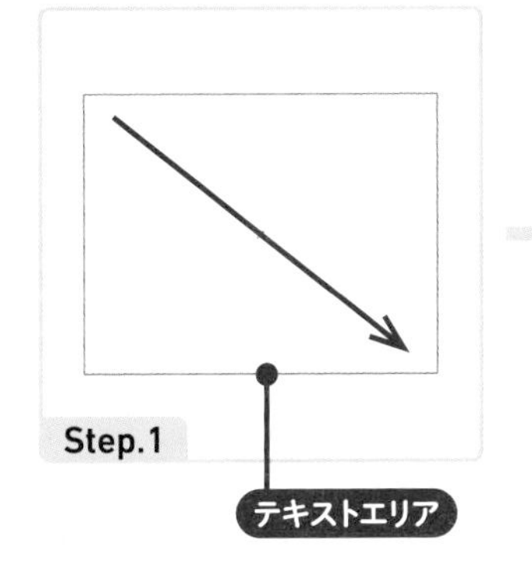

It is only with the heart that one can see rightly.

エリア内文字

It is only with the heart that one can see rightly.

Step.2

段落パネルで**[均等配置(最終行左揃え)]**や**[両端揃え]**などを適用すると、行頭だけでなく**行末**の文字の位置も揃えることができます。

行揃え

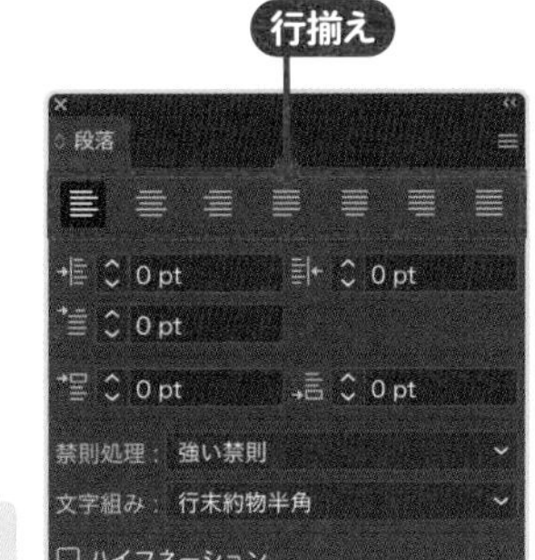

段落パネル

段落パネルは、[ウィンドウ]メニュー→[書式]→[段落]で開く。デフォルトは[左揃え]になる。[行揃え]のうち、[均等配置(最終行左揃え)]は、小説などの長文コンテンツに頻繁に使われる。

It is only with the heart that one can see rightly.

左揃え

It is only with the heart that one can see rightly.

中央揃え

It is only with the heart that one can see rightly.

均等配置(最終行左揃え)

It is only with the heart that one can see rightly.

両端揃え

エリア内文字には、**テキストオブジェクトの座標を固定**できるメリットがあります。ポイント文字の場合、[フォントサイズ]や内容を変更すると座標が変わりますが、エリア内文字は変わらないため、位置調整の手間が省けます。

ただし、**テキストエリアからあふれた文字は画面に表示されない**ため、その都度、[フォントサイズ]や文字数、テキストエリアのサイズなどを調整する必要があります。★8

★8 逆に考えるとポイント文字のメリットはここにあり、文字が占める面積やその印象、文字量が未知数の場合でも、ひとまず作業にとりかかれる。

ポイント文字の場合、ポイントの位置は変化しないが、[基準点]は、テキストオブジェクトの輪郭が基準となる。そのため、[フォントサイズ]などを変更すると、座標が変化する。

エリア内文字の場合、書式や内容が変わっても座標は変化しない。テキストエリアから文字があふれると、赤い「+」マークが表示される。

エリア内テキストは、テキストエリアを基準にテキストの位置を設定できる。サンプルは、[上揃え]を[中央揃え]に変更した。

	メリット	デメリット
ポイント文字	入力した文字がすべて表示される。	正確な位置に固定できない。 [両端揃え]などが使えない。
エリア内文字	特定の形状に組む(テキストをおさめる)ことができる。 [両端揃え]などで行末の文字の位置を揃えることができる。 正確な位置に固定できる。 テキストエリアに対して、位置やマージン(余白)を設定できる。	テキストエリアより大きい文字や、あふれた文字は表示されない。

既存のパスをテキストエリアとして使うこともできます。★9 長方形で配置する位置と範囲のアタリをつけておき、原稿が完成したら流し込む、といったフローも可能です。円形に流し込んでビジュアル要素のひとつとしてデザインに組み込む、といった使いかたもできるでしょう。［文字ツール］での作業中、誤って予定外のパスをテキストエリアに変換してしまったら、**テキストエリアのみをコピー＆ペースト**することで取り出せます。

★9　エリア内文字の作成に特化したツールとして、［エリア内文字ツール］がある。このツールのメリットは、オープンパスもテキストエリアに変換できる点。［文字ツール］でテキストエリア化できるのはクローズパスに限られ、オープンパスのセグメントをクリックすると、パス上文字として処理される。オープンパスとクローズパスについては、P62、P238の図を参照。

エリア内文字ツール

パスをテキストエリアに変換する

Step.1　ツールバーで［文字ツール］を選択する
Step.2　パスのセグメントをクリックして、テキストエリアに変換する
Step.3　文字を入力したあと、［esc］キーを押して入力を終了する

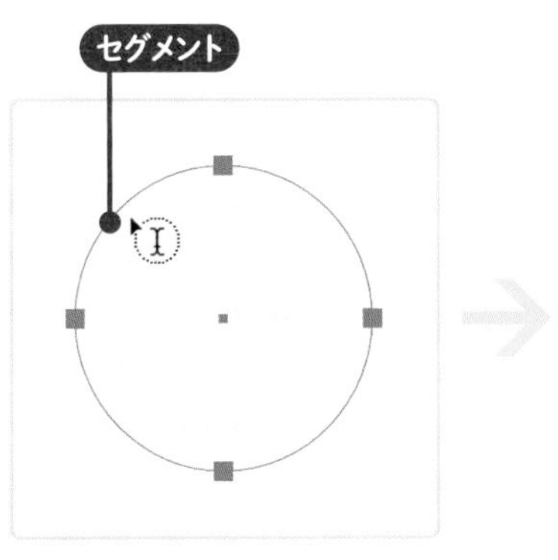

テキストエリア
Step.2

文字ツール　エリア内文字

セグメントはアンカーポイントどうしを結ぶ線を指す。カーソルをセグメントに重ねると、エリア内文字カーソルに変わる。

クリックすると、テキストエリアに変換される。

テキストエリアをパスに戻す

Step.1　ツールバーで［グループ選択ツール］★10 を選択し、テキストエリアのセグメントをクリックして選択する
Step.2　［編集］メニュー→［コピー］を選択したあと、［ペースト］を選択する

★10　［ダイレクト選択ツール］と同じグループにおさめられている。ツールバーで［ダイレクト選択ツール］を長押しして、メニューから選択する。

グループ選択ツール

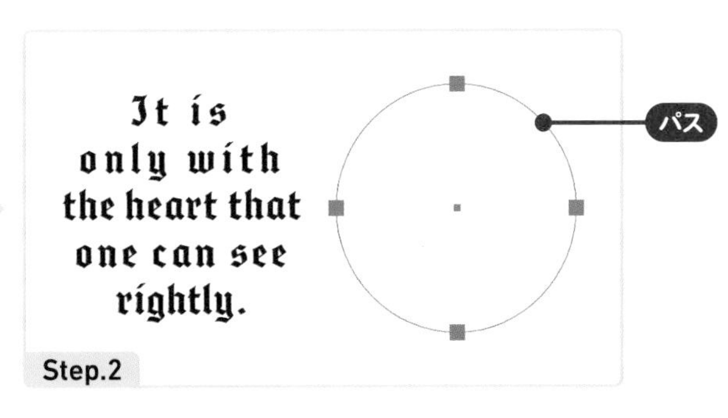

[グループ選択ツール]は、グループに含まれる特定のパスを選択できるツールですが、**テキストエリアの選択**にも使えます。★11 このツールで選択すると、テキストエリアのサイズのみを変更できます。テキストエリアのサイズを変更する方法としては、**[エリア内文字オプション]ダイアログ**を使う方法もあります。このダイアログでは、**[テキストの配置]**なども設定できます。

★11 [選択ツール]で選択すると、テキストエリアと中の文字の両方が選択されることになる。この状態で拡大・縮小すると、文字にも影響する。ベースラインが非表示になっていれば、テキストエリアのみを選択できている。

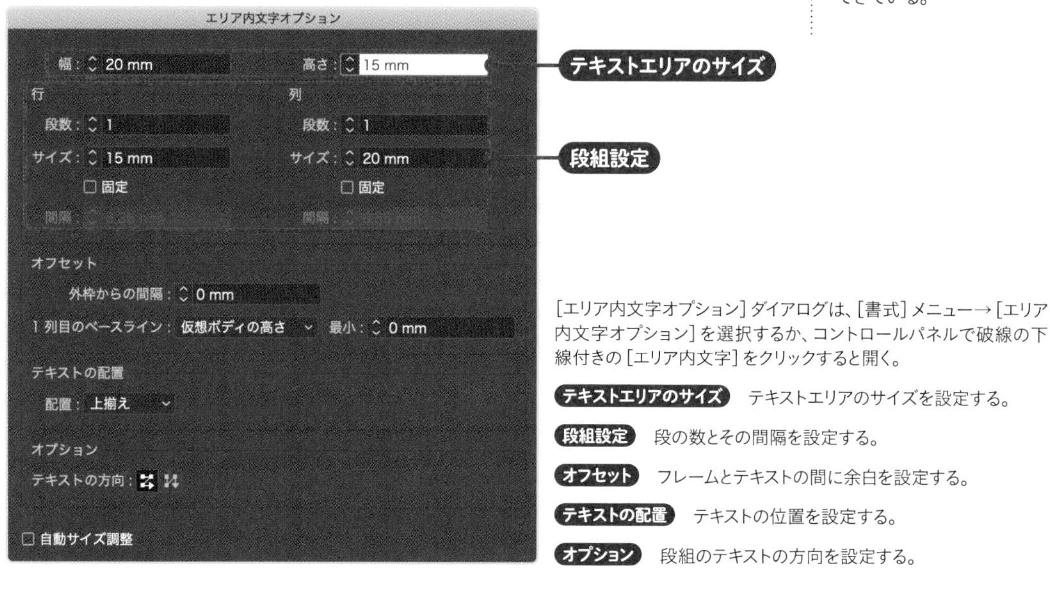

[エリア内文字オプション]ダイアログは、[書式]メニュー→[エリア内文字オプション]を選択するか、コントロールパネルで破線の下線付きの[エリア内文字]をクリックすると開く。

テキストエリアのサイズ テキストエリアのサイズを設定する。

段組設定 段の数とその間隔を設定する。

オフセット フレームとテキストの間に余白を設定する。

テキストの配置 テキストの位置を設定する。

オプション 段組のテキストの方向を設定する。

ポイント文字はエリア内文字へ切り換えできます。★12 また、その逆の切り換えも可能です。

★12 ポイント文字で作業を始めたが、文字数が増えたのでエリア文字で管理したい、[両端揃え]で端の文字の位置を揃えてボックス型に組みたい、といったときに便利。

エリア内文字をポイント文字に切り換える

Step.1 ツールバーで[選択ツール]を選択し、キャンバスでエリア内文字をクリックして選択する

Step.2 [書式]メニュー→[ポイント文字に切り換え]を選択する

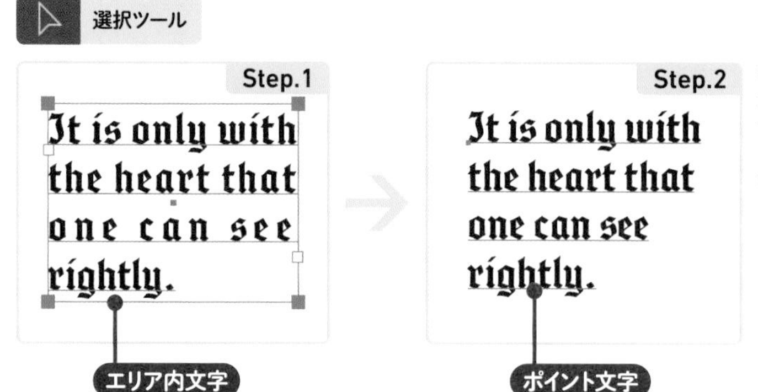

複数行のエリア内文字をポイント文字に切り換えると、行末に自動で改行が入る。[行揃え：均等配置（最終行左揃え）]などに設定していた場合、[左揃え]になる。

1 準備
2 描画と作成
3 変形
4 塗りと線
5 アピアランス
6 パターンとブラシ
7 その他の操作

2-2-3 パス上文字について

パス上文字は、**パスに沿って文字を配置できる機能**です。★13 円周に沿って文字を並べたり、紋章のスクロール（巻物）に文字を嵌め込むなどの用途に使えます。

★13 パス上文字が表示できるのは、一行のみ。複数の行を表示することはできず、あふれたテキストも表示されない。

★14 オープンパスは［文字ツール］でもパス上文字を作成できる。また、クローズパスも一部を切断するとオープンパスになるため、少し工夫すれば［文字ツール］で全種まかなえることになる。

パス上文字で円周上に文字を配置する

Step.1 ツールバーで［楕円形ツール］を選択し、キャンバスで［shift］キーを押しながらドラッグして円を描く

Step.2 ツールバーで［パス上文字ツール］★14 を選択し、円のセグメントをクリックする

Step.3 文字を入力したあと、［esc］キーを押して入力を終了する

クリックした地点にカーソルが表示される。

パス上文字の方向や、行頭および行末の位置は、**［選択ツール］**や**［ダイレクト選択ツール］**で、**「ブラケット」**と呼ばれる線をドラッグして調整します。**先頭と末尾のブラケットは行頭と行末の位置**を、**中央のブラケットはパスに対する文字の方向**を変更できます。★15

★15 パス上文字を選択し、［書式］メニュー→［パス上文字オプション］で［歪み］や［階段状］を選択すると、文字の配置が変わる。デフォルトは［虹］。

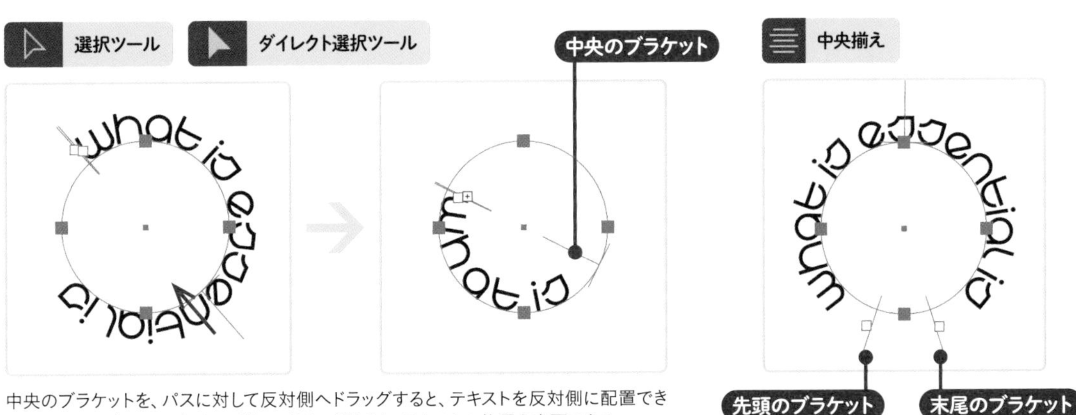

中央のブラケットを、パスに対して反対側へドラッグすると、テキストを反対側に配置できる。またこのブラケットをパスに沿ってドラッグすると、テキストの位置を変更できる。

ブラケットの位置を調整し、段落パネルの［行揃え］を組み合わせると、テキストの位置を効率よく調整できる。

2-2-4 テキストエリアの連結

テキストエリアは**追加**および**連結(リンク)**できます。**オーバーフローテキスト**★16の解決策となるほか、長文を分散して配置できるので、紙面の柔軟なレイアウトも可能にします。

★16 InDesignで「オーバーセットテキスト」と呼ばれるもの。

1 準備　2 描画と作成　3 変形　4 塗りと線　5 アピアランス　6 ブラシとパターン　7 その他の操作

同じサイズのテキストエリアを追加する

Step.1 ツールバーで［選択ツール］を選択し、エリア内文字をクリックして選択する

Step.2 テキストエリアの出力ポイントをクリックしたあと、キャンバスでクリックする

エリア内文字やパス上文字を選択すると、テキストエリアやブラケット上に「出力ポイント」と「入力ポイント」が表示される。クリックすると、読み込みテキストカーソルが表示される。オーバーフローテキストを示す赤い「+」は、出力ポイントに表示される。

オーバーフローテキスト

読み込みテキスト

クリックした地点に、元のテキストエリアと同じ形状のテキストエリアが生成される。クリックではなくドラッグすると、任意のサイズのテキストエリアを作成できる。また、このとき既存のパスをクリックすると、それがテキストエリアに変換される。パスがオープンパスの場合は、パス上文字になる。このように、エリア内文字からパス上文字、その逆の連結なども可能。

入出力ポイント(連結なし)

入出力ポイント(連結済み)

パス上文字も連結できます。**出力ポイント**★17をクリックしたあとキャンバスでクリックすると、**元のパス上文字と同じ形状のパス**が生成され、テキストが流し込まれます。

★17 InDesignの場合、入力ポイントは「インポート」、出力ポイントは「アウトポート」と呼ばれる。IllustratorとInDesignで、微妙に名前が異なることがあるが、機能はだいたい同じなので、応用で操作できる。

連結されたテキストオブジェクトを、「**スレッドテキスト**」と呼びます。**連結したものを解除**することも可能です。また、**テキストエリアやパスにそれぞれの文字を残した状態で連結を解除**することもできます。

スレッドテキストの連結を解除する

Step.1 ツールバーで［選択ツール］を選択し、スレッドテキストの一部を選択する

Step.2 ［書式］メニュー→［スレッドテキストオプション］→［選択部分をスレッドから除外］を選択する

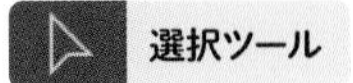

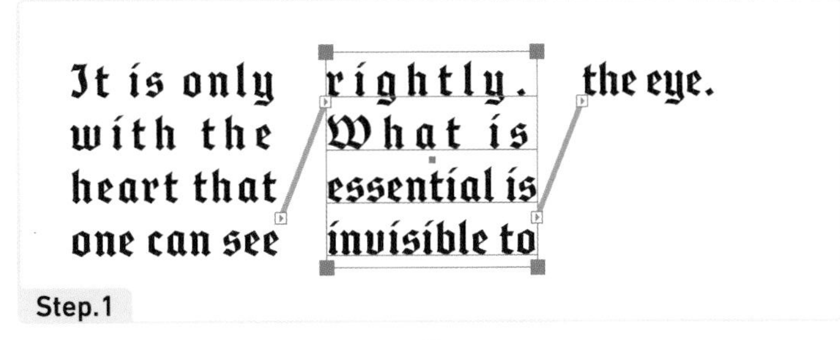

スレッドテキストから除外すると、空のテキストエリアやテキストパスになる。通常のパスとして再利用するには、パスのみを［グループ選択ツール］で選択して、コピー＆ペーストする必要がある。

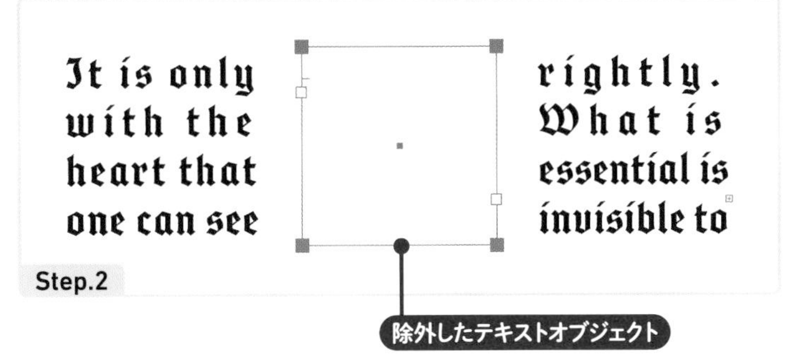

テキストエリアに文字を残して連結を解除する

Step.1 ツールバーで［選択ツール］を選択したあと、スレッドテキストを選択する

Step.2 ［書式］メニュー→［スレッドテキストオプション］→［スレッドのリンクを解除］を選択する

スレッドテキストの選択は、いずれかひとつのテキストオブジェクトでOK。［スレッドのリンクを解除］を適用すると、スレッドテキストに含まれるすべてのテキストオブジェクトの連結が解除される。

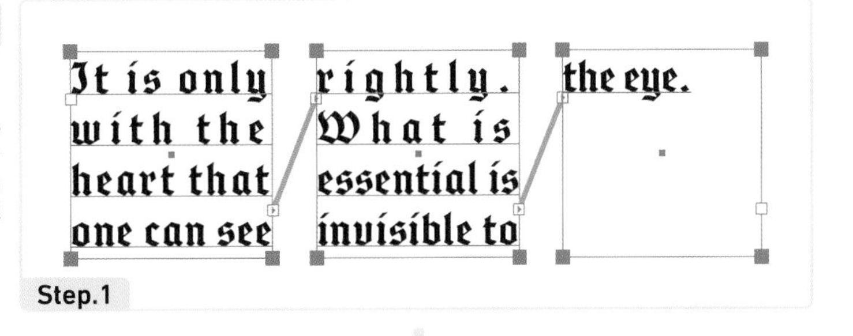

文字はそれぞれのテキストオブジェクトに残る。テキストオブジェクトの入出力ポイントをクリックしたあと、他のエリア内文字やパス上文字の入出力ポイントをクリックすると、リンクを解除したり、再リンクできる。

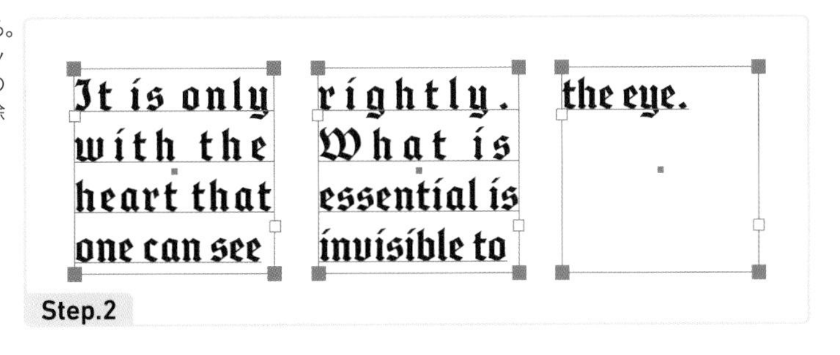

1 準備
2 描画と作成
3 変形
4 塗りと線
5 アピアランス
6 パターンとブラシ
7 その他の操作

2-2-5　横組みと縦組み

［文字ツール］で作成した**横組み**のテキストオブジェクトは、**縦組み**に変更できます。縦組みに特化した**［文字（縦）ツール］**などもあり、★18 こちらで入力すると最初から縦組みになります。

★18　ツールバーの［文字ツール］と同じグループにある。なお、縦組み中の文字の選択も、［文字ツール］で可能なので、縦組みへの変更が手間でなければ、［文字ツール］だけで作業することも可能。

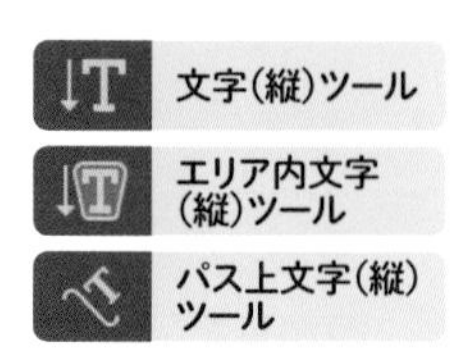

横組みを縦組みに変更する

Step.1　ツールバーで［選択ツール］を選択し、テキストオブジェクトを選択する

Step.2　［書式］メニュー→［組み方向］→［縦組み］を選択する

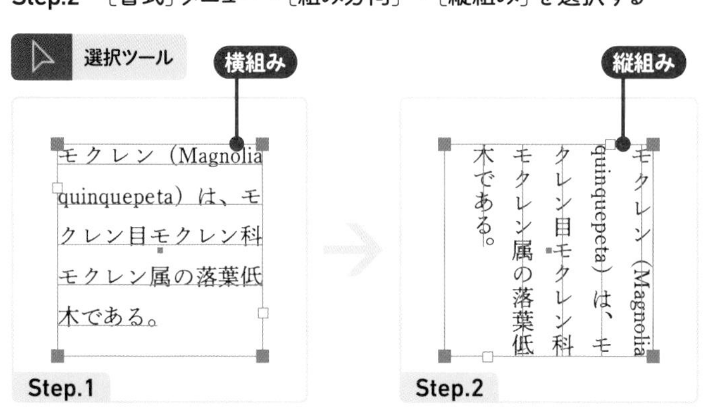

縦組みのデフォルトでは、**半角英数字（欧文）は時計回りに90°回転した状態**で表示されます。テキストオブジェクトや文字を選択したあと、★19 **文字パネルのメニュー**から**［縦組み中の欧文回転］**を選択してチェックを入れると、★20 回転が解消されます。

★19　テキストオブジェクトを選択するとそれに含まれる欧文すべて、文字を選択するとその文字に限定した回転になる。

★20　未選択状態（選択なし）でこのメニューにチェックを入れると、以降のデフォルトに設定される。

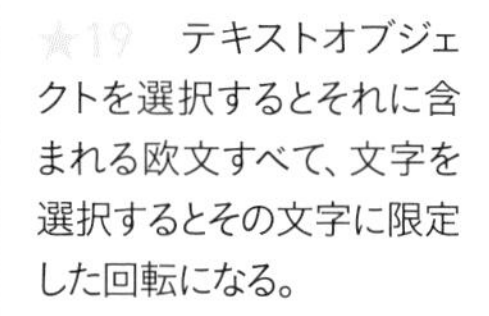

文字パネルの**[文字回転]**や**[文字タッチツール]**で文字を回転することも可能です。こちらの場合、組み方向や欧文★21に限らず、すべての文字を自由な角度に回転できます。

★21　「欧文」は、半角英数字を指すが、半角英字のみを意味することもある。

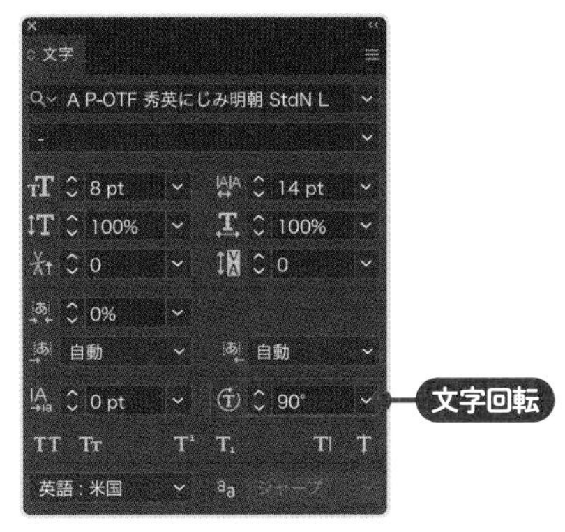

［文字回転］を［0°］以外に変更すると、選択した文字だけが回転する。［45°］などに設定すると、斜めに回転することも可能。

［文字タッチツール］による回転も、［文字回転］の数値に反映される。

文字タッチツール

［文字タッチツール］で文字をクリックし、上のハンドルをドラッグすると、文字が回転する。辺のハンドルは［垂直比率］と［水平比率］に影響。

縦組み中の2桁の数字などは、横並びに変更できます。この処理を、「**縦中横**（たてちゅうよこ）」と呼びます。文字数に制限はありませんが、読みやすさや行間の兼ね合いを考慮して、最大3桁程度にとどめておくとよいでしょう。★22

★22　西暦の下2桁や年齢、住所の番地、回数などの表記に使える。現実的に使える桁数には限界があるため、最初にルールを決めておくとよい。

縦中横にする

Step.1　ツールバーで［文字ツール］を選択し、文字を選択する
Step.2　文字パネルのメニューから［縦中横］を選択する
Step.3　［esc］キーを押して操作を終了する

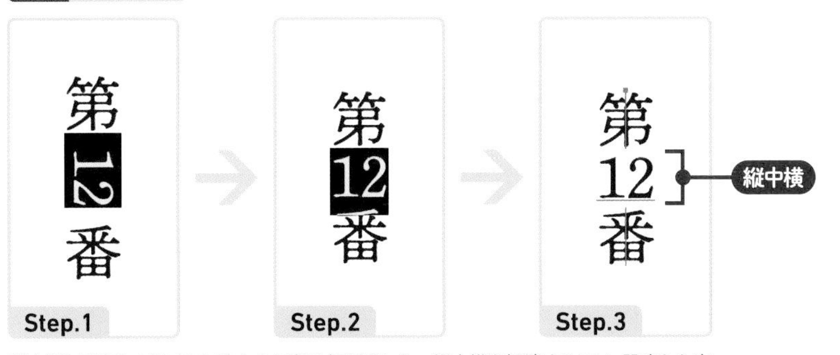

縦中横に設定した時点で、欧文の回転も処理される。縦中横を解消するには、設定した文字を選択し、再度［縦中横］を選択してチェックを外す。文字を正確に選択できていないと、誤選択した文字も含めた縦中横に変更されてしまうので、注意する。

2-3 パスの描画と生成

- [長方形ツール] などの図形ツールや、ドラッグの軌跡をパス化する [鉛筆ツール] は、初心者でも扱いやすい
- [ペンツール] は、キーボードショートカットの併用で使い勝手が格段に向上する
- 画像をパスに自動変換する画像トレースは、設定の調整が重要

2-3-1 パスを描くいろいろな方法

Illustratorでパスを描く場合、方法が何通りもあります。不慣れでも扱いやすいのは、[長方形ツール] や [楕円形ツール]、[Shaperツール] などの**図形ツール**★1 です。**ドラッグしたり、ダイアログで数値を指定するだけで、正確な図形を描く**ことができます。**ドラッグした軌跡がそのままパスになる [鉛筆ツール]** も、比較的入門的なツールといえます。

[ペンツール] は、**クリックやドラッグでアンカーポイントやセグメントを作成するツール**です。これが自在に使えれば何でも描けるようになりますが、習得が難しく、初心者の壁となっています。

画像トレースは、**自動で画像をパスに変換する機能**です。ツールが使えなくても、複雑なパスを瞬時に起こすことができます。なお、ここでは取り扱っていませんが、**テキストオブジェクトのアウトライン化**★2 **も、パス変換のひとつの方法**といえます。

★1 図形の描画方法については、**P32**参照。

★2 テキストオブジェクトを選択したあと、[書式] メニュー→ [アウトラインを作成] を選択すると、パスに変換できる。

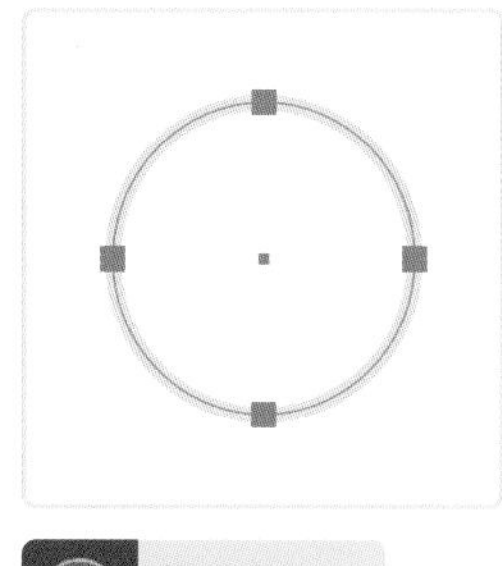

楕円形ツール

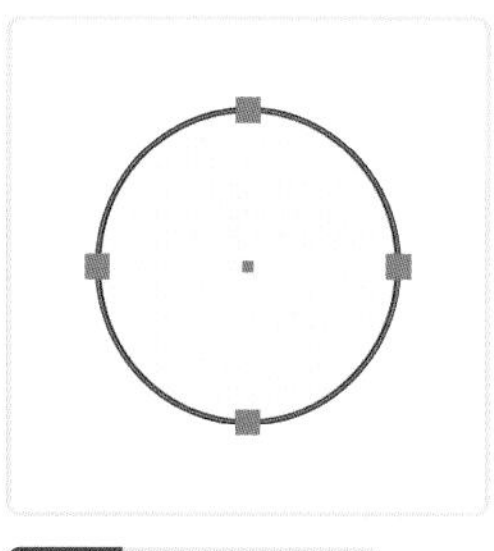

Shaperツール

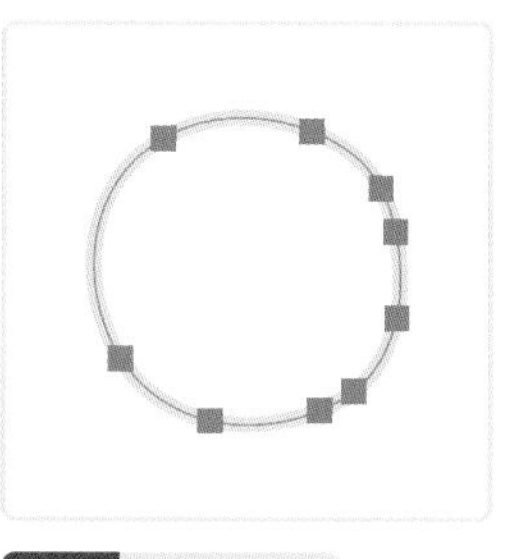

鉛筆ツール

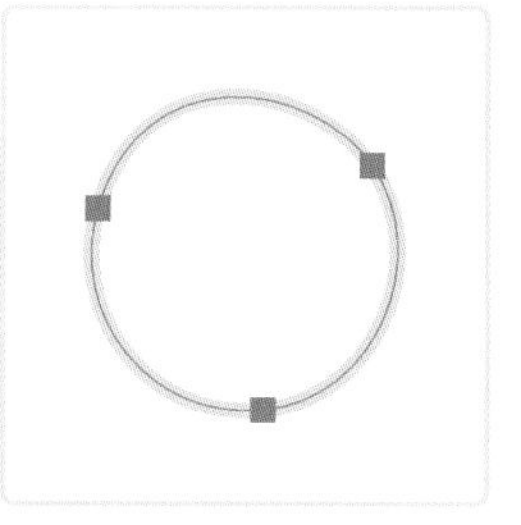

ペンツール

2-3-2 ［鉛筆ツール］で描く

［鉛筆ツール］ ★3 は、**ドラッグの軌跡をそのままパスに変換するツール**です。使いこなすポイントは、**描画後の修整作業**と、**オプション設定**にあります。

★3　直線も描画できる。[shift] キーを押しながらドラッグすると、水平／垂直／斜め45°、[option (Alt)] キーを押しながらドラッグすると、自由な角度の直線になる。

［鉛筆ツール］でパスを描く

Step.1　ツールバーで［鉛筆ツール］を選択する

Step.2　キャンバスでドラッグする

［鉛筆ツール］を選択したまま、描画直後の**選択が解除されていないパスをなぞるようにドラッグ**すると、**形状を修整**できます。また、**端点にカーソルを合わせてドラッグ**すると、**端点から続けて描画**できます。**端点と端点を繋ぐようにドラッグ**すると、**パスを連結**できます。［鉛筆ツール］によるこれらの操作 ★4 は、他のツールで描画したパスに対しても有効です。

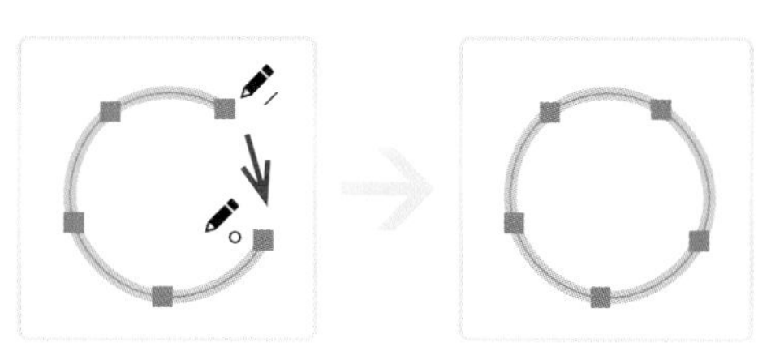

端点にカーソルを合わせると、カーソルに「／」が表示され、続けて描画できる。カーソルに「○」が表示されたら、端点に連結できる。

線の滑らかさは、**［鉛筆ツールオプション］ダイアログ**の**［精度］**で調整します。このダイアログは、ツールバーで**［鉛筆ツール］をダブルクリック**すると開きます。［滑らか］に設定しても、ドラッグの軌跡が極端に単純化されるわけでもないので、どちらでもよい場合は、**［滑らか］**側に設定するとよいでしょう。

★4　［鉛筆ツールオプション］ダイアログの［選択したパスを編集］に、デフォルトでチェックが入っているため、可能な操作。

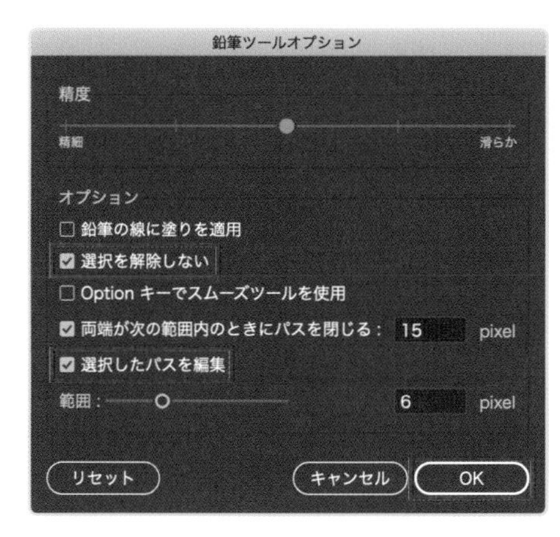

精度　［鉛筆ツール］の精度を設定する。デフォルトは中間。

選択を解除しない　チェックが入っていると、描画直後のパスの選択状態を保持できる。デフォルトでチェックが入っている。

選択したパスを編集　チェックが入っていると、［鉛筆ツール］でなぞることでパスの形状を修整したり、端点から続けて描画することが可能になる。デフォルトでチェックが入っている。

精彩

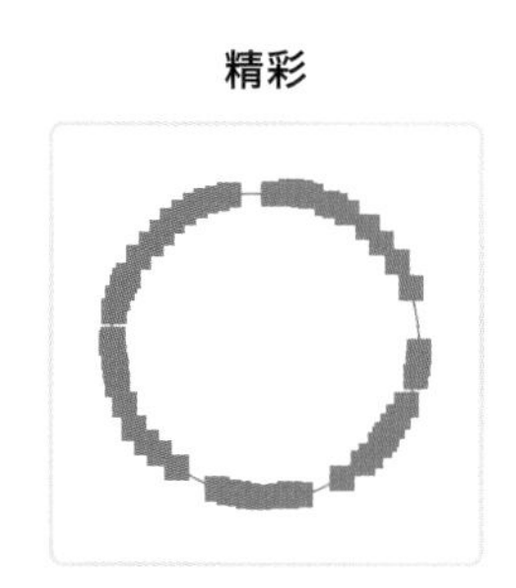

補正が弱く、わずかながたつきも反映される。

滑らか

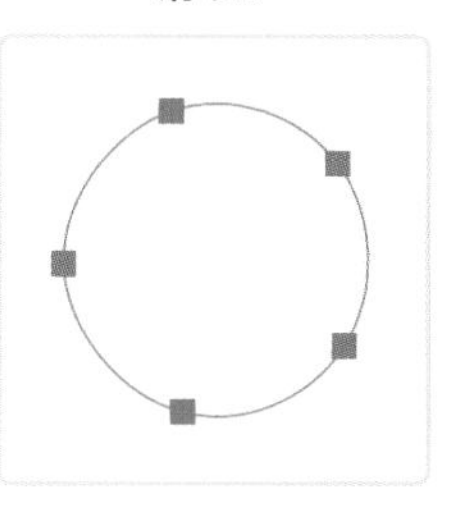

滑らかな線に補正される。

2-3-3 [ペンツール]で描く

[ペンツール]は、**クリックやドラッグでアンカーポイントを作成しながら、パスを描くツール**です。**クリックするとコーナーポイント、ドラッグするとスムーズポイント**を作成できます。★5

★5 コーナーポイントは、ハンドルの角度が異なる、またはハンドルを持たないアンカーポイントで、角になる。スムーズポイントは、反対向きの2本のハンドルが同一直線上にあるアンカーポイントで、曲線になる。

[ペンツール]で丸(クローズパス)を描く

Step.1 ツールバーで[ペンツール]を選択し、キャンバスでドラッグする
Step.2 続けて数箇所でドラッグし、端点にカーソルを合わせてドラッグしてパスを閉じる

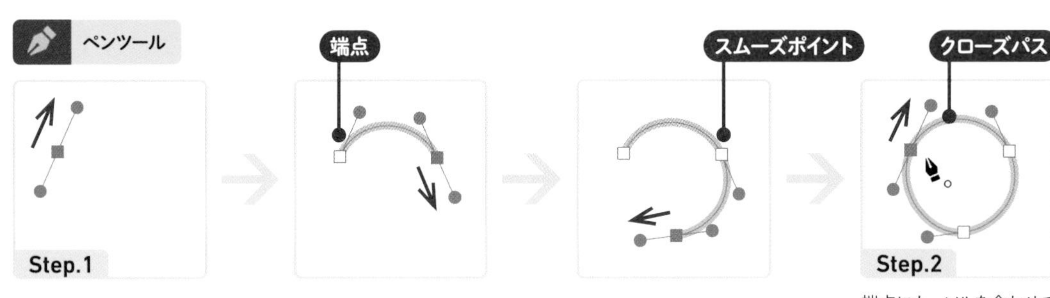

端点にカーソルを合わせて「○」が表示されたら、端点と連結できる。このような端点を持たないパスを、「クローズパス」と呼ぶ。

[ペンツール]のメリットは、アンカーポイントの位置を自分で決められる点にあります。これにより、**必要最小限のアンカーポイント**で構成されたパスを描くことができます。ただし、アンカーポイントを作成する位置の選定については、それなりに慣れが必要です。

キーボードショートカットを利用すると、**角度を固定する、ツールを切り替えずにパスを移動する、描画中にアンカーポイントの種類を切り換える**などの操作が可能です。

[ペンツール]で水平線(オープンパス)を描く

Step.1 [ペンツール]を選択し、キャンバスでクリックする
Step.2 [shift]キーを押しながら水平方向に離れた地点でクリックしたあと、[return]キーを押して描画を終了する

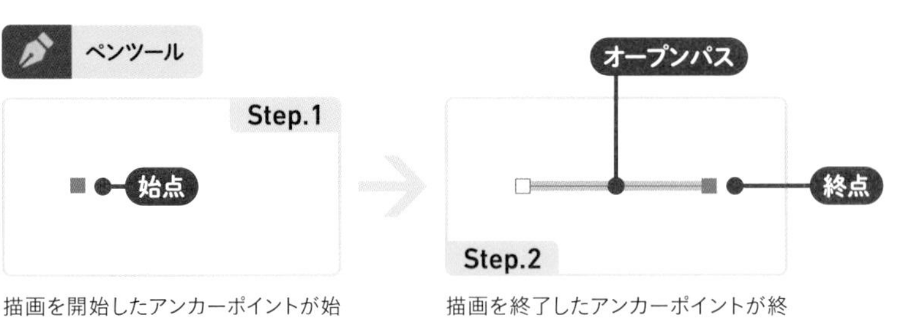

描画を開始したアンカーポイントが始点となる。

描画を終了したアンカーポイントが終点となる。始点と終点を「端点」と呼び、このような端点を持つパスを「オープンパス」と呼ぶ。

描画中にスムーズポイントをコーナーポイントに切り換える

Step.1　［ペンツール］でドラッグして、スムーズポイントを作成する★6

Step.2　［option（Alt）］キーで［アンカーポイントツール］に切り替えて、ハンドルをドラッグして折り曲げる

Step.3　［option（Alt）］キーから指を離して［ペンツール］に戻し、次のアンカーポイントを作成する

★6　［ペンツール］でスムーズポイントを作成したあと、そのスムーズポイントをクリックすると、反対方向に伸びるハンドルを削除できる。この方法でもコーナーポイントに切り換えできる。

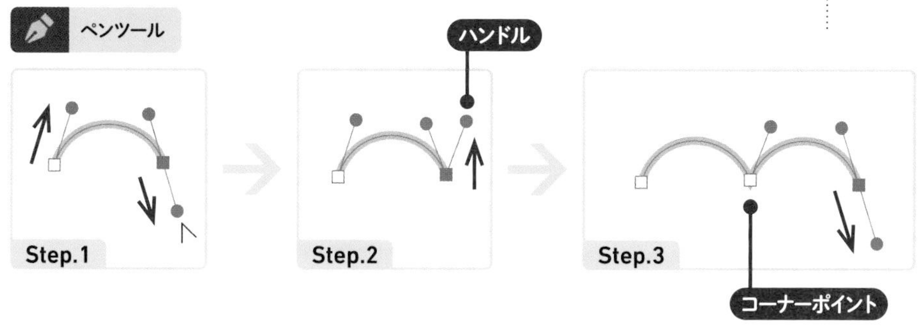

［ペンツール］は、ショートカットやカーソルの位置により、関連するさまざまなツールに切り替えできます。★7

★7　慣れてしまえば作業に集中できるメリットもあるが、描画中に複雑な操作をおこなうと、それだけで疲れてしまうこともある。最初はざっくりとかたちを描き、そのあとでアンカーポイントの位置やハンドルの角度などを調整するのが、現実的。

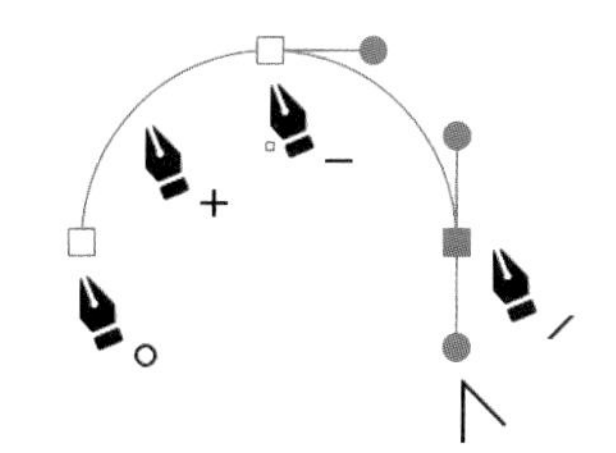

［ペンツール］選択中のカーソルの変化。Illustratorの描画ツールには、カーソルに「+」や「−」が表示されたらポイントの追加や削除、「／」は続けて描画、「○」は閉じる、といった法則がある。［ペンツール］や［鉛筆ツール］にも法則を適用できる。

条件と操作	機能	カーソル
［command（Ctrl）］キーを押す	ダイレクト選択ツール	
［option（Alt）］キーを押す	アンカーポイントツール	
セグメントにカーソルを合わせる	アンカーポイントの追加ツール	+
端点ではないアンカーポイントにカーソルを合わせる	アンカーポイントの削除ツール	−
描画中に始点にカーソルを合わせる	パスを閉じる	○
描画中に他のパスの端点にカーソルを合わせる	パスを連結する	
描画後に端点にカーソルを合わせる	続けて描画する	／

2-3-4 アンカーポイント操作のまとめ

［ペンツール］を使う予定がなくとも、アンカーポイントやセグメントの操作については、ひととおり頭にいれておくとよいでしょう。★8 **ツール**のほか、**コントロールパネル**や**プロパティパネル**のアイコンで可能な操作もあります。**アイコン**の場合、**複数のアンカーポイントに対して、一括で適用できる**というメリットがあります。

★8 テキストオブジェクトのテキストエリアやアウトライン化した文字、クリッピングパス、ブレンドのブレンド軸などもパスであるため、アンカーポイントを操作できると、ちょっとした変更にも対応できる。

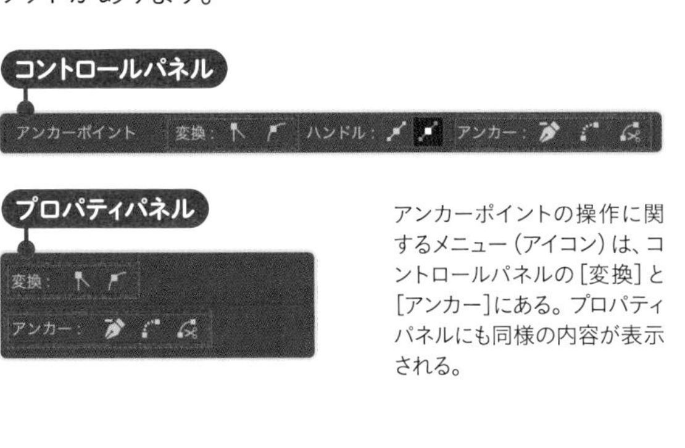

アンカーポイントの操作に関するメニュー（アイコン）は、コントロールパネルの［変換］と［アンカー］にある。プロパティパネルにも同様の内容が表示される。

以下は、アンカーポイント操作のまとめです。［ペンツール］のショートカットで可能な操作については、前のページを参照してください。

コーナーポイントに変換

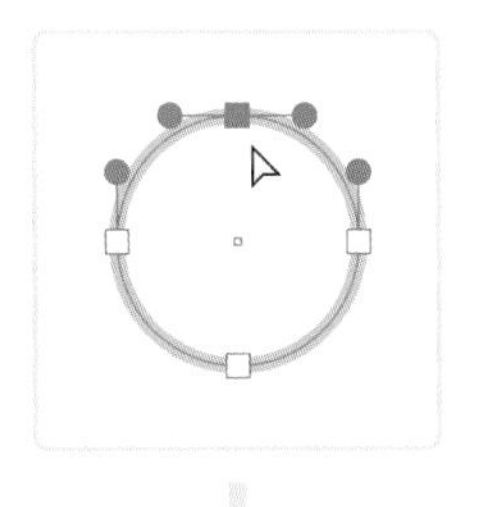
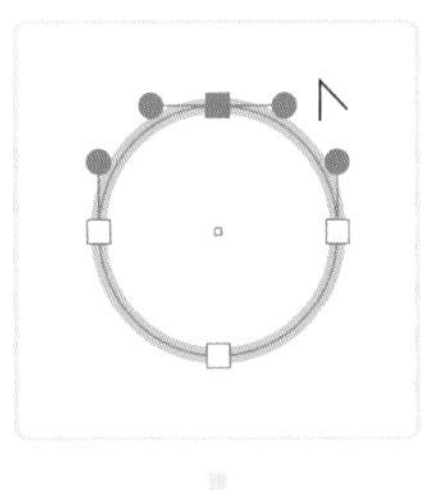
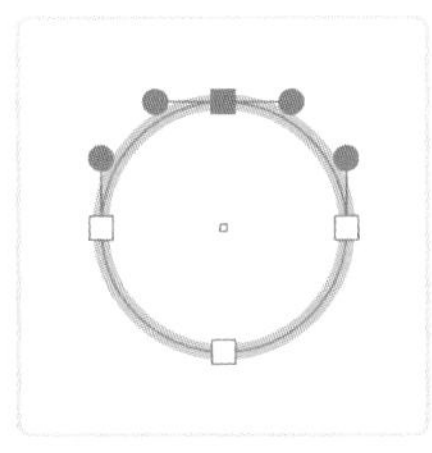

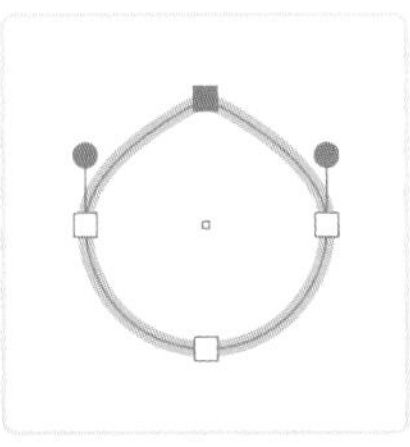
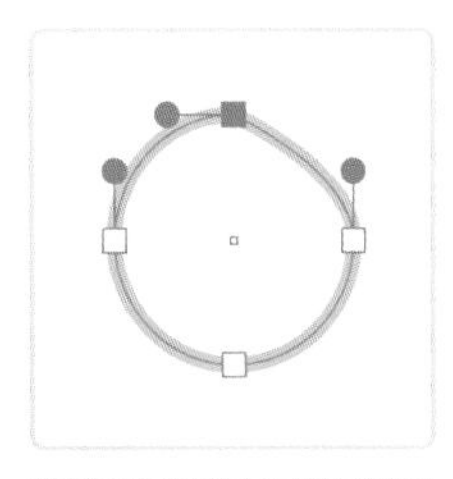
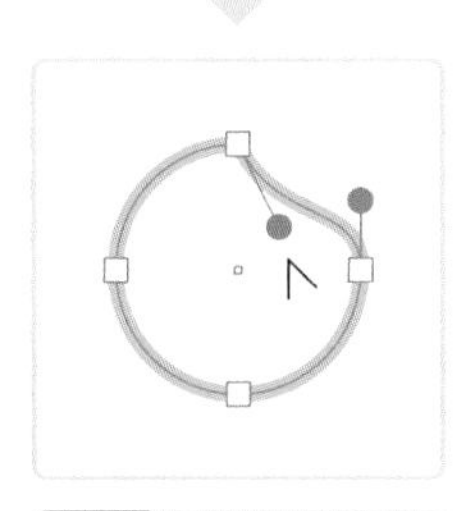

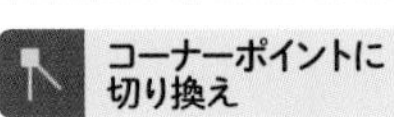

アンカーポイントを選択し、［コーナーポイントに切り換え］をクリックする。ハンドルを持たないコーナーポイントになる。

アンカーポイントツール

［アンカーポイントツール］でハンドルの先端をクリックする。ハンドルの削除にも相当する。

アンカーポイントツール

［アンカーポイントツール］でハンドルの先端をドラッグする。

スムーズポイントに変換

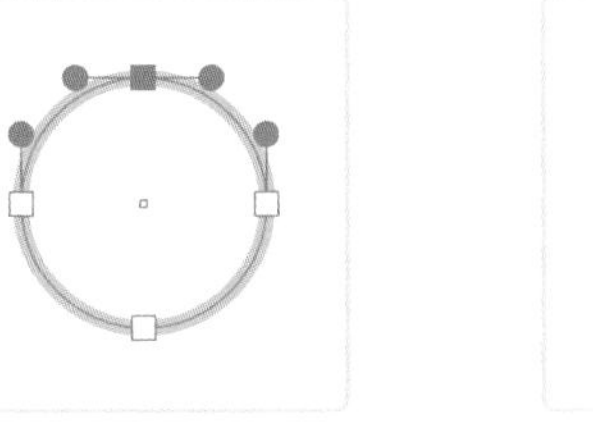
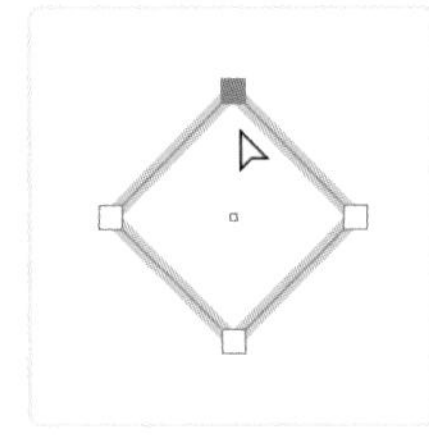

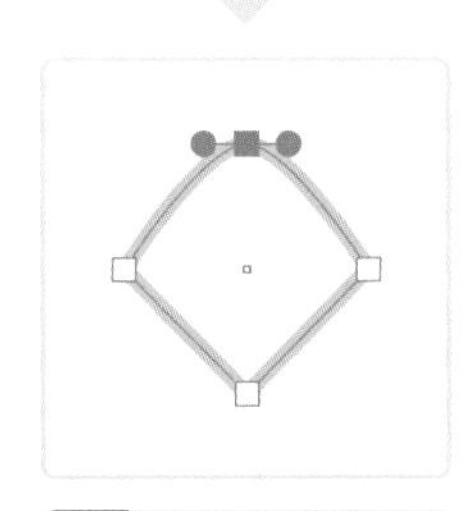

スムーズポイントに切り換え

アンカーポイントツール

アンカーポイントを選択し、［スムーズポイントに切り換え］をクリックするか、［アンカーポイントツール］でアンカーポイントをドラッグする。

アンカーポイントを追加

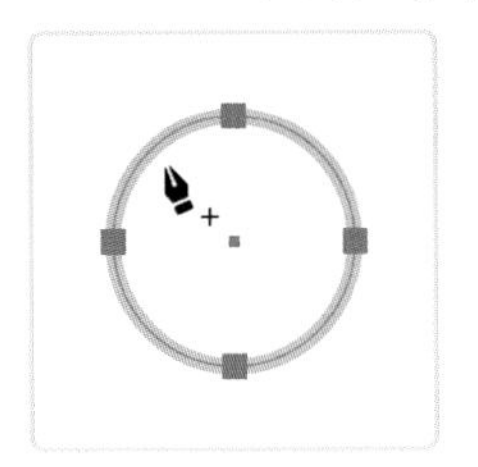

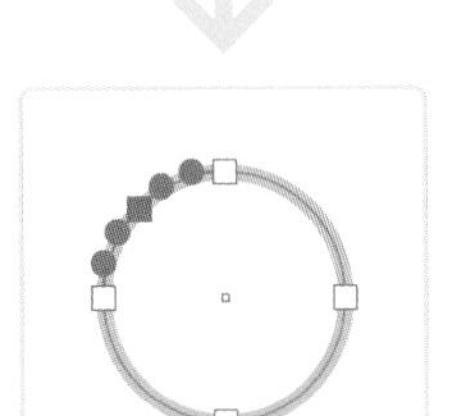

アンカーポイントの追加ツール

［アンカーポイントの追加ツール］でセグメントをクリックする。

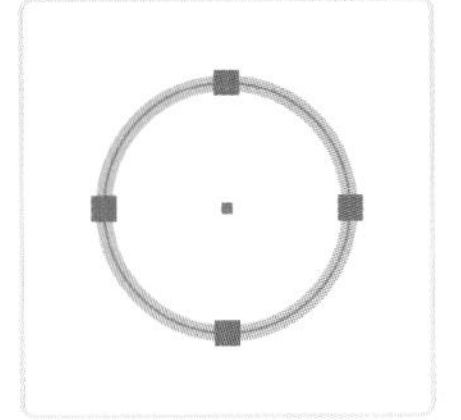

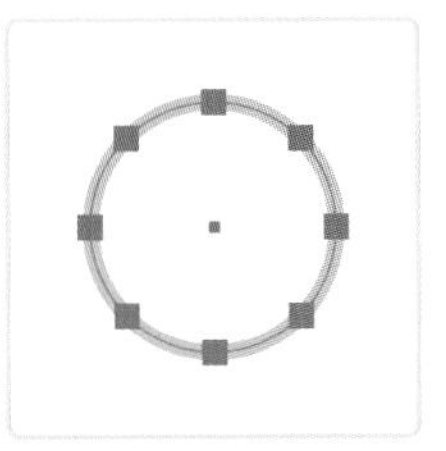

パスを選択し、［オブジェクト］メニュー→［パス］→［アンカーポイントの追加］を選択すると、セグメントの中間に追加される。特定のアンカーポイントやセグメントを選択しても、同じ結果になる。

セグメントを切断

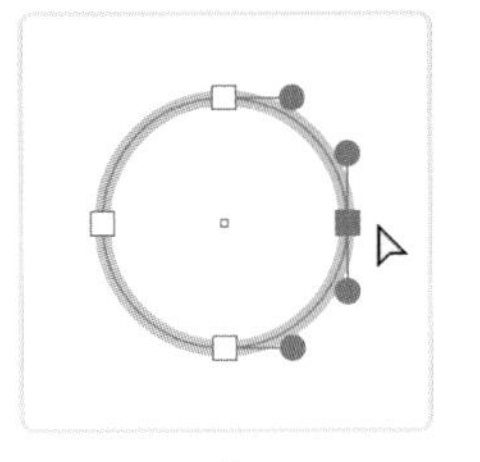

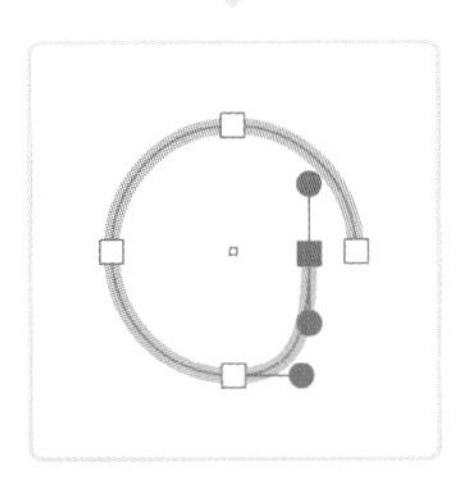

アンカーポイントでパスをカット

はさみツール

アンカーポイントを選択し、［アンカーポイントでパスをカット］をクリックするか、［はさみツール］でクリックする。

端点を連結

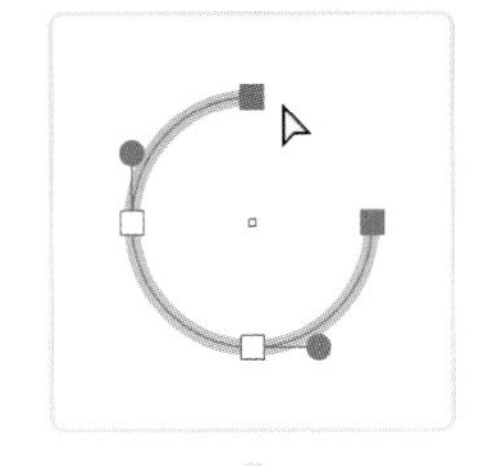

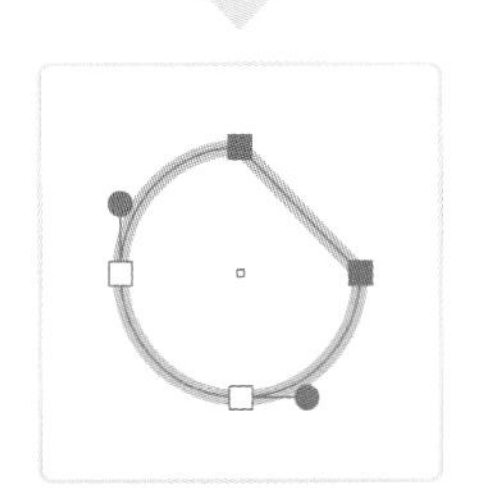

選択した終点を連結

アンカーポイントを選択し、［選択した終点を連結］をクリックする。

アンカーポイントを削除

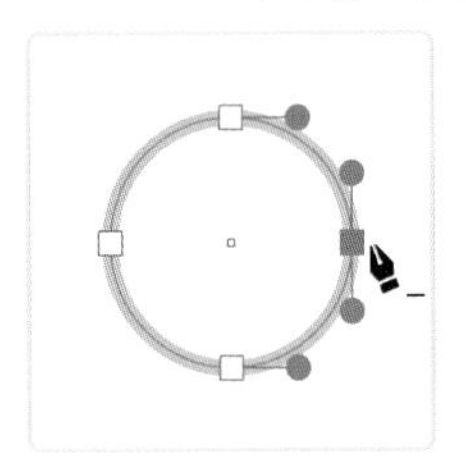

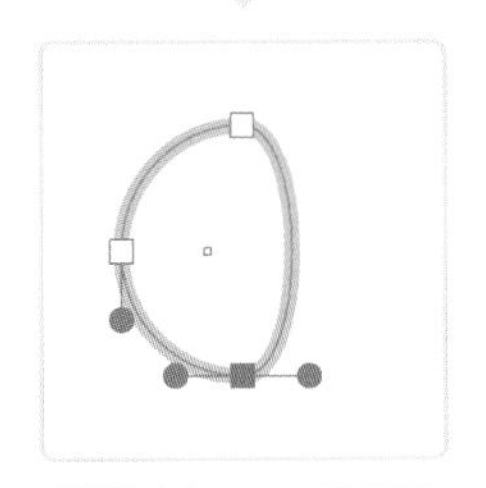

選択したアンカーポイントを削除

アンカーポイントの削除ツール

アンカーポイントを選択し、［選択したアンカーポイントを削除］をクリックするか、［アンカーポイントの削除ツール］でアンカーポイントをクリックする。［オブジェクト］メニュー→［パス］→［アンカーポイントを削除］でも同じ結果になる。

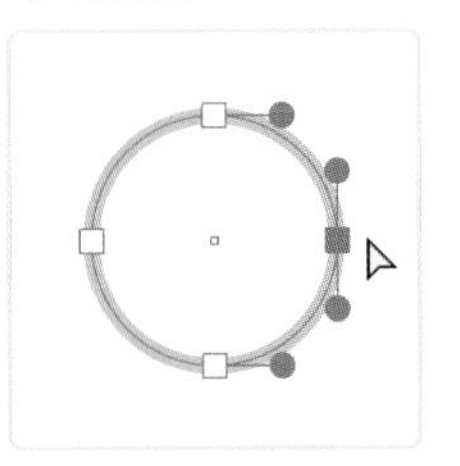

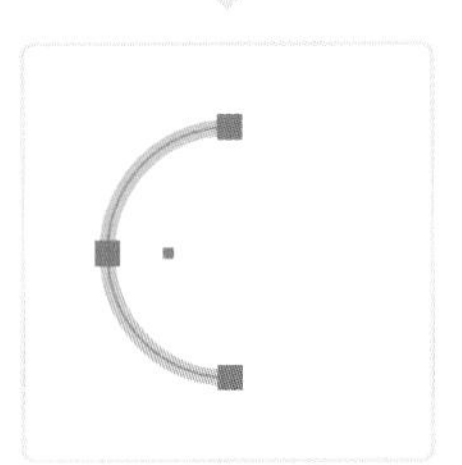

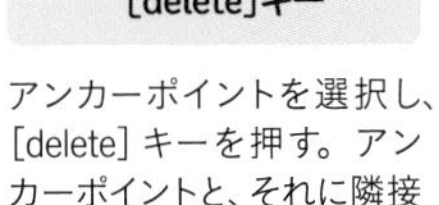

［delete］キー

アンカーポイントを選択し、［delete］キーを押す。アンカーポイントと、それに隣接するセグメントが削除される。

セグメントを削除

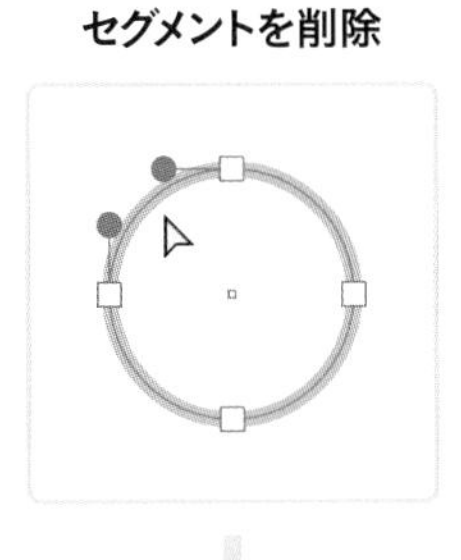

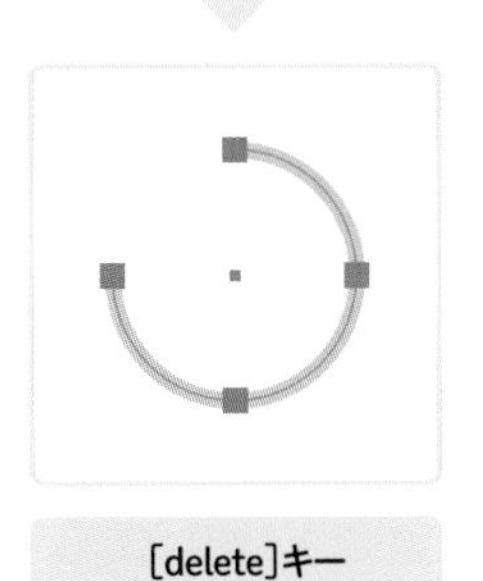

［delete］キー

セグメントを選択したあと、［delete］キーを押す。

セグメントを変形

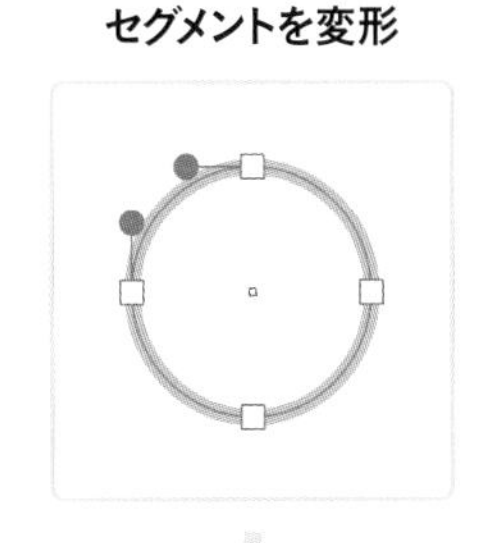

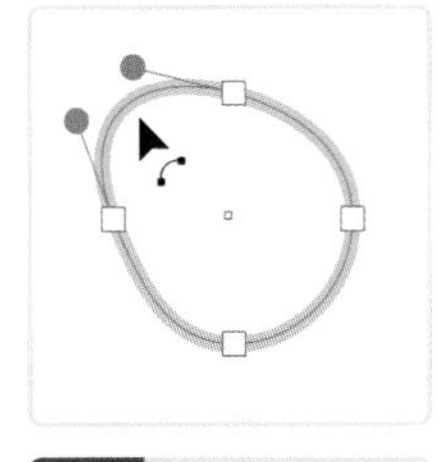

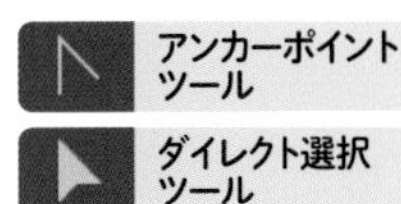

アンカーポイントツール

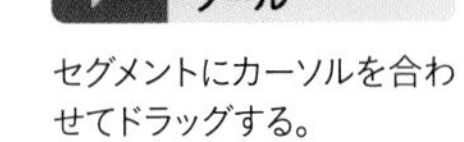

ダイレクト選択ツール

セグメントにカーソルを合わせてドラッグする。

2-3-5 パス描画に便利なキーボードショートカット

［ペンツール］や［鉛筆ツール］などの描画ツールを使うとき、キーボードショートカットを併用すると、関連するツールに切り替えたり、機能を追加できます。全体的に、**［command（Ctrl）］キー**は直前に選択した**選択ツールに切り替え**、**［shift］キー**は**辺の長さや半径、角度を固定**するという傾向があります。**［option（Alt）］キー**のはたらきは、ツールによって変わりますが、「**オプション機能の追加**」と考えると、予想しやすいでしょう。★9

★9 ［長方形ツール］などの図形描画ツールについては、P38にも掲載。

ツール	［command（Ctrl）］キー	［option（Alt）］キー	［shift］キー
長方形ツール 楕円形ツール 多角形ツール 直線ツール	直前に選択した選択ツールに切り替える。	図形の中心から描画する（［多角形ツール］を除く）。	縦横比を1：1（半径を同一）にする。 多角形の底辺を水平にする。 直線の角度を水平／垂直／斜め45°に固定する。
鉛筆ツール		自由な角度の直線を描画する。	水平／垂直／斜め45°の直線を描画する。
ペンツール	［ダイレクト選択ツール］に切り替える。	［アンカーポイントツール］に切り替える。	次のアンカーポイントを、水平／垂直／斜め45°の直線上に作成する。
アンカーポイントの追加ツール	直前に選択した選択ツールに切り替える。	［アンカーポイントの削除ツール］に切り替える。	
アンカーポイントの削除ツール		［アンカーポイントの追加ツール］に切り替える。	
アンカーポイントツール			

2-3-6　画像トレースでパスに変換する

画像トレースは、**画像を自動でパスに変換する機能**です。ツールを使わず、メニューの選択だけでパスを生成できます。★10 デフォルトでは、明度差で**[黒]と[白]のパスに変換**されますが、**[プリセット]**で色を反映したり、[線]のみのパスに変換するなどの調整が可能です。

★10　配置画像のほか、ラスタライズしたオブジェクトにも適用できる。たとえば、パスにPhotoshop効果でフィルターを適用し、それをパスに変換するなどの用途にも使える。

画像トレースで画像をパスに変換する

Step.1　［ファイル］メニュー→［開く］を選択し、ダイアログで画像を選択して［開く］をクリックする

Step.2　コントロールパネルやプロパティパネルで［画像トレース］をクリックする

Step.3　コントロールパネルやプロパティパネルで［拡張］をクリックする

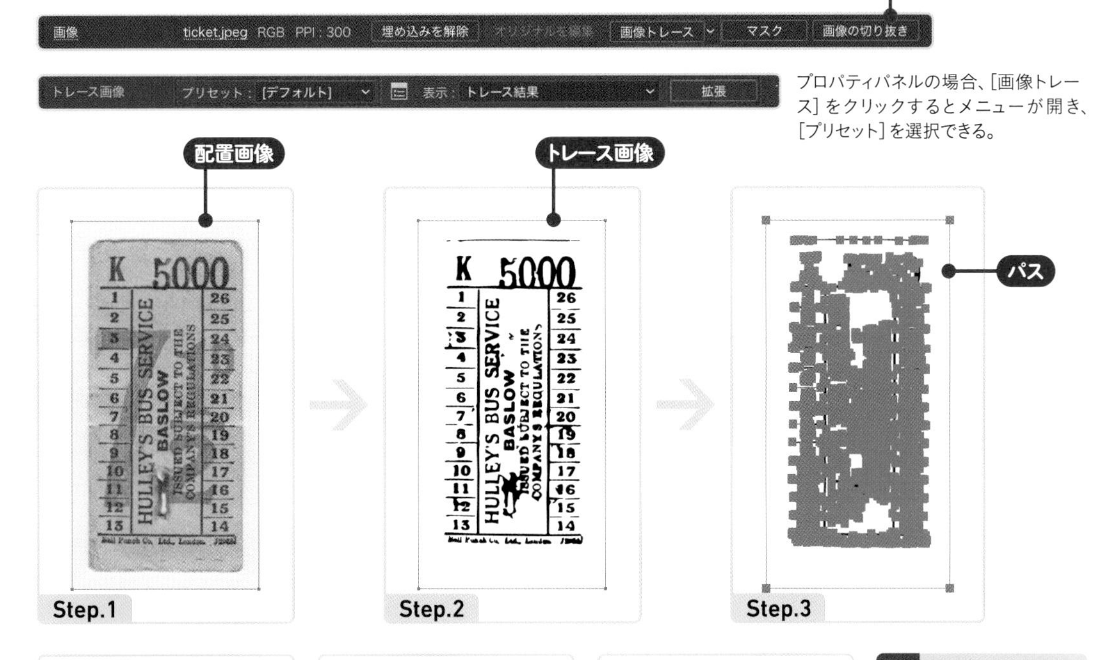

プロパティパネルの場合、[画像トレース] をクリックするとメニューが開き、[プリセット] を選択できる。

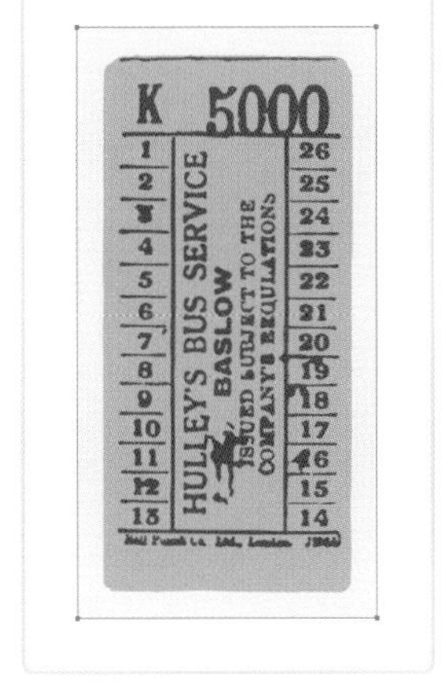

3色変換

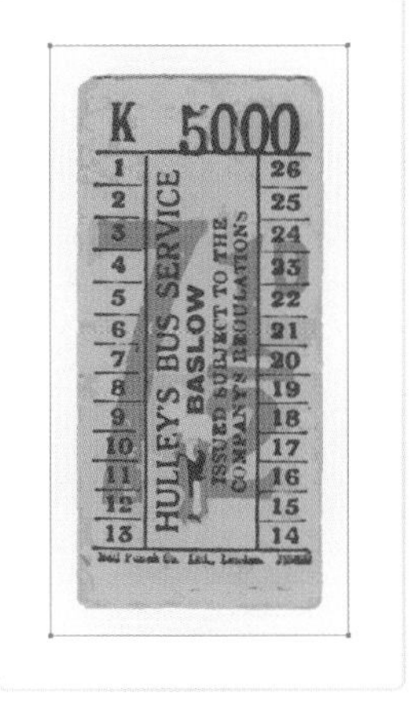

6色変換

ラインアート

画像トレースパネル

求める結果と異なる場合は、**Step.3**で［拡張］をクリックする前に、コントロールパネルで［プリセット］を変更するか、コントロールパネルの［画像トレースパネル］をクリックしてパネルを開き、調整する。

左は［プリセット］による変化。［3色変換］は3色、［6色変換］は6色の［塗り］のみのパスに変換する。［ラインアート］は、［線］のみのパスに変換する。

設定のポイントは、**[作成:線]**と、**[ホワイトを無視]**です。線画や図面などは、描線が**[線]**に変換されるように設定しておくと、加工しやすいパスになります。**背景色が白や淡色**で、かつその部分が不要な場合、[ホワイトを無視]にチェックを入れると、背景部分はパス化されないので、削除の手間が省けます。

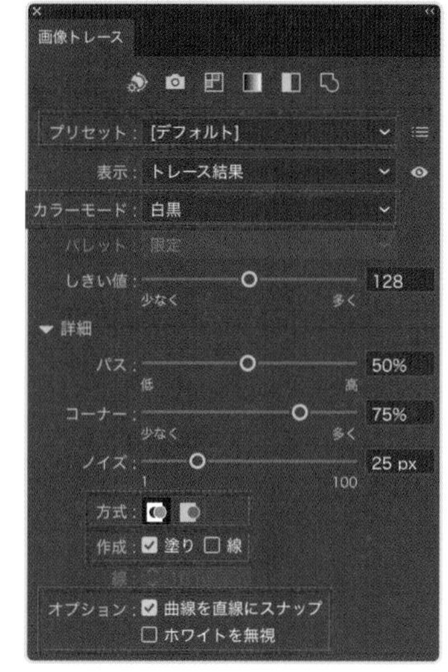

プリセット 用途ごとに最適な設定をプリセット化したもの。

カラーモード 階調を反映する場合は[カラー]や[グレースケール]、単色のパスに変換する場合は[白黒]を選択する。

方式 [隣接(切り抜かれたパスを作成)]を選択すると、重なりのないパスに変換される。[プリセット]の大半はこちらに設定されている。[重なり(重なり合ったパスを作成)]を選択すると、境界に重なりがつくられる。

作成 [カラーモード:白黒]のときのみ設定できる。[線]にチェックを入れると、描線などが[線]に変換される。[プリセット:ラインアート]は、この設定になる。

オプション [曲線を直線にスナップ]にチェックを入れると、直線に近似する線は直線、0°や90°に近い傾きの直線は、水平線または垂直線に変換される。[ホワイトを無視]にチェックを入れると、背景の白地はパスに変換されない。

変換後のパスの**アンカーポイント数が多すぎる**場合は、**[単純化]**で調整します。とくに印刷物の場合、膨大な数のアンカーポイント★11は、トラブルの原因になることがあります。

★11 画像トレースのほか、[落書き]効果や可変線幅のアウトライン化なども、多量のアンカーポイントが発生しやすい傾向にある。

[単純化]でアンカーポイントの量を調整する

Step.1 **パスを選択し、[オブジェクト]メニュー→[パス]→[単純化]を選択する**

Step.2 **フローティングパネルのスライダーでアンカーポイントの量を調整したあと、キャンバスでクリックして操作を終了する**

画像トレース拡張後のパス。

スライダーを[最小アンカーポイント]側に寄せて、アンカーポイントを限界まで減らした状態。

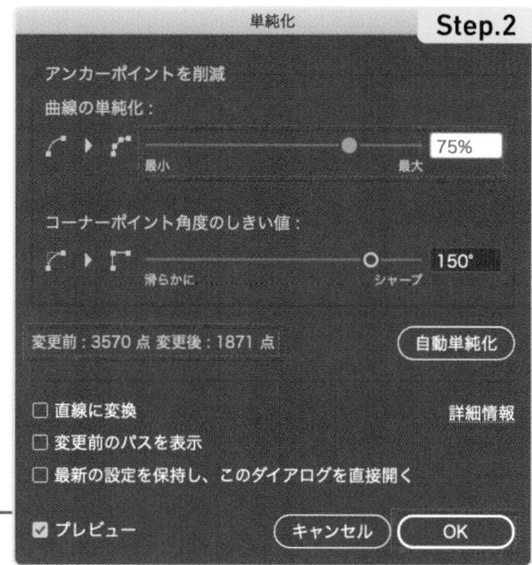

角度のしきい値などを細かく設定する場合は、[詳細オプション]をクリックして、[単純化]ダイアログを開く。このダイアログで、アンカーポイントの数も知ることができる。

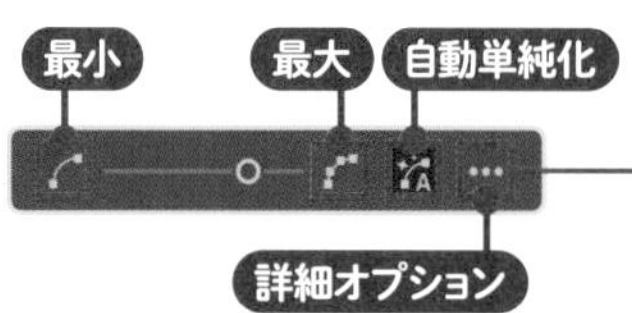

キャンバスでクリックするとフローティングパネルは消滅するが、その時点で単純化がパスに適用されている。見た目があまり変化しない場合は気づきにくいので、注意する。キャンセルする場合は、[編集]メニュー→[単純化を取り消し]を選択する。[単純化]ダイアログでもキャンセルできる。

変形

3-1 思い通りに選択する

- ツール、条件で抽出、レイヤーパネルの3通りの選択方法がある
- [選択ツール] はオブジェクト全体の選択、
  [ダイレクト選択ツール] はアンカーポイントなど細部の選択に便利
- 条件による抽出を利用すると、膨大な数のオブジェクトも一括で選択できる
- [グループ選択ツール] を使いこなすと、階層ごとの選択がスピーディーにおこなえる

3-1-1 Illustratorにおける選択の重要性

Illustratorで作業するうえで、**オブジェクトやその部分の選択**は、欠かすことができない操作です。かたちを変えるときはアンカーポイントの選択、色を変えるときは[塗り]や[線]の選択といった具合に、毎回選択行為をおこなう必要があります。★1 このような違い(煩わしさ)が、Photoshopは勘で操作できたのに、Illustratorでは右も左もわからなくなる原因のひとつではないかと思われます。ただ、これについては慣れるしかありません。無意識のうちに、的確に選択できるようになることが、Illustrator使いこなしの第一歩です。

Illustratorの選択は、大きく分けて3通りの方法があります。**ツールで直接クリックやドラッグして選択する方法**と、**条件を設定して抽出する方法**、そして**レイヤーパネルを利用する方法**です。それぞれ選択できるものやメリットが異なります。状況に応じて使い分けると、作業効率を上げることができます。

★1 コンピューターは、対象を指定しないと変化を加えることができないしくみになっている。ところがPhotoshopでは、ツールを選択したら描画を開始できるため、対象の選択を意識せずに作業できてしまう。Photoshopでも実際は、「レイヤーを選択」といった操作を挟んでいるが、ファイルを作成したり、開いた直後は、いずれかのレイヤーが選択状態になっているため、選択の必要がない。レイヤーが複数存在しても、一度選択してしまえば、あとは描画に専念できる。

	メリット	デメリット
ツール	キャンバスで直感的に選択できる。 アンカーポイント単位で選択できる。	誤操作で位置や形状などを変えてしまうおそれあり。
条件で抽出	大量のオブジェクトを一括で選択できる。	狙い通りに条件を設定できないことがある。 ライブペイントに含まれる色など、選択から除外されるものがある。
レイヤーパネル	オブジェクトに触れることなく選択できる。 背面に隠れたオブジェクトも選択できる。	オブジェクト数が膨大であったり、複雑な構造になっていると、探しづらい。

3-1-2　ツールで直接選択する

Illustratorの選択の基本は、**[選択ツール]**や**[なげなわツール]**などの**ツールによる直接選択**です。ツールを選択したあと、オブジェクトを**クリック**または**囲むようにドラッグ**すると、選択できます。

オブジェクトを選択する

Step.1　ツールバーで［選択ツール］を選択する

Step.2　オブジェクトの不透明な部分やセグメントをクリック、または一部を囲むようにドラッグする

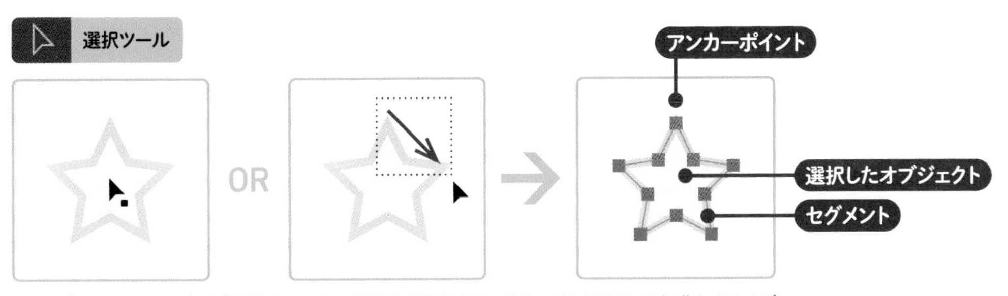

ドラッグはキャンバスの何も描画されていない場所から開始する。ドラッグのほうが、誤操作によるオブジェクトの意図しない移動を防ぎやすい。オブジェクトの配置が込み入っている場合は、クリックのほうが安全。

「不透明な部分」は、**[透明]以外に設定された[塗り]**を指します。オブジェクトの内側をクリックしても、そこが**[透明]**に設定されていると選択できません。**[表示]メニュー→[透明グリッドを表示]**を選択すると、**透明部分が市松模様**★2**で表示**され、透明／不透明を見分けられるようになります。

★2　市松模様の色は、[ファイル]メニュー→[ドキュメント設定]を選択し、[透明とオーバープリントのオプション]で変更できる。

[選択ツール]のカーソルに追加表示されるアイコンに注目すると、セグメントやアンカーポイントの位置を探ることができる。

[塗り]と[線]の両方が[透明]に設定されているオブジェクトの場合は、**セグメントのクリック**で選択できます。透明なオブジェクトはそのままではどこにあるかわかりませんが、**[表示]メニュー→[アウトライン]**で**アウトライン表示に切り替える**と、セグメントの位置がわかるようになります。

1 準備
2 描画と作成
3 変形
4 塗りと線
5 アピアランス
6 パターンとブラシ
7 その他の操作

複数のオブジェクトを選択する

Method.A　［選択ツール］でオブジェクトを選択したあと、［shift］キー★3を押しながら、他のオブジェクトを選択する

Method.B　［選択ツール］で、オブジェクトを囲むようにドラッグする

★3　［shift］キーは、「既存の選択範囲に追加する」というはたらきがある。

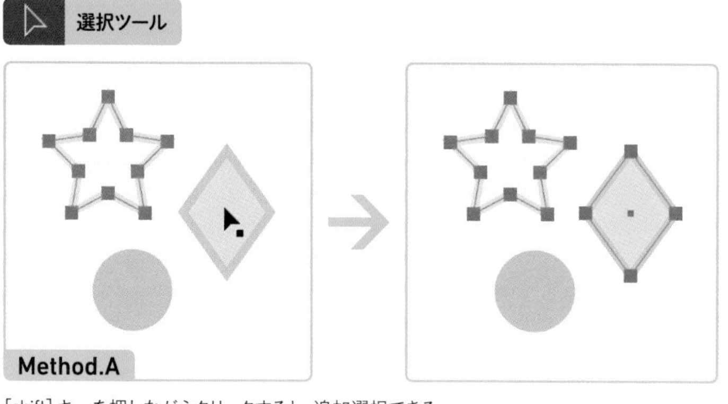

［shift］キーを押しながらクリックすると、追加選択できる。

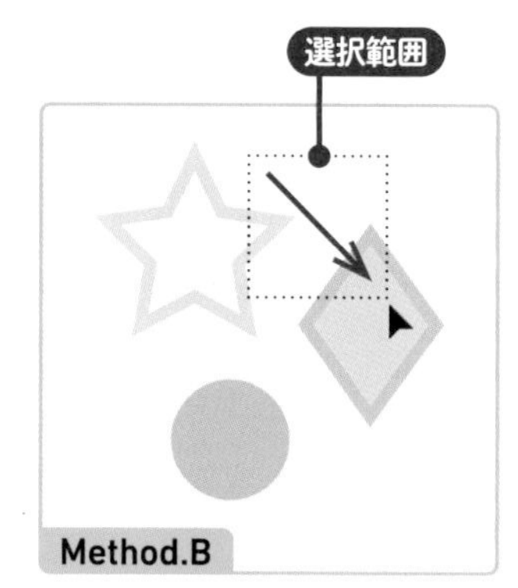

［選択ツール］のドラッグでできる点線の矩形（選択範囲）に、オブジェクトが一部でも入っていればOK。

特定のアンカーポイントを選択するには、**［ダイレクト選択ツール］**や**［なげなわツール］**を使います。

アンカーポイントを選択する

Step.1　ツールバーで［ダイレクト選択ツール］を選択する

Step.2　オブジェクトの一部をクリックして、アンカーポイントを表示する

Step.3　アンカーポイントをクリック、または囲むようにドラッグして選択する

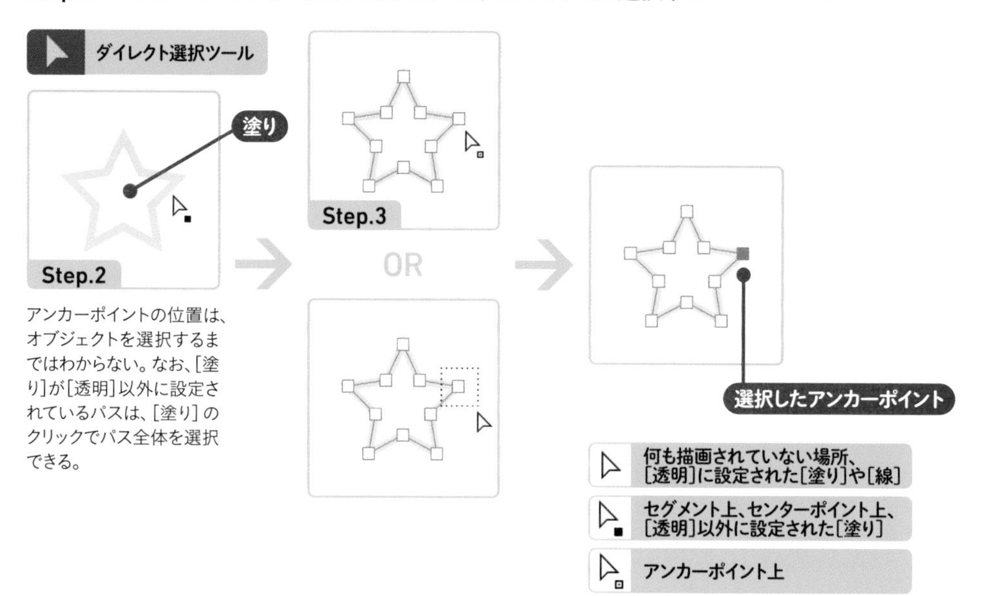

アンカーポイントの位置は、オブジェクトを選択するまではわからない。なお、［塗り］が［透明］以外に設定されているパスは、［塗り］のクリックでパス全体を選択できる。

複数のアンカーポイントを選択する

Method.A　［ダイレクト選択ツール］を選択し、アンカーポイントをクリックして選択したあと、［shift］キーを押しながら、他のアンカーポイントをクリックして選択する

Method.B　［ダイレクト選択ツール］や［なげなわツール］を選択し、アンカーポイントを囲むようにドラッグして選択する

ダイレクト選択ツール

Method.A

ダイレクト選択ツール

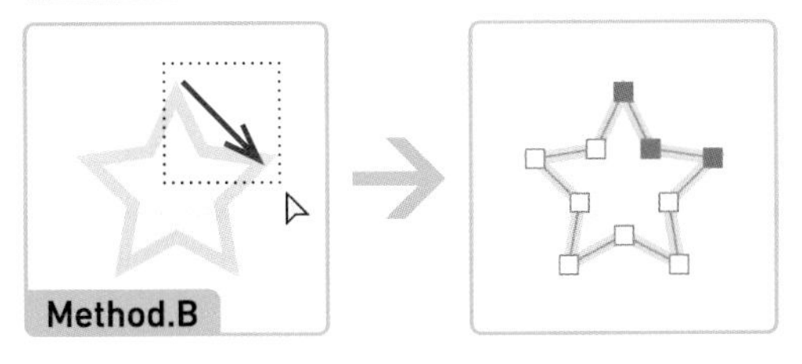

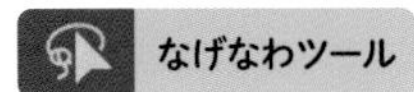

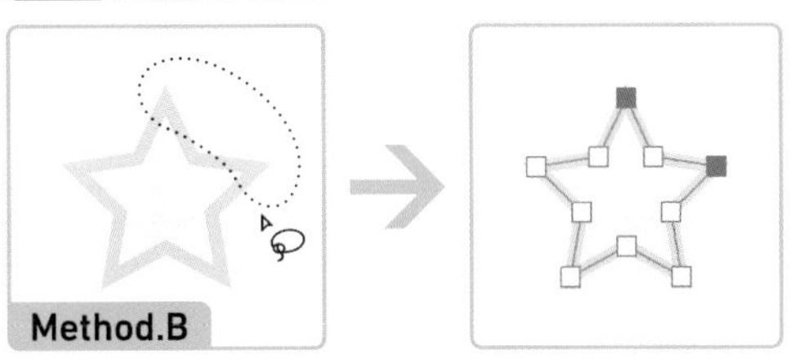

［ダイレクト選択ツール］は矩形だが、［なげなわツール］は自由な形状で囲めるので、飛び石選択も可能。

なお、**セグメントを［ダイレクト選択ツール］でクリック**したり、**［なげなわツール］で一部を囲むようにドラッグ**すると、**セグメントだけが選択状態**になります。ただし、画面表示に変化はないため、ドラッグによる移動や、［delete］キーによる削除などの操作をおこなうまでは、選択状態にあるか否かを判別しにくいです。★4

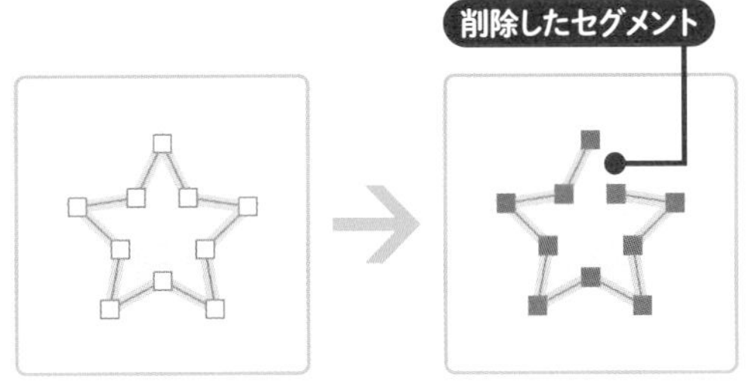

セグメントを選択したあと、［delete］キーで削除した。この操作をおこなうと、クローズパスがオープンパスになったり、パスが切断される。

★4　ハンドルを持つセグメントの場合、セグメントを選択するとハンドルが表示されるため、多少は判別できる。

3-1-3 条件を設定して選択する

[選択] メニュー★5を経由すると、**同じ条件のオブジェクトを一括選択**できます。色や[線幅]のほか、オブジェクトの種類なども条件に設定できます。

★5 [選択] メニュー→[すべてを選択]を選択すると、ロックされているオブジェクトやレイヤーをのぞき、すべてのオブジェクトを選択できる。[選択を解除]は未選択状態 (選択なし) にできる。

[塗り] と [線] が同じものを選択する

Step.1 基準となるオブジェクトを選択する

Step.2 〔選択〕メニュー→〔共通〕→〔塗りと線〕を選択する

選択ツール

[塗り]を非表示

[選択]メニュー→[共通]

アピアランス
アピアランス属性
描画モード
塗りと線
カラー (塗り)
不透明度
カラー (線)
線幅
グラフィックスタイル
シェイプ
シンボルインスタンス
一連のリンクブロック

Step.1

Step.2

基準となるオブジェクト

[線幅]が異なる

[塗りと線] を選択すると、[塗り] と [線] の色の設定が同じものが、選択状態になる。この場合、[角の形状] や [破線]、[不透明度] などの設定が異なっていても、色が同じであれば選択範囲に入る。また、[塗り] を非表示にする (左上角) など、アピアランスの一部を非表示にしても、設定が同じならば選択される。ただし、[線幅] については、完全に一致しなければ除外される (左下角)。

[選択] メニュー→[共通] には、色や [線幅] など、**オブジェクトの見た目を基準としてピックアップするメニュー**がおさめられています。★6 [塗りと線] や [線 (カラー)] などは、非常に便利なメニューです。

このうち [線幅] は、イラストの線を一括で変更するときに便利です。イラストに混在する [0.5pt] の線を [0.75pt] に、[0.25pt] の線を [0.5pt] に、といった具合に、複数の [線幅] を段階的に上げる場合は、太いほうを先に変更するとスムーズです。反対に、下げる場合は、細いほうから変更します。

★6 このメニューの存在を頭に入れて作業すると、効率のよいファイル設計が可能になる。たとえばイラスト全体に散りばめた無数の星を同じ色に設定しておくと、いつでも選択でまとめて拾える。ただし、ライブペイントに含まれる[線幅]や色など、拾えないものもある。

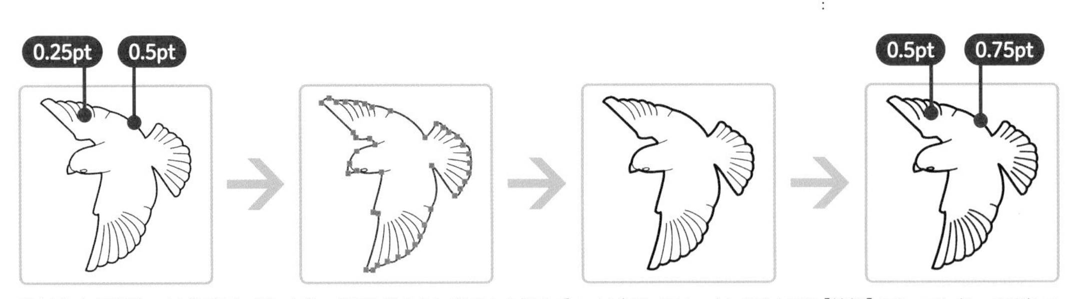

[線幅] を段階的に上げる場合、細いほうの [0.25pt] を先に選択して [0.5pt] に上げてしまうと、太いほうと同じ [線幅] になってしまい、区別して選択できなくなる。この場合、先に [0.5pt] を [0.75pt] に変更し、そのあとで [0.25pt] を [0.5pt] に変更するとスムーズ。

［選択］メニュー→［オブジェクト］には、**オブジェクトの種類を条件に設定できるメニュー**がおさめられています。こちらは［同一レイヤー上のすべて］と［セグメント］をのぞき、オブジェクトを選択せずに使います。このうち**［孤立点］**は、ファイルに含まれる孤立点をピックアップできます。**孤立点**は、**ひとつのアンカーポイントで構成されたパス**を指し、★7 出力トラブルの原因となりやすいので、入稿データから排除する必要があります。

★7　孤立点は［ペンツール］でキャンバスを1回クリックしたあと［選択ツール］などを選択して操作を終了したり、パスの一部のアンカーポイントを［なげなわツール］などで選択し、削除したときなどに発生しやすい。

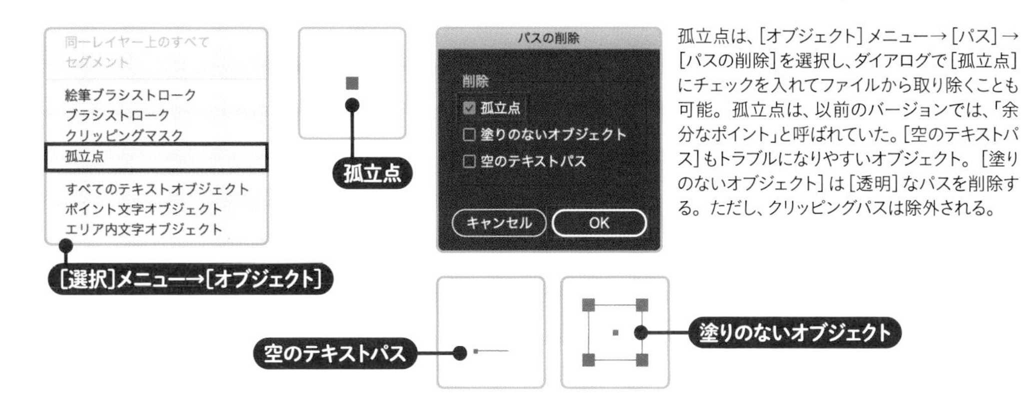

孤立点は、［オブジェクト］メニュー→［パス］→［パスの削除］を選択し、ダイアログで［孤立点］にチェックを入れてファイルから取り除くことも可能。孤立点は、以前のバージョンでは、「余分なポイント」と呼ばれていた。［空のテキストパス］もトラブルになりやすいオブジェクト。［塗りのないオブジェクト］は［透明］なパスを削除する。ただし、クリッピングパスは除外される。

ツールバーの**［自動選択ツール］**も、条件を設定して選択するツールです。このツールでオブジェクトをクリックすると、同じ条件のオブジェクトが選択されます。［選択］メニューと違うのは、**［許容値］**を設定できる点です。**同一と判定する範囲を調節できる**ので、**近似色**も拾えます。

ただ、これを使用するためには、**自動選択パネル**で条件の設定を事前に済ませておく必要があります。自動選択パネルは、**［自動選択ツール］のダブルクリック**のほか、**［ウィンドウ］メニュー→［自動選択］**でも開きます。また、［自動選択ツール］を選択すると**プロパティパネル**に**［ツールオプション］**★8 が表示され、こちらをクリックして開くこともできます。

★8　［鉛筆ツール］や［ブレンドツール］などは、ツールの動作について設定する［ツールオプション］ダイアログが用意されている。これらのツールを選択すると、プロパティパネルに［ツールオプション］が表示される。

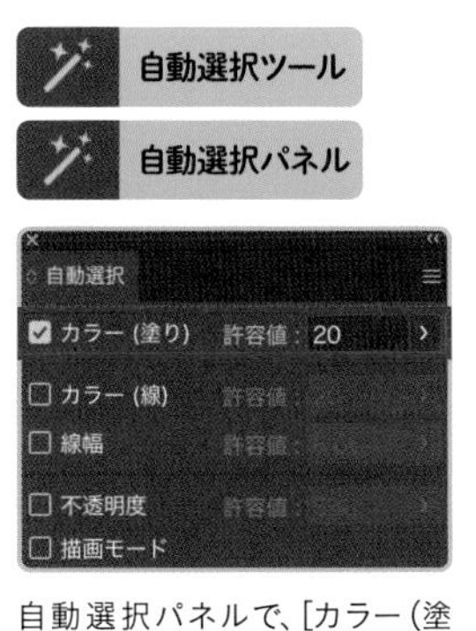

自動選択パネルで、［カラー（塗り）］の［許容値］を設定する。数値を上げると選択範囲が広がり、下げると狭まる。

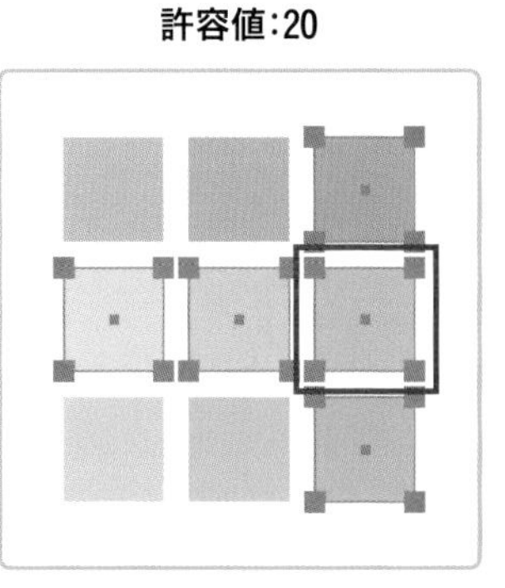

許容値：10

赤枠が［自動選択ツール］でクリックしたオブジェクト。クリックしたオブジェクトの近似色が選択される。

3-1-4 レイヤーパネルを利用した選択

レイヤーパネルは、**ファイルやオブジェクトの構造を確認**できるほか、[★9] **選択**にも活用できます。レイヤーパネルを利用すると、**オブジェクトに直接触れずに選択**できるので、誤って位置やかたちを変えてしまうトラブルを防げます。また、オブジェクトの**背面に隠れているオブジェクト**も選択できます。

★9 レイヤーパネルは[ウィンドウ]メニュー→[レイヤー]で開く。レイヤーパネルのリストでは、前面(手前)にあるものが上、背面(奥)にあるものが下に表示される。

レイヤーパネルでオブジェクトを選択する

Step.1 レイヤーパネルでレイヤー先頭の「>」をクリックして、階層を開く

Step.2 ○(ターゲットアイコン)の右側の空白(選択中のアート)をクリックする

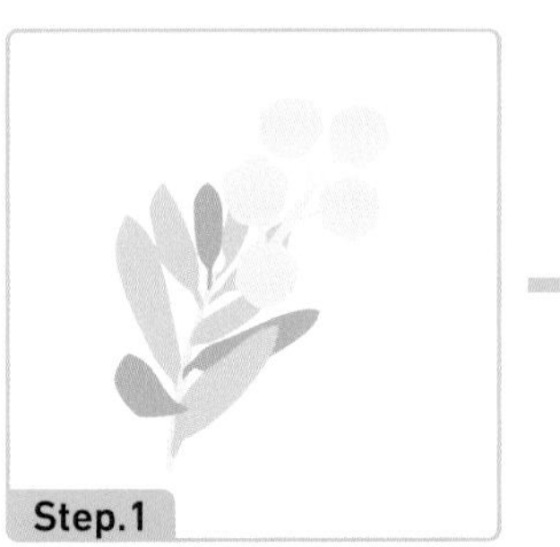

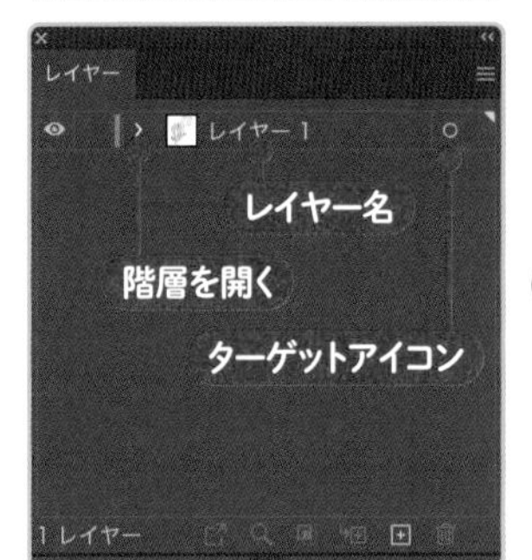

レイヤーにオブジェクトがひとつでも存在すれば、レイヤーの先頭に「>」が表示される。これをクリックすると「∨」に変わって階層が開き、オブジェクトがリスト表示される。

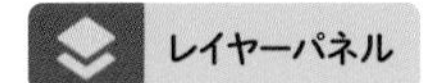

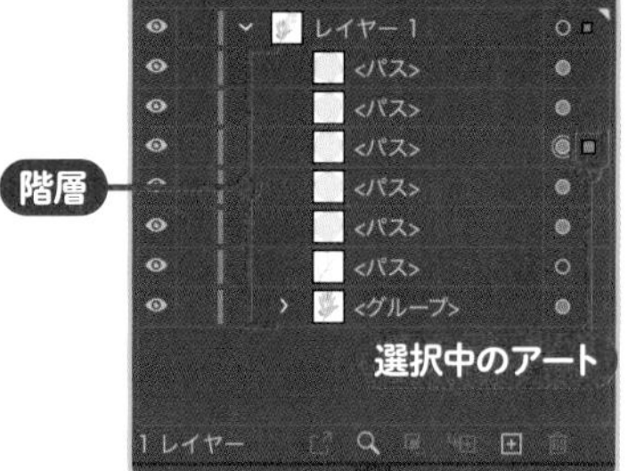

○(ターゲットアイコン)の右側の空白をクリックすると、オブジェクトが選択され、■が表示される。この■、およびこれが表示される場所を、「選択中のアート」と呼ぶ。

○ ターゲットアイコン

□ 選択中のアート

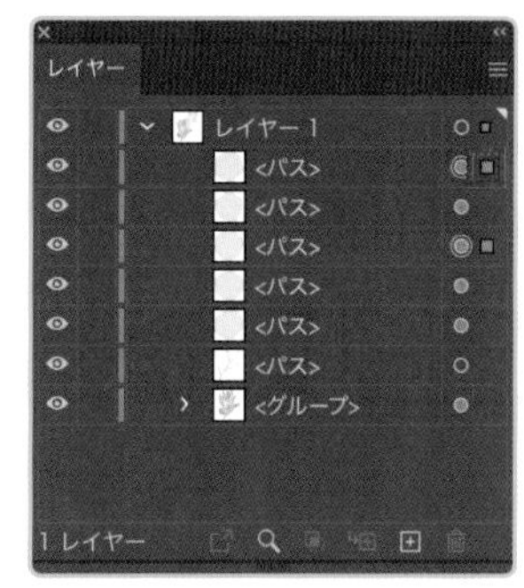

ツールに限らずレイヤーパネルでも、[shift]キーを押しながら○の右側の空白(選択中のアート)をクリックすると、複数選択が可能。なお、レイヤーの[選択中のアート]をクリックすると、レイヤーのオブジェクトをすべて選択できる。

階層[★10]をすべて開いてみると、Illustratorではなぜ、何をするにもまずは選択からなのか、少し納得できるかもしれません。要するに、作成したオブジェクトはすべて別々のレイヤーに乗っているので、該当レイヤーを選択しないことには操作を始められないというわけです。「**オブジェクトの選択**」は、実質的には「**該当レイヤーの選択**」に相当する操作となります。

★10 グループなど、オブジェクトが階層構造を持つ場合も、項目の先頭に「>」が表示される。クリックすると、レイヤー同様に階層が開き、それに含まれるオブジェクトをくまなく確認できる。

3-1-5 グループの選択について

階層構造を持つオブジェクト★11は、**グループ**に分類されます。グループは**[オブジェクト] メニュー→ [グループ]** でユーザーが作成できるほか、クリッピングマスクの作成や、ライブペイントなどの使用により、特殊なグループにまとめられるものもあります。グループ化すると、**関連するオブジェクトを整理**できるほか、**[選択ツール] で一括選択**できる、**移動してもグループ内での位置関係が変わらない**、などのメリットがあります。

★11　階層構造を持つオブジェクトの例に、グループやクリップグループ、ライブペイント、ブレンド、複合シェイプなどがある。

選択ツールのうち、グループに関する選択に便利なのが、**[グループ選択ツール]**★12です。このツールでグループに含まれるオブジェクトをクリックすると、**特定のパスを選択**できます。続けて、同じパスをもう1回クリックすると、**同じ階層に含まれるオブジェクトをすべて選択**できます。そしてさらにもう1回クリックすると、**ひとつ上の階層までが選択範囲**に入ります。**クリックするごとに、階層をひとつずつ上がっていく**、というしくみです。レイヤーパネルの変化を見ながら操作してみると、そのはたらきを理解しやすいでしょう。

★12　[ダイレクト選択ツール] でアンカーポイントをクリックすると、そのアンカーポイントのみが選択されるが、[グループ選択ツール] でクリックすると、パス全体の選択になる。

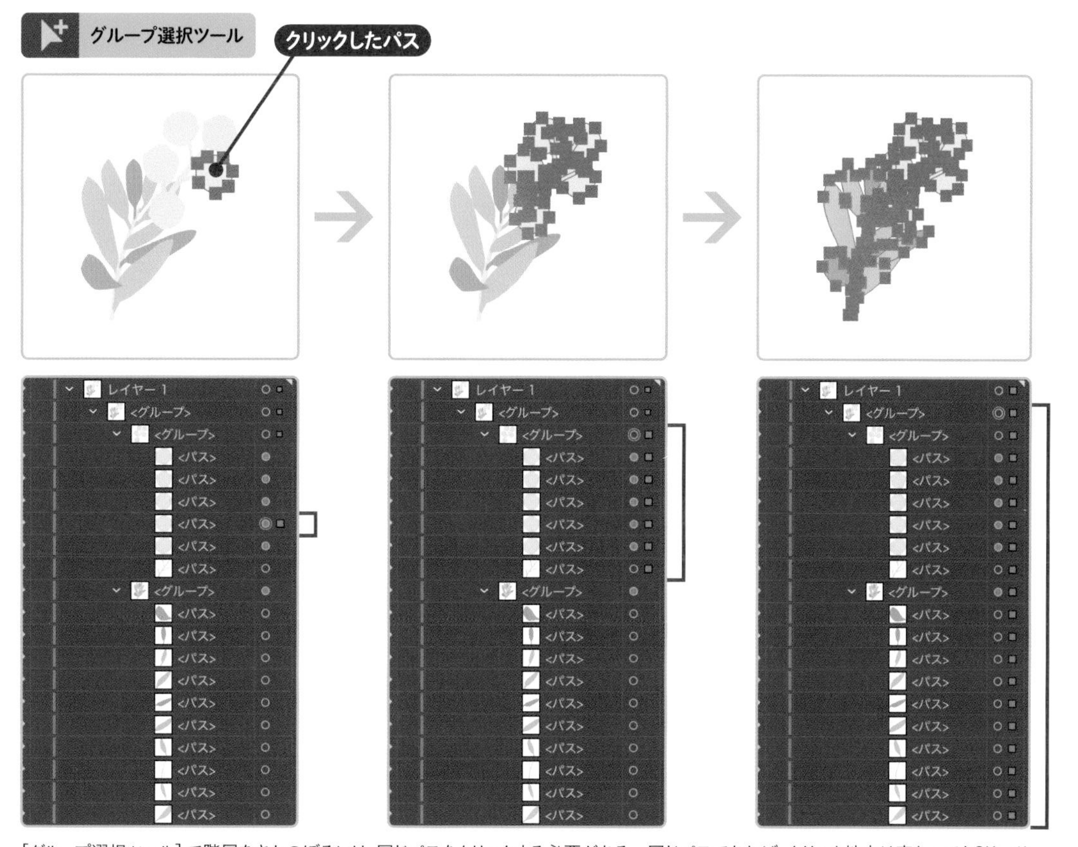

[グループ選択ツール] で階層をさかのぼるには、同じパスをクリックする必要がある。同じパスであれば、クリック地点は変わってもOK。サンプルの場合、2回クリックすると花のグループ、3回クリックすると、葉のグループも含めたグループ全体の選択になる。

3-2 位置を変更する（移動・整列する）

- [選択ツール] や [ダイレクト選択ツール] でドラッグすると移動できる
- [移動] ダイアログでは、方向や距離を指定して移動できる
- 矢印キーは水平／垂直方向に移動でき、その刻みも設定できる
- 整列パネルを利用すると、アートボードの中央や角などに素早く移動できる
- キーオブジェクトを指定して、それを基準に整列できる
- [線幅] やアピアランスによる変形も、整列の位置揃えに反映できる
- 変形パネルで座標を変更すると、正確な位置に移動できる
- 座標を使いこなすには、原点の調整が必要

3-2-1 移動もざっくりorきちんと

Illustratorでの描画やレイアウト作業は、実際のところ、**オブジェクトやアンカーポイントの位置を変更する作業**、すなわち「**移動**」の連続です。こちらも、**ドラッグで感覚的に移動する「ざっくり移動」**と、**ダイアログやパネルで角度や距離を指定する「きちんと移動」**の2通りの方法があります。イラスト制作では前者、印刷物やWeb画面などのデザイン作業では後者を使うことが多いかもしれません。

[選択ツール] ★1 や **[ダイレクト選択ツール]** などは、**選択ツール**であると同時に、**移動ツール**でもあります。これらのツールでオブジェクトやアンカーポイントにカーソルを重ねたあとドラッグすると、それらを移動できます。

★1 [選択ツール]はとくに作業の基本となるツール。このツールを選択し、未選択状態（選択なし）でプロパティパネルを開くとファイルの仕様変更、オブジェクトを選択するとオブジェクトの情報表示、キャンバスの空白エリアのクリックで選択解除など、さまざまな役割を担っている。

選択ツール

[選択ツール] の場合、カーソルを重ねてドラッグするとオブジェクト全体を移動できる。[ダイレクト選択ツール] の場合、[塗り] にカーソルを重ねるとオブジェクト全体の移動になるが、カーソルを重ねた地点にちょうどアンカーポイントがあると、そのアンカーポイントのみの移動になる。

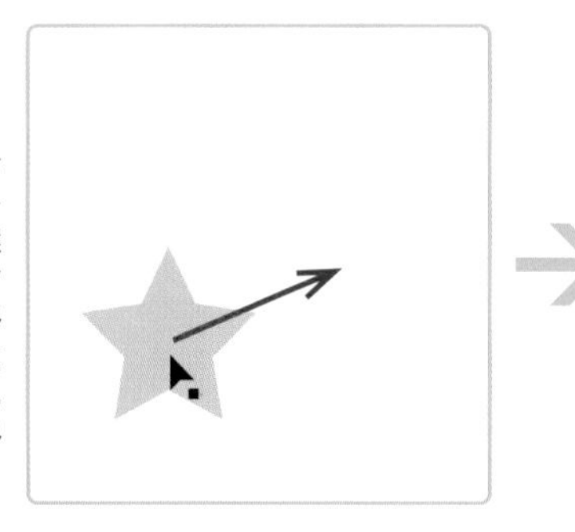

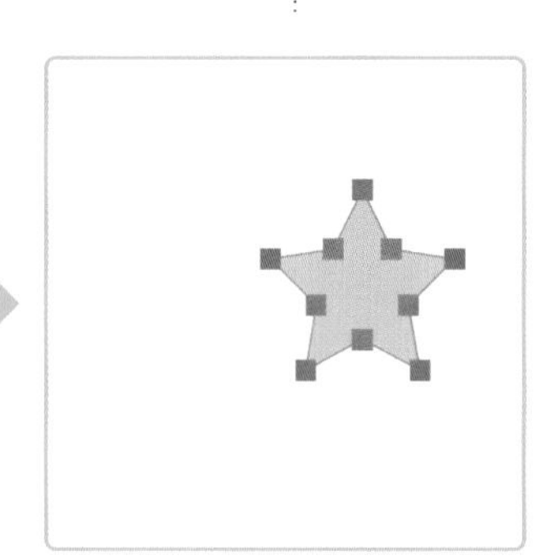

ここでも、[shift] キーや [option (Alt)] キーなどは、特殊な役割を果たします。★2 **[shift] キー**を押しながらドラッグすると、角度を**水平／垂直／斜め45°**に固定できます。**[option (Alt)] キー**を押しながらドラッグすると、元のオブジェクトはその場にとどまり、かわりに**複製されたオブジェクトが移動**します。この操作は移動というより、「**複製**」と認識されていることが多いでしょう。このように、**選択と移動、複製は表裏一体の関係**になっています。

★2　図形描画の法則と共通点があるので、応用で操作できる。

選択ツール

[選択ツール] でオブジェクトにカーソルを重ねたあと、[shift] キーを押しながら斜めにドラッグすると、斜め45° の直線上にオブジェクトを移動できる。

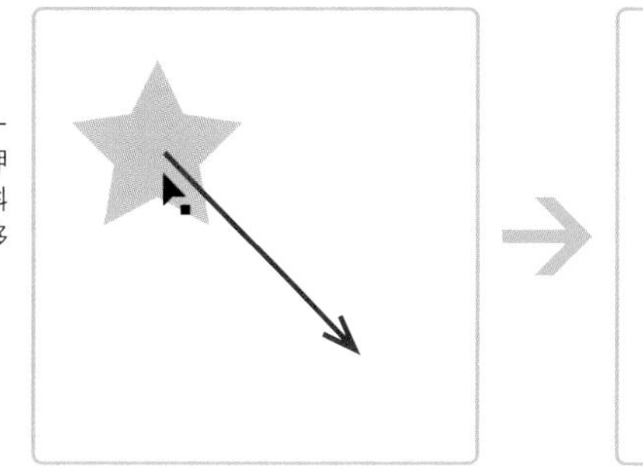

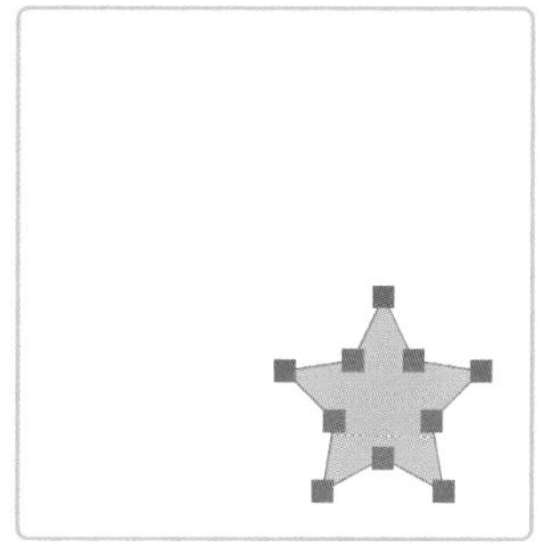

[選択ツール] でオブジェクトにカーソルを重ねたあと、[option (Alt)] キーと [shift] キーを押しながら右へドラッグすると、水平方向にオブジェクトを複製できる。

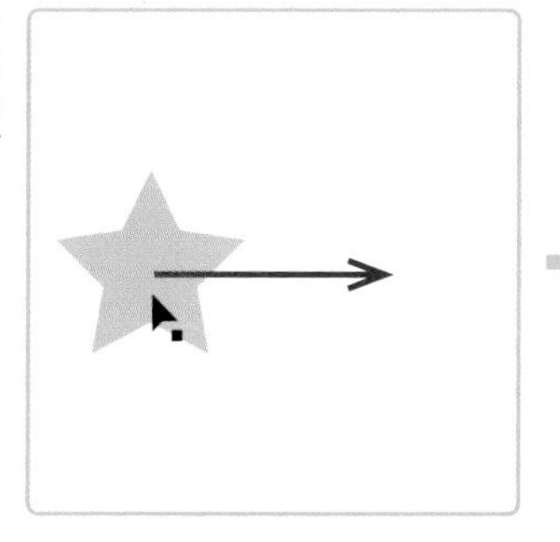

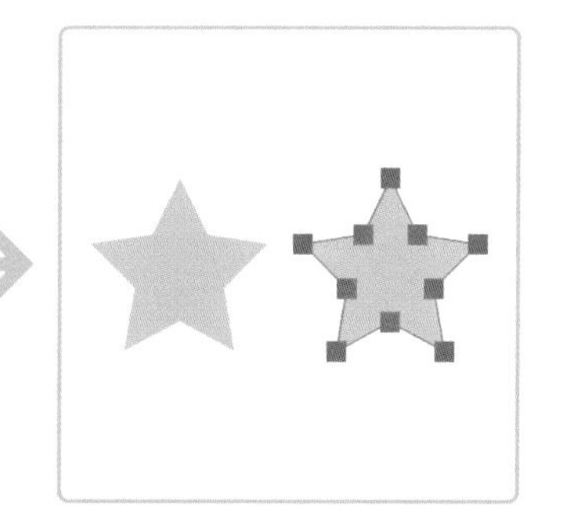

ポイントのスナップ★3は、**アンカーポイントやセンターポイントどうしをスナップ（吸着）できる機能**で、基本的に [オン] にしておいたほうが作業しやすいです。[オフ] の場合は、**[表示] メニュー→ [ポイントにスナップ]** を選択し、メニューの先頭にチェックを入れます。

★3　ロックしたレイヤーにあるオブジェクトのアンカーポイントやセンターポイントにもスナップされる。

選択ツール

ポイントにスナップ

[ポイントにスナップ] のオン／オフは、プロパティパネルが管理しやすい。[スナップオプション] で [ポイントにスナップ] が濃いグレー表示になっていれば、[オン] に設定されている。

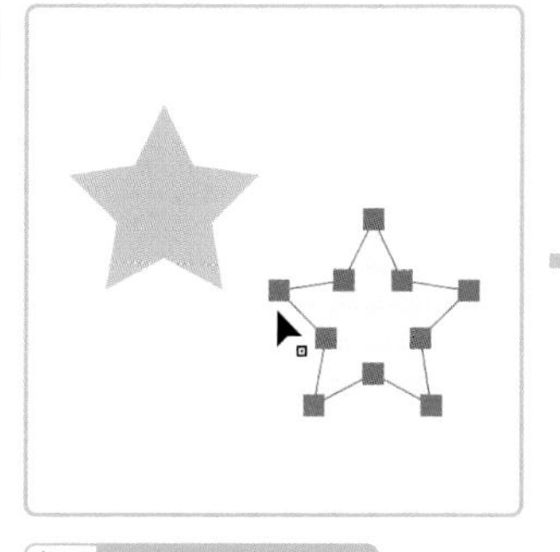

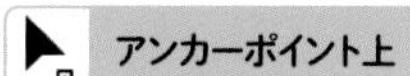

アンカーポイントにカーソルを合わせてドラッグを開始する。

アンカーポイントにスナップ

アンカーポイントにスナップすると、カーソルの矢印が白に変わる。

3-2-2 角度や距離を指定して移動する

[移動]ダイアログで、**角度や距離を指定して移動**することもできます。**正確な位置に移動**したり、**等間隔に複製**するときに便利です。

角度や距離を指定して移動する

Step.1 オブジェクトやアンカーポイントを選択したあと、[オブジェクト]メニュー→[変形]→[移動]を選択する

Step.2 [移動]ダイアログで角度や距離などを指定して、[OK]をクリックする

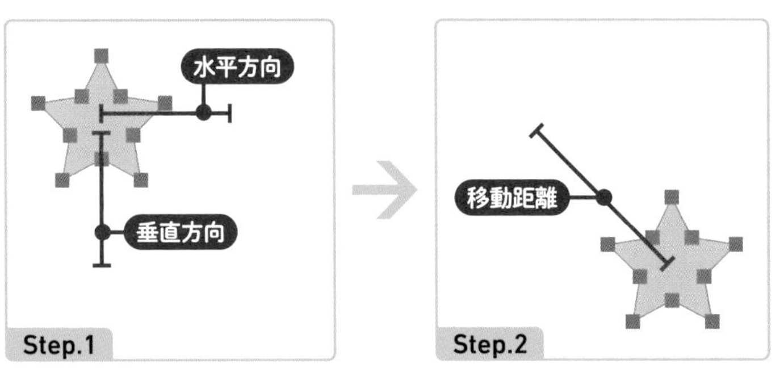

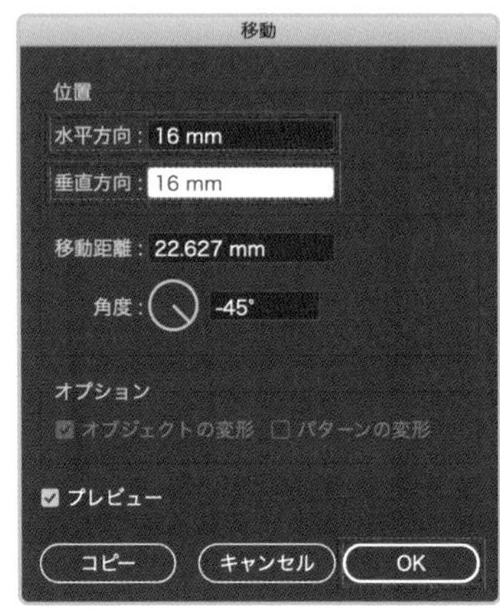

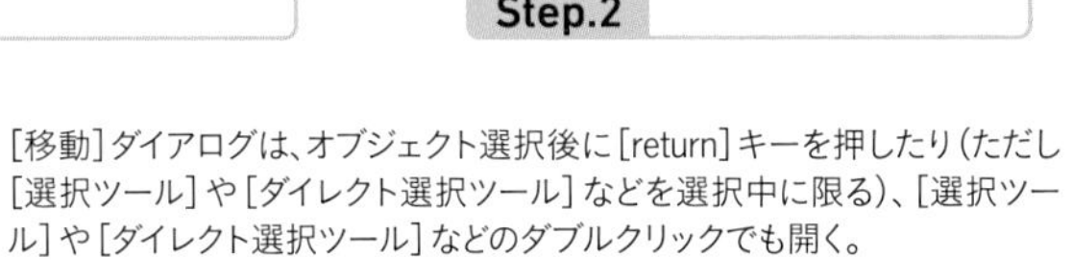
[移動]ダイアログは、オブジェクト選択後に[return]キーを押したり(ただし[選択ツール]や[ダイレクト選択ツール]などを選択中に限る)、[選択ツール]や[ダイレクト選択ツール]などのダブルクリックでも開く。

ダイアログで**[コピー]**をクリックすると、指定した位置に**複製**できます。本書ではこの操作を、「**移動コピー**」と呼びます。**[command (Ctrl)] + [D] キー**★4で同じ操作を繰り返すと、オブジェクトを**等間隔に複製**できます。

★4 [command (Ctrl)] + [D]キーは、[オブジェクト]メニュー→[変形]→[変形の繰り返し]のショートカット。

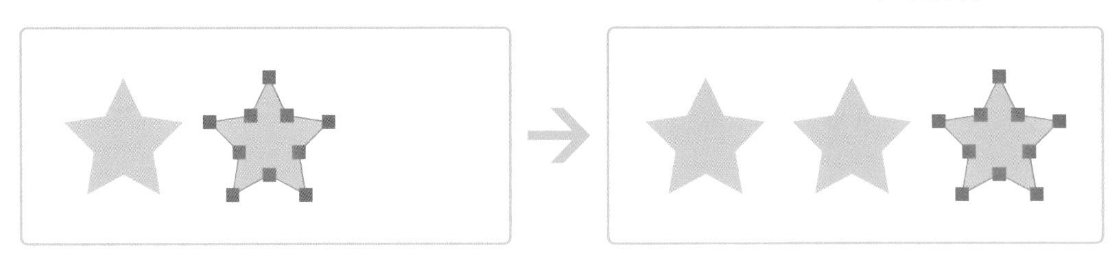

矢印キーも移動に使えます。オブジェクトやアンカーポイントを選択したあと、矢印キーを押すと、**水平/垂直方向に移動**します。この場合の移動距離は、**環境設定の[キー入力]**★5に設定した値が適用されます。なお、**[shift]キー**を押しながら矢印キーを押すと、**[キー入力]の10倍の距離**を移動できます。たとえば[キー入力:1mm]の場合、10mmの移動になります。

★5 [キー入力]は、[環境設定]ダイアログかプロパティパネル(選択なし)で調整できる。[キー入力]に入力した値は、ファイルで使用する[単位]が変わると、その単位で換算されたものになる。きりのいい値にするには、その都度、設定の見直しが必要。

3-2-3 アートボードを基準に移動する

オブジェクトをアートボードの中央や角などに移動する場合は、**整列パネル**★6が便利です。**基準をアートボードに設定**することで、**中央／角／辺の中央**のいずれかにスピーディに移動できます。

★6　整列パネルは［ウィンドウ］メニュー→［整列］で開く。コントロールパネルの［整列］のクリックでも開けるほか、プロパティパネルにも一部が表示される。

オブジェクトをアートボードの中央に移動する

Step.1　オブジェクトを選択したあと、整列パネルで〔整列：アートボードに整列〕に変更する

Step.2　整列パネルで〔水平方向中央に整列〕と〔垂直方向中央に整列〕をクリックする

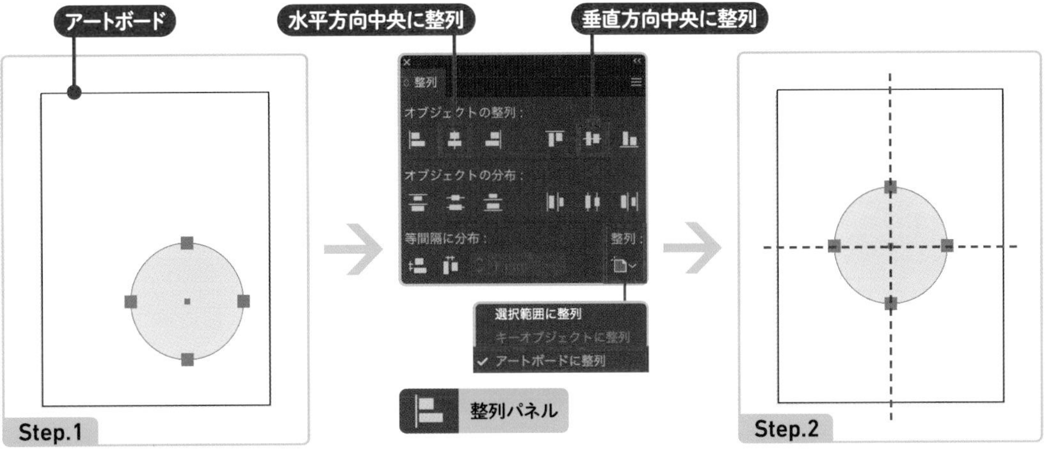

オブジェクトがアートボードの中央に移動する。

選択範囲に整列
キーオブジェクトに整列
アートボードに整列

［整列］の設定は、アイコンで判別できる。バージョンによっては、オブジェクトをひとつだけ選択すると、自動で［アートボードに整列］に設定されることもある。［選択範囲に整列］は、選択オブジェクトの位置と、適用した処理によって基準が変わる。

アートボードの左上角に移動するには、［水平方向左に整列］と［垂直方向上に整列］をクリックします。このように、メニューの組み合わせによって、移動先を中央／角／辺の中央のいずれかにコントロールできます。

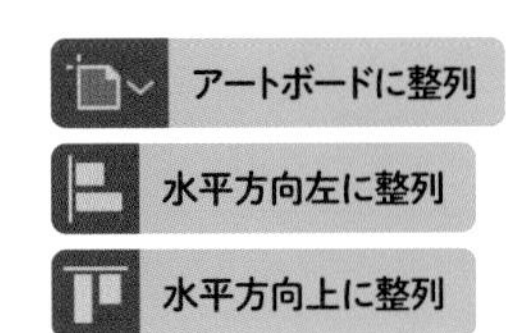

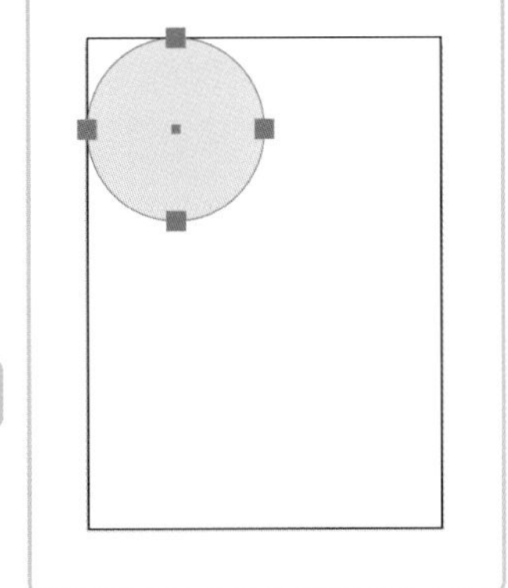

オブジェクトが、基準にするアートボードとは別のアートボードにある場合、**アートボードの事前選択**が必要になります。★7

★7　アートボードがひとつの場合は不要。

オブジェクトとアートボードを選択する

Step.1　ツールバーで［選択ツール］を選択し、オブジェクトを選択する

Step.2　［shift］キーを押しながら、アートボードの内側の何も描画されていない場所でクリックして、アートボードを選択する

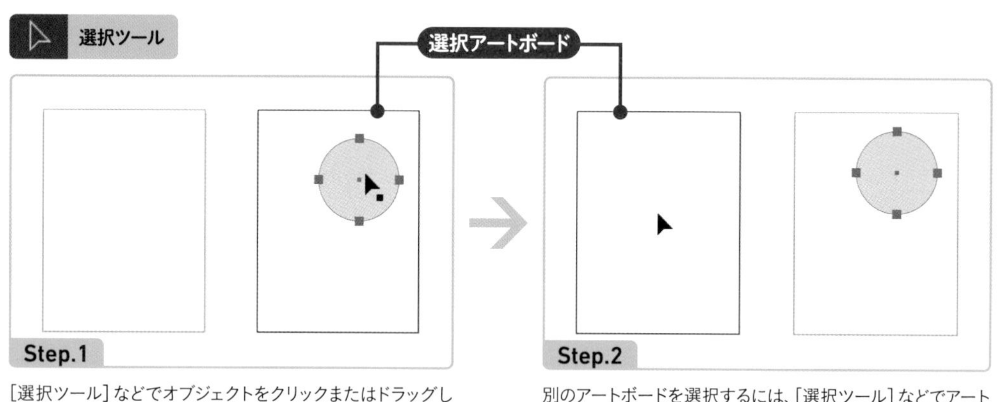

［選択ツール］などでオブジェクトをクリックまたはドラッグして選択すると、そのオブジェクトが配置されているアートボードも選択状態になる。

別のアートボードを選択するには、［選択ツール］などでアートボードの内側をクリックする。選択状態のアートボードは、非選択状態のそれより、やや鮮明な黒枠になる。

アートボードの内側でクリックするとアートボードを選択★8できますが、同時にオブジェクトの選択を解除してしまわないよう、**[shift] キー**が必要です。一方、オブジェクトを**レイヤーパネルで選択**すると、アートボードの選択は影響を受けません。そのため、先にアートボードを選択しておき、次にレイヤーパネルでオブジェクトを選択すると、アートボードとオブジェクトの両方を選択できます。

★8　アートボードの選択には、アートボードパネルを利用する方法もある。アートボードパネルは、［ウィンドウ］メニュー→［アートボード］で開く。ただ、アートボード名や番号などを管理できていないと、スムーズに選択できないことがある。

ただ現実的には、［選択ツール］でオブジェクトを基準のアートボードへ移動したあと、**オブジェクトを再度クリック**するか、**オブジェクトとアートボードの一部を囲むようにドラッグ**して両方を選択し、整列するのがスムーズでしょう。アートボード全体を囲んでしまうとアートボードは選択されないので、**アートボードの一部を点線の矩形（選択範囲）におさめるようにドラッグ**するのがポイントです。

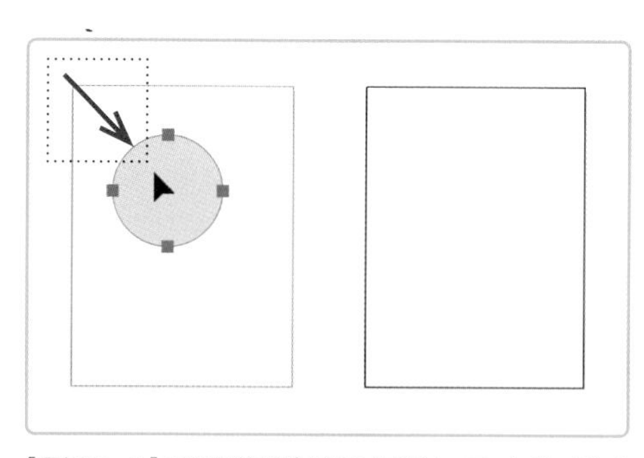

［選択ツール］の選択範囲（点線の矩形）に、アートボードとオブジェクトの一部が入るようにドラッグすると、両方を同時に選択できる。

1 準備
2 描画と作成
3 変形
4 塗りと線
5 アピアランス
6 ブラシとパターン
7 その他の操作

3-2-4 オブジェクトを基準に移動する

特定の**オブジェクトを基準**として、その他のオブジェクトを移動できます。基準となるオブジェクトを「**キーオブジェクト**」と呼びます。キーオブジェクトを指定すると、オブジェクトどうしの**[間隔値]**を指定して整列できます。★9

★9　図版とキャプションの位置を揃える、図版を碁盤の目状に並べるなどは、デザイン作業で頻繁におこなう操作。[間隔値:0]に設定すると、隙間なく隣り合わせて並べることができる。

キーオブジェクトに左端を揃える

Step.1　〔選択ツール〕で整列するオブジェクトをすべて選択する

Step.2　キーオブジェクトをクリックして指定する

Step.3　整列パネルで〔水平方向左に整列〕をクリックする

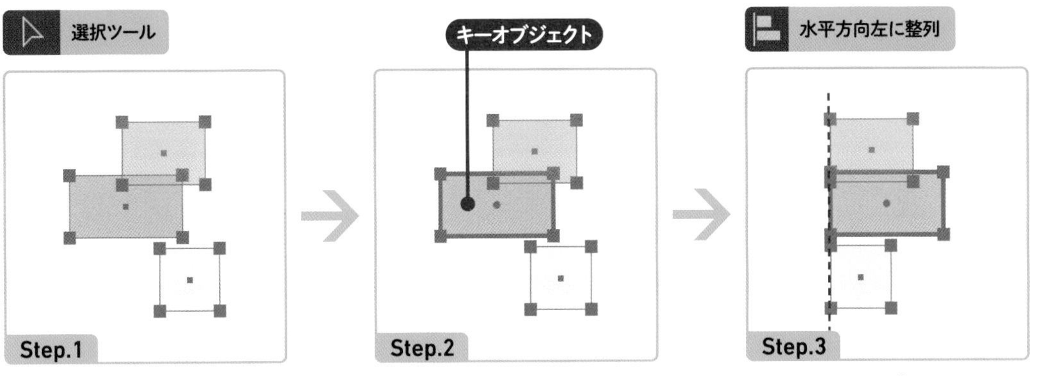

［選択ツール］で複数のオブジェクトを選択したあと、選択状態のオブジェクトをひとつクリックすると、それがキーオブジェクトに指定され、境界線が太枠表示に変わる。

［水平方向左に整列］をクリックすると、キーオブジェクトの左端に揃う。キーオブジェクトは移動しない。

間隔を指定して碁盤の目状に並べる

Step.1　〔選択ツール〕で最上段の横一列のオブジェクトをすべて選択したあと、左端のオブジェクトをクリックして、キーオブジェクトに指定する

Step.2　整列パネルで〔垂直方向中央に整列〕をクリックする

Step.3　整列パネルの〔等間隔に分布〕で〔間隔値〕を入力したあと、〔水平方向等間隔に分布〕★10をクリックする

★10　キーオブジェクトを指定せずに[水平方向等間隔に分布]をクリックすると、両端を固定した状態で間隔が均等になるよう調整される。

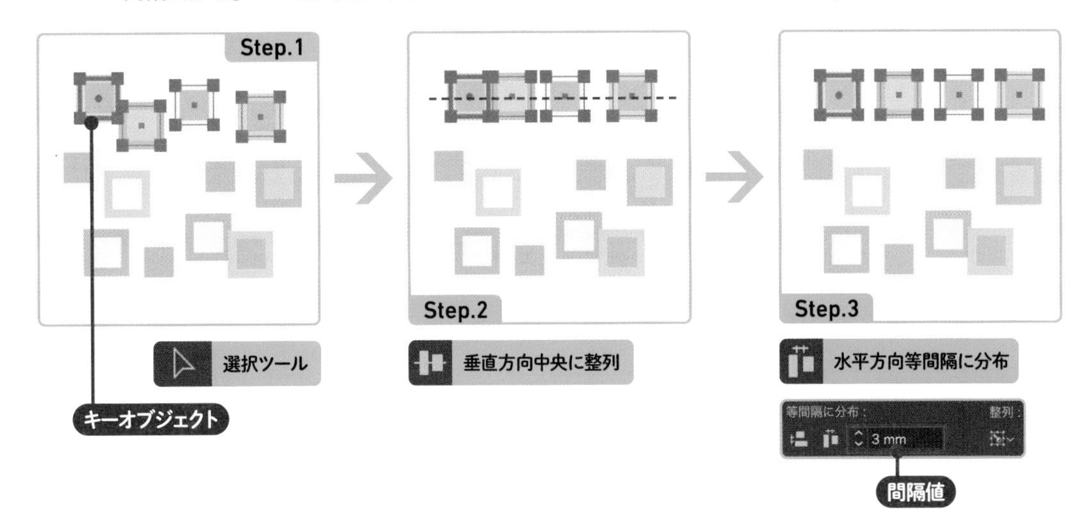

Step.4　左端の縦一列のオブジェクトをすべて選択したあと、上端のオブジェクトをクリックして、キーオブジェクトに指定する

Step.5　整列パネルで〔水平方向中央に整列〕と〔垂直方向等間隔に分布〕をクリックする

Step.6　2段目の横一列のオブジェクトをすべて選択したあと、左端のオブジェクトをクリックしてキーオブジェクトに指定し、整列パネルで〔垂直方向中央に整列〕と〔水平方向等間隔に分布〕をクリックする

Step.7　3段目にもstep.6の操作を繰り返して、全体を整列する

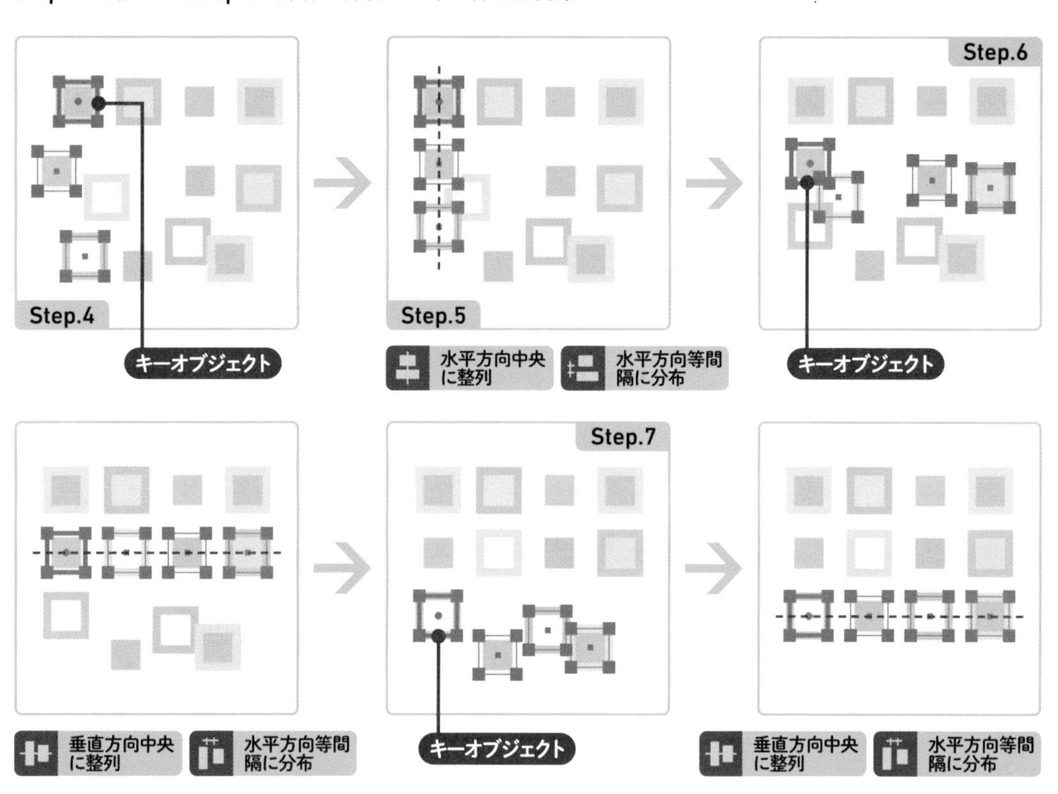

オブジェクトだけでなく、**アンカーポイント**も整列パネルで整列できます。アンカーポイントも、基準となる**キーアンカー**を指定できます。キーアンカーになるのは、**最後に選択したアンカーポイント**です。★11

★11　［ダイレクト選択ツール］などのドラッグ（選択範囲）で同時に選択した場合は、キーアンカーを指定しない整列になる。

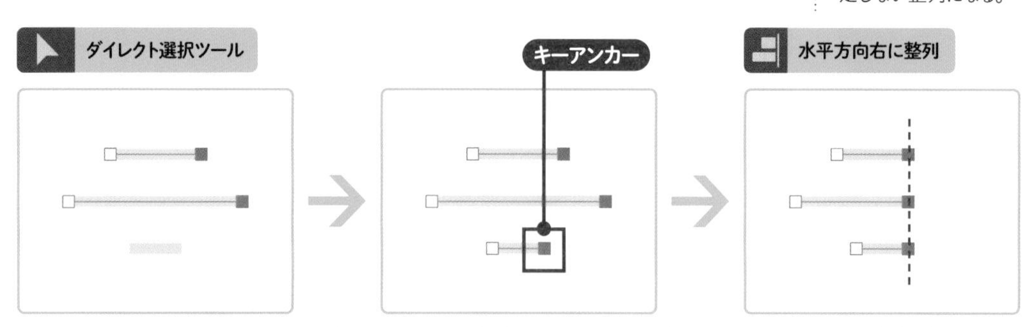

アンカーポイントを選択し、［水平方向右に整列］をクリックすると、X座標が最後にクリックしたアンカーポイントに揃う。基準となるアンカーポイントは「キーアンカー」と呼ばれる。

デフォルトでは、オブジェクトの位置揃えはパスそのものが基準となり、**[線幅]** や**アピアランスによる変形**★12は、結果に影響しません。これらも位置揃えに反映させる場合は、整列パネルのメニューから **[プレビュー境界を使用]** を選択してチェックを入れます。**プレビュー境界**は、**オブジェクトの見た目の境界**を指します。

この設定は、**[環境設定] ダイアログ (一般) やプロパティパネルと同期**し、**変形パネルの座標やサイズにも影響**します。チェックが入っていると、オブジェクトのサイズが [線幅] の分だけ大きく表示されたり、座標に端数が生じるなど、数値が微妙に変化して混乱する可能性があります。作業が終わったら、チェックを外しておくことをおすすめします。

★12　アピアランスは、設定で見た目のみを変化させる機能。長方形や円など特定の図形への変換や、セグメントを凹ませたり膨らませたりといった変形が可能。アピアランスによる変形については、P142で解説。

水平方向左に整列

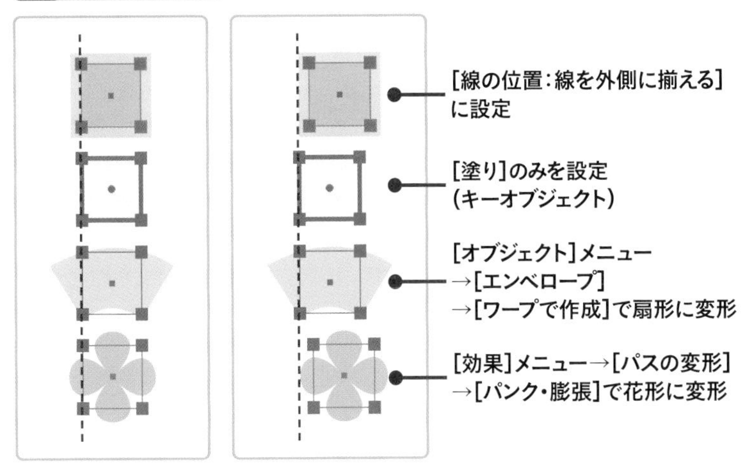

プレビュー境界:オフ　　プレビュー境界:オン

整列パネルで[水平方向左に整列]を適用したもの。[プレビュー境界を使用:オフ](左)では、左端のセグメントで整列するが、[オン](右)に設定すると、オブジェクトの見た目どおりの整列になる。ただし、[エンベロープ]による変形など、見た目が結果に反映されないものもある。

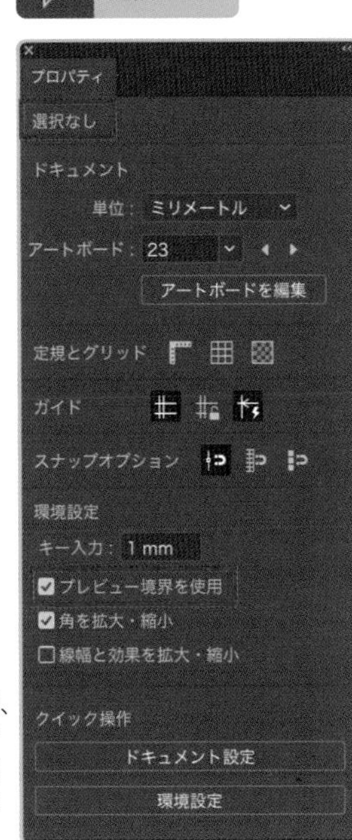

[プレビュー境界を使用]については、プロパティパネルが確認・変更しやすい。この内容は[選択ツール]を選択して未選択状態(選択なし)にすると表示される。

3-2-5 座標を指定して移動する

変形パネルの**[X]**と**[Y]**には、選択したオブジェクトの**座標**★13が表示されます。ここに数値を入力すると、指定した位置に移動できます。

★13 Y座標については、原点より上方向が負の値、下方向が正の値になる。

オブジェクトの座標を変更する

Step.1 オブジェクトを選択する

Step.2 変形パネルで〔基準点〕を設定したあと、〔X〕と〔Y〕に数値を入力する

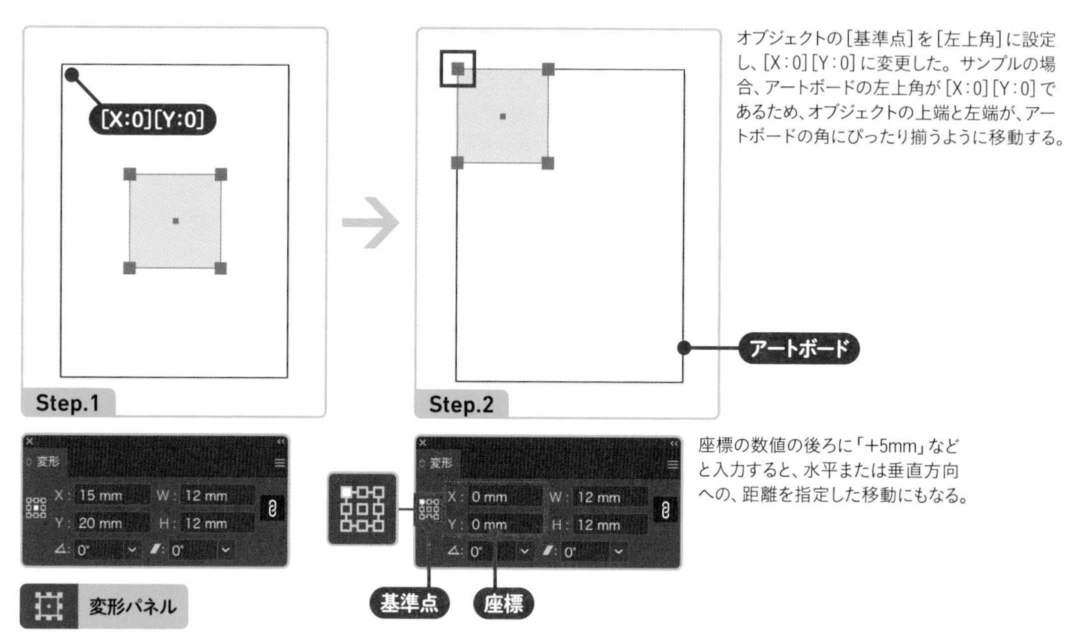

オブジェクトの[基準点]を[左上角]に設定し、[X:0][Y:0]に変更した。サンプルの場合、アートボードの左上角が[X:0][Y:0]であるため、オブジェクトの上端と左端が、アートボードの角にぴったり揃うように移動する。

座標の数値の後ろに「+5mm」などと入力すると、水平または垂直方向への、距離を指定した移動にもなる。

このしくみを活用するには、**原点**すなわち**[X:0][Y:0]に設定されている地点**を事前に把握する必要があります。**[表示]メニュー→[定規]→[定規を表示]**で定規を表示してみると、その地点がわかります。目盛の[0]と[0]が交差する地点が、原点です。デフォルトは**アートボードの左上角**に設定されますが、ファイルの作成者によって変更されていることもあります。

作業内容にもよりますが、原点を**アートボードの中央**に設定すると、何かと便利です。**定規の目盛が交差するウィンドウ左上角**にカーソルを合わせ、キャンバスへドラッグすると、ドラッグを終了した地点が原点になります。長方形や円などをアートボードの中央に配置し、**センターポイントにスナップ**させると、正確な位置に変更できます。

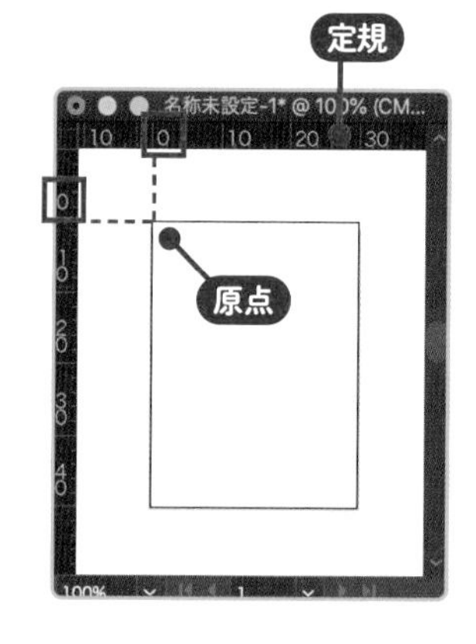

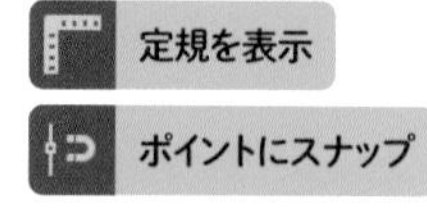

定規の表示／非表示は、プロパティパネル（選択なし）のアイコンでも切り替えできる。[ポイントにスナップ]のオン／オフもプロパティパネルで可能。

原点をアートボードの中央に変更する

Step.1　［長方形ツール］で長方形を描いたあと、整列パネルでアートボードの中央に配置する

Step.2　ウィンドウ左上角の定規の目盛の交差地点にカーソルを合わせたあと、アートボードへドラッグし、破線の十字を長方形のセンターポイントにスナップさせる

Step.3　変形パネルで、長方形の中央（センターポイント）の座標が［X:0］［Y:0］になっていることを確認する

長方形ツール

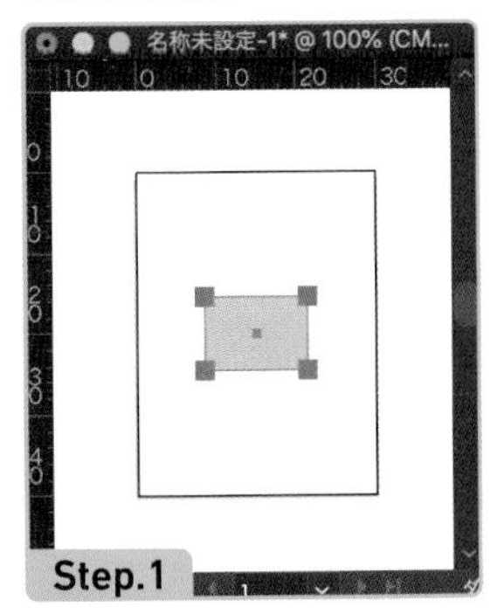

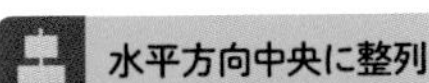

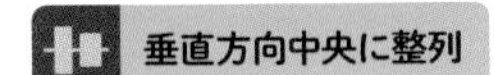

整列パネルで［整列：アートボードに整列］に設定し、［水平方向中央に整列］と［垂直方向中央に整列］で長方形をアートボードの中央に配置する。

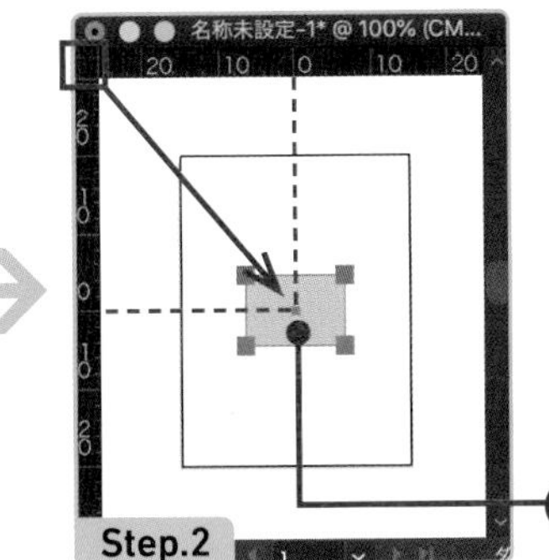

センターポイント

定規の目盛の交差地点からドラッグを開始し、長方形のセンターポイントにカーソルを合わせ、スナップされたところでドラッグを終了する。このスナップ機能を利用するには、［表示］メニュー→［ポイントにスナップ］にチェックを入れておく。

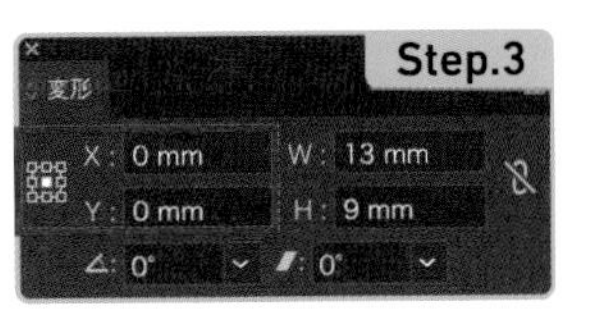

長方形の中央の座標が［X:0］［Y:0］になっていれば、アートボードの中央が原点に設定されている。

このほか、**アートボード自体を移動して原点の位置を変更する方法**★14もあります。ただし、これによりアートボードとオブジェクトの相対的な位置関係が変わることがあります。この方法での原点の変更は、できるだけ新規ファイル作成直後に済ませておくとよいでしょう。

★14　作業途中にこの方法で原点を変更する場合、コントロールパネルで［オブジェクトと一緒に移動またはコピー：オン］にすると、アートボードの内側にあるオブジェクトとアートボードの黒枠に重なるオブジェクトは、アートボードと一緒に移動する。

オブジェクトと一緒に移動またはコピー

中央が原点になるようにアートボードを移動する

Step.1　ツールバーで［アートボードツール］を選択して、アートボード編集モードに切り替える

Step.2　アートボードが複数ある場合は、アートボードをクリックして選択する

Step.3　コントロールパネルで［基準点：中央］に設定し、［X:0］［Y:0］に変更する

Step.4　ツールバーで［選択ツール］などを選択して、アートボード編集モードを終了する

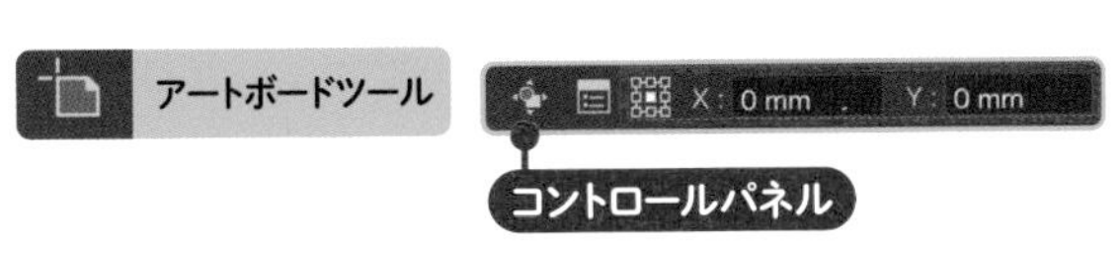

コントロールパネル

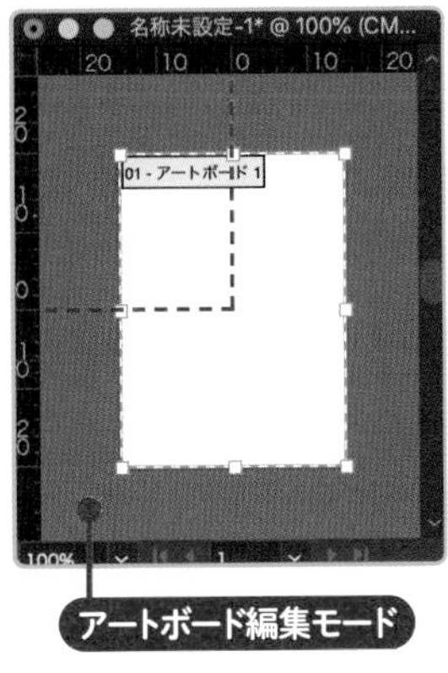

アートボード編集モード

3-3 オブジェクトを回転・反転する

- オブジェクトを回転するには、[回転ツール]、[回転] ダイアログ、変形パネルのいずれかを使用、または併用する
- ドラッグでざっくり回転できるのは [回転ツール]
- 回転角度は変形パネルでリセットできる
- [回転] ダイアログを利用すると、回転コピーできる
- ライブシェイプの回転については、変形パネルの [プロパティ] が便利
- 反転も [リフレクトツール]、[リフレクト] ダイアログ、変形パネルでおこなう

3-3-1 ざっくり回転ときちんと回転

オブジェクトの回転にも、ドラッグで**ざっくりと回転**する方法と、角度を指定して**きちんと回転**する方法があります。Illustratorの場合、**[回転ツール]**のほか、**変形パネルの [回転]** や **[回転] ダイアログ**など、回転に特化したさまざまなツールや機能が用意されています。★1 このうち、ざっくり回転できるのは、[回転ツール] です。

★1 移動と同様に、オブジェクトを回転する方法は、ツール、変形パネル、ダイアログの3通りある。反転や拡大・縮小も同様。Illustratorでのオブジェクトの移動と変形は、だいたいこの3通りが使える。

[回転ツール] によるドラッグで回転する

Step.1 オブジェクトを選択し、ツールバーで [回転ツール] を選択する
Step.2 キャンバスでドラッグする

回転ツール

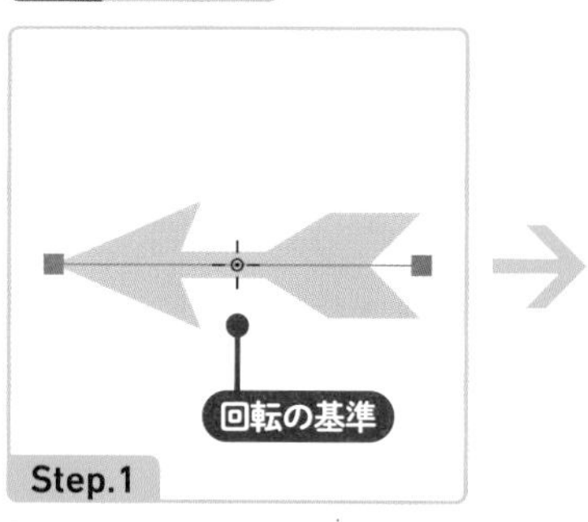

[回転ツール] を選択すると、オブジェクトの中央に回転の基準を示すマークが表示される。

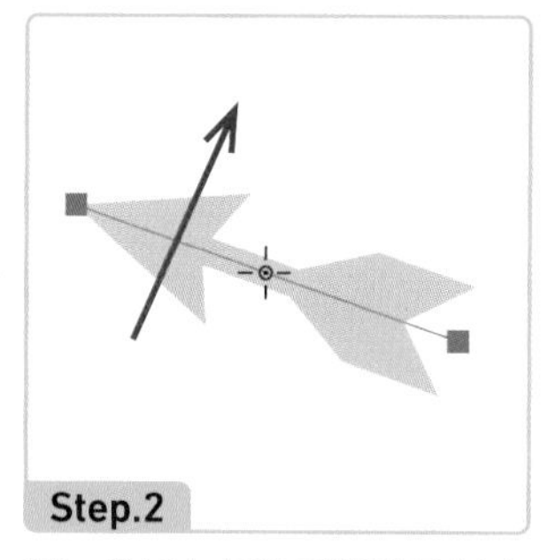

ドラッグすると、回転の基準を固定した状態で、オブジェクトが回転する。

回転の基準

回転の基準には、十字のアイコンが表示される。このアイコンは、反転や拡大・縮小でも、基準の位置を示すものとして表示される。

回転の基準のデフォルトは**オブジェクトの中央**ですが、**キャンバスでクリック**すると、その地点を**回転の基準に変更**できます。**[shift]キー**を押しながらドラッグすると、**45°刻み**で回転できます。

変形パネルの[回転]を利用すると、**角度を指定**して回転できます。この場合、**[基準点]が回転の基準**になるため、事前に確認と設定が必要です。また、変形パネルの[回転]では、[回転ツール]による回転も含め、**回転をリセット**できます。[回転]の値は、保存すればファイルを閉じたあとも保持されるので、あとからリセットすることも可能です。ただし、**回転の基準と、変形パネルの[基準点]が不一致の場合は、オブジェクトが移動**します。

[回転ツール]を選択したあと、キャンバスでクリックすると、その地点を回転の基準に変更できる。

変形パネルで角度を指定して回転する

Step.1 オブジェクトを選択し、変形パネルで［基準点］を設定する

Step.2 ［回転］に数値を入力するか、メニューから選択する

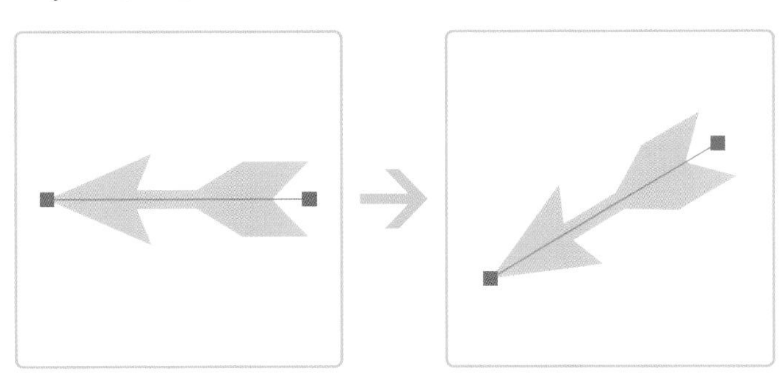

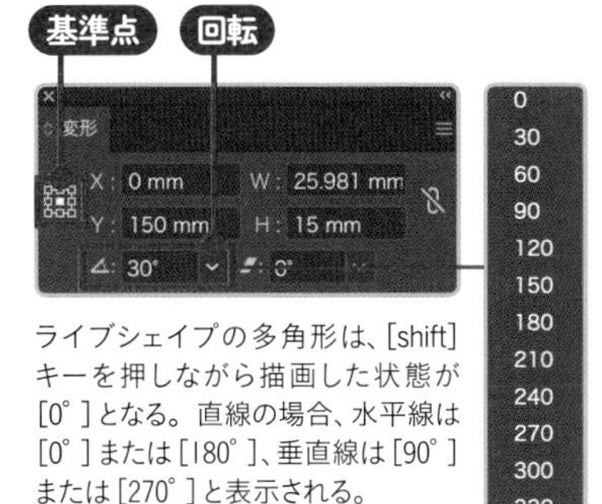

ライブシェイプの多角形は、[shift]キーを押しながら描画した状態が[0°]となる。直線の場合、水平線は[0°]または[180°]、垂直線は[90°]または[270°]と表示される。

角度を指定した回転は、**[回転]ダイアログ**でも可能です。ダイアログ経由の場合、オブジェクトの**複製と回転を同時に処理**できます。★2

★2　本書ではこの操作を「回転コピー」と呼ぶ。

[回転]ダイアログで回転コピーする

Step.1 オブジェクトを選択し、ツールバーで［回転ツール］をダブルクリックする

Step.2 ［回転］ダイアログで［角度］を設定し、［コピー］をクリックする

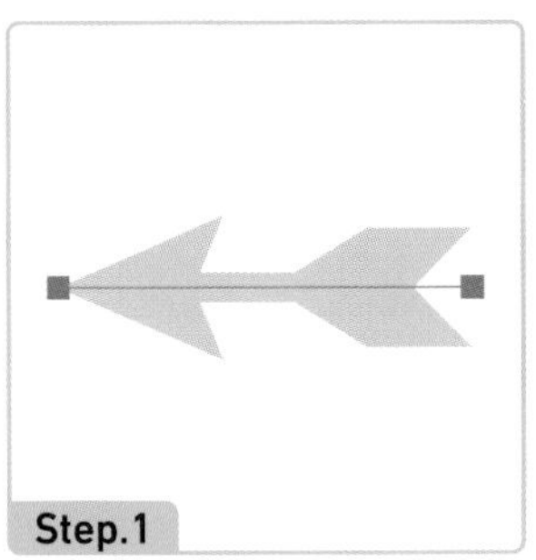

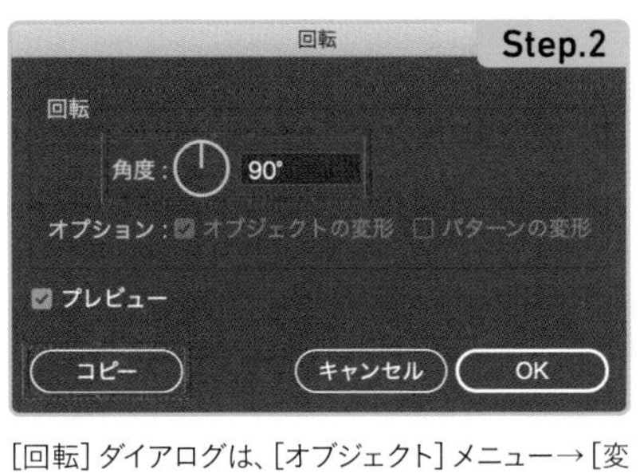

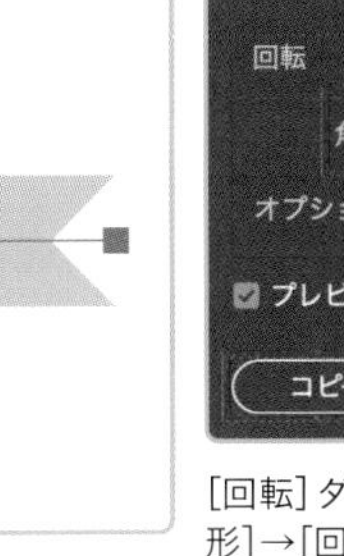

[回転]ダイアログは、[オブジェクト]メニュー→[変形]→[回転]でも開く。[角度]横の円内をドラッグして角度を設定することもできる。

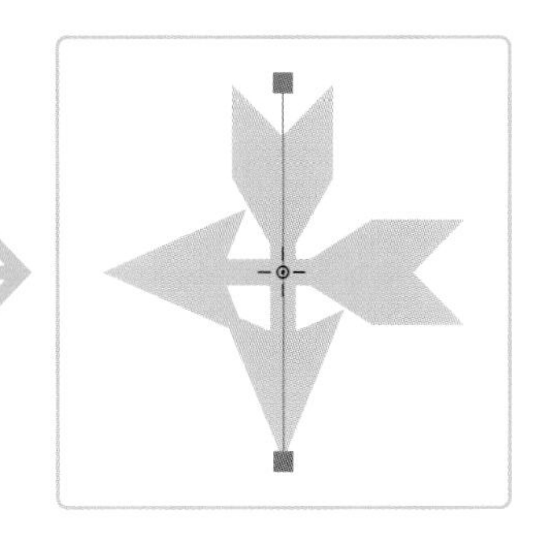

［回転］ダイアログを使用する場合、回転の基準は**オブジェクトの中央**に設定されます。回転の方向は、数値の前につける**正負の符号**で指定できます。**時計回りに回転**するには、**負の値**を入力します。★3

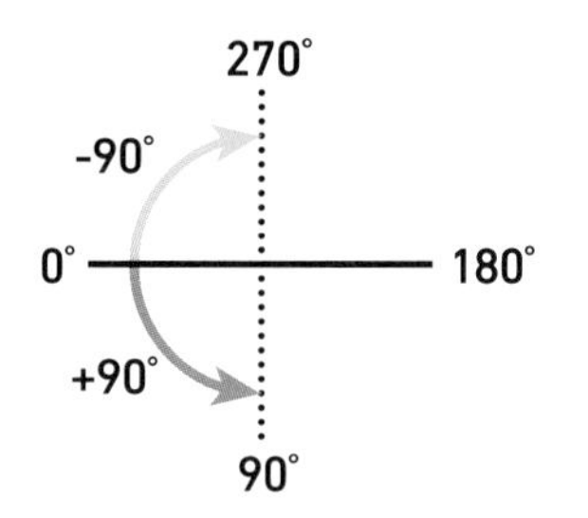

［回転］ダイアログを開く方法は他にもあり、この場合は、**回転の基準を自由な位置に設定**できます。**［回転ツール］を選択し、［option（Alt）］キーを押しながらキャンバスでクリック**すると、回転の基準をその地点に変更した状態で、［回転］ダイアログが開きます。

★3　時計回り（負の値）で回転した場合、変形パネルには、360° からそれを引いた値が表示される。たとえば［-90° ］回転した場合、360° −90° となり、［270° ］と表示される。

［option（Alt）］キーの複製機能を利用すると、変形パネルや［回転ツール］によるドラッグでも回転コピーできます。

変形パネルの場合、オブジェクトを選択したあと、**［option（Alt）］キーを押した状態で、変形パネルの［回転］**★4**のメニューから角度を選択**すると、回転コピーできます。メニューの選択ではなく数値を入力する場合は、**先に数値を入力し、［option（Alt）］キーを押しながら［return］キーを押して確定**します。［回転ツール］の場合は、**［option（Alt）］キーを押しながらドラッグ**すると、回転コピーできます。

★4　ライブシェイプの場合、変形パネル中段の［プロパティ］の［角度］でも、同様の操作が可能。こちらを利用すると、図形の中心が回転の基準となる。奇数辺多角形の場合、このメリットが非常に大きい。

このほか、**バウンディングボックス**を利用して回転することも可能です。★5

★5　バウンディングボックスを利用した回転の場合、通常のパスはオブジェクトの中央、ライブシェイプは図形の中心が回転の基準となる。

バウンディングボックスで回転する

Step.1　オブジェクトを選択し、［表示］→［バウンディングボックスを表示］を選択する

Step.2　角や辺のハンドル付近にカーソルを移動し、回転アイコンに変わったらドラッグする

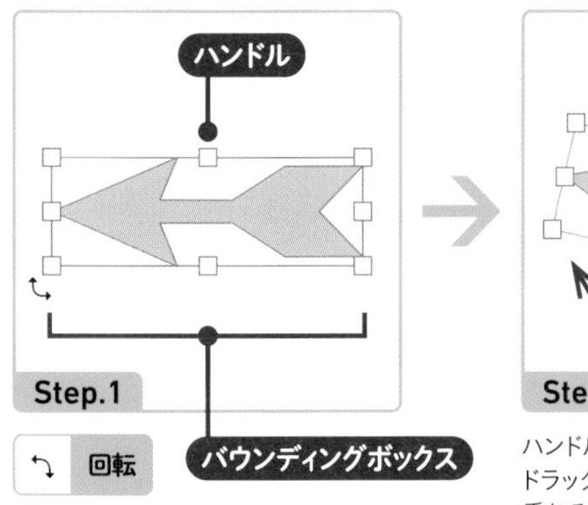

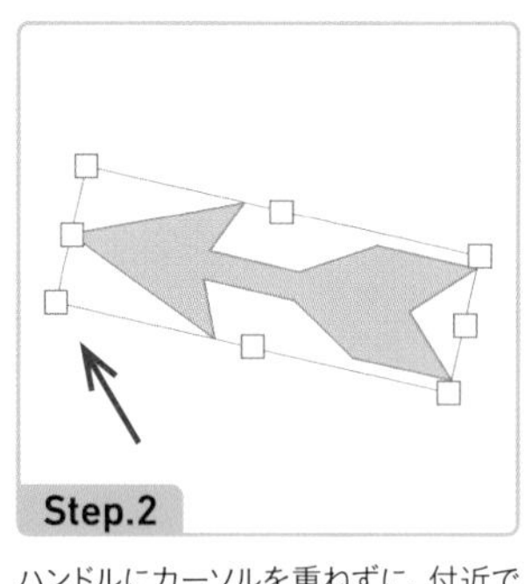

ハンドルにカーソルを重ねずに、付近でドラッグすると、回転できる。カーソルを重ねると、拡大・縮小になる。

バウンディングボックスは、[回転ツール] を選択しなくても回転操作に移行できる点は便利ですが、ハンドルをドラッグするとオブジェクトが拡大・縮小されてしまうなど、誤操作も招きやすいです。普段は**[表示]メニュー→[バウンディングボックスを隠す] で非表示**★6にしておき、使うときだけ表示に戻すことをおすすめします。本書も非表示で画面を撮影しています。

★6　デフォルトは表示に設定されている。

回転方法それぞれのメリット／デメリットは、以下のとおりです。

	メリット	デメリット
回転ツール	ドラッグで回転できる。 回転の基準を自由な位置に設定できる。 回転コピーできる。	奇数辺多角形の場合、デフォルトや[基準点]では、図形の中心を回転の基準に指定できないため、そのまま回転すると、図形の中心の座標がずれていく（回転の基準を手動で変更すると対処できる）。
[回転] ダイアログ	回転角度を数値で指定できる。 回転の基準を自由な位置に設定できる。 回転コピーできる。	
変形パネル	回転角度を数値で指定できる。 回転の基準を、オブジェクトの中央／角／辺の中央のいずれかに設定できる。 ライブシェイプは図形の中心が回転の基準になる。 回転角度を記録およびリセットできる（他の方法で回転したものも記録される）。 回転コピーできる。	ライブシェイプ以外の奇数辺多角形については、同上の問題が発生する。 回転の基準を自由な位置に設定できない（透明な長方形とグループ化するなどの工夫が必要）。
バウンディングボックス	ドラッグで回転できる。 選択するとすぐに回転操作に移行できる。 ライブシェイプは図形の中心が回転の基準になる。	回転の基準を自由な位置に設定できない。 誤操作の原因になることがある。

3-3-2 ライブシェイプの回転について

ライブシェイプの回転については、変形パネル中段の**[プロパティ]**にある**[角度]**★7も利用できます。上段の**[回転]**との違いは、**図形の中心が回転の基準**になる点にあります。長方形や円、偶数辺正多角形については、[基準点：中央]に設定している限りは、上段も中段も同じ結果になりますが、**奇数辺正多角形**の場合は、結果が変わります（**P45**参照）。

ライブシェイプの場合、**回転後も歪みを加えることなく正確なサイズに変更できる**というメリットもあります。たとえば長方形を回転すると、変形パネルの[W]と[H]に表示されるサイズは長方形のサイズではなく、**長方形の角に接する水平線と垂直線が交差してできる矩形のサイズ**になります。そのため、[W]と[H]でサイズを変更する場合、[縦横比を固定：オン]にしない限り、数値を変更すると歪みが生じます。長方形がライブシェイプであれば、**[長方形のプロパティ]**の**[長方形の幅]**と**[長方形の高さ]**に、**長方形そのもののサイズ**が表示され、長辺と短辺を個別に変更することが可能です。

★7 [角度]による回転は、ライブシェイプのセンターポイント（図形の中心）が回転の基準となる。そのため、奇数辺正多角形でも、[角度]を回転前の値に変更すれば、回転をリセットできる。

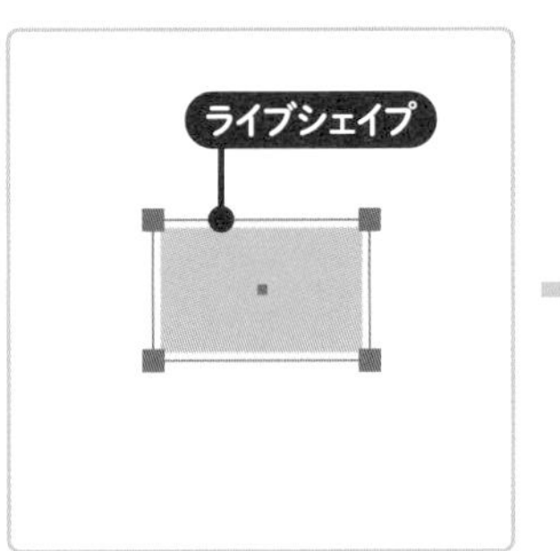

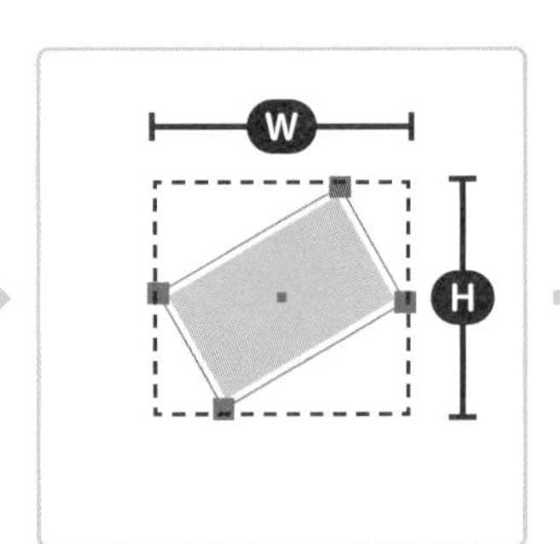

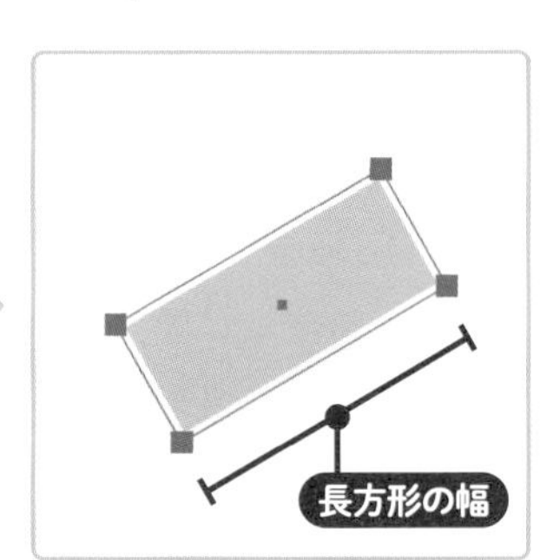

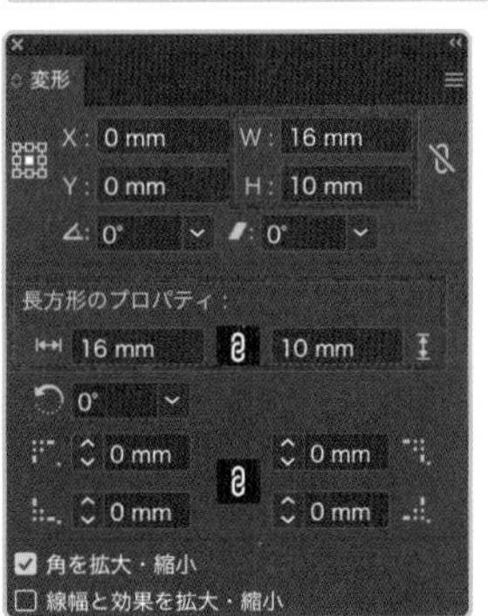

回転前は、上段の[W]と[H]、[長方形のプロパティ]の[長方形の幅]と[長方形の高さ]の値は一致する。

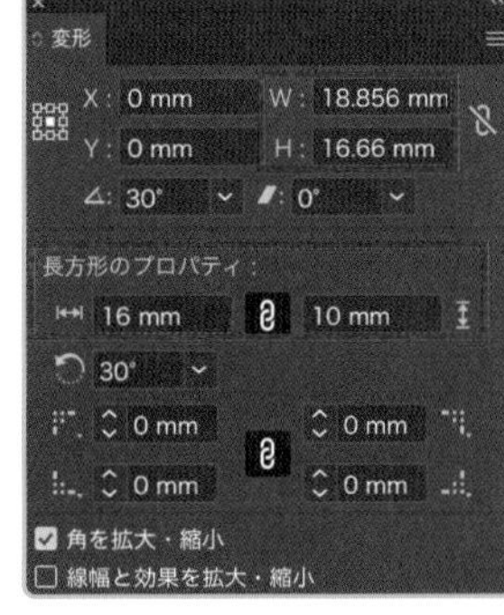

回転すると上段の[W]と[H]の値は変化するが、[長方形のプロパティ]のサイズは変化しない。

[長方形のプロパティ]で[長方形の幅]を変更すると、歪むことなく長方形のサイズを変更できる。

3-3-3 オブジェクトを反転(リフレクト)する

オブジェクトの反転も、**[リフレクトツール]**、**[リフレクト] ダイアログ**、**変形パネル**★8のいずれかを使用します。**[リフレクト] ダイアログを経由すると、反転と複製が同時に可能**です。本書ではこの操作を「**反転コピー**」と呼びます。反転コピーで描画できるものは非常に多く、頻繁な利用が予想されます。

★8　変形パネルで可能なのは、水平／垂直方向の反転に限られる。リフレクトの軸を傾けるには、反転後に回転する。変形パネルではメニューから選択するが、プロパティパネルではアイコン化されている。[基準点]で、リフレクトの軸が通る地点を、オブジェクトの角／辺の中央／中央のいずれかに設定できる。

[リフレクトツール]で反転する

Step.1　オブジェクトを選択し、ツールバーで[リフレクトツール]を選択する
Step.2　キャンバスでドラッグする

リフレクトツール　反転の基準

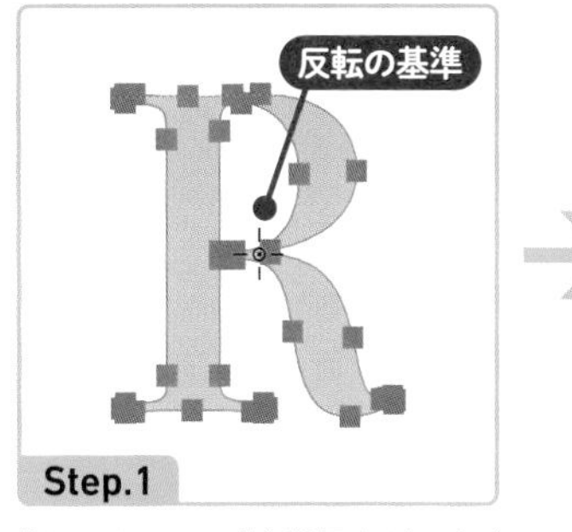

[リフレクトツール]を選択すると、オブジェクトの中央に反転の基準を示すアイコンが表示される。

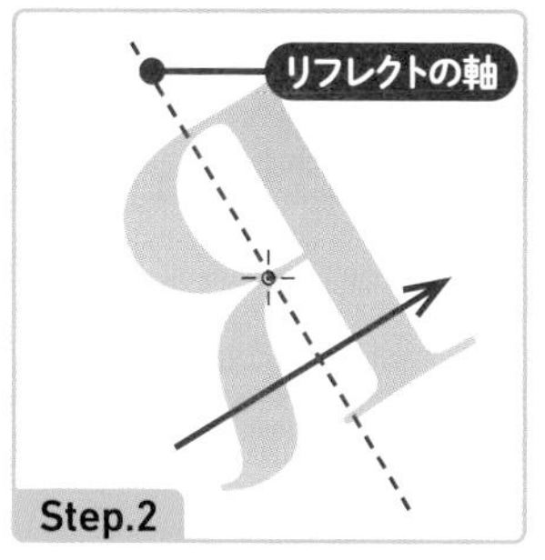

ドラッグすると、反転の基準を固定した状態でオブジェクトが反転する。リフレクトの軸は、ドラッグの方向に対して垂直な、反転の基準を通る線となる。

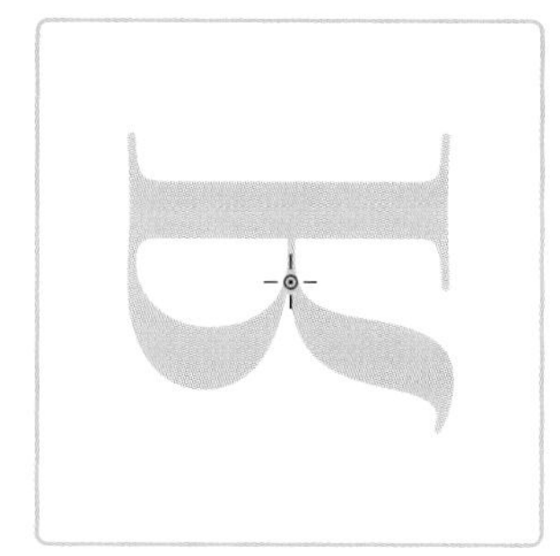

[shift]キーを押しながらドラッグすると、左右または上下に反転した状態で、90°刻みの回転になる。

リフレクトの軸を指定して水平方向に反転コピーする

Step.1　オブジェクトを選択し、ツールバーで[リフレクトツール]を選択する
Step.2　[option(Alt)]キーを押しながら、キャンバスでクリックする
Step.3　[リフレクト]ダイアログで[リフレクトの軸:垂直]に設定し、[コピー]をクリックする

リフレクトツール

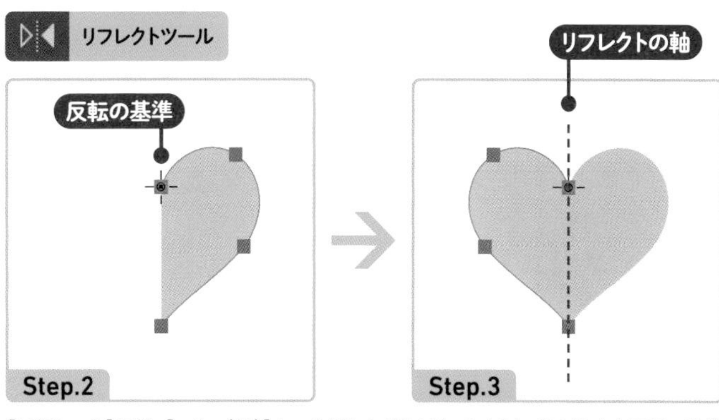

[回転ツール]同様、[option(Alt)]キーを押しながらクリックすると、その地点を反転の基準に設定できる。[リフレクトの軸:垂直]に設定すると、反転の基準を通る垂直線がリフレクトの軸となる。

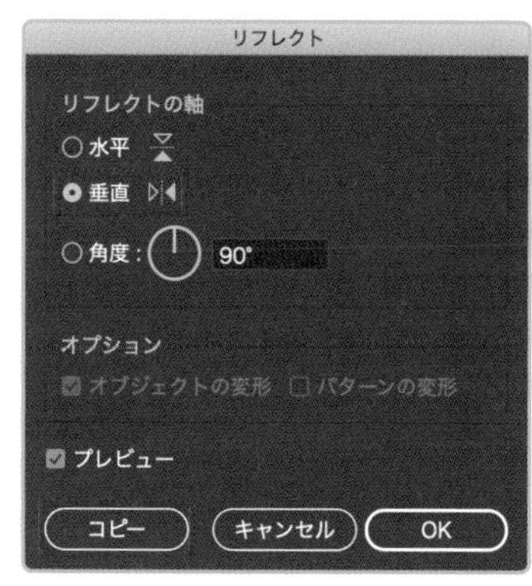

[リフレクト]ダイアログは[リフレクトツール]のダブルクリックでも開く。その場合、リフレクトの軸は、オブジェクトの中央を通る直線になる。

3-4 拡大・縮小とサイズの変更

- オブジェクトの拡大・縮小は、[拡大・縮小ツール]、[拡大・縮小] ダイアログ、変形パネルを使う
- [拡大・縮小] ダイアログは比率、変形パネルはサイズを指定できる
- ライブコーナーの [コーナー (角丸) の半径]、[線幅] や [効果] メニューの設定値を、拡大・縮小に応じて変化させるか否かを設定できる

3-4-1 ドラッグで拡大・縮小する

回転同様、拡大・縮小も**[拡大・縮小ツール]**、**[拡大・縮小] ダイアログ**、**変形パネル**を使います。単独で使ったり、併用することで、作業効率を上げることができます。ツールやダイアログ、パネルの操作は回転と同じです。★1 拡大・縮小の場合、**[shift] キー**は**縦横比を固定**する効果があります。

★1 [拡大・縮小ツール] の場合、拡大・縮小の基準へ向かってドラッグを開始し、そのまま基準を通り越して反対側へドラッグすると、反転になる。バウンディングボックスでも同様に反転する。このように、拡大・縮小と反転も関連がある。

縦横比を固定して拡大・縮小する

Step.1 オブジェクトを選択し、ツールバーで [拡大・縮小ツール] を選択する

Step.2 [shift] キーを押しながら、斜め方向へドラッグする

拡大・縮小ツール

拡大・縮小の基準

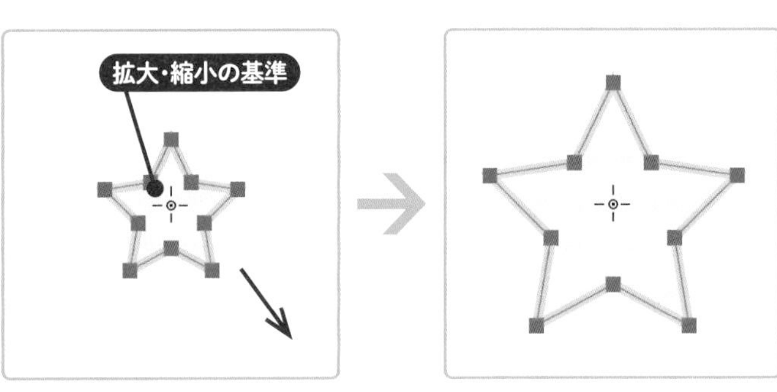

この場合、オブジェクトの中央が拡大・縮小の基準になる。

縦横比を保持した拡大・縮小になる。

なお、[shift] キーを押しながら**垂直／水平方向へドラッグ**すると、**[幅] と [高さ] のいずれかが固定**されます。

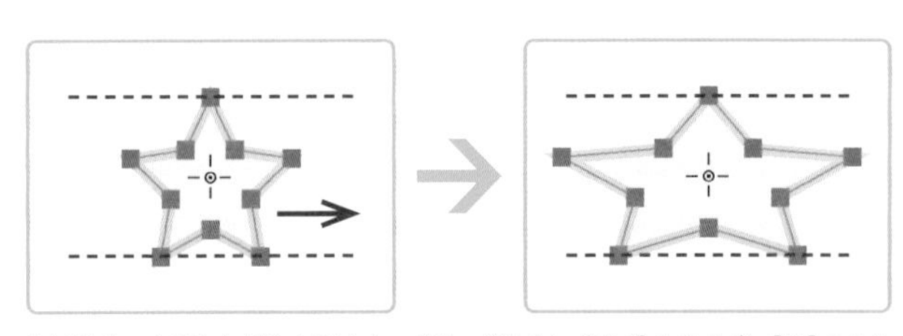

[shift] キーを押しながら水平方向へドラッグすると、[高さ] を変えずに [幅] のみを変更できる。[shift] キーを押さずに水平方向へドラッグすると、[高さ] が微妙に変わってしまう。

ツール選択後に**キャンバスでクリック**★2**すると、拡大・縮小の基準を変更できる**のも、回転と同じです。

★2 [option (Alt)] キーを押しながらクリックすると、その地点を拡大・縮小の基準に設定した状態でダイアログが開く。次のページで解説。

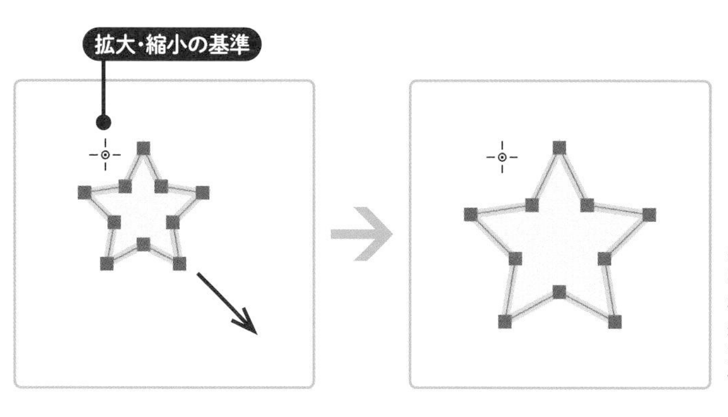

拡大・縮小の基準を固定した状態で、サイズ変更がおこなわれる。アンカーポイントを拡大・縮小の基準に指定すると、そのアンカーポイントの位置を固定できる。

回転同様、**バウンディングボックスを利用する方法**もあります。角や辺のハンドルにカーソルを合わせると、**拡大・縮小アイコン**に変わり、ドラッグすると拡大・縮小できます。★3 バウンディングボックスのメリットは、**辺のハンドルを使うと、[幅] のみ、あるいは [高さ] のみを変更**できるところにあります。また、**文字のサイズに影響を与えることなく、テキストエリアのサイズを変更**できる、という意外な使いどころもあります。ただ、誤操作を招きやすいので、普段は非表示にしておき、使うときだけ表示に戻すとよいでしょう。

★3 縦横比を固定するには、[shift] キーを押しながら、角のハンドルをドラッグする。

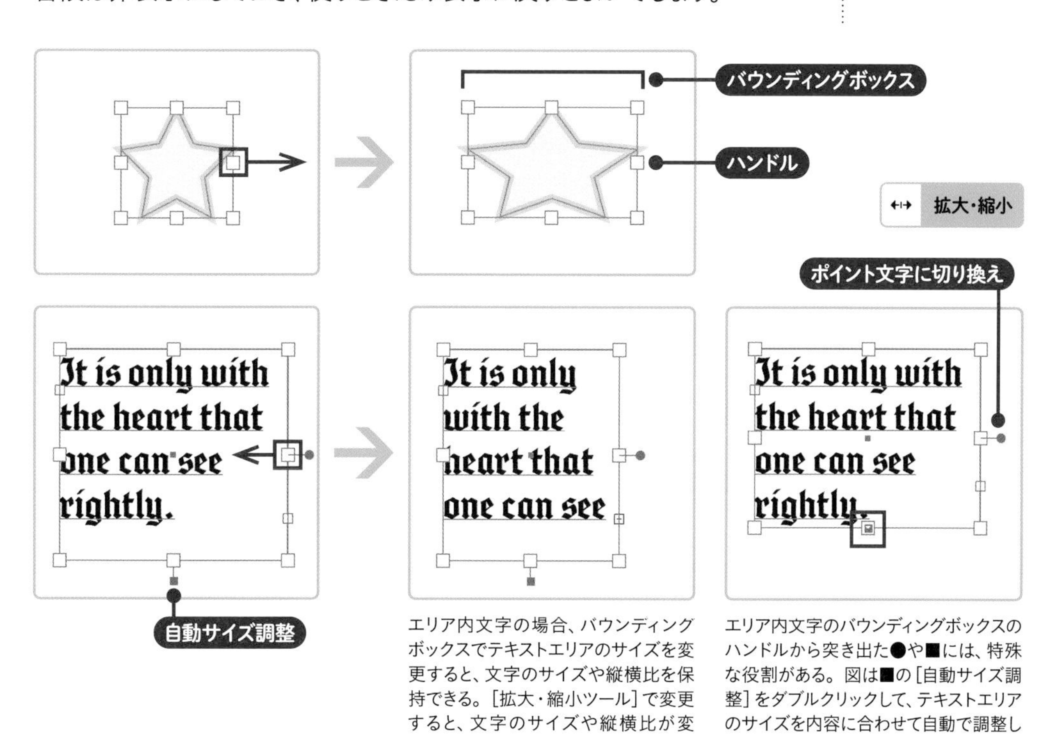

エリア内文字の場合、バウンディングボックスでテキストエリアのサイズを変更すると、文字のサイズや縦横比を保持できる。[拡大・縮小ツール] で変更すると、文字のサイズや縦横比が変わってしまう。

エリア内文字のバウンディングボックスのハンドルから突き出た●や■には、特殊な役割がある。図は■の [自動サイズ調整] をダブルクリックして、テキストエリアのサイズを内容に合わせて自動で調整した状態。●の [ポイント文字に切り換え] をダブルクリックすると、ポイント文字に変更できる。

3-4-2 ダイアログで比率を指定して拡大・縮小する

ダイアログを経由して拡大・縮小する方法も、回転と同じです。

[拡大・縮小]ダイアログで縦横比を固定して拡大・縮小する

Step.1 オブジェクトを選択し、ツールバーで〔拡大・縮小ツール〕をダブルクリックする
Step.2 〔拡大・縮小〕ダイアログで〔縦横比を固定〕に比率を入力して、〔OK〕をクリックする

拡大・縮小ツール

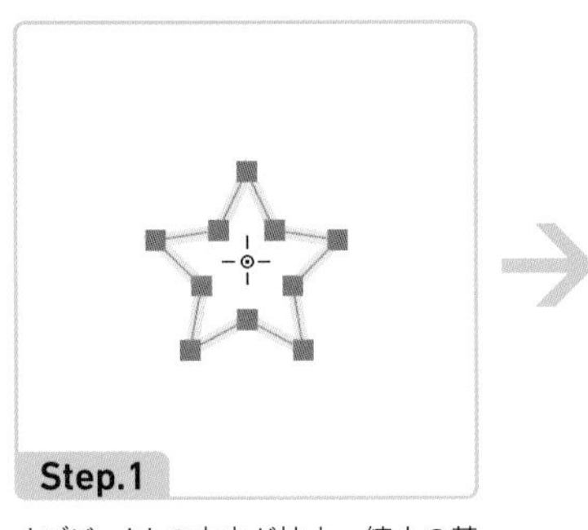

オブジェクトの中央が拡大・縮小の基準になる。

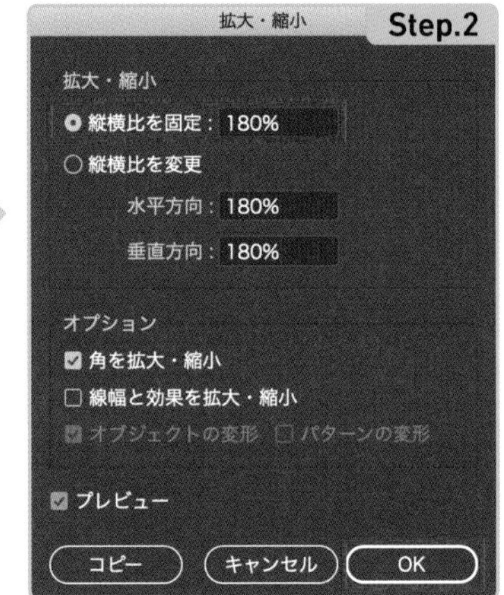

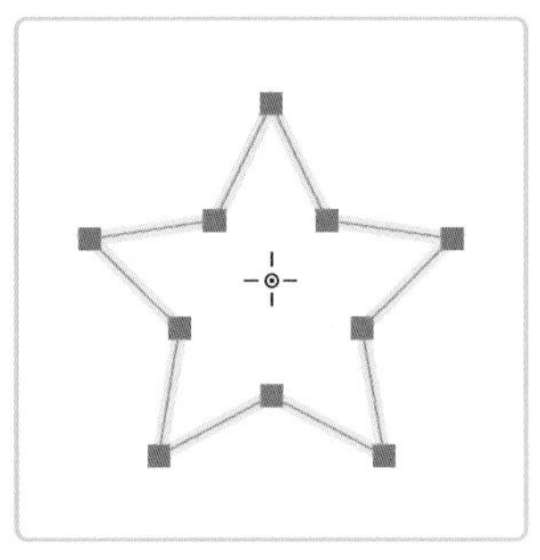
[拡大・縮小]ダイアログは、[オブジェクト]メニュー→[変形]→[拡大・縮小]でも開く。ダイアログで指定できるのは比率のみ。

縦横比を固定しない場合は、**[縦横比を変更]**に比率を入力します。このダイアログの[オプション]の**[角を拡大・縮小]**と**[線幅と効果を拡大・縮小]**については、このあと説明します。

[option (Alt)]キーで拡大・縮小の基準を変更できるのも、回転と同じです。このキーを押しながらキャンバスでクリックすると、クリックした地点を基準に設定した状態で、**[拡大・縮小]ダイアログ**が開きます。★4

★4 このダイアログで[コピー]をクリックすると、元のオブジェクトは変更されず、複製されたオブジェクトのサイズが変わる。同心円などをつくるときに便利。複製されたオブジェクトは前面に配置されるため、拡大した場合、拡大・縮小の基準の位置によっては、元のオブジェクトが背面に隠れることになる。

3-4-3 変形パネルでサイズを指定する

変形パネルによるサイズの変更も、拡大・縮小の一環です。サイズが決まっていれば、このパネルで数値を入力★5するのが最短です。**拡大・縮小の基準**は、**[基準点]の角／辺の中央／中央**のいずれかに設定できます。

★5 数値の後ろに「*2」(200%拡大)、「/2」(50%縮小)、「*150%」(150%拡大)などと入力すると、比率を指定して拡大・縮小できる。

3-4-4　[個別に変形] ダイアログの活用

[個別に変形] ダイアログ★6でも拡大・縮小できます。このダイアログを経由するメリットは、**複数のオブジェクトの位置を変えずに、その場でサイズを変更**できる点にあります。このダイアログでは、**移動や回転、反転も同時に適用可能**です。

★6　このダイアログの仕様は、拡大・縮小や回転などをアピアランスとして適用するときに使用する [変形効果] ダイアログとほぼ同じ (例:**P168**)。

[個別に変形] ダイアログで拡大・縮小する

Step.1　オブジェクトを選択し、〔オブジェクト〕メニュー→〔変形〕→〔個別に変形〕を選択する

Step.2　〔個別に変形〕ダイアログで〔拡大・縮小〕の〔水平方向〕と〔垂直方向〕に同じ比率を入力し、〔OK〕をクリックする

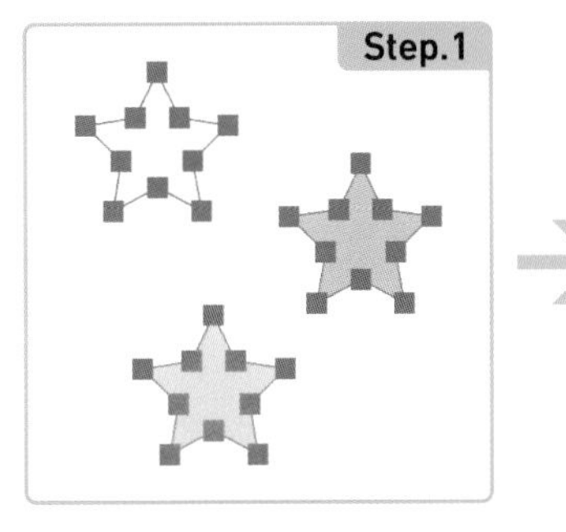

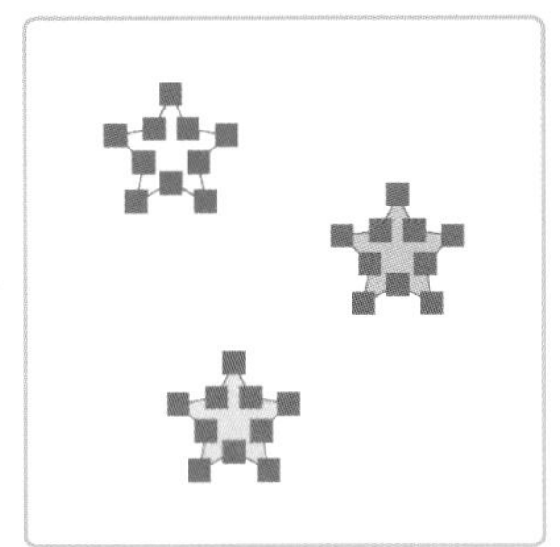

[個別に変形] ダイアログを利用すると、オブジェクトがその場で拡大・縮小する。通常のの拡大・縮小では、オブジェクト間の距離も拡大・縮小されるため、オブジェクトの位置が変わる。

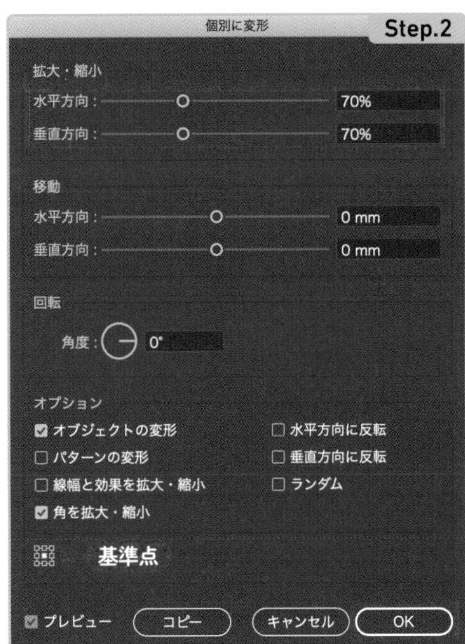

拡大・縮小　[拡大・縮小] ダイアログ同様、比率を指定して拡大・縮小できる。縦横比を固定するには、同じ比率を設定する。

移動　[移動] ダイアログ同様、[距離] を数値で指定して移動できる。

回転　[回転] ダイアログ同様、[角度] を数値で指定して回転できる。

オプション　[拡大・縮小] ダイアログなどの [オプション] と、[リフレクト] ダイアログの機能を兼ね備える。[水平方向に反転] などにチェックを入れ、[回転] で [角度] を設定すると、リフレクトの軸に傾きをつけられる。[ランダム] にチェックを入れると、設定値にランダムなばらつきが加わる。

基準点　拡大・縮小や回転の基準、リフレクトの軸が通る地点を設定できる。

コピー　移動コピーや回転コピーなどが可能になる。アピアランスの [変形効果] ダイアログでは、複製する数を設定するしくみになっている。

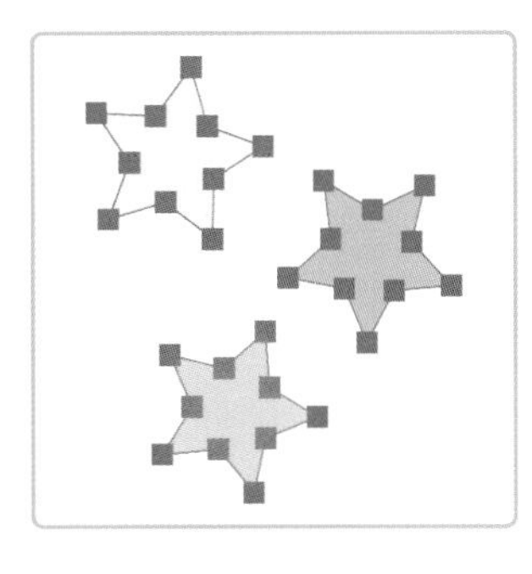

[拡大・縮小] で [水平方向] [垂直方向] ともに [70%]、[回転] で [角度 : 30°] に設定し、[ランダム] にチェックを入れたもの。サイズと角度にばらつきが加わる。なお、[ランダム] はすべての設定値に影響するため、ばらつきを加える項目を限定する場合、回を分けて適用する。

3-4-5 [線幅]や角の拡大･縮小

オブジェクトを拡大・縮小する際、その比率に応じて**[線幅]**や**[コーナー(角丸)の半径]**なども拡大･縮小するか否かを設定できます。変更は**[拡大･縮小]ダイアログ**や**変形パネル**、**プロパティパネル**、**[環境設定]ダイアログ**でおこないます。これらの設定は**同期**します。★7

★7 [線幅]や角の設定については、頻繁に変更すると混乱しやすい。普段使用する設定を決めておき、変更したら元の設定に戻すようにするとよい。

[線幅]も拡大･縮小するように設定する

Method.A 未選択状態（選択なし）にしたあと、ツールバーで［拡大･縮小ツール］をダブルクリックして［拡大･縮小］ダイアログを開き、［線幅と効果を拡大･縮小］にチェックを入れて、［OK］をクリックする★8

Method.B ［Illustrator］メニュー→［環境設定］→［一般］を選択して［環境設定］ダイアログを開き、［線幅と効果も拡大･縮小］にチェックを入れて、［OK］をクリックする

Method.C 変形パネルのメニューで［線幅と効果を拡大･縮小］を選択する

Method.D ［選択ツール］を選択して未選択状態（選択なし）にしたあと、プロパティパネルで［線幅と効果を拡大･縮小］にチェックを入れる

★8 未選択状態以外に、実際の拡大・縮小の途中でチェックを入れても、設定が残る。元に戻すには、再度ダイアログを開いてチェックを外すか、環境設定や変形パネルなどで設定を変更する。

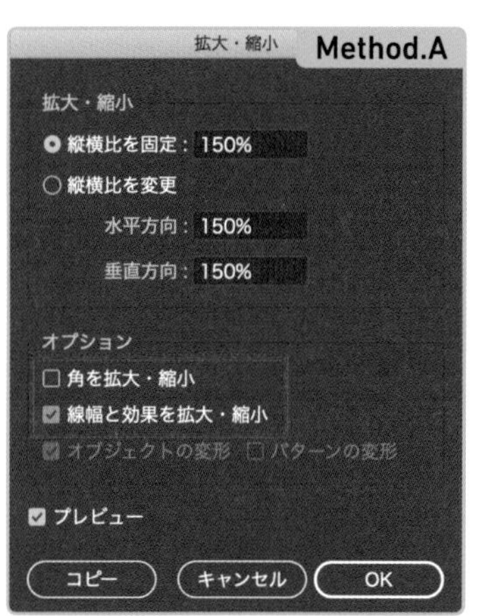

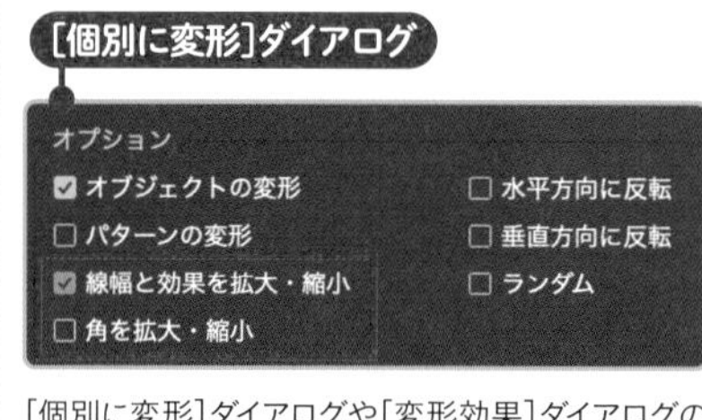

[個別に変形]ダイアログや[変形効果]ダイアログの[線幅と効果を拡大・縮小]にもチェックが入る。角については[角を拡大・縮小]にチェックを入れると設定できる。

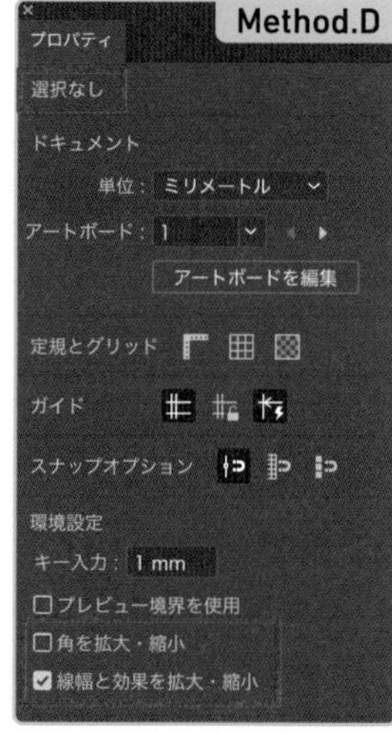

[環境設定]ダイアログ

- ☐ ダブルクリックして編集モード
- ☑ 日本式トンボを使用
- ☐ パターンも変形する
- ☐ 角を拡大・縮小
- ☑ 線幅と効果も拡大･縮小
- ☑ コンテンツに応じた初期値を適用
- ☐ PDF を読み込むときに元のサイズを維持

Method.B

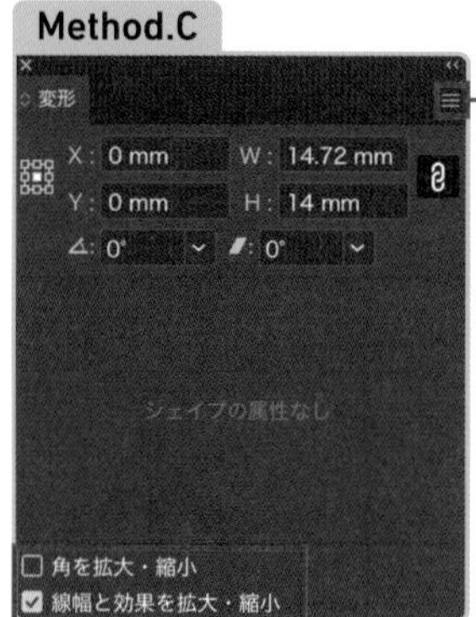

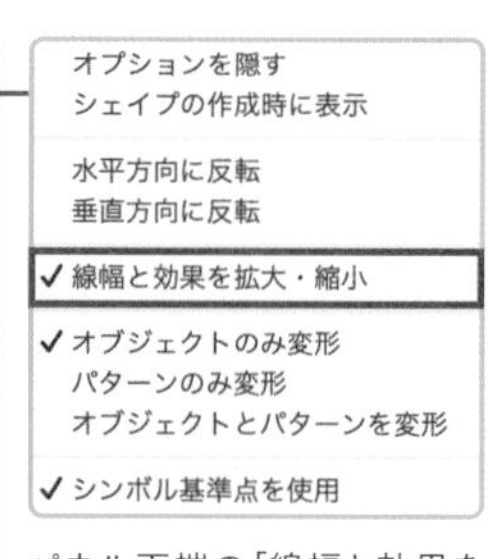

パネル下端の[線幅と効果を拡大・縮小]にチェックを入れられるのは、オブジェクト選択中に限られる。

［線幅と効果を拡大・縮小］の「効果」とは、**[効果]メニューによる見た目の擬似的な変化(アピアランス)**を指します。**[角を拡大・縮小]**★9についても、同様の操作で設定できます。

同じ角丸でも、**[効果]メニュー→[スタイライズ]→[角を丸くする]**によるものと、**ライブコーナー**によるもので、影響の有無が変わります。また、メリットもそれぞれ異なります。状況に応じて使い分けるとよいでしょう。

★9　「角」は、ライブコーナーによる角の処理を意味する。

影響を受けるもの

角を拡大・縮小	ライブコーナーの［コーナーの半径］ ライブシェイプの［角丸の半径］
線幅と効果を拡大・縮小	［線幅］ ［効果］メニュー→［スタイライズ］→［角を丸くする］（アピアランス）

メリット

［効果］メニュー	同じ設定を他のオブジェクトにも適用できる（グラフィックスタイル化も可能）。 角のアウトライン化を気にせず変形できる。
ライブコーナー	［角の種類］を選択できる。 角ごとに異なる［角の種類］や［コーナー（角丸）の半径］を設定できる。 クリッピングパスに設定できる。

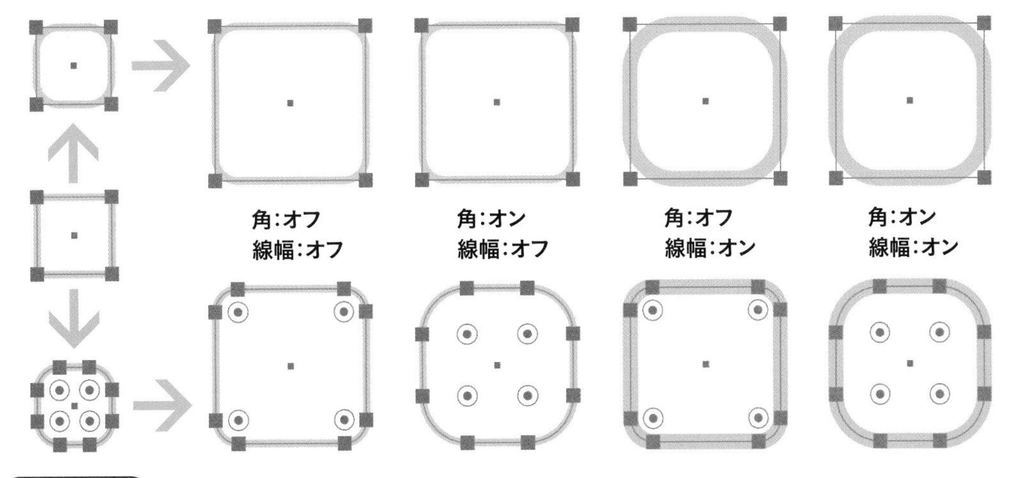

［効果］メニュー（［角を丸くする］）とライブコーナーでそれぞれ角丸化した正方形を、条件を変更しながら200％拡大したもの。「角」は［角を拡大・縮小］、「線幅」は［線幅と効果を拡大・縮小］をそれぞれ意味する。［線幅］と［効果］メニューによる変形はセットなので、［効果］メニューによる変形は追随するが、［線幅］は保持したい場合、拡大・縮小後に［線幅］を元の値に戻すしかない。

3-5 オブジェクトの種類について

- 最小単位のオブジェクトにはさまざまな種類があるが、区別できなくても作業に支障はない
- オブジェクトのグループへの追加や除外は、レイヤーパネルを利用する
- レイヤーとグループの違いは、オブジェクトが自動で格納されるか否かにある

3-5-1 レイヤーパネルの見かた

レイヤーパネル★1には、**キャンバスに配置されているオブジェクトがリスト形式ですべて表示**されます。サムネール左側の「**>**」をクリックすると、レイヤーやグループの内容を確認できます。**オブジェクト名**には、**オブジェクトの種類や内容**が表示されるので、**サムネール**とともに、オブジェクトを探す手がかりにもなります。

レイヤーパネルに表示されるのは、**レイヤー**と**グループ**、それに含まれる**最小単位のオブジェクト**です。レイヤーとグループは**容れ物**、最小単位のオブジェクトはその**中身**です。

★1 レイヤーパネルの項目の、レイヤー名が表示されていない領域をダブルクリックすると、[レイヤーオプション] ダイアログが開き、レイヤー名やレイヤーカラーを変更できる。レイヤーカラーはアンカーポイントやセグメントの色になる。見やすい色に変更すると、作業が捗る。

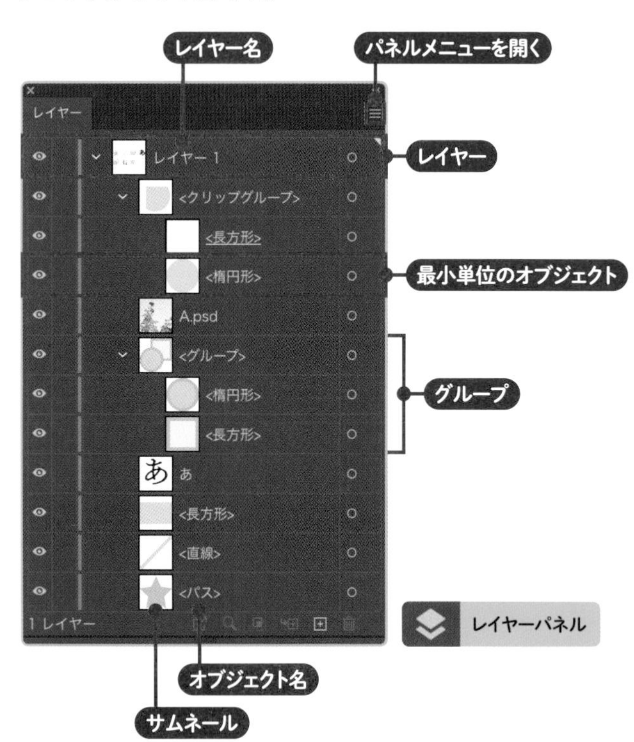

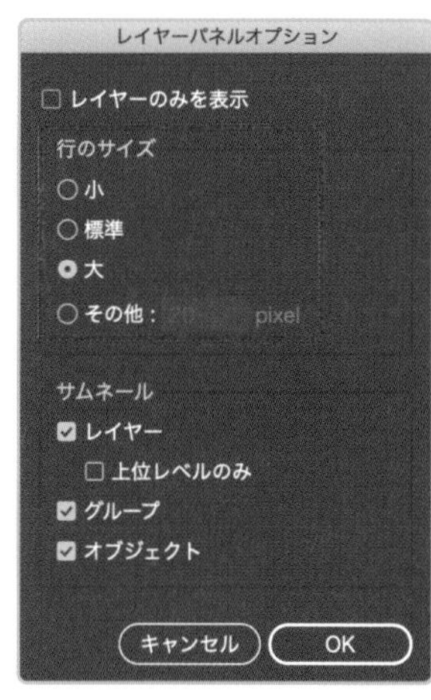

サムネールのサイズは、[レイヤーパネルオプション] ダイアログの [行のサイズ] で変更できる。このダイアログは、パネルメニューから [パネルオプション] を選択すると開く。

3-5-2　最小単位のオブジェクト

最小単位のオブジェクトは、**それ以上分けることができないオブジェクト**です。さまざまな種類がありますが、きちんと区別できないと作業できないようなものではありません。こういうものがある、程度に認識しておけばOKです。また、**操作によって、種類や構造がいつのまにか変化**していることもあります。

本書で頻繁に登場する最小単位のオブジェクトは、＜パス＞、★2 ライブシェイプ、＜複合パス＞、テキストオブジェクトなどです。

★2　本書で＜＞で囲まずに単純に「パス」と呼ぶときは、＜パス＞、＜長方形＞などのライブシェイプ、＜複合パス＞を指す。ライブシェイプも基本的には＜パス＞と同じものと考えてOK。

〈パス〉

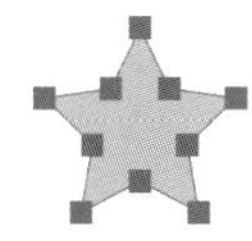

ライブシェイプでない図形、[ペンツール] で描画したパスなど。いわゆる「通常のパス」。条件が揃えばライブシェイプへの変換も可能。

〈直線〉

[直線ツール] で描画したライブシェイプ。＜パス＞への変換も可能。

〈長方形〉

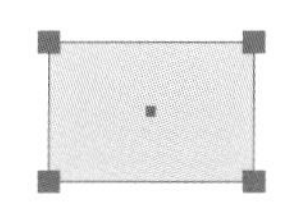

[長方形ツール] または [角丸長方形ツール] で描画したライブシェイプ。＜パス＞への変換も可能。

〈楕円形〉

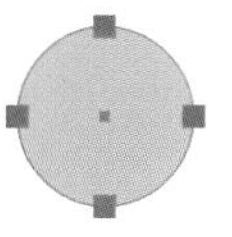

[楕円形ツール] で描画したライブシェイプ。＜パス＞への変換も可能。

〈多角形〉

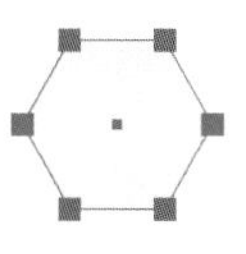

[多角形ツール] で描画したライブシェイプ。＜パス＞への変換も可能。

〈複合パス〉

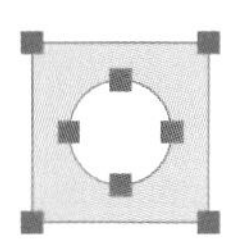

複数のパスで構成されたパスで、重なりは穴になる。[オブジェクト] メニュー→ [複合パス] → [解除] で＜パス＞やライブシェイプに分解できる。

〈ガイド〉

ガイドに変換されたパス。＜パス＞に戻すことも可能。ライブシェイプをガイドに変換した場合は、＜直線＞や＜長方形＞などシェイプ名が表示される。

〈クリッピングパス〉

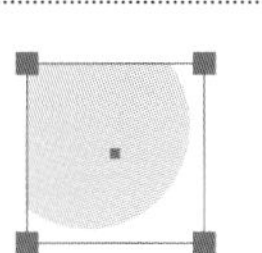

＜クリップグループ＞のマスクとなるパス。オブジェクト名に下線が表示される。ライブシェイプの場合は、＜直線＞や＜長方形＞などシェイプ名が表示される。

1 準備
2 描画と作成
3 変形
4 塗りと線
5 アピアランス
6 ブラシとパターン
7 その他の操作

テキストオブジェクト		[文字ツール]などで文字を入力したもの。レイヤーパネルのオブジェクト名には、テキストの冒頭が表示される。アウトライン化すると、<複合パス>の<グループ>になる。なお、空のテキストパス（文字が入力されていないテキストエリアなど）は<文字>と表示される。<文字>は印刷トラブルの原因となりやすく、最終的には削除が望ましい。
〈メッシュ〉	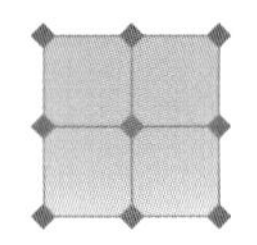	[メッシュツール]や[オブジェクト]メニュー→[グラデーションメッシュを作成]などで作成したグラデーションメッシュ。
〈グラフ〉	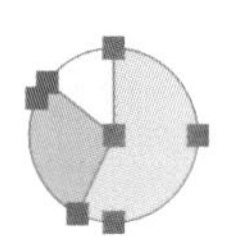	[棒グラフツール]や[円グラフツール]などで作成したオブジェクト。
シンボルインスタンス	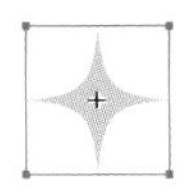	キャンバスに配置されたシンボルインスタンス。シンボル名がオブジェクト名として表示される。
シンボルセット	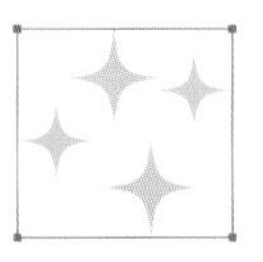	[シンボルスプレーツール]で作成したオブジェクト。分割・拡張すると、シンボルインスタンスの<グループ>になる。
リンク画像		画像をリンク配置したもの。ファイル名がオブジェクト名として表示される。対角線が表示される。
〈リンクファイル〉	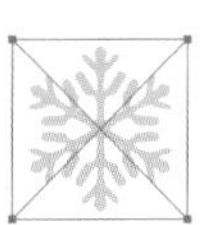	IllustratorファイルやPDFファイルなどをリンク配置したもの。ファイル名は表示されない。対角線が表示される。
埋め込み画像		画像を埋め込み配置したもの。ファイル名がオブジェクト名として表示される。
〈画像〉		Illustratorでラスタライズして作成した埋め込み画像。
トレース画像		画像トレースを適用した画像。拡張すると<パス>や<複合パス>の<グループ>になる。リンク配置の場合、対角線が表示される。

3-5-3 グループまたはグループ構造のオブジェクト

グループは、**オブジェクトの容れ物**です。収容する**オブジェクトがひとつでも作成**できます。★3 グループは**入れ子**にすることも可能です。**[オブジェクト] メニュー→[グループ]** で作成できるほか、操作によってグループ構造に変化するものもあります。

★3 オブジェクトがひとつの場合、それをグループ外に移動すると消滅する。グループを残すには、ダミーのオブジェクトをグループに追加しておく。

〈グループ〉

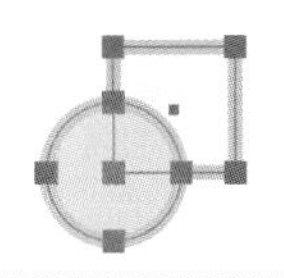

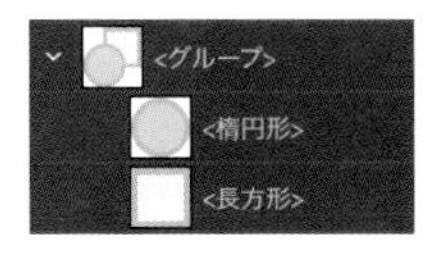

[オブジェクト] メニュー→ [グループ] でグループ化したもの。あるいは、操作の結果、グループ構造に変化したもの。

〈クリップグループ〉

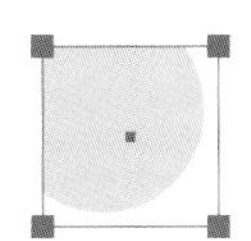

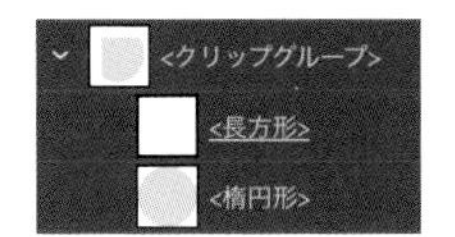

複数のオブジェクトに [オブジェクト] メニュー→ [クリッピングマスク] → [作成] を適用したもの。グループの最前面のパスがマスクとして機能し、<クリッピングパス> (ライブシェイプの場合はシェイプ名) と表示される。リンクファイルを埋め込んだり、以前のバージョンのIllustratorで作成・保存したファイルを開いたときなども、この構造に変化することがある。

複合シェイプ

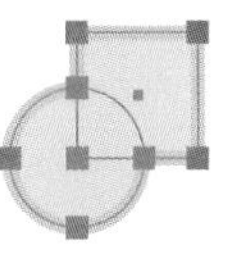

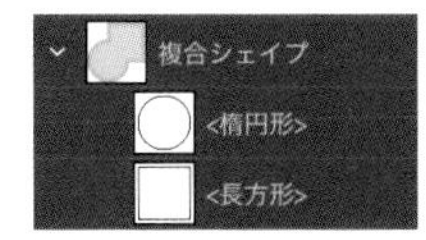

非破壊的にパスを合体したり型抜きしたもの。パスファインダーパネルで [option (Alt)] キーを押しながら [形状モード] のいずれかをクリックすると、作成できる。

エンベロープ

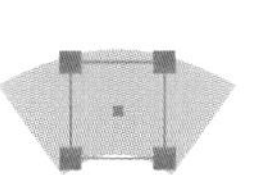

[オブジェクト] メニュー→ [エンベロープ] で変形したオブジェクト。

ライブペイント

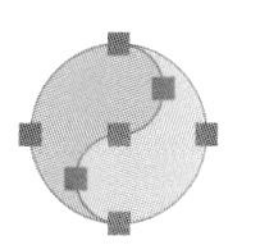

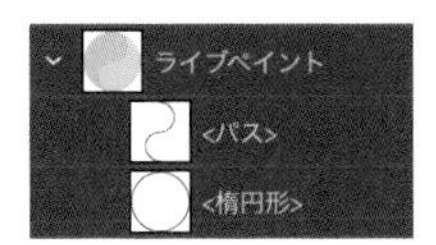

ライブペイントの塗り分けの境界線となるパスのグループ。

ブレンド

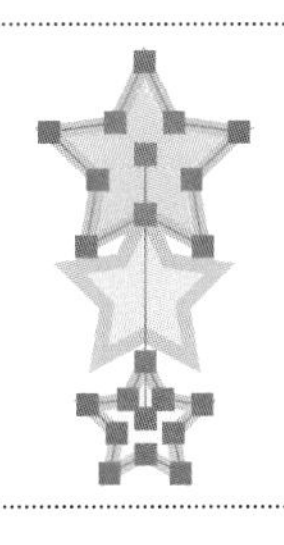

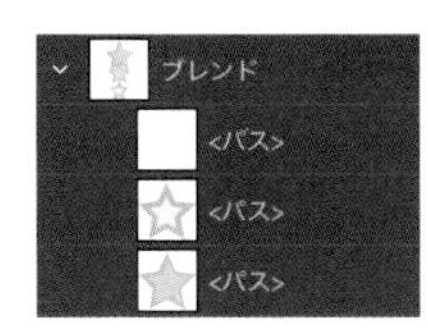

複数のオブジェクトに [オブジェクト] メニュ→ [ブレンド] → [作成] を適用したもの。基準となる複数のオブジェクトと、ブレンド軸 (パス) で構成される。

既存のグループにオブジェクトを追加したり、除外することも可能です。このような操作は、**レイヤーパネル**でおこないます。レイヤーパネルのリストの項目をグループへドラッグして**割り込ませると追加**、グループの**外に出すと除外**できます。この操作は、グループ構造を持つオブジェクトに対しても可能です。たとえば、<クリップグループ>に割り込ませたオブジェクトには、<クリッピングパス>によるトリミングが直ちに適用されます。★4

★4 ライブペイントに追加すると塗り分けに反映され、ブレンドに追加すると色や形状の変化に影響する。

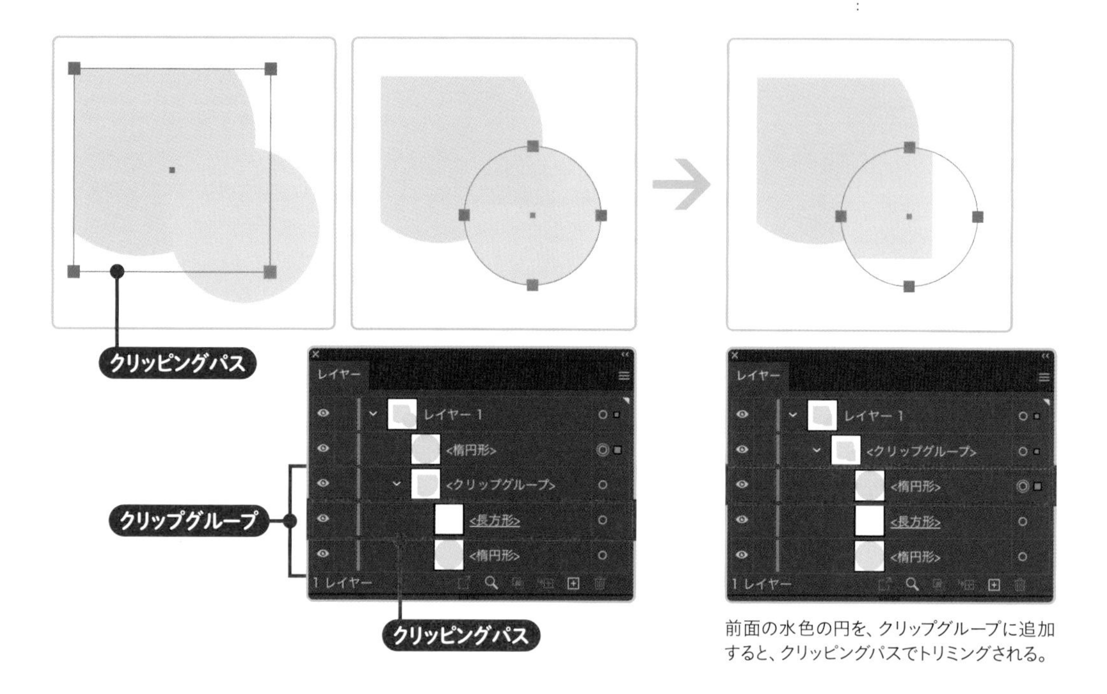

前面の水色の円を、クリップグループに追加すると、クリッピングパスでトリミングされる。

3-5-4 レイヤーとグループの違い

ともにオブジェクトの容れ物であるレイヤーとグループですが、その最大の違いは、**オブジェクトが自動で格納されるか否か**という点にあります。レイヤーは選択さえしておけば、何もしなくても描画したものが次々とレイヤーに格納されますが、グループは追加の操作をおこなうまでは、格納されません。この違いが使い勝手に大きく影響するのは、**アピアランス**設定時や、**レイヤーのクリッピングマスク**作成時です。★5

★5 グループではなくレイヤーに設定すると、[選択ツール] で直感的に選択できるというメリットがある。

塗りと線

4-1 オブジェクトの色を設定する

- **オブジェクトの色を変更する前に、[塗り] と [線] いずれかの選択が必要**
- **スウォッチパネルやカラーパネルのほか、アピアランスパネルや、同内容が表示されるプロパティパネル、コントロールパネルも便利**
- **グローバルスウォッチで色を指定すれば、「ざっくり色指定」が可能になる**
- **カラーパネルの表示やファイルの [カラーモード] は、無計画に変更しないこと**

4-1-1 [塗り]と[線]を理解する

Illustratorのパスやテキストオブジェクトは、**内側の[塗り]**と**輪郭線の[線]**の2箇所に色を設定できます。それぞれ**[なし](透明)**も設定できるため、ひとつのオブジェクトを、設定の変更だけで線画やアニメ塗り、シルエットなどに切り替えできます。便利な一方、色を設定するためには、先に**[塗り]と[線]いずれかを選択**しなければならない、という煩わしさもあります。

[塗り]と[線]の選択は、**ツールバー**や**スウォッチパネル**、**カラーパネル**の**サムネール**★1でおこなえます。**前面に表示されているほうが選択状態**です。背面にある場合、**クリックで前面に出す**ことができます。

なお、**アピアランスパネル**や**プロパティパネル**、**コントロールパネル**では、**[塗り]と[線]が分かれて表示**されます。アピアランスパネルはオブジェクトの見た目に関係する設定が集約されているパネルで、スウォッチパネルやカラーパネルへもアクセスできるので、こちらを窓口にする方法もあります。

★1 スウォッチパネルやカラーパネルなどは、[ウィンドウ]メニューからパネル名を選択すると開く。[塗り]と[線]が重なっているサムネールは、グラデーションパネルにもある。色の変更は、すべてのパネルで連動する。

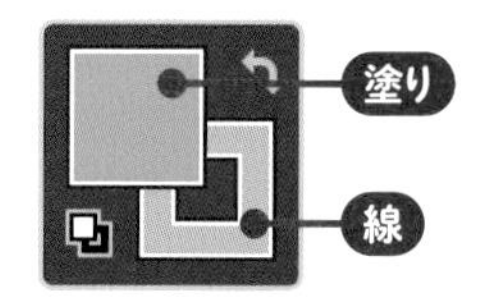

パスで構成されたイラストは、色の設定を変えるだけで、シーンに合わせて雰囲気を変えることができる。これがパスの強み。

4-1-2 スウォッチパネルで色を変更する

スウォッチパネルでは、**あらかじめ用意されている色から選択**します。スウォッチパネルに登録されている色を、**「スウォッチ」**★2と呼びます。デフォルトのスウォッチ★3は、新規ファイル作成時に選択した**[カラーモード]**によって変わりますが、白／黒／赤／青／黄などの標準的な色は、ひととおり用意されています。

★2 「スウォッチ（swatch）」は「見本」「生地見本」などの意味を持つ。Illustratorでは「色やパターンなどの見本」を指す。

★3 スウォッチライブラリは、Illustratorにあらかじめ用意されている、テーマごとにまとめられたスウォッチのライブラリ。デフォルトのスウォッチと同じ構成のライブラリが、[ウィンドウ]メニュー→[スウォッチライブラリ]→[初期設定スウォッチ]から開ける。

スウォッチパネルで色を変更する

Step.1 オブジェクトを選択し、スウォッチパネルのサムネールで〔塗り〕または〔線〕を選択する

Step.2 スウォッチパネルでスウォッチをクリックする

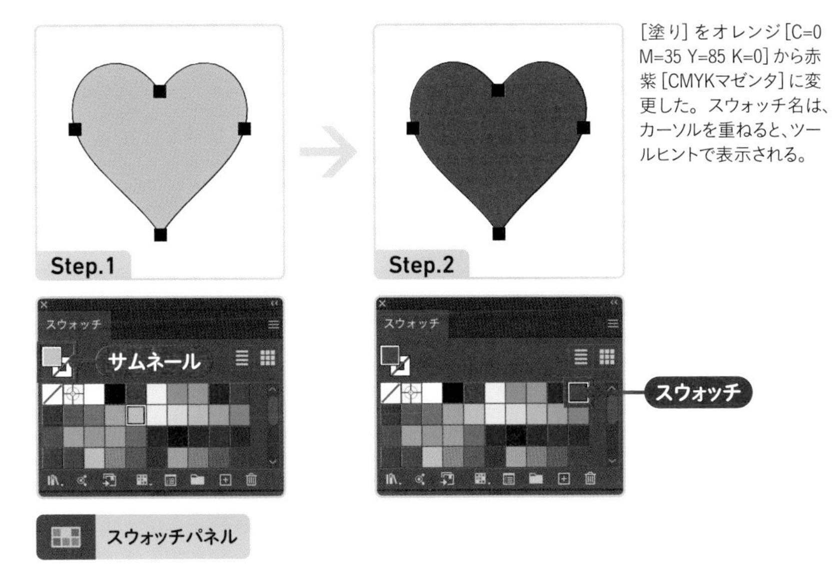

[塗り]をオレンジ[C=0 M=35 Y=85 K=0]から赤紫[CMYKマゼンタ]に変更した。スウォッチ名は、カーソルを重ねると、ツールヒントで表示される。

グループを選択★4して色を変更すると、それに属するパスはすべて同じ色になります。一部のパスの色を変更する場合は、**[グループ選択ツール]**や**レイヤーパネル**などを利用して、該当するパスのみを選択します。

★4 グループに[塗り]や[線]の設定が異なるオブジェクトが含まれる場合、選択するとサムネールに「?」が表示される。

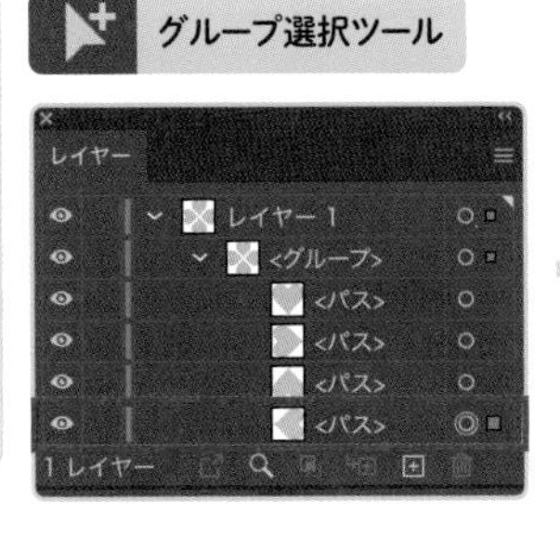

4-1-3 カラーパネルで色を変更する

使いたい色がスウォッチパネルにない場合や、**色みを調節する**場合は、**カラーパネル**を使います。

カラーパネルで色を変更する

Step.1 オブジェクトを選択し、カラーパネルのサムネールで〔塗り〕または〔線〕を選択する

Step.2 スライダーをドラッグ★5 して調整するか、〔カラー値〕★6 を入力する

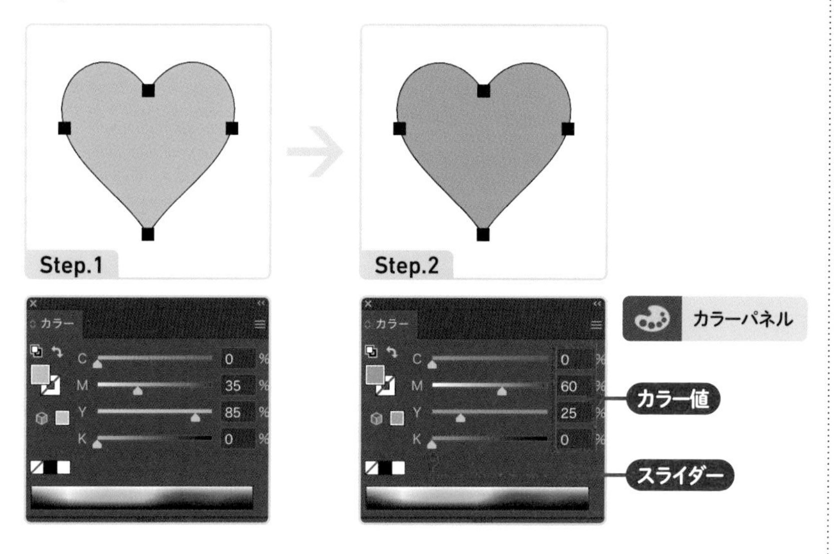

★5 [shift] キーを押しながらスライダーをドラッグすると、[カラー値] の比を保持しながら濃淡を調節できる。

★6 CMYKモードの場合、正確には[網点%]だが、ここでは色を表す数値としてまとめて[カラー値]と表記している。入力ボックスにカーソルを挿入して[↑]キーや[↓]キーを押すと「1」刻み、[shift] キーを押しながらこれらの矢印キーを押すと「10」刻みの整数値で変更できる。変形パネルの座標やサイズなど、他の入力ボックスでも、矢印キーや[shift] キーで刻みを変えられる。

同じ色を頻繁に使う場合は、**スウォッチとして登録**すると便利です。スウォッチパネル上部に表示される**サムネール**を、リスト欄へドラッグすると登録できます。**スウォッチパネルでスウォッチを選択すると、その色がカラーパネルにも表示**されるため、スウォッチパネルでイメージに近い色を選び、カラーパネルで微調整する、といった使いかたもできます。操作の前に、2つのパネルを同時に確認できるように配置しておくと、作業しやすいです。

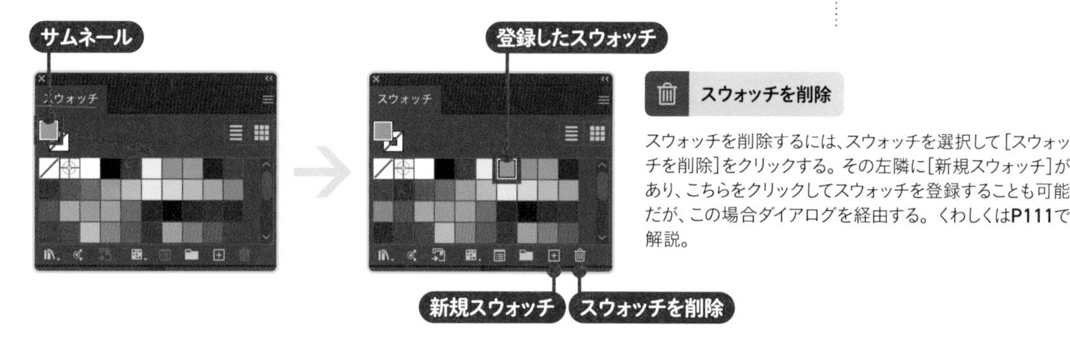

スウォッチを削除

スウォッチを削除するには、スウォッチを選択して[スウォッチを削除]をクリックする。その左隣に[新規スウォッチ]があり、こちらをクリックしてスウォッチを登録することも可能だが、この場合ダイアログを経由する。くわしくは**P111**で解説。

1 準備
2 描画と作成
3 変形
4 塗りと線
5 アピアランス
6 ブラシとパターン
7 その他の操作

4-1-4 アピアランスパネルを活用する

アピアランスパネルは**オブジェクトの見た目に関係する設定が集約されているパネル**です。**［塗り］と［線］に分かれて表示**されているため、事前の選択切り替えをスキップできます。

アピアランスパネルで色を変更する

Step.1 オブジェクトを選択したあと、★7 アピアランスパネルの〔塗り〕または〔線〕のサムネールを2回クリックしてスウォッチパネル、または2回目に〔shift〕キーを押しながらカラーパネルにアクセスする

Step.2 アクセスしたスウォッチパネルでスウォッチをクリックするか、カラーパネルで〔カラー値〕を調整する

★7 グループの場合は、グループ自体に設定されていない限り、［塗り］や［線］は表示されない。［グループ選択ツール］などでグループに含まれるパスやテキストオブジェクトなどを個別に選択する。

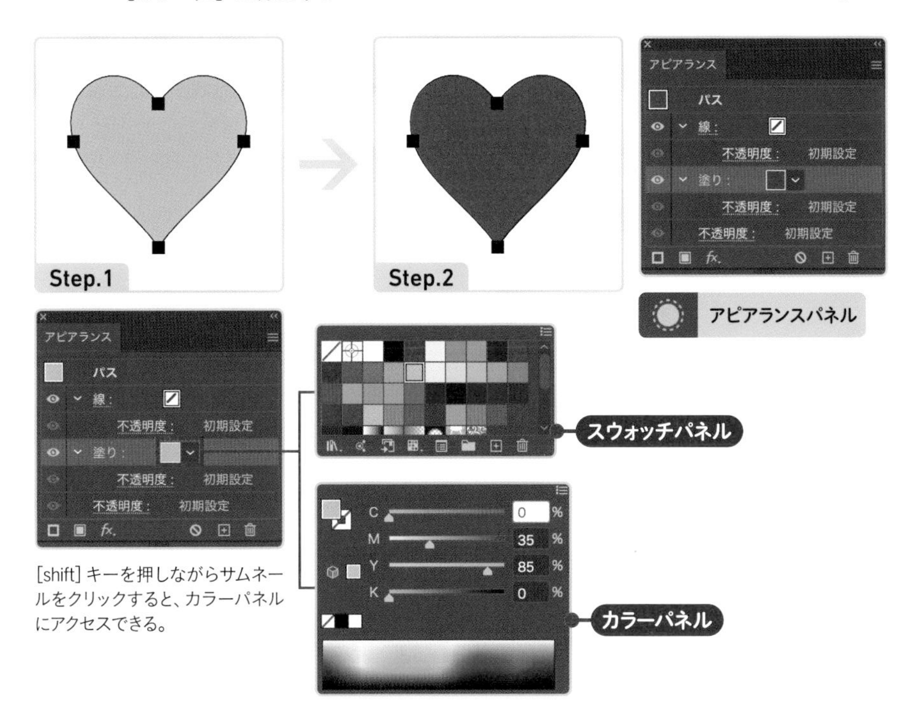

［shift］キーを押しながらサムネールをクリックすると、カラーパネルにアクセスできる。

アピアランスパネルと同内容が**プロパティパネル**にも表示されるので、そちらを利用することもできます。プロパティパネルの場合、スウォッチパネルとカラーパネルの切り替えは、**アイコン**のクリックでおこないます。

［塗り］と［線］の色は、**コントロールパネル**でも変更できます。こちらはアピアランスパネル同様、**［shift］キーでカラーパネルへアクセス**できます。

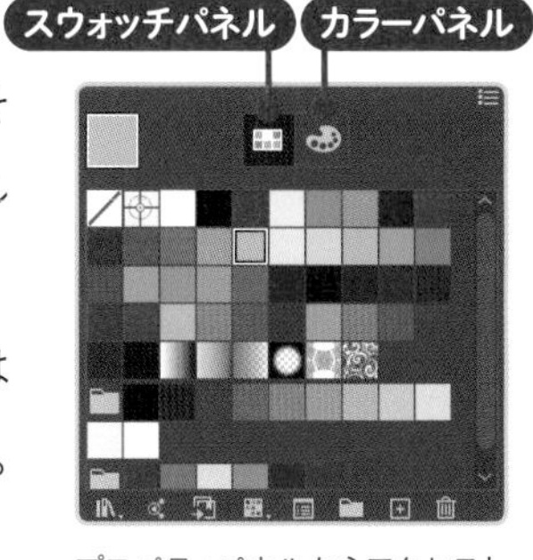

プロパティパネルからアクセスしたスウォッチパネル。上端のアイコンで切り替えできる。

4-1-5 グローバルスウォッチでざっくり設定

Illustratorのスウォッチは、いくつかの種類★8に分類できます。そのなかに、**グローバルスウォッチ**というものがあり、サムネールの**右下に白い三角形**が表示されているスウォッチがそれにあたります。

★8 通常のカラースウォッチとグローバルスウォッチ、特色スウォッチは、「カラースウォッチ」に分類される。

スウォッチ	説明
通常のカラースウォッチ	設定すると、[塗り]や[線]がその色で塗りつぶされる。
グローバルスウォッチ	色を動的に管理できるカラースウォッチで、サムネールの右下に白い三角形が表示される。
特色スウォッチ	DICやPANTONEなどの印刷用の特色を指定するスウォッチで、おもに入稿データで使用する。サムネールの右下に「・」のついた白い三角形が表示される。
グラデーションスウォッチ	グラデーションの設定をスウォッチ化したもの。
パターンスウォッチ	パターンタイルが登録されたもので、設定すると[塗り]や[線]にパターンタイルが敷き詰められる。
[なし]	透明に設定するスウォッチ。スウォッチパネルから削除できない。
[レジストレーション]	すべての版に描画するように指定するスウォッチで、おもに入稿データのトンボに使用する。スウォッチパネルから削除できない。

グローバルスウォッチ★9は、**動的に色を管理できるスウォッチ**です。オブジェクトの色をこのスウォッチで設定しておくと、**スウォッチの設定を変更するだけで、オブジェクトの色も自動的に更新**されます。このスウォッチを利用すれば、色の決定を先送り、すなわち適当な色で作業を開始し、あとで全体のバランスを見ながら色を調整する、といったフローが可能になります。色でも「ざっくり設定」が可能になるというわけです。

★9 英語の「グローバル(global)」は、「全体的な」「包括的な」などの意味を持つ。

グローバルスウォッチには、**オブジェクトを選択しなくても色を変更できる**メリットもあります。オブジェクト選択の手間が省けるだけでなく、位置ずれや、色を変えてしまうなどの誤操作も防げます。

オブジェクトの色をグローバルスウォッチとして登録する★10

Step.1　オブジェクトを選択し、［塗り］と［線］のいずれか登録するほうを選択する

Step.2　スウォッチパネルで［新規スウォッチ］をクリックする

Step.3　［新規スウォッチ］ダイアログで［OK］をクリックする

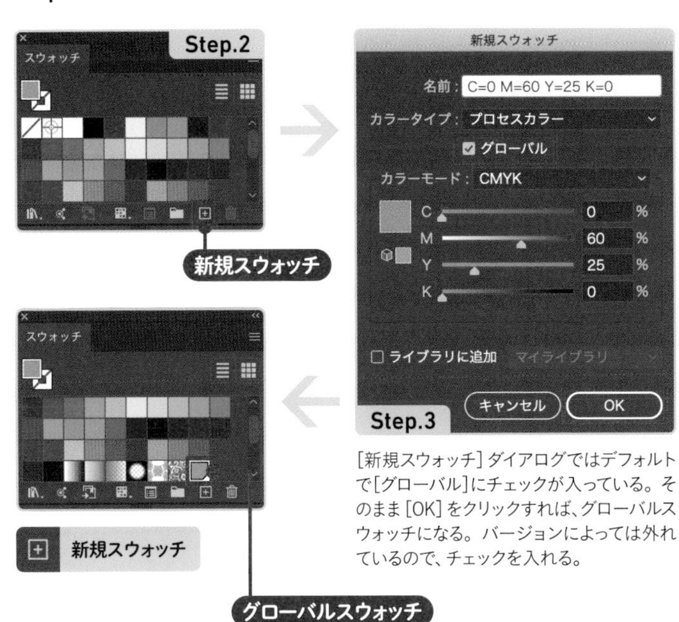

［新規スウォッチ］ダイアログではデフォルトで［グローバル］にチェックが入っている。そのまま［OK］をクリックすれば、グローバルスウォッチになる。バージョンによっては外れているので、チェックを入れる。

★10　オブジェクトを選択し、スウォッチパネルのメニューから［選択したカラーを追加］を選択すると、オブジェクトの使用色を、グローバルスウォッチとしてスウォッチパネルにまとめて追加できる。なお、オブジェクトが未選択の状態では、同じ場所に表示されるメニューは［使用したカラーを追加］に変わる。このメニューを選択すると、「キャンバスに配置されているオブジェクト」の使用色が、［白］と［黒］を除き、すべてグローバルスウォッチとして追加される。

グローバルスウォッチの設定を変更する

Step.1　未選択状態（選択なし）にしたあと、スウォッチパネルでスウォッチをクリックして選択し、［スウォッチオプション］をクリックする

Step.2　［スウォッチオプション］ダイアログ★11で設定を変更し、［OK］をクリックする

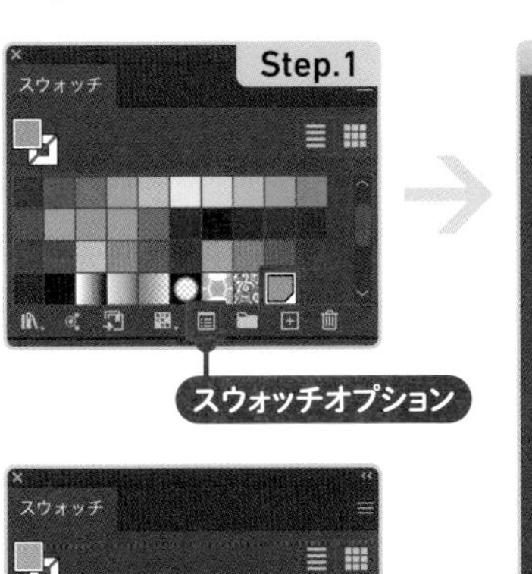

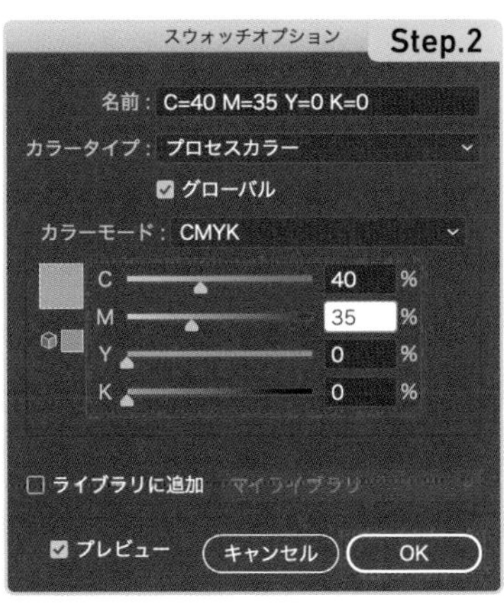

［新規スウォッチ］ダイアログと同じ内容のダイアログが開く。［プレビュー］にチェックを入れると、グローバルスウォッチ適用済みのオブジェクトで結果を確認しながら調整できる。

★11　［スウォッチオプション］ダイアログは、スウォッチのダブルクリックでも開く。また、通常のカラースウォッチも、このダイアログで［グローバル］にチェックを入れると、グローバルスウォッチに変更できる。

4-1-6 RGBとCMYK

カラーパネルのデフォルト表示[★12]や、**スウォッチパネルのデフォルトスウォッチ**は、**新規ファイル作成時に選択した[カラーモード]**で変わります。一見すると、どちらの[カラーモード]でも同じものが用意されているように見えますが、同じ赤でも[CMYKカラー]では[CMYKレッド]、[RGBカラー]では[RGBレッド]であり、これらは同じ色ではありません。

★12　カラーパネルの表示は、最初に作成したファイルの[カラーモード]が反映される。たとえば[RGBカラー]でファイルを作成したあと、[CMYKカラー]でファイルを作成すると、カラーパネルはRGB表示となる。

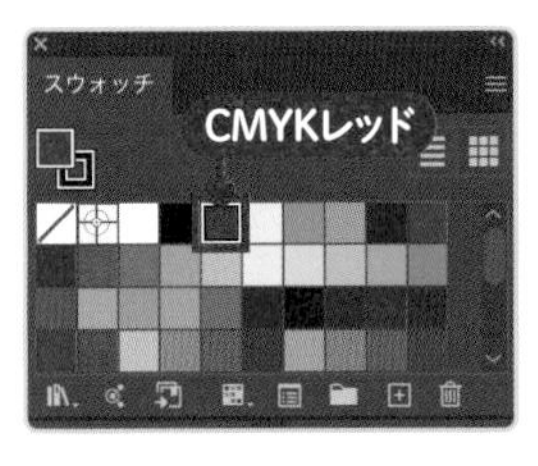

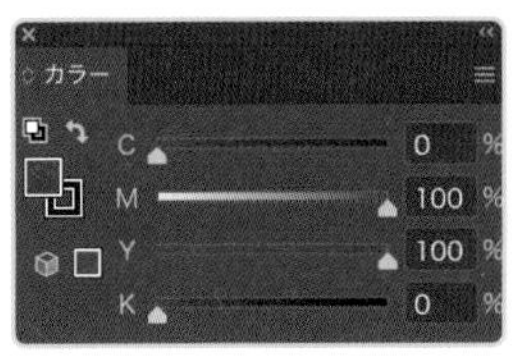

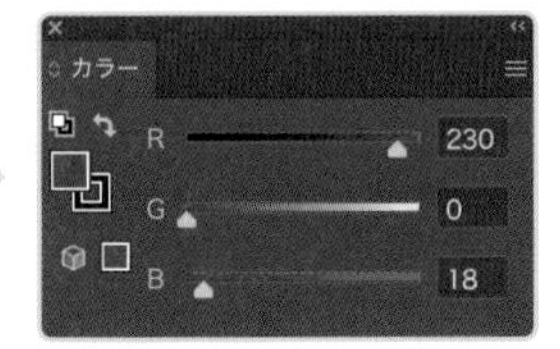

[カラーモード:CMYKカラー]で新規ファイルを作成した場合、パネル先頭から5番目の赤は[CMYKレッド]。RGB表示に変更すると[R:230／G:0／B:18]となる。

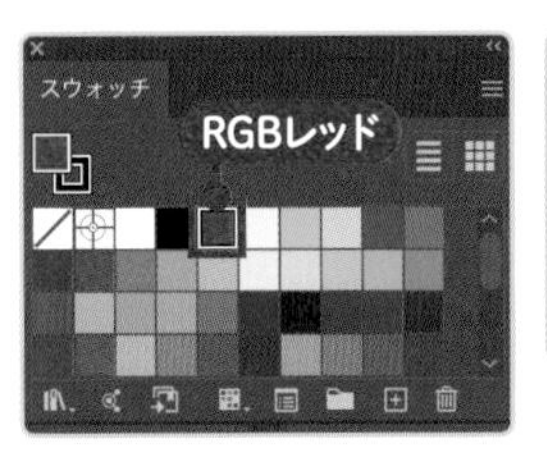

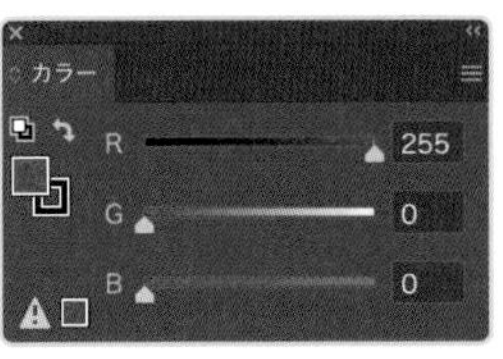

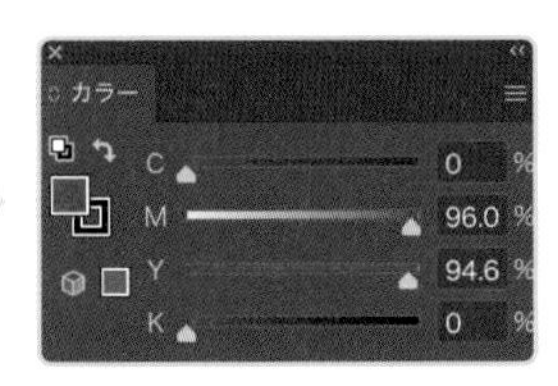

[カラーモード:RGBカラー]で新規ファイルを作成した場合、パネル先頭から5番目の赤は[RGBレッド]。CMYK表示に変更すると[M:96.0%／Y:94.7%]となる。

カラーパネルの場合、**[CMYKカラー]**を選択したら**CMYK表示**、**[RGBカラー]**では**RGB表示**になります。表示はパネルメニューで切り替えできますが、**[カラーモード]と同じ表示の使用**をおすすめします。入稿データの場合、[CMYKカラー]でRGB表示を使用すると、**[CMYKカラー]なら1色や2色のインキで表現できる色が、[RGBカラー]で設定したために4色すべて使用する**結果になる、などの問題[★13]が発生します。

ファイルの[カラーモード]は、**[ファイル]メニュー→[カラーモード]**で変更できますが、作業途中で変更すると、キャンバスに配置されているオブジェクトの色の値([カラー値])が変わり、カラーパネルの表示切り替えと同じ問題が発生します。カラーパネルの表示と[カラーモード]は、無計画に変更しないようにしましょう。

★13　色を表現するために使用するインキの数が増えると、版ずれによって可読性が損なわれるおそれがある。とくに細かい文字や細い線は注意が必要。

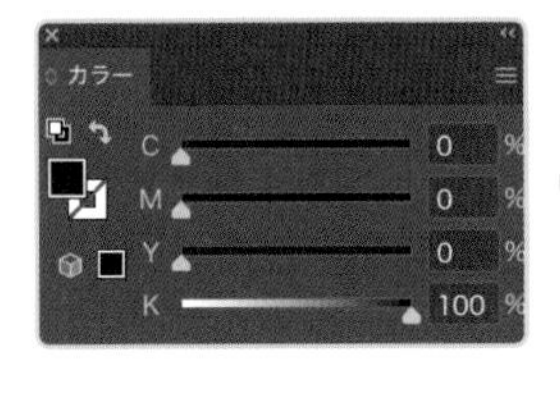

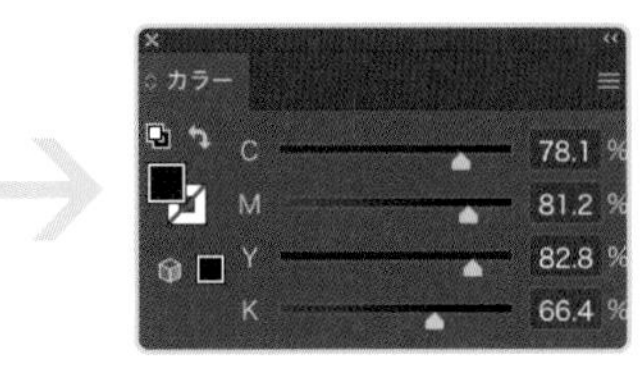

[CMYKカラー]⇒[RGBカラー]⇒[CMYKカラー]と変遷した場合の変化。色の見た目の印象は変わらないが、数値は大幅に変化している。たとえば細かい文字を[K:100%]で指定していた場合、このような変遷をたどると、版ずれによって可読性が著しく落ちる結果になってしまう。

4-2 [オブジェクトを再配色] の活用

- [オブジェクトを再配色] ダイアログで、オブジェクト全体の彩度や明度、色相を調整できる
- 色の入れ替えや減色を効率よくおこなえる
- 減色を応用すると、グレースケール変換や2色分解などが可能

4-2-1 [オブジェクトを再配色] ダイアログの利用

オブジェクトの使用色が非常に多い場合、スウォッチパネルやカラーパネルでの変更は、非常に手間がかかります。そういったときは、**[オブジェクトを再配色] ダイアログ**★1 を利用すると、一括で変更できます。以下の操作はすべて、オブジェクトを選択した状態でおこないます。

★1 本書では、おもに、簡易パネルの [詳細オプション] をクリックして開く「詳細ダイアログ」のほうを使用する。

[オブジェクトを再配色] ダイアログを開く

Method.A [編集] メニュー→ [カラーを編集] → [オブジェクトを再配色] を選択し、簡易パネルで [詳細オプション] をクリックする

Method.B コントロールパネルで [オブジェクトを再配色] をクリックし、簡易パネルで [詳細オプション] をクリックする

Method.C プロパティパネルの [クイック操作] で [オブジェクトを再配色] をクリックし、簡易パネルで [詳細オプション] をクリックする

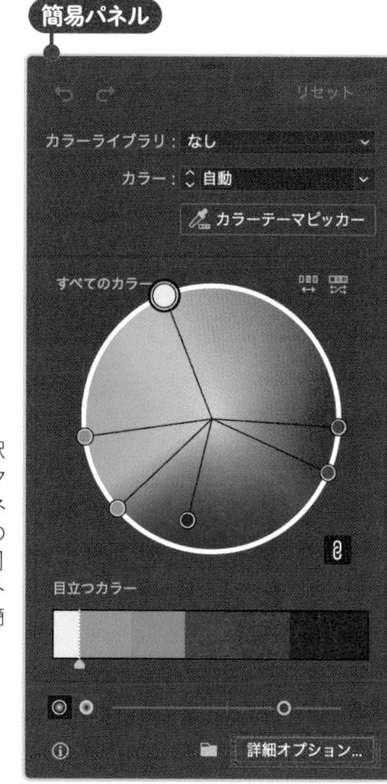

CC2021より前のバージョンでは、[オブジェクトを再配色] を選択したり、コントロールパネルのアイコンをクリックすると、[オブジェクトを再配色] ダイアログが開くが、CC2021ではフローティングパネルが開く。ここで [詳細オプション] をクリックしてはじめて、従来の [オブジェクトを再配色] ダイアログ ([詳細オブジェクトを再配色] ダイアログ) が開く。フローティングパネルの名称も「[オブジェクトを再配色] ダイアログ」だが、本書では区別するため、こちらは「簡易パネル」と呼ぶ。

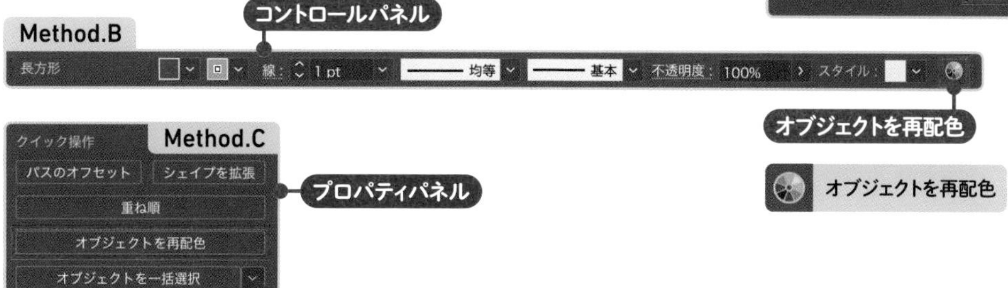

4-2-2 オブジェクトの彩度や明度、色相を変更する

［オブジェクトを再配色］ダイアログでは、**オブジェクト全体の彩度や色相などを調整**できます。

★2 ［HSB］を選択しても、彩度や明度を変更できる。［HSB］は、「色相（Hue）」「彩度（Saturation）」「明度（Brightness）」の頭文字をそれぞれとったもの。

オブジェクト全体の彩度を変更する

Step.1 ［オブジェクトを再配色］ダイアログで［調整スライダーのカラーモードを指定］をクリックして、メニューから［色調調整］★2 を選択する

Step.2 ［彩度］のスライダーをドラッグして調整し、［OK］をクリックする

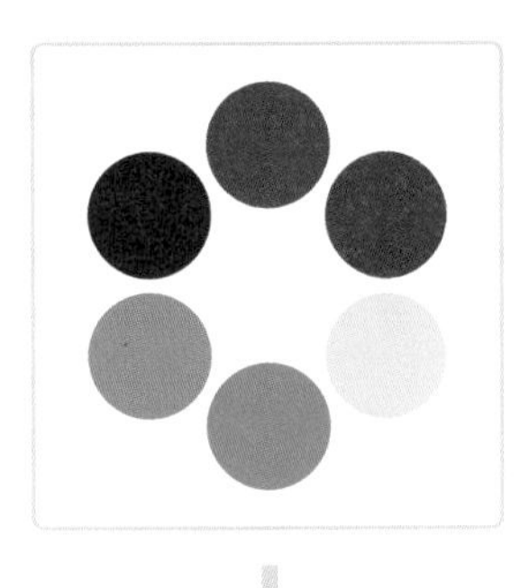

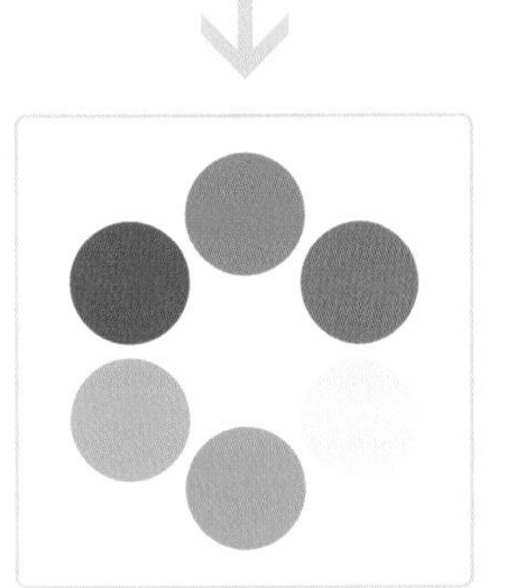

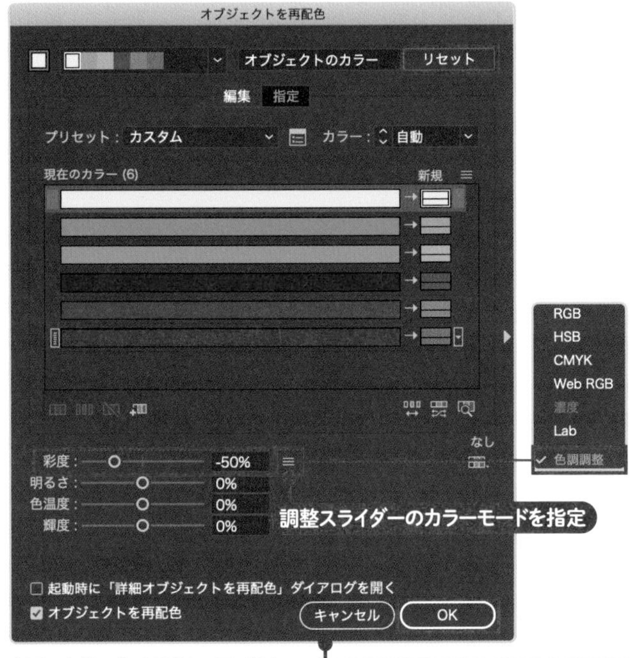

［彩度］のスライダーを下げて、鈍い色に変更。左端の［-100%］まで下げると、グレースケールになる。その下の［明るさ］は明度を変更でき、［-100%］に変更すると、黒1色のシルエットになる。ダイアログ上部の［リセット］をクリックすると、変更をリセットして、元のオブジェクトの色に戻せる（CC2020以前では、スポイトのアイコン［オブジェクトからカラーを取得］）。［キャンセル］のクリックより、やり直しがスムーズ。［起動時に「詳細オブジェクトを再配色」ダイアログを開く］にチェックを入れると、次から簡易パネルをスキップしてこのダイアログが開く。

彩度（S）	色の鮮やかさを示す尺度。HSB表示では「彩度（Saturation）」から頭文字をとって［S］と表示される。
明度（B）	色の明るさを示す尺度。ダイアログでは［明るさ］と表記される。HSB表示では「明度（Brightness）」から頭文字をとって［B］と表示される。
色相（H）	赤／黄／青などの色み。色相を環状で表示したものが、カラーホイールになる。HSB表示では「彩度（Hue）」から頭文字をとって［H］と表示される。

オブジェクト全体の色相を変更するには、**［編集］モード**に切り替えて、**カラーホイール**を表示します。★3 左ページの［色調調整］と異なるのは、**［ハーモニーカラーをリンク：オン］**にしないと、オブジェクト全体の調整ができない点です。デフォルトの［オフ］の状態では、選択したカラーのみに変更が加えられます。

★3 簡易パネルにはカラーホイールが表示されるため、色相についてはこちらでも変更可能。簡易パネルのみの操作として、既存のアートワークをソースとした自動配色がある。［カラーテーマピッカー］をクリックしたあと、アートワークをクリックすると、そのアートワークの使用色が自動で配色される。簡易パネル外をクリックすると、変更が完了し、簡易パネルが閉じる。

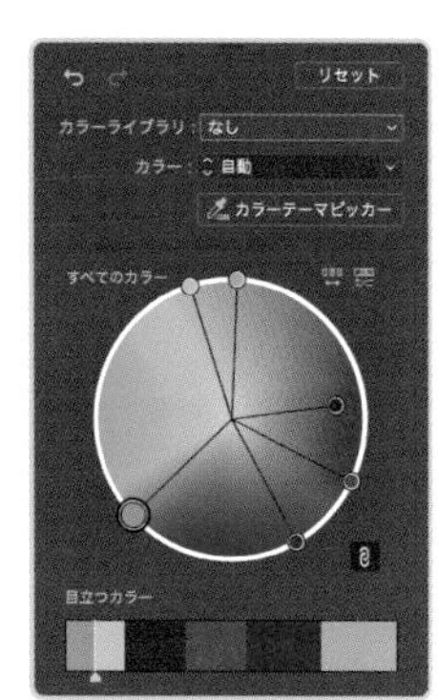

オブジェクト全体の色相を変更する

Step.1 ［オブジェクトを再配色］ダイアログで［編集］をクリックして、［編集］モードに切り替える

Step.2 ［ハーモニーカラーをリンク］をクリックして［オン］にする

Step.3 ［調整スライダーのカラーモード:HSB］に変更し、［H］のスライダーをドラッグして、色相を調整する

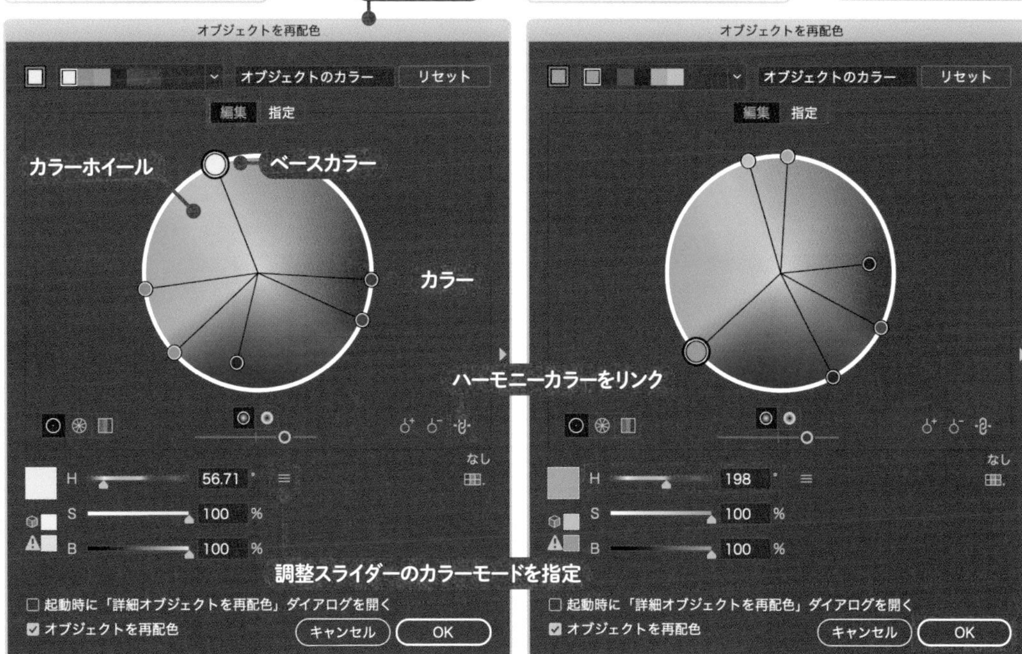

カラーホイールの［ベースカラー］や［カラー］をドラッグして、色相を変更することも可能。このとき［shift］キーを押しながらドラッグすると、カラーホイールの中心からの距離を固定できるので、［H］のスライダー同様、色相のみを変更できる。［ハーモニーカラーをリンク:オフ］に設定すると、［ベースカラー］や［カラー］をカラーホイール内の自由な位置に移動できる。この方法は、カラーパネルなどで数値を調整するより、直感的に配色できる。

4-2-3 個別に[カラー値]を変更する

[オブジェクトを再配色]ダイアログで、**個別に[カラー値]を変更**できます。使用色が比較的少ない場合★4や、配色場所を把握できている場合に有効です。

★4 色をグローバルスウォッチで設定している場合、この方法で[カラー値]を変更すると、グローバルスウォッチとのリンクも切れてしまう。色数が少なく、グローバルスウォッチで管理している場合は、グローバルスウォッチの設定を変更したほうがよい。減色や2色分解なども同様。

[カラー値]を変更する

Step.1 オブジェクトを選択し、〔オブジェクトを再配色〕ダイアログで〔現在のカラー〕から変更する色をクリックして選択する

Step.2 〔調整スライダーのカラーモード〕を、ファイルの〔カラーモード〕と同じ表示に設定し、〔カラー値〕を変更して〔OK〕をクリックする

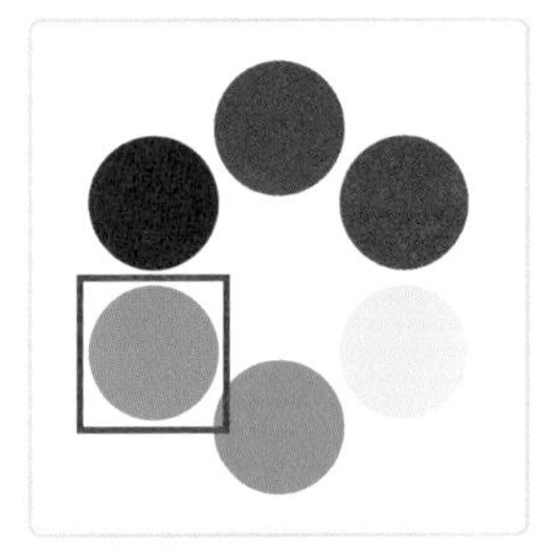

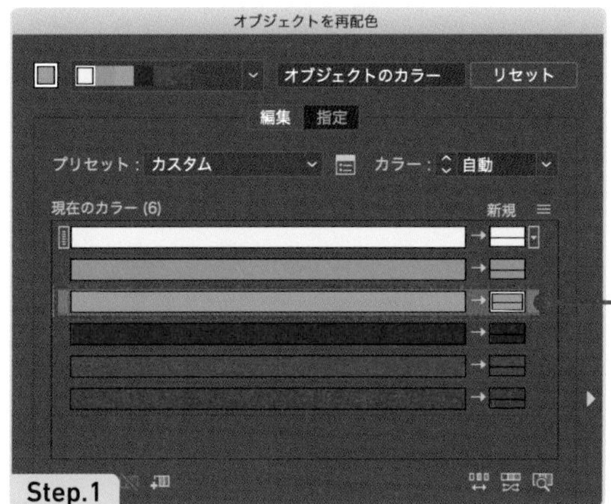

通常のカラースウォッチならカラーパネルで変更を加えるのと実質的に同じ操作だが、カラーホイールやリストにすべての使用色が表示されるため、捜索と選択の手間は省ける。

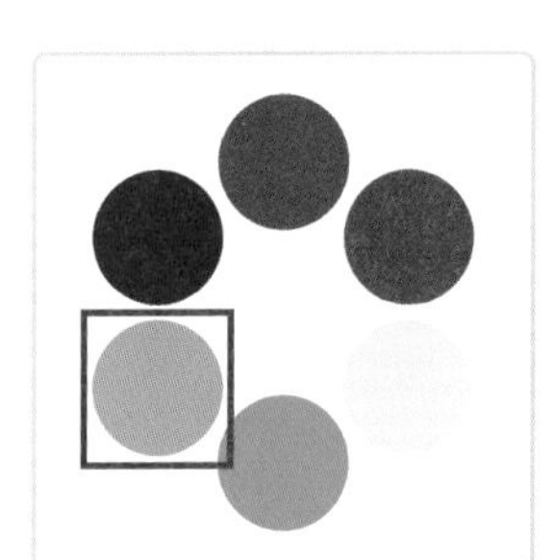

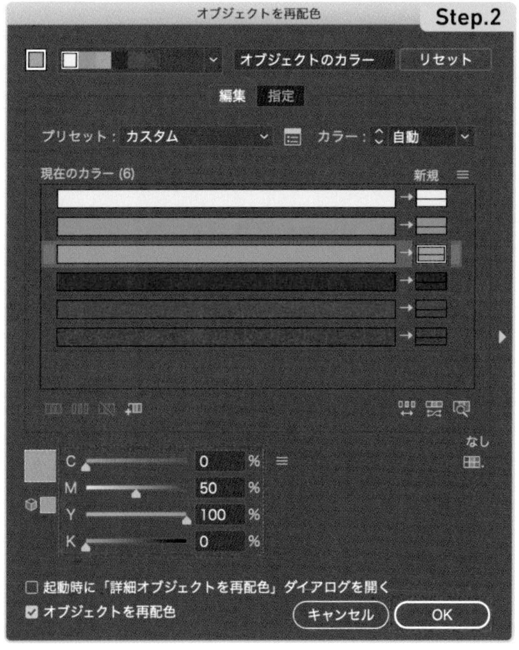

[新規]に、変更後の色が表示され、キャンバスのオブジェクトにも反映される。

4-2-4　色を入れ替える

[オブジェクトを再配色] ダイアログでは、**色の入れ替え**も簡単です。

色を入れ替える

Step.1　オブジェクトを選択し、[オブジェクトを再配色] ダイアログのリストで、入れ替える色の [新規] を、入れ替え先の [新規] へドラッグする

Step.2　同様にして他の色も入れ替えたあと、[OK] をクリックする

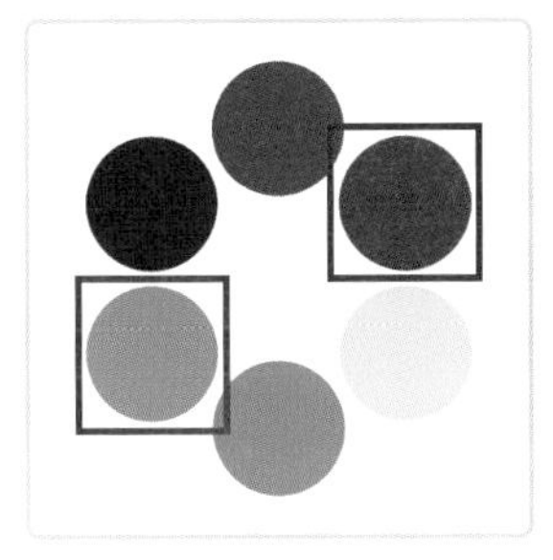

[新規] を他の色の [新規] へドラッグすると、色が入れ替わる。

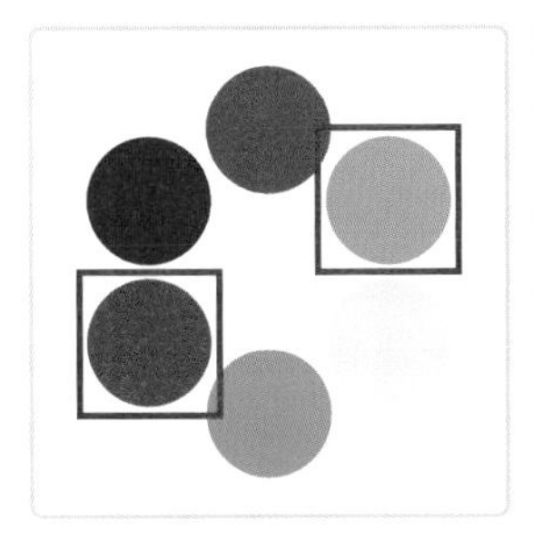

サンプルの場合、赤と水色が入れ替わる。

[現在のカラー] を他の色の [新規] へドラッグすると、他の色がその色で上書きされます。**[新規] を [新規] へドラッグすると入れ替え、[現在のカラー] を [新規] へドラッグすると上書き**という法則です。

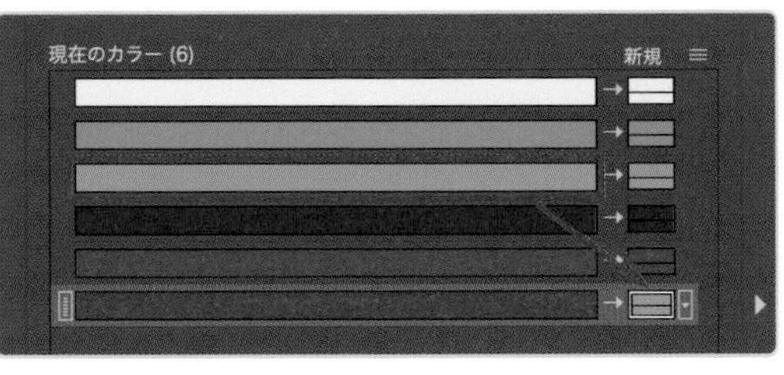

サンプルの場合、赤が水色で上書きされる。入れ替えや上書きの場合、グローバルスウォッチを使用していても、それとのリンクを保持できる。

4-2-5 色数を減らす

［オブジェクトを再配色］ダイアログでは、オブジェクトの**使用色を減色**できます。似たような色をまとめると、管理もしやすくなります。

★5 ［カラー：1］でモノトーン化したあと、［新規］を［K:100%］に変更すると、グレースケールになる。グレースケール変換については、**P121**で解説。

オブジェクトの使用色を1色にする

Step.1 オブジェクトを選択し、〔オブジェクトを再配色〕ダイアログで〔カラー:1〕に変更する★5

Step.2 〔現在のカラー〕から使用色を〔新規〕へドラッグし、〔OK〕をクリックする

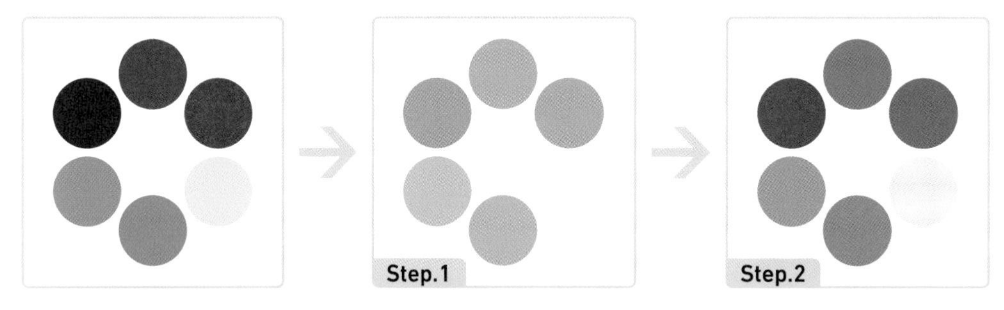

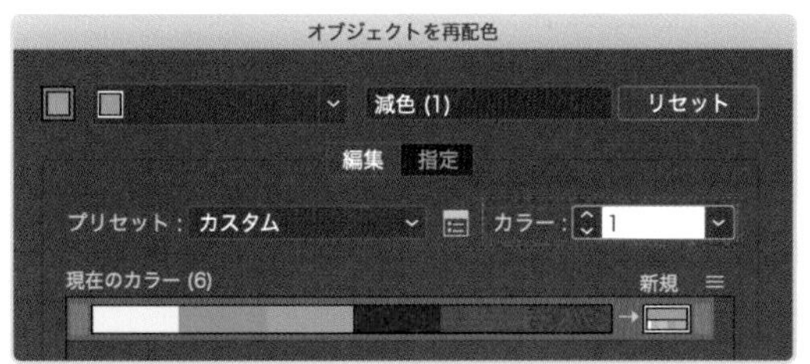

［現在のカラー］のいずれかが、使用色として［新規］に割り当てられる。

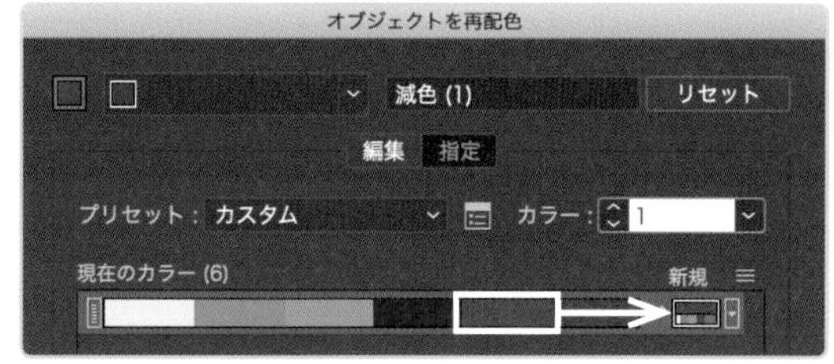

［新規］をクリックしてダイアログ下部の［調整スライダー］で変更すると、［現在のカラー］にない色も使用できる。

減色すると**階調表現**になるのは、デフォルトで**［着色方式：色調をスケール］**に設定されるためです。この［着色方式］は変更可能で、［新規］右側の**［着色方式を指定］**をクリックするとメニューが開き、選択できます。

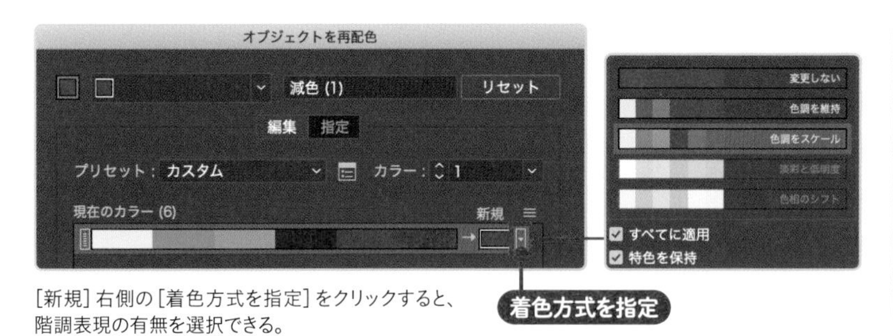

［新規］右側の［着色方式を指定］をクリックすると、階調表現の有無を選択できる。

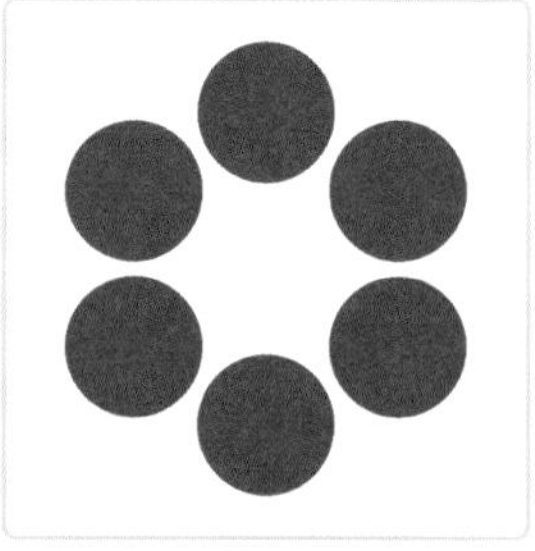

［変更しない］に設定すると、階調表現なしに、［100%］の色で配色される。

減色後の色にグローバルスウォッチを割り当てる★6と、色の管理が容易になります。グローバルスウォッチは、**事前に作成**しておきます。

★6 スウォッチパネルの［選択したカラーを追加］でも、オブジェクトの使用色をグローバルスウォッチに変換できるが、この場合、濃淡ごとにスウォッチが生成されてしまう。［オブジェクトを再配色］ダイアログでの減色時に使用色として指定すると、ひとつのグローバルスウォッチの濃淡で配色できる。

オブジェクトの使用色を1色のグローバルスウォッチに変更する

Step.1 スウォッチパネルでグローバルスウォッチを作成する
Step.2 オブジェクトを選択し、［オブジェクトを再配色］ダイアログで［カラー：1］に変更したあと、［新規］のサムネールをダブルクリックする
Step.3 ［カラーピッカー］ダイアログで［スウォッチ］をクリックする
Step.4 ［スウォッチ］からStep.1で作成したグローバルスウォッチを選択し、［OK］をクリックする
Step.5 ［オブジェクトを再配色］ダイアログで［OK］をクリックする

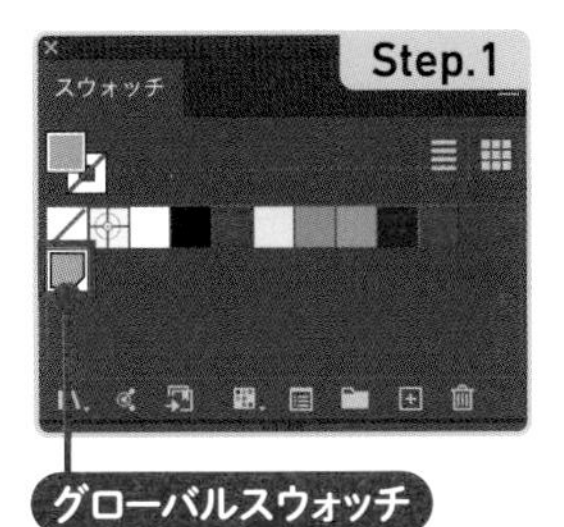

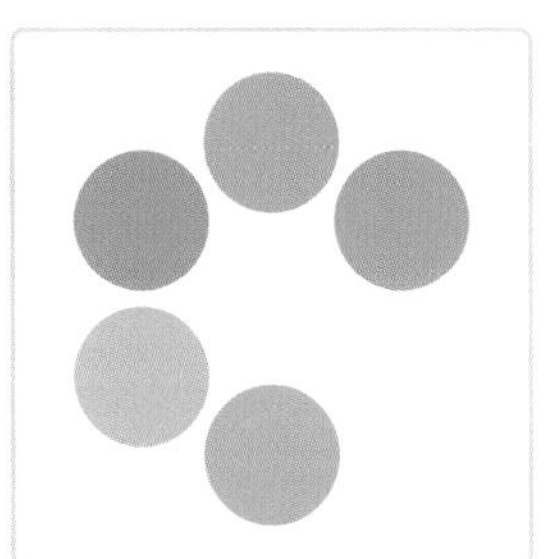

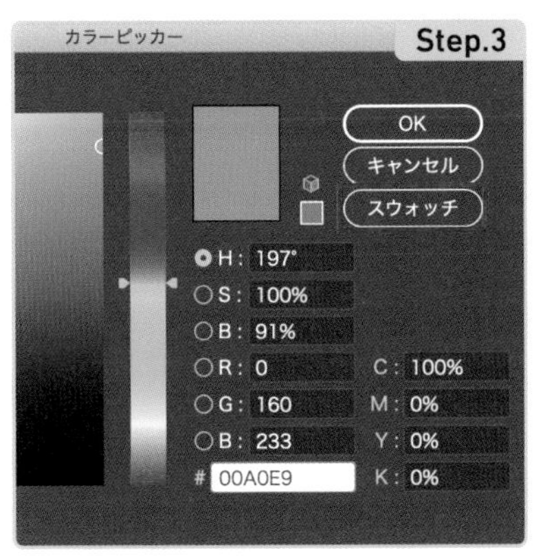

名前は同じ［カラーピッカー］ダイアログだが、別のダイアログになる。

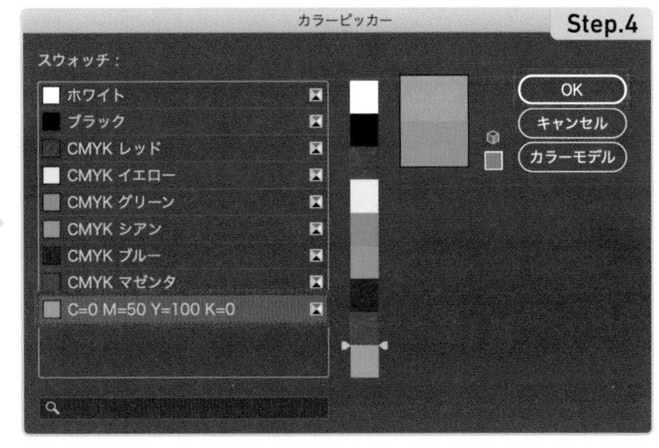

このダイアログでは、通常とグローバルの区別がつかない。スウォッチが多数存在する場合は、スウォッチ名に識別しやすい文字を入れておく。

［新規］に選択したグローバルスウォッチが設定され、その濃淡による配色になる。

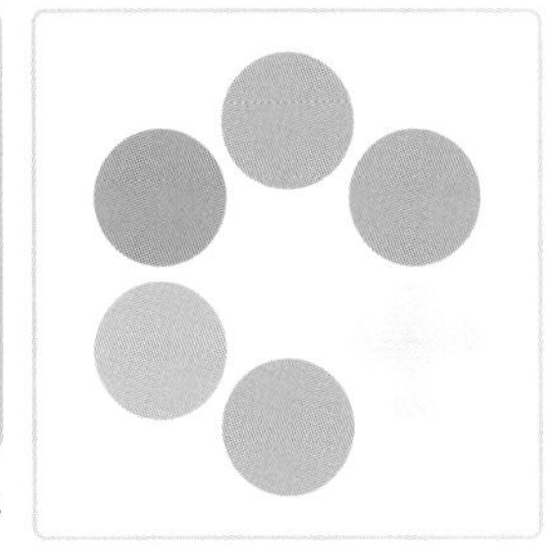

[カラー:2]に変更し、色をそれぞれ**[C:100%][M:100%]**★7 に変更すると、**2色分解**できます。2色刷りの入稿データ作成などに活用できます。

★7　インキはオブジェクトの色みに合わせて選択する。黄みや黒みが強い場合などは、[Y：100%]や[K：100%]を使うとよい。

シアンとマゼンタの2色に分解する

Step.1　オブジェクトを選択し、〔オブジェクトを再配色〕ダイアログで〔カラー:2〕に変更する

Step.2　〔調整スライダーのカラーモード:CMYK〕に設定し、〔新規〕をそれぞれ〔C:100%／M:0%／Y:0%／K:0%〕〔C:0%／M:100%／Y:0%／K:0%〕に変更する

Step.3　〔現在のカラー〕のサムネールをドラッグして配色を調整し、〔OK〕をクリックする

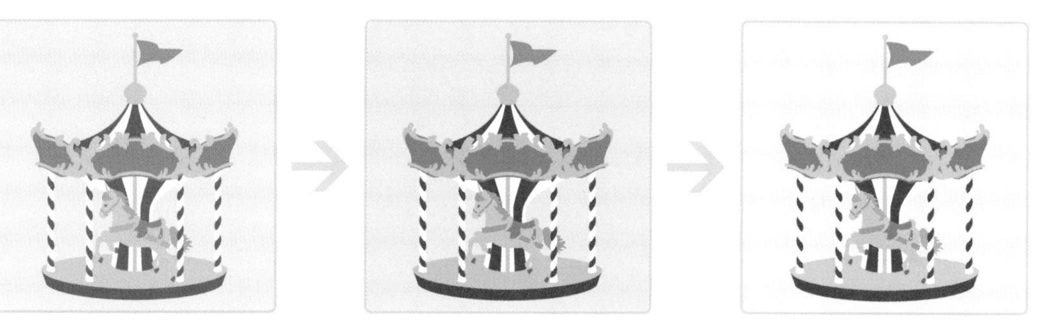

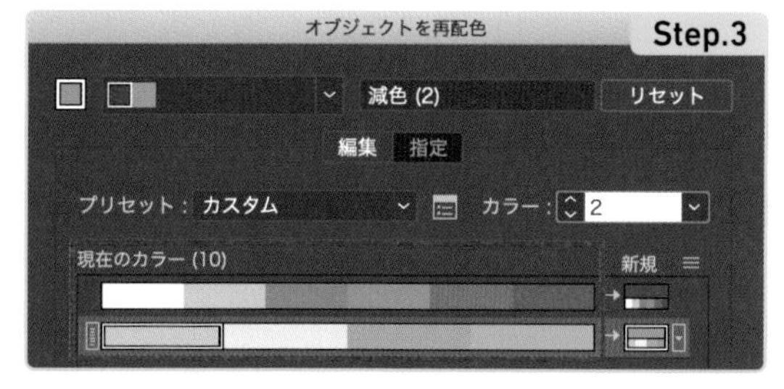

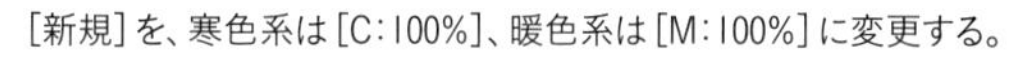

[新規]を、寒色系は[C:100%]、暖色系は[M:100%]に変更する。

減色後の配色は自動でおこなわれるため、思い通りの結果にならないことのほうが多い。[現在のカラー]のリスト間の移動で調整できる。

2色を使用した色、たとえば紺[C：100%／M：100%]なども含めた3色に分解すると、**インキの重ね合わせ(混色)**による表現も可能です。

ここでは3色目に両方を[50%]で掛け合わせた色(紫)を用意した。このほか、紺やシアン多めの紫、マゼンタ多めの赤紫なども用意すると、表現できる色の範囲が広がる。

分版プレビューパネルで確認すると、色が2版に分かれて表現されていることがわかる。右側の上がシアン版、下がマゼンタ版。

4-2-6 グレースケールに変換する

オブジェクトの色をグレースケールに変換する方法は、**［オブジェクトを再配色］ダイアログを利用する方法**と、**［編集］メニューで変換する方法**★8 があります。いずれの操作も、オブジェクトを選択した状態でおこないます。

★8 ［編集］メニューでは、パスのほか、埋め込み画像もグレースケールに変換できる。

グレースケールに変換する

Method.A ［オブジェクトを再配色］ダイアログで［調整スライダーのカラーモード：色調調整］に変更し、［彩度：-100％］に変更する

Method.B ［オブジェクトを再配色］ダイアログで［カラー：1］に変更し、［新規］の色を［K：100％］に変更する

Method.C ［編集］メニュー→［カラーを編集］→［グレースケールに変換］を選択する

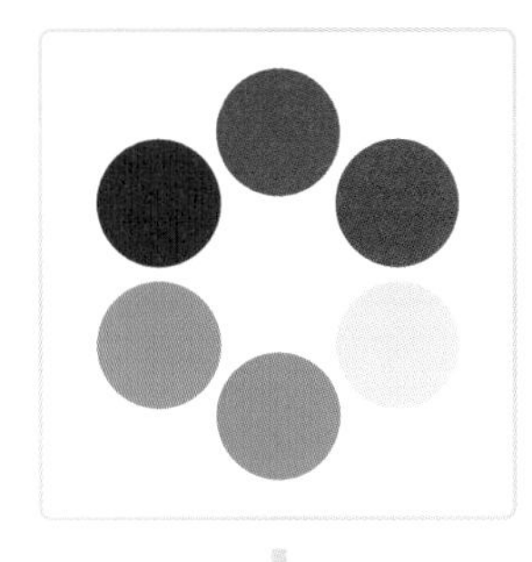

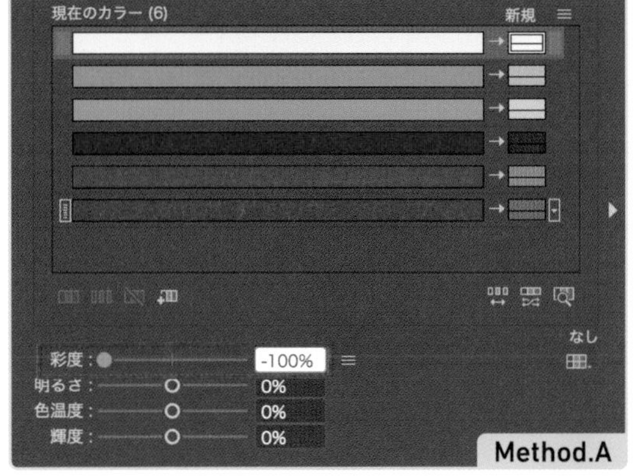

Method.AとMethod.Cは、同じ結果になる。

Method.Bの場合、最も暗い色に［K：100％］が割り当てられるため、コントラストの強い配色になる。

Method.Bと同様の操作は、簡易パネルでも可能。［カラー：1］に変更したあと、カラーホイールの［カラー］をダブルクリックして［カラーピッカー］ダイアログを開き、［K：100％］に変更する。

4-3 描画モードと不透明度

- [描画モード] や [不透明度] は透明パネルで変更でき、オブジェクトのほか、レイヤー、[塗り] や [線] ごとにも変更できる
- [描画モードを分離] を利用すると、[描画モード] や [不透明度] の影響をグループ内やレイヤー内に限定できる
- [グループの抜き] を利用した穴あけ方法をおぼえておくと便利

4-3-1 Illustratorの描画モードと不透明度

オブジェクトやレイヤーの**[描画モード]**や**[不透明度]**★1を変更すると、**背面のオブジェクトやレイヤーと合成**できます。これらは、**個々の[塗り]や[線]**に対しても設定できます。

変更はおもに**透明パネル**でおこないます。オブジェクト選択時の**アピアランスパネル**や**コントロールパネル**でも、透明パネルにアクセスできます。

★1 デフォルトは背面を透過しない[描画モード:通常]および[不透明度:0%]に設定される。たとえばこれを[描画モード:乗算]に変更したり、[不透明度:50%]に下げると、背面と合成され、透明感のある表現が可能になる。

オブジェクトの[描画モード]を変更する★2

Method.A オブジェクトを選択したあと、透明パネルで〔描画モード〕をメニューから選択する

Method.B オブジェクトを選択したあと、アピアランスパネルやプロパティパネル、コントロールパネルで〔不透明度〕をクリックして透明パネルにアクセスし、〔描画モード〕を変更する

★2 同様の操作で[不透明度]も変更できる。

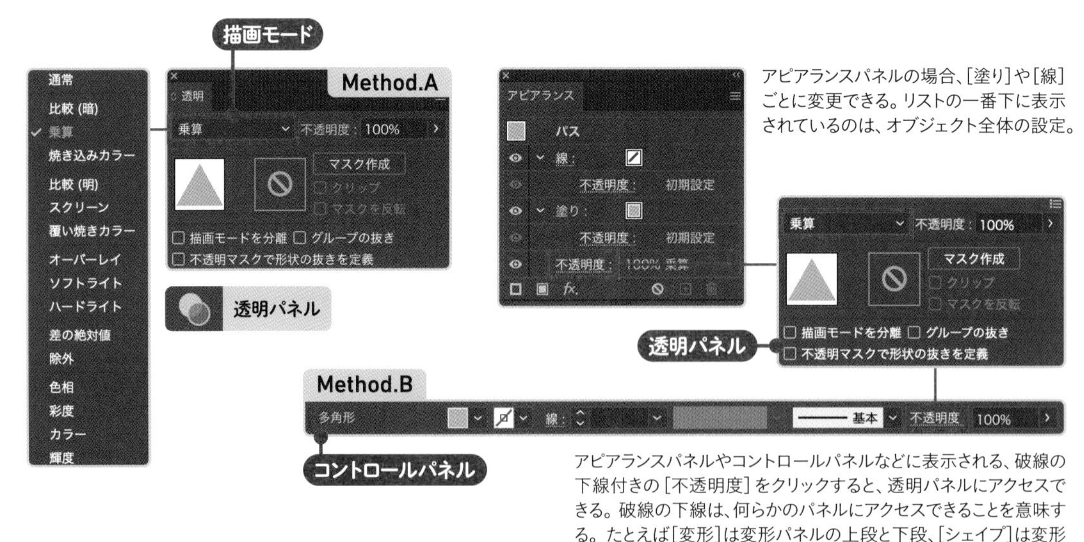

アピアランスパネルの場合、[塗り]や[線]ごとに変更できる。リストの一番下に表示されているのは、オブジェクト全体の設定。

アピアランスパネルやコントロールパネルなどに表示される、破線の下線付きの[不透明度]をクリックすると、透明パネルにアクセスできる。破線の下線は、何らかのパネルにアクセスできることを意味する。たとえば[変形]は変形パネルの上段と下段、[シェイプ]は変形パネルの中段にアクセスできる。

通常／100%

乗算／100%

通常／50%

上に重ねたピンクの正三角形の［描画モード］と［不透明度］を変更した。「乗算／100%」は［描画モード：乗算］［不透明度：100%］を意味する。

透明グリッド

透明／不透明の区別がつきにくい場合、［表示］メニュー→［透明グリッドを表示］を選択して、背面に透明グリッドを表示すると、識別できる。なお、［描画モード］については反映されない。

レイヤーの［描画モード］や［不透明度］を変更するには、**レイヤーパネルでレイヤーをターゲットに設定**します。レイヤーに設定すると、影響はそのレイヤーに配置されたすべてのオブジェクトに及びます。

★3　ツールヒントには［対象をクリックしドラッグしてアピアランスを移動］と表示されるが、本書では「ターゲットアイコン」と呼ぶ。

レイヤーの［描画モード］や［不透明度］を変更する

Step.1　レイヤーパネルでレイヤー名右側の○（ターゲットアイコン）★3をクリックして、◎に変更する

Step.2　透明パネルで［描画モード］や［不透明度］を変更する

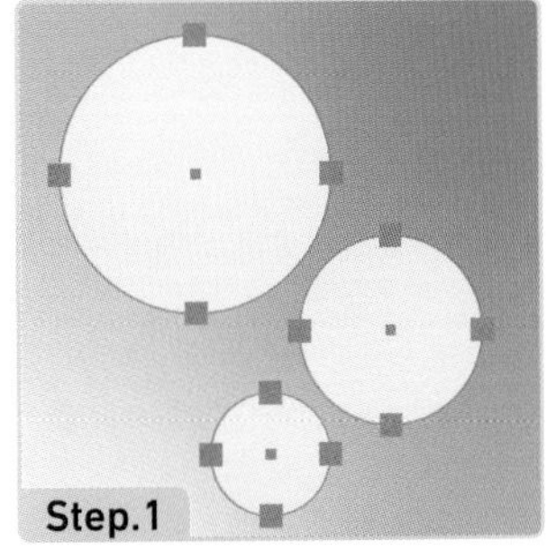

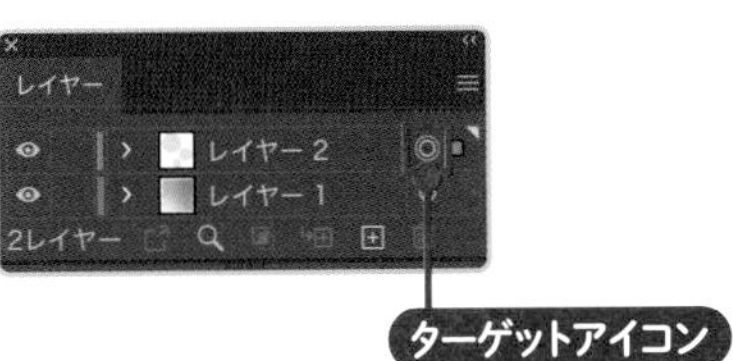

○をクリックすると◎に変わり、レイヤーがターゲットに設定される。同時にレイヤーのすべてのオブジェクトが選択状態になる。

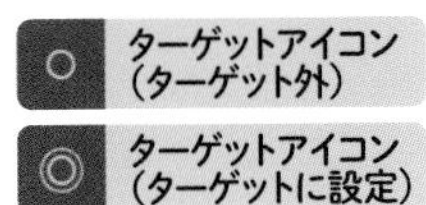

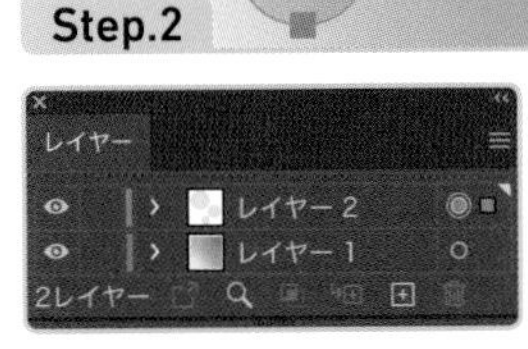

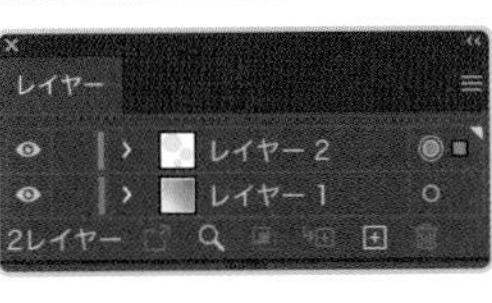

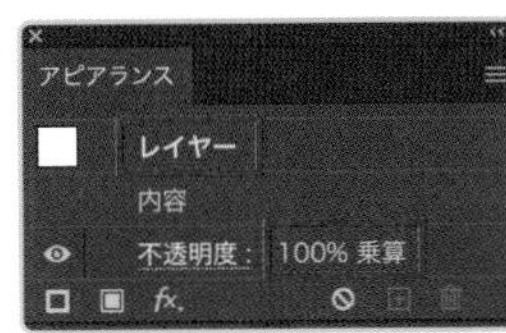

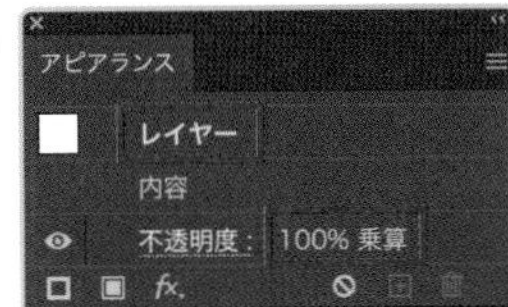

レイヤーの［描画モード］を［乗算］に変更した。［通常］以外に変更すると、◎の内側の円がグレーで塗りつぶされる。

ターゲットアイコンの右側の空白（選択中のアート）をクリックしても、レイヤーのオブジェクトをすべて選択しただけで、レイヤーはターゲットになっていない。画面の見た目は同じなので注意が必要。ターゲットはアピアランスパネルで確認できる。アピアランスパネルで「レイヤー」と表示されていれば、レイヤーがターゲットになっている。「パス」などと表示されている場合は、レイヤーがターゲットになっていない。

4-3-2 影響範囲を限定できる［描画モードを分離］

グループの中に、**［描画モード：通常］以外**に設定したオブジェクトがある場合、その影響はグループの背面のオブジェクトにも及びます。**［描画モードを分離］**を利用すると、**影響をグループ内に限定**できます。★4 たとえば、シンボルマーク内に［描画モード：乗算］に設定したオブジェクトがあるが、背景色は透過させたくない、といったときに便利です。

★4 ［描画モードを分離］は、グループだけでなく、パスにも設定できる。たとえばアピアランスで複製した［塗り］を［描画モード：通常］以外に設定して重ねたときなどに活用できる。アピアランスについては次の章で解説する。

［描画モード］の影響をグループ内に限定する

Step.1　グループを選択する

Step.2　透明パネルで［描画モードを分離］にチェックを入れる

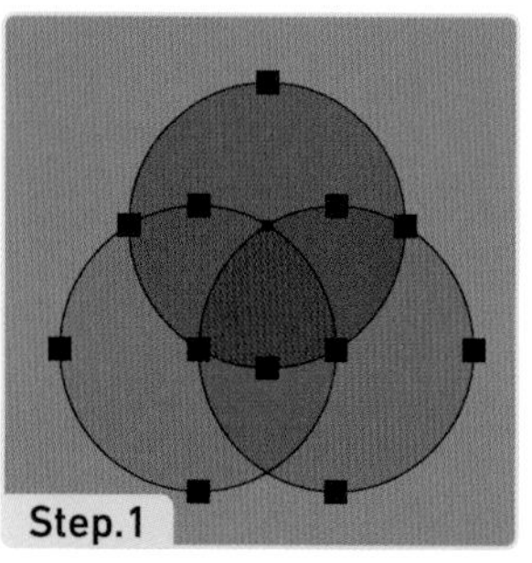

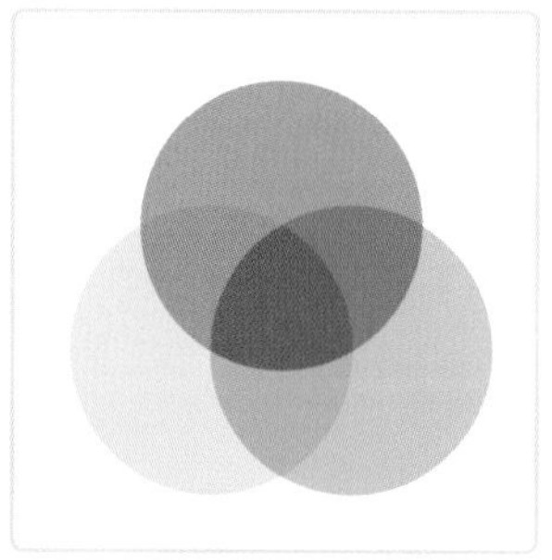

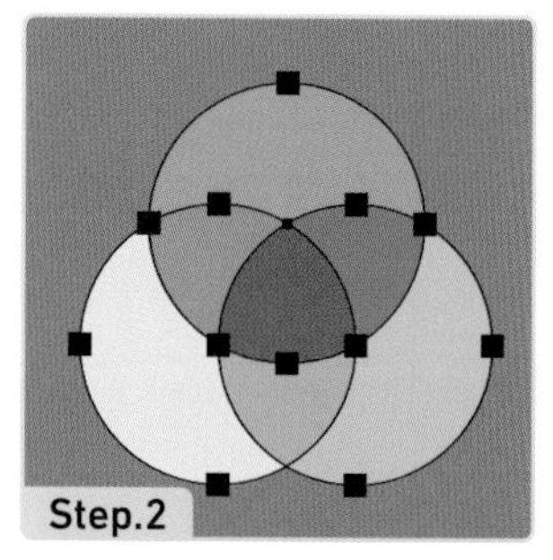

3つの円が重なったグループ。円はすべて［描画モード：乗算］に設定されているため、背景色によって色が変わる。

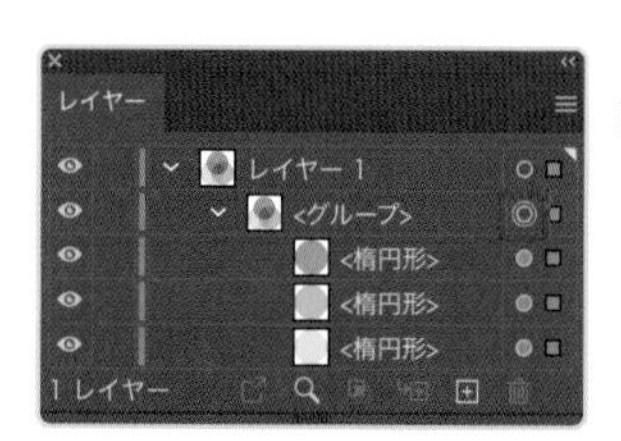

レイヤーと異なり、グループの場合は選択するとターゲットに設定され、ターゲットアイコンが○から◎になる。

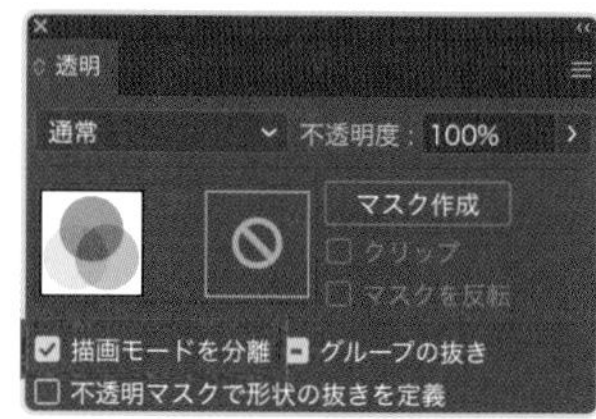

［描画モードを分離］にチェックを入れると、［乗算］の影響範囲がグループ内に限定され、背景色の影響を受けなくなる。

［描画モードを分離］は**レイヤーにも設定**できます。レイヤーパネルでレイヤーの○（ターゲットアイコン）をクリックして、**ターゲットに設定した状態で［描画モードを分離］にチェックを入れる**と、［描画モード］の影響をレイヤー内に限定できます。

1 準備
2 描画と作成
3 変形
4 塗りと線
5 アピアランス
6 ブラシとパターン
7 その他の操作

4-3-3　穴あけに使える［グループの抜き］

［グループの抜き］を利用すると、**擬似的に穴をあける（背景を透過させる）**ことができます。★5　複雑な構造のオブジェクトに穴をあけるには、とても便利な方法です。**輪郭線以外を抜きにする用途**にも使えます。

★5　便利だが、透明扱いとなり、分割の対象になるため、入稿データの場合は注意が必要。

［グループの抜き］で輪郭線以外を抜きにする

Step.1　グループを選択し、透明パネルで［グループの抜き］にチェックを入れる
Step.2　グループ内のパスの［塗り］を［不透明度：0%］★6 に変更する
Step.3　グループ内の残りのパスの［塗り］も［不透明度：0%］に変更する

★6　［塗り：白］［描画モード：乗算］でも透明にできる。

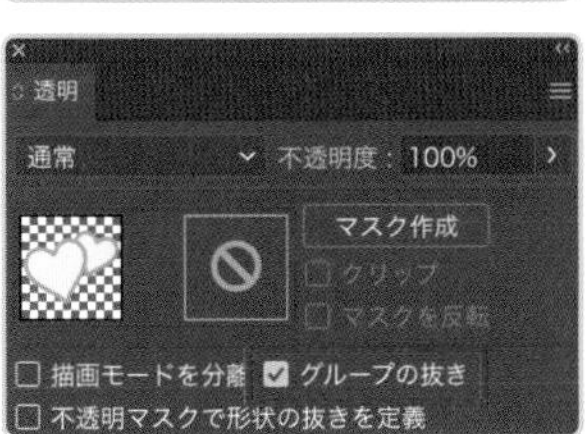

［グループの抜き］は、グループを選択した状態でチェックを入れる。［グループの抜き］に設定すると、グループ内の透明部分が背景を透過する。この時点ではグループ内に透明部分が存在しないため、見た目の変化はない。

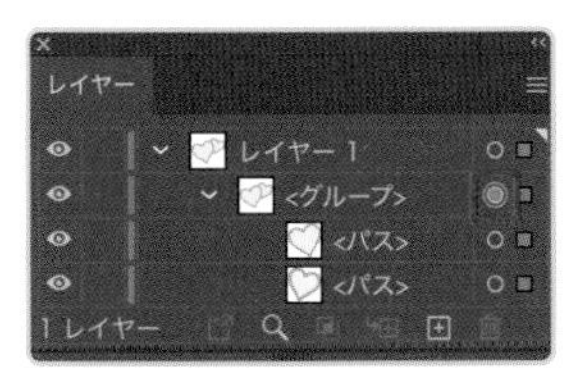

［グループの抜き］に設定すると、○（ターゲットアイコン）の内側がグレーで塗りつぶされる。

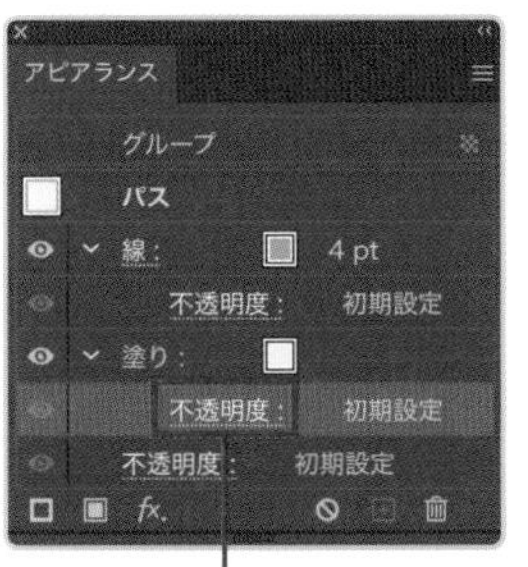

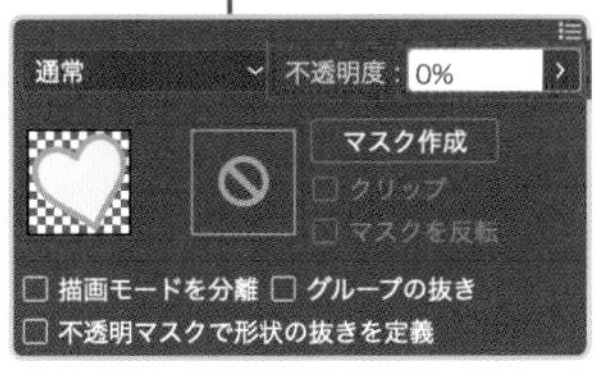

［塗り］の部分を抜きにするため、［塗り］を選択し、［不透明度：0%］に変更する。アピアランスパネルの［不透明度］から透明パネルへアクセスすると、設定しやすい。

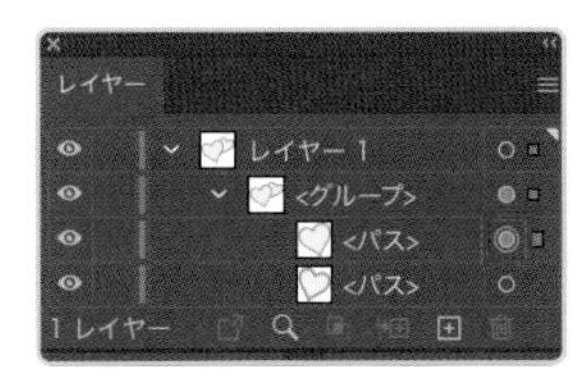

［不透明度：0%］に変更すると、○（ターゲットアイコン）の内側がグレーで塗りつぶされる。

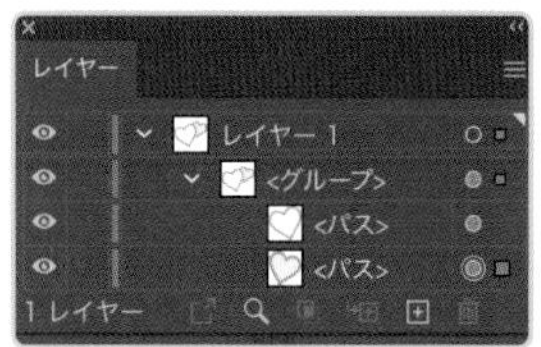

右側のパスの［塗り］も［不透明度：0%］に変更して透明にする。

グループに設定した［グループの抜き］のチェックを外すと、重なった線が表示される。［グループの抜き］はもともと、グループ内の透明なオブジェクトどうしが透過しないようにするためのもの。

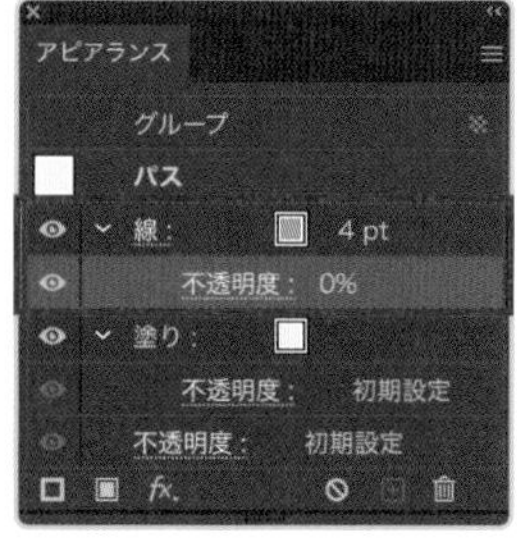

[線]を[不透明度:0%]に設定すると、[線]を抜きにできる。ただし、自身の[塗り]に重なる部分は抜きにならないため、[線の位置]によっては線の太さが半分になったり、線が消滅する。サンプルの場合、デフォルトの[線を中央に揃える]に設定しているため、線の太さが半分になっている。[線の位置]については、**P137**で解説。

[グループの抜き]を使うと、**アピアランスで複製・変形したオブジェクト**★7や、**複雑な構造のグループ**でも、穴をあけることができます。穴あけ機能としては、**パスファインダーの[中マド]**が代表的ですが、こちらが穴にできるのは、**見た目とセグメントの形状が一致している単一のパス**に限られます。

★7 アピアランスを利用すると、擬似的に複製・変形できる。

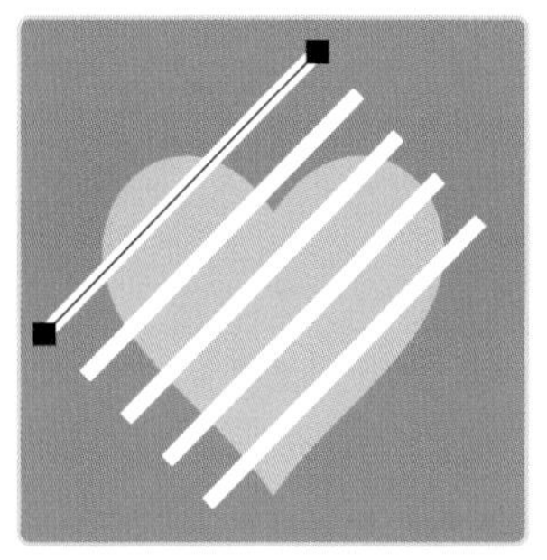

穴にするのは、アピアランスの移動コピーで作成したストライプ。[グループの抜き]を使うと、アピアランスによる擬似的な複製も、穴に設定できる。

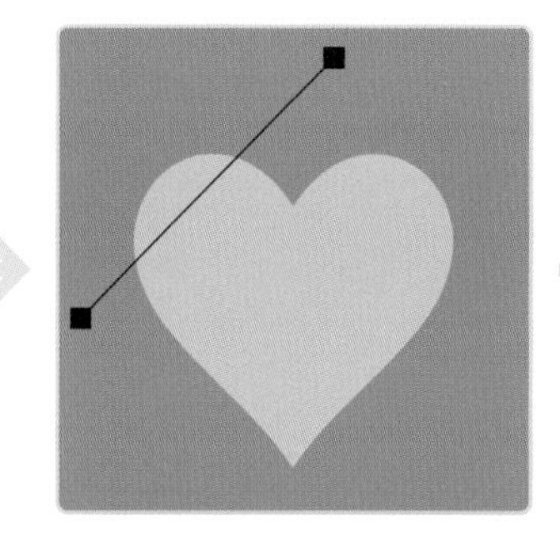

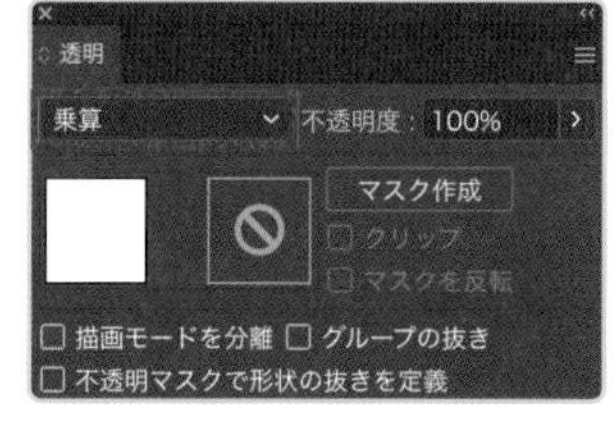

ストライプを透明にする。この場合、オブジェクトの色が[白]なので、[描画モード:乗算]に変更して透明にしている。

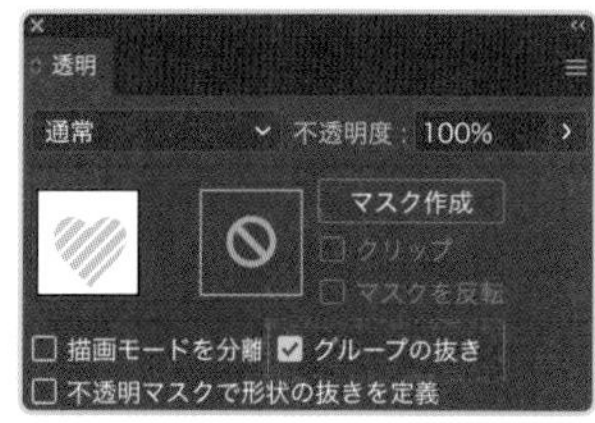

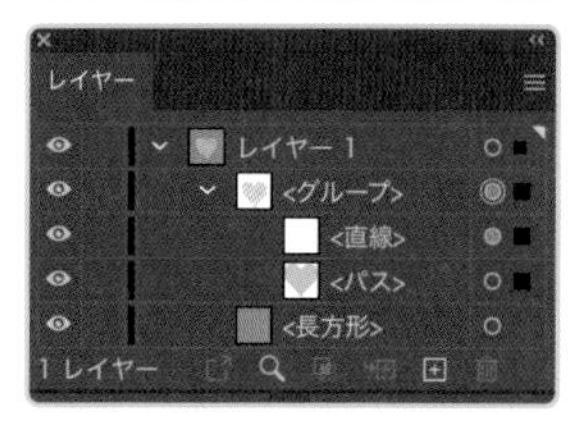

グループに[グループの抜き]を設定すると、ストライプが穴(抜き)になる。[オブジェクト]メニュー→[透明部分を分割・統合]を選択すると変更をパスに反映できるが、透明部分は[白]または背景色と合成された色になる。

4-4 ライブペイントで塗り分ける

- ライブペイントを利用すると、[塗り] を塗り分けできるほか、あとで境界線を変更したり増減できる
- [ライブペイントツール] 選択中に [shift] キーを押すと、[線] を塗り分けできる
- 解除するとパスに戻せるが、色や [線幅] の設定は戻らない
- 拡張すると、誤操作や環境の変化に強いデータになる

4-4-1 ライブペイントのメリットと作成

ひとつの [塗り] に設定できる色は1色のみ★1ですが、**パスを境界線として、複数の色で塗り分ける**ことができます。これを可能にするのが、**ライブペイント**という機能です。

ライブペイントのメリットは、**境界線の位置や形状をあとから変更**できる点にあります。また、**境界線を追加**することも可能です。ライブペイントはグループの性質を持っているので、レイヤーパネルで**パスをグループに割り込ませれば、境界線として機能**します。また、**グループに含まれるパスを削除すると、境界線を消滅**させることができます。

★1　アピアランスを利用すると複数の色を設定できるが、ここでは割愛する。

ライブペイントで塗り分ける

Step.1　複数のパスを選択し、〔編集〕メニュー→〔ライブペイント〕→〔作成〕を選択する★2

Step.2　ツールバーで〔ライブペイントツール〕を選択し、スウォッチパネルで〔塗り〕の色を選択する

Step.3　パスで囲まれた領域をクリックして色を流し込む

Step.4　Step.2からStep.3を繰り返して、パスを塗り分ける

★2　[ライブペイントツール] は、ツールバーの [シェイプ形成ツール] と同じグループにある。[ライブペイントツール] でクリックしてライブペイントを作成することも可能だが、その場合、クリックと同時に色が流し込まれる。

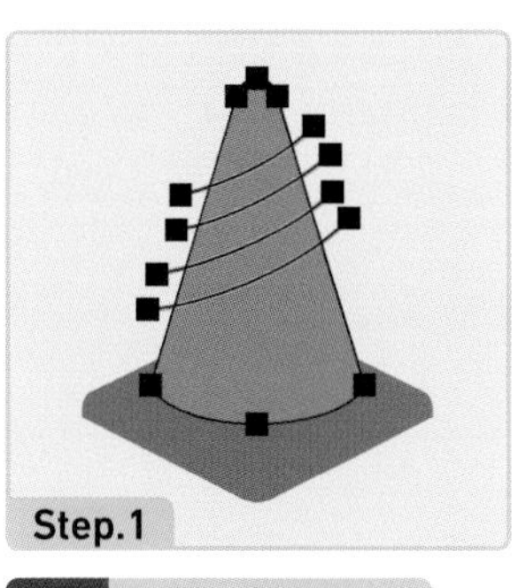

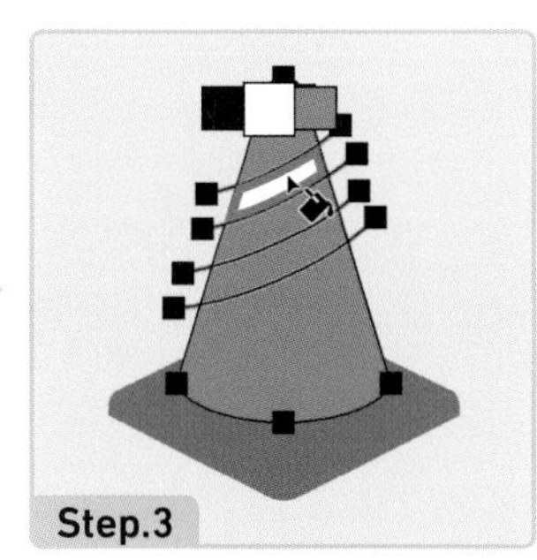

[ライブペイントツール] を選択してカーソルを重ねると、色を流し込む範囲が赤枠で表示される。

クリックすると、色が流し込まれる。

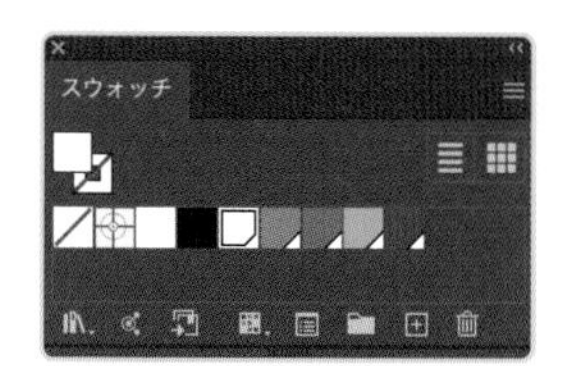

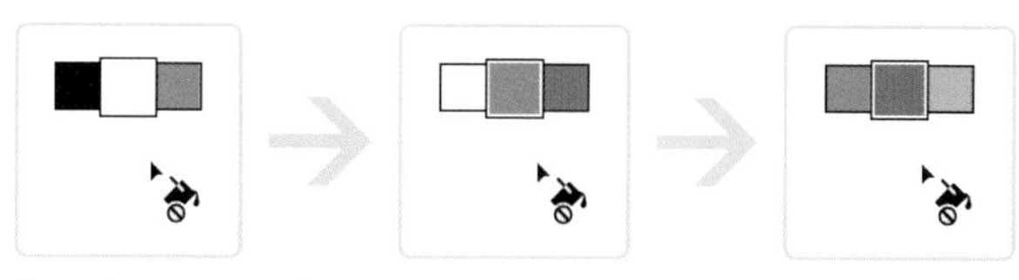

[ライブペイントツール] のカーソル上には、使用するスウォッチが中央、その両隣にスウォッチパネルで隣にあるスウォッチが表示され、[←] [→] キーでスウォッチを変更できる。なお、カラーパネルで色を設定した場合は、その色のみが表示される。

なお、ライブペイント作成後も、**従来通りの方法**★3 **で [塗り] や [線] の色を変更**できます。境界線の目安になるよう、パスの [線] に色をつけておき、ライブペイント作業が終わったあとで [線:なし] に変更する、といったフローも可能です。

★3 [選択ツール]や[グループ選択ツール] などでパスを選択し、スウォッチパネルやカラーパネルなどで色を設定すること。

パスを選択して [線:なし] に変更すると、境界線の色を消せる。

ライブペイントはグループの一種です。そのため、**ライブペイント (グループ) の外へ出すと、特定のパスだけライブペイントを解除**できます。★4

★4 ライブペイントを選択し、[オブジェクト] メニュー→[ライブペイント]→[解除] を選択すると、ライブペイントを解除して、元のパスに戻せる。ただし、パスは一律に [塗り:なし] [線:黒] [線幅:0.5pt] に変更され、ライブペイントで設定した色は反映されない。

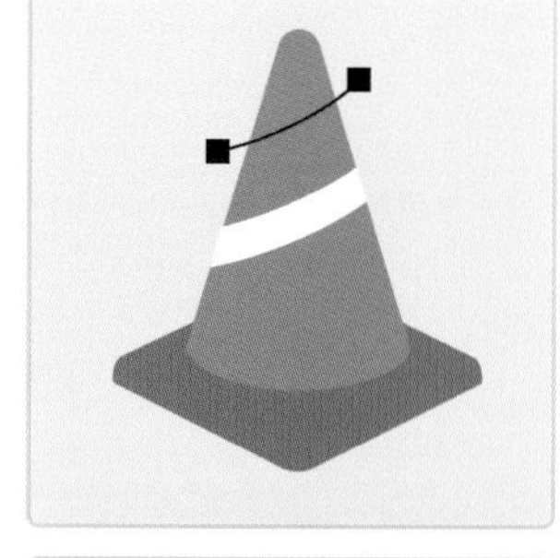

境界線のパスを移動すると、色面の範囲も変わる。

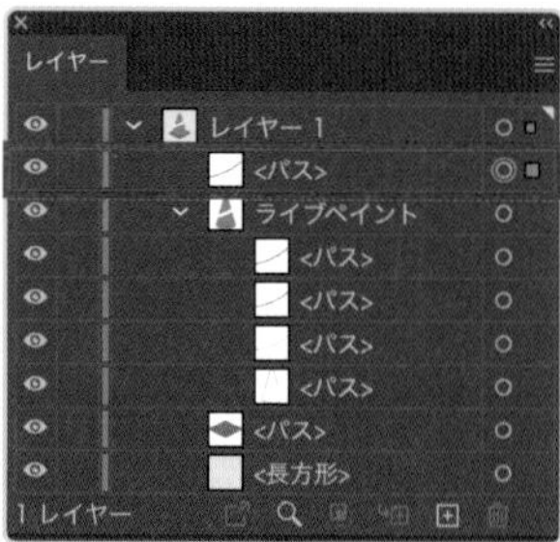

パスをライブペイントの外へ移動すると、そのパスが関連する塗りが無効になる。

［ライブペイントツール］選択中に**［shift］キー**を押すと、**［線］を塗り分け**できます。［線：なし］に変更してセグメントをクリックすると、輪郭からはみ出た境界線を消すことができます。

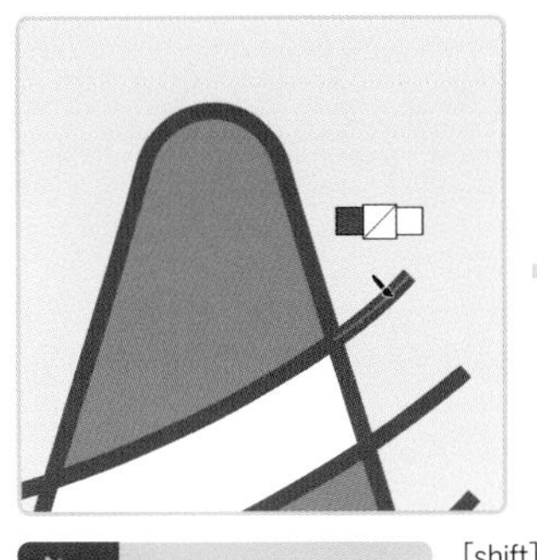

ライブペイントツール

［shift］キーを押すと、アイコンがバケツからブラシに変わる。［線：なし］の状態でクリックすると、はみ出した線を消せる。線画やアニメ塗りに仕上げるときに便利。

4-4-2　ライブペイントの拡張

ライブペイントによる塗り分けは、あくまで仮想的なものです。境界線をひとつ移動したり削除するだけで様相が変わってしまいますし、まれに、設定したはずの色が消えていることなどもあります。ロゴや入稿データなど、様々な状況で第三者が繰り返し使うものや、環境の変化が想定されるものについては、**拡張して通常のパスに変換**しておく★5と安心です。

★5　拡張すると、境界線で分割されたパスの集合体に変換される。拡張後は境界線の移動などができなくなるため、変更の可能性がある場合は、元のオブジェクトを複製して残しておく。

ライブペイントを拡張する

Method.A　ライブペイントを選択し、コントロールパネルやプロパティパネルで〔拡張〕をクリックする

Method.B　ライブペイントを選択し、〔オブジェクト〕メニュー→〔ライブペイント〕→〔拡張〕を選択する

Method.A

コントロールパネル

ライブペイント　線：　不透明度：100%　スタイル：　ライブペイント結合　拡張

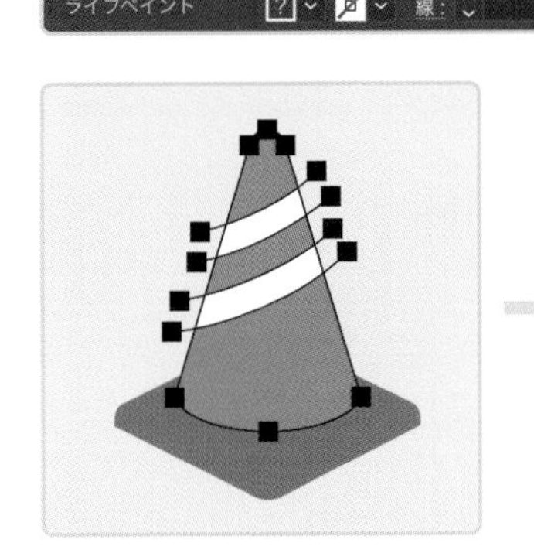

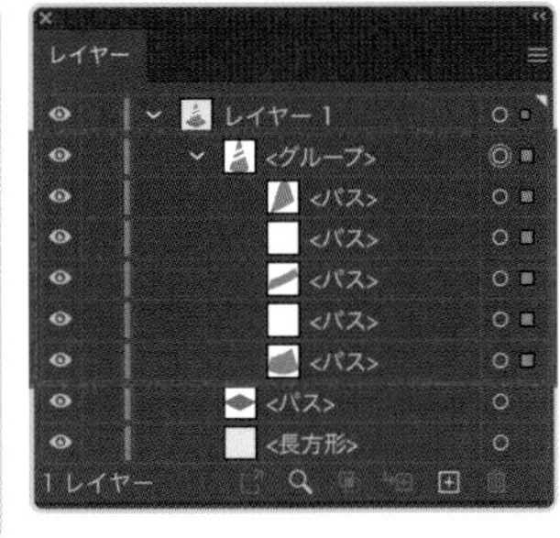

ライブペイントを拡張すると、通常のパスに変換される。

4-5 グラデーションを使った階調表現

- 線形グラデーションと円形グラデーションは従来型のグラデーションで、直線状あるいは同心円状に色が変化する
- フリーグラデーションは［カラー分岐点］を自由な位置に置けるため、グラデーションメッシュのような表現が可能

4-5-1 Illustratorのグラデーションの種類

Illustratorの**グラデーション**は、大きく分けて2種類あります。ひとつは**線形グラデーションと円形グラデーション**、もうひとつはCC2019から導入された**フリーグラデーション**です。それぞれ設定方法や性質が異なります。

線形グラデーションと円形グラデーションは、**［塗り］と［線］の両方**に設定できます。一方、フリーグラデーションは、**［塗り］のみ**に設定できます。

このほか、**グラデーションメッシュ**や**ブレンド**で、グラデーションを表現することも可能です。★1 グラデーションメッシュについては、フリーグラデーションのほうが初心者にも扱いやすいため、本書では解説を割愛しています。

★1 グラデーションメッシュは、メッシュの交点に色を設定し、それを隣の色までなだらかに変化させて表現するもの。ブレンドは[間隔:スムーズカラー]に設定する。ブレンドについては、**P188**で解説。

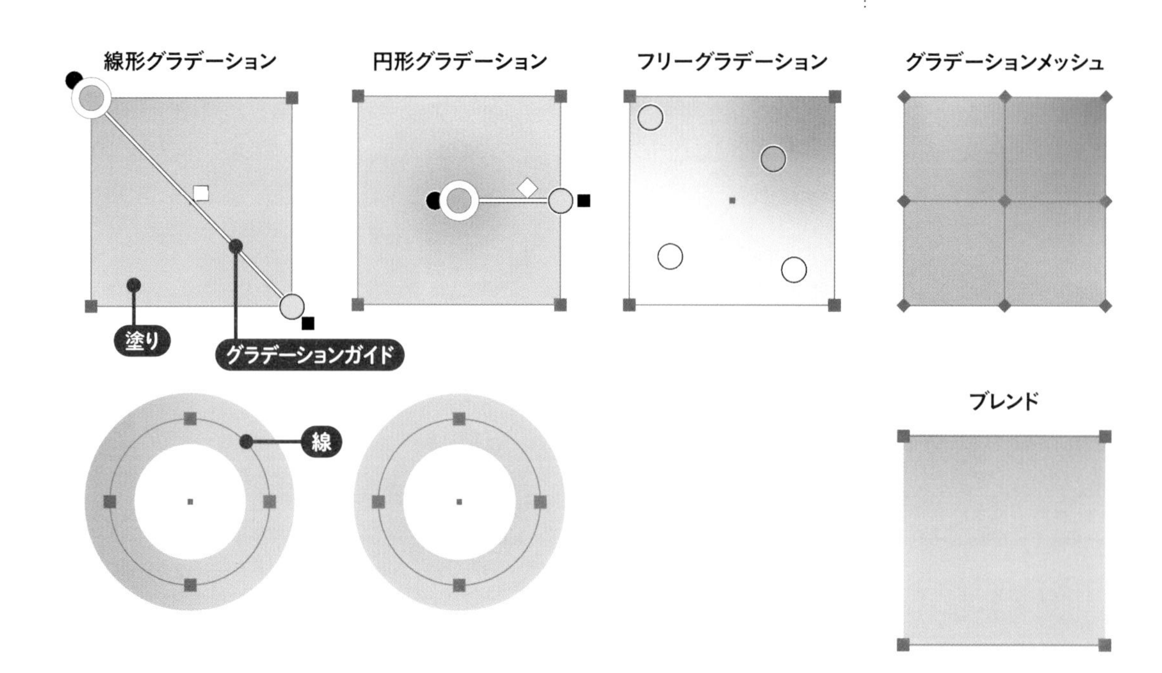

4-5-2 線形グラデーションと円形グラデーション

線形グラデーションは、**直線状に色が変化するグラデーション**です。★2 夕暮れどきの空や、金属板の光沢などを表現するのに向いています。

★2　グラデーションを構成する色が、直線上に並ぶ。それを半径としたものが、円形グラデーションになる。

線形グラデーションを設定する

Step.1　オブジェクトを選択し、〔塗り〕または〔線〕を選択する

Step.2　グラデーションパネル★3 で〔種類:線形グラデーション〕を選択し、〔角度〕を変更する

Step.3　〔カラー分岐点〕をクリックして選択し、カラーパネルで色を変更する

★3　グラデーションパネルは、[ウィンドウ] メニュー→[グラデーション] で開く。[塗り] と [線] はこのパネルでも選択できる。

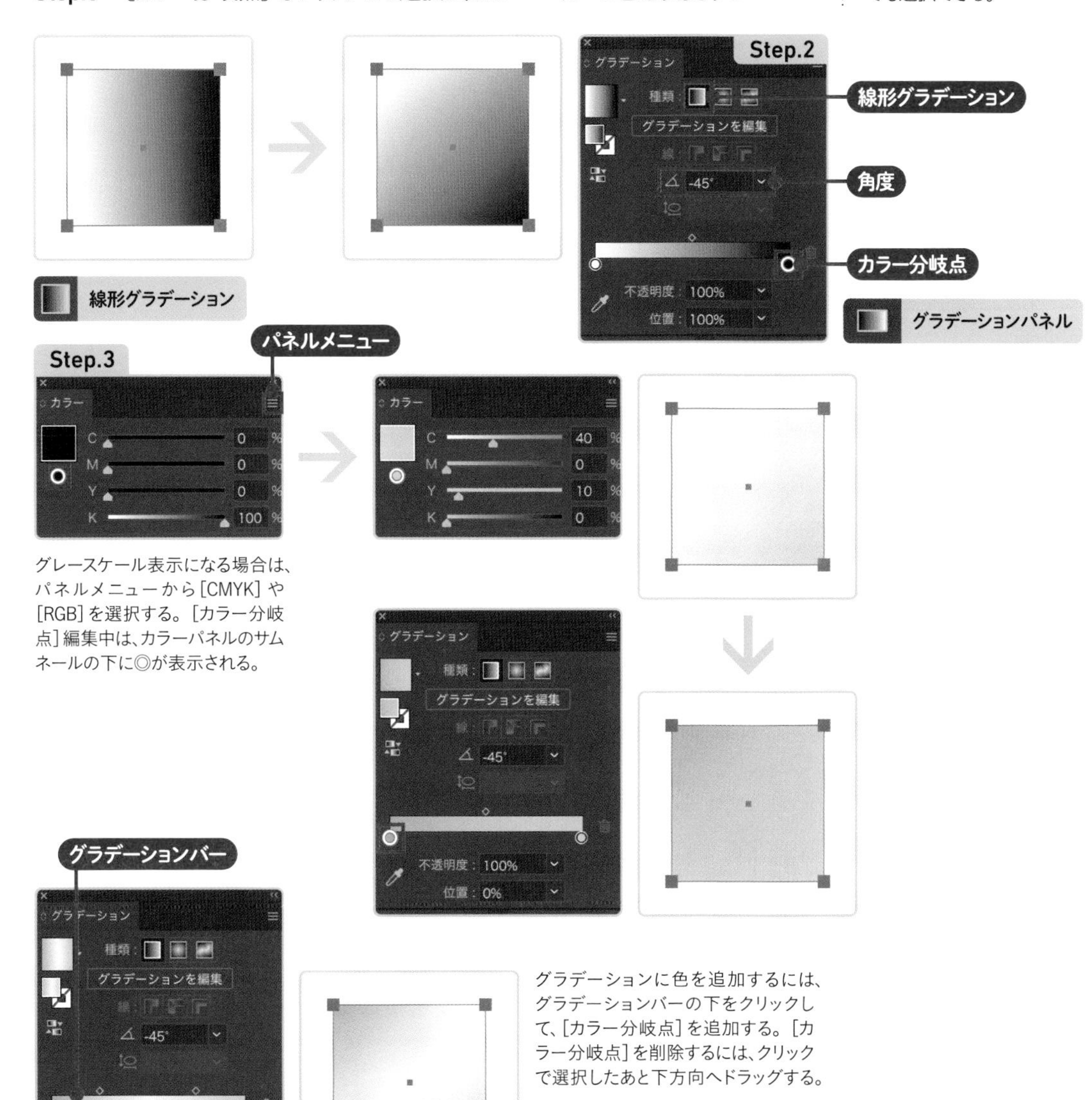

グレースケール表示になる場合は、パネルメニューから [CMYK] や [RGB] を選択する。[カラー分岐点] 編集中は、カラーパネルのサムネールの下に◎が表示される。

グラデーションに色を追加するには、グラデーションバーの下をクリックして、[カラー分岐点] を追加する。[カラー分岐点] を削除するには、クリックで選択したあと下方向へドラッグする。

グラデーションパネルで **[種類：円形グラデーション]** を選択すると、**中心から外側に向かって同心円状に色が変化するグラデーション**になります。光や球体、頬の赤み（チーク）などの表現に使えます。★4

★4　グラデーションには透明を含めることができる。透明にするには、グラデーションパネルで[カラー分岐点]を[不透明度：0%]に変更する。たとえば円形グラデーションの外側の[カラー分岐点]を透明にすると、輪郭付近の色が周囲に溶け込むので、宙に浮かぶ光の球などを表現できる。

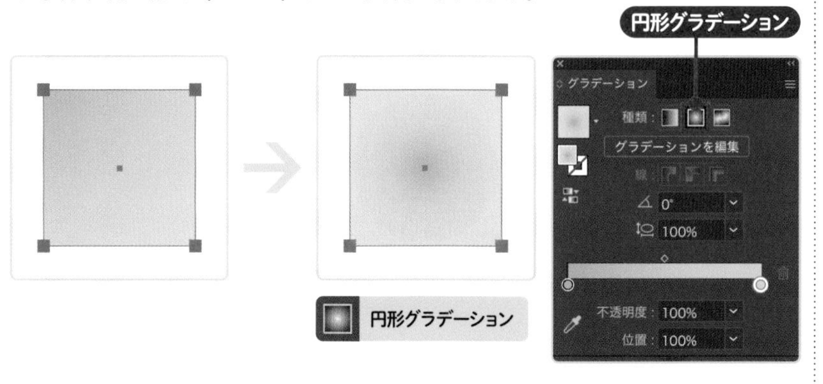

グラデーションパネルで **[グラデーションを編集]** をクリックすると、オブジェクト上に**グラデーションガイド**が表示されます。**[カラー分岐点]や[中間点]の位置が実際のオブジェクトのグラデーションと一致する**ので、直感的に操作できます。[カラー分岐点]のほか、[原点]や[終点]なども、ドラッグで位置を変更できます。

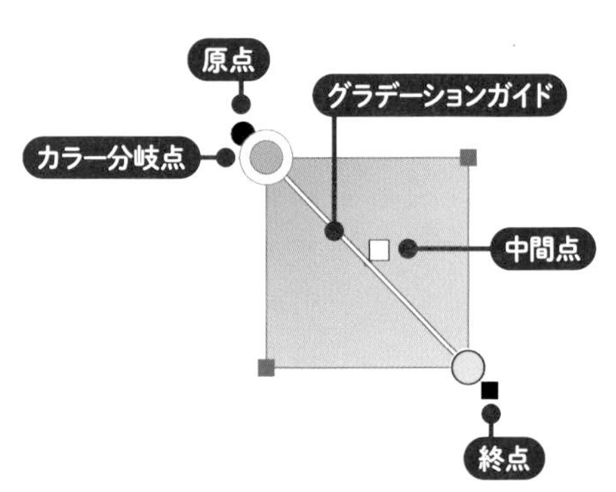

[カラー分岐点]や[中間点]の位置を変更

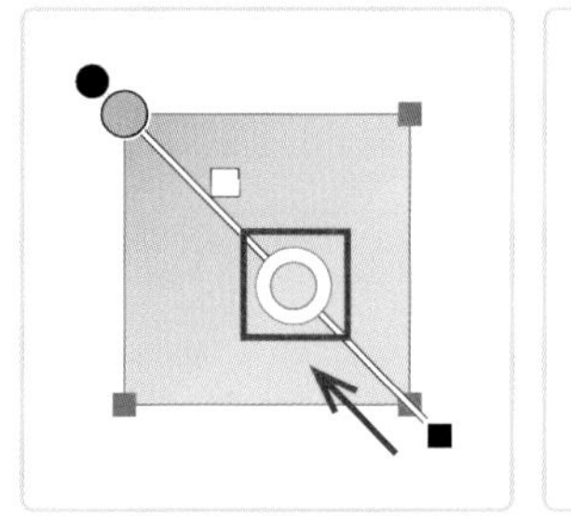
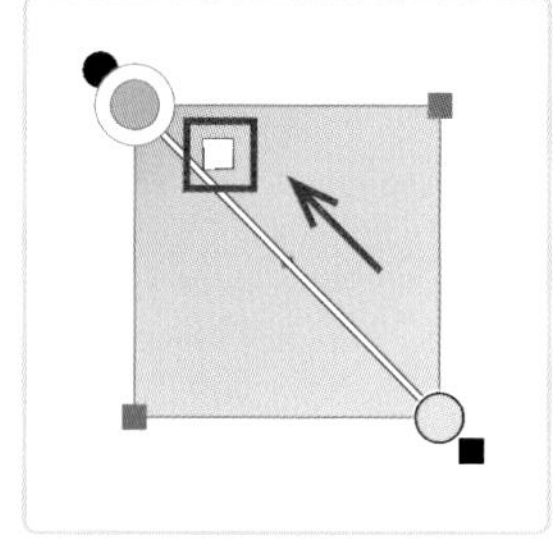

[カラー分岐点]や[中間点]をドラッグすると、[位置]を変更できる。グラデーションパネルの[カラー分岐点]なども連動する。

グラデーションの角度の変更

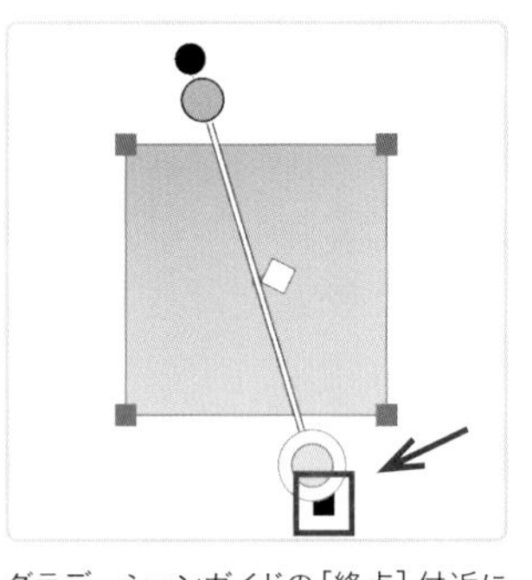

グラデーションガイドの[終点]付近にカーソルを合わせると、回転アイコンが表示される。その状態でドラッグすると、[角度]を変更できる。

グラデーションガイドの移動

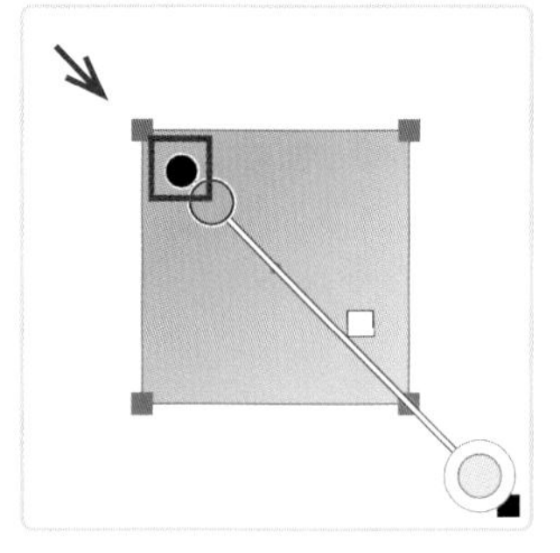

[原点]または白抜きのバーをドラッグすると、グラデーションガイドを移動できる。

グラデーションツール

グラデーションガイドが表示されている間は、ツールバーの[グラデーションツール]も選択状態になる。[グラデーションツール]は、パスをクリックすると線形グラデーションを設定、グラデーション設定済みのパスの内側でドラッグするとグラデーションガイドを再生成するツール。フリーグラデーションの[カラー分岐点]もこのツールで選択する。

[カラー分岐点]にスウォッチを設定することも可能です。**グローバルスウォッチ**★5を設定しておくと、色の変更が簡単です。

[カラー分岐点]にスウォッチを設定する

Step.1　〔カラー分岐点〕をダブルクリックし、フローティングパネルで〔スウォッチ〕をクリックする

Step.2　スウォッチをクリックして選択する

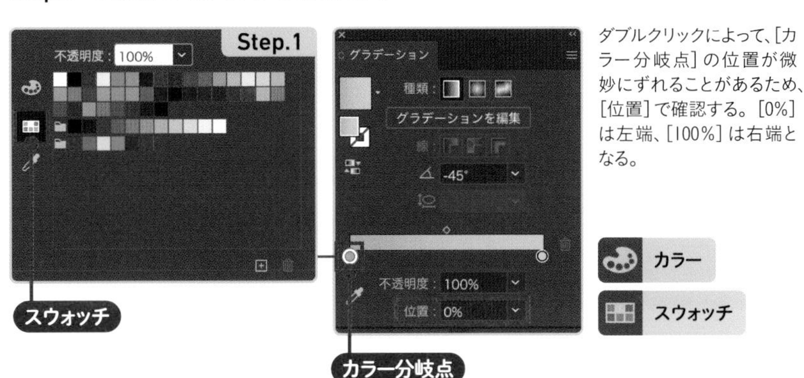

ダブルクリックによって、[カラー分岐点]の位置が微妙にずれることがあるため、[位置]で確認する。[0%]は左端、[100%]は右端となる。

線形グラデーションや円形グラデーションを**[線]に設定**する場合、グラデーションの適用方法を選択できます。★6

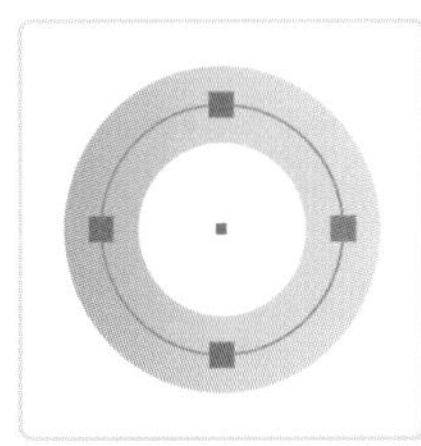

線に適用（デフォルト）

[線]をアウトライン化して[塗り]に変換し、線形グラデーションや円形グラデーションを適用したときと同じ状態になる。[線]が面として扱われる。

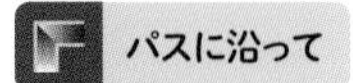

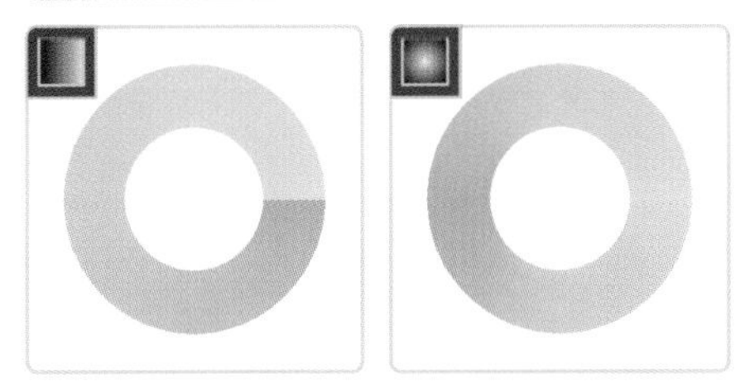

線形グラデーションの場合、端の[カラー分岐点]が、パスの端点（クローズパスの場合、いずれかのアンカーポイント）にそれぞれ割り当てられる。円形グラデーションの場合、端点と端点の中間で折り返す。

パスに交差して

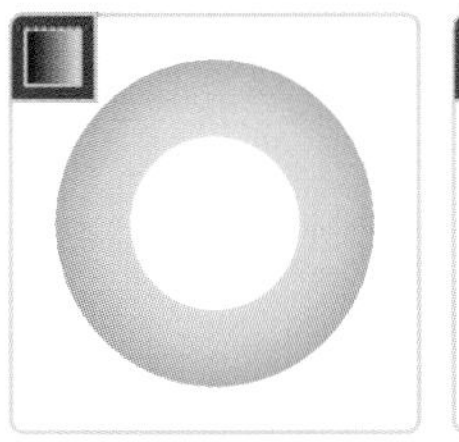

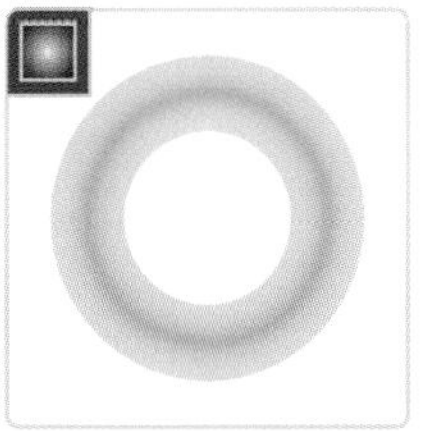

線形グラデーションの場合、端の[カラー分岐点]が、線の縁にそれぞれ割り当てられる。円形グラデーションの場合、セグメントで反転する。

★5　[カラー分岐点]をグローバルスウォッチで指定しておくと、[カラー分岐点]を選択せずに色を変更できるので、位置ずれや、意図しない[カラー分岐点]の追加などの誤操作を防げる。

★6　円弧の[線]にグラデーションを設定し、[パスに交差してグラデーションを適用]に設定すると虹になる。

4-5-3 フリーグラデーションで表現する

フリーグラデーション[★7]は、**自由な位置に[カラー分岐点]を配置できるグラデーション**です。従来ならグラデーションメッシュを使わなければ表現できなかった、さまざまな色が溶け合う複雑なグラデーションを、手軽に作成できるようになりました。

★7　設定できるのは、パスの[塗り]に限られ、[線]には設定できない。

★8　[描画：ポイント]は独立した[カラー分岐点]を配置する。[ライン]は[カラー分岐点]を連結しながら配置する。[ライン]に設定し、同じ色を環状に配置すると、グラデーション内に色面をつくることができる。

★9　[カラー分岐点]を選択すると、グラデーションパネルで[不透明度]などを変更できる。

フリーグラデーションを設定する

Step.1　パスを選択し、[塗り]を選択する

Step.2　グラデーションパネルで[種類：フリーグラデーション][描画：ポイント][★8]を選択する

Step.3　パスの内側に表示される[カラー分岐点]をクリックして選択し、[★9]カラーパネルで色を設定する

Step.4　[カラー分岐点]をドラッグして位置を調整し、スプレッドで範囲を調整する

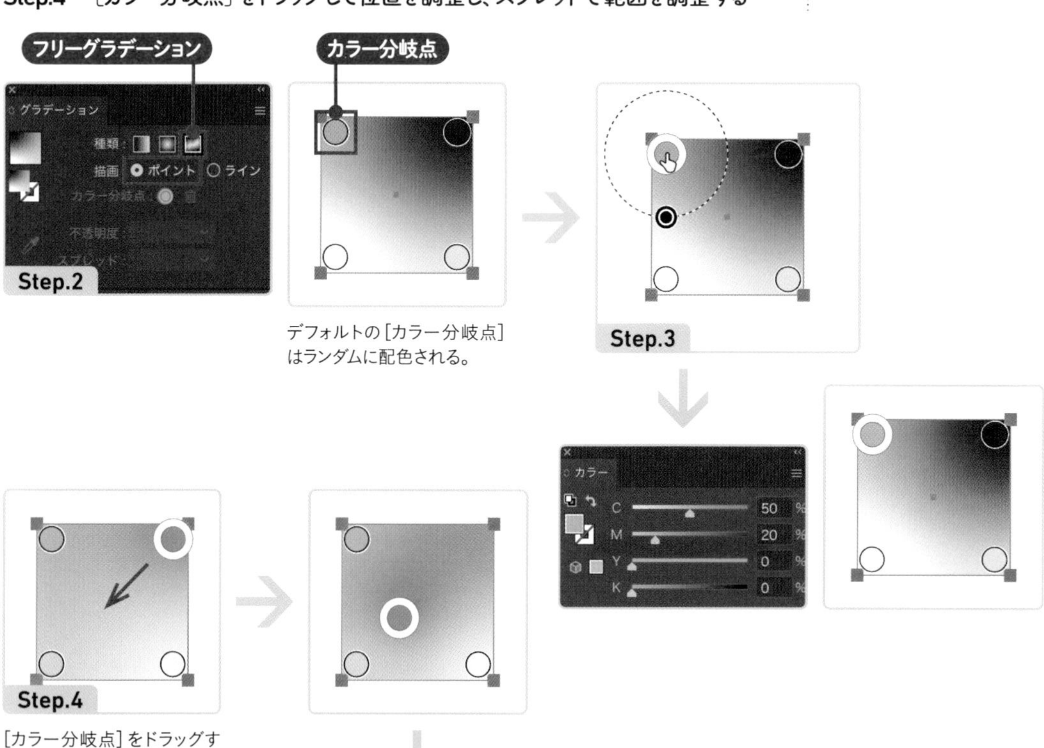

デフォルトの[カラー分岐点]はランダムに配色される。

[カラー分岐点]をドラッグすると、移動できる。

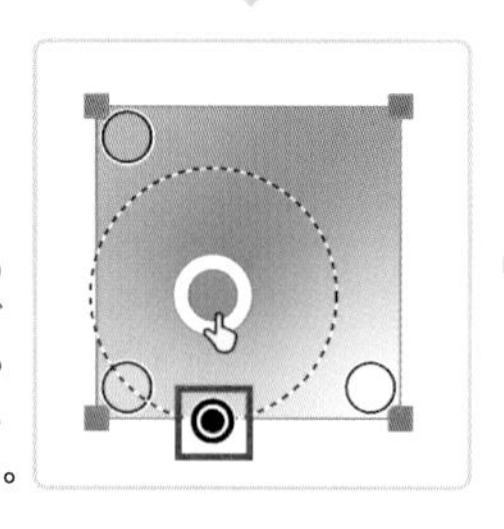

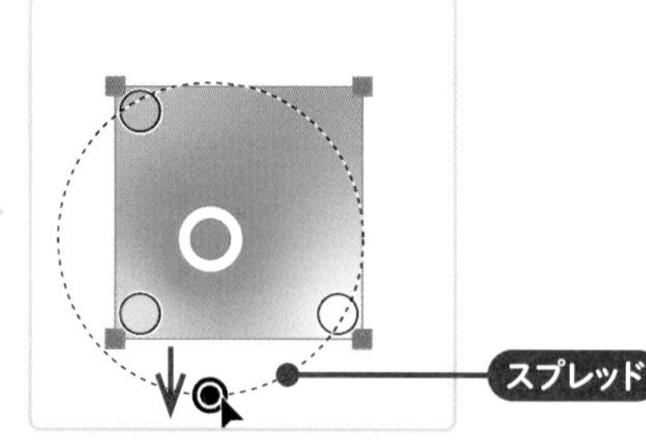

[スプレッド]は、[カラー分岐点]の色の範囲を示す円形の領域で、◉のドラッグで調整できる。グラデーションパネルやコントロールパネルでも調整でき、こちらは数値で指定する。デフォルトは[0%]。

[カラー分岐点]を追加する場合は、パスの内側をクリックします。**削除する場合は、[カラー分岐点]にカーソルを合わせてパスの外側へドラッグ**するか、**選択して[delete]キー**を押します。★10

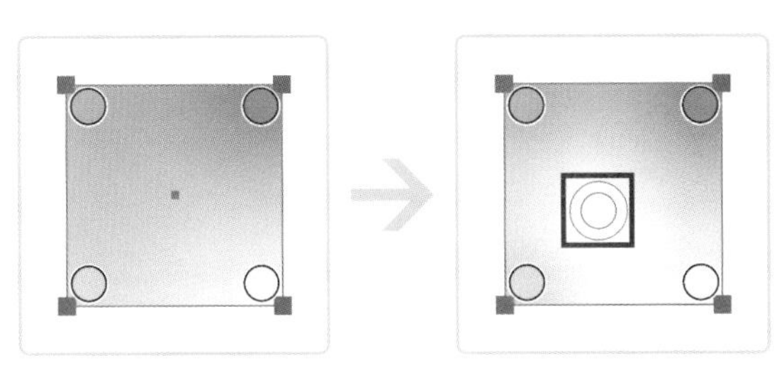

パスの内側をクリックすると、[カラー分岐点]を追加できる。

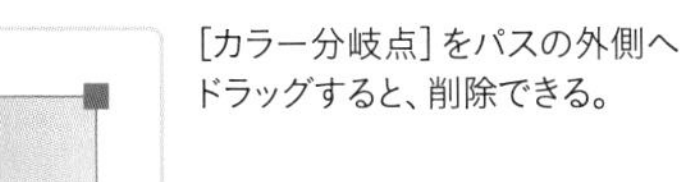

[カラー分岐点]をパスの外側へドラッグすると、削除できる。

★10　削除や追加が可能なのは、[グラデーションツール]を選択しているときに限られる([フリーグラデーション]を選択した時点で、自動的に[グラデーションツール]に切り替わる)。グラデーションの編集作業から離れたあと、再び[カラー分岐点]を操作するには、[グラデーションツール]を選択する。

4-5-4　グラデーションの保存方法

線形グラデーションと円形グラデーションは、**スウォッチ**として登録できます。フリーグラデーションはスウォッチ化できませんが、**グラフィックスタイル**として登録できます。スウォッチ化は**スウォッチパネル**、グラフィックスタイル化は**グラフィックスタイルパネル**★11で可能です。

★11　グラフィックスタイルパネルは、[ウィンドウ]メニュー→[グラフィックスタイル]で開く。グラフィックスタイルパネルには、オブジェクトの見た目の設定を保存できる。

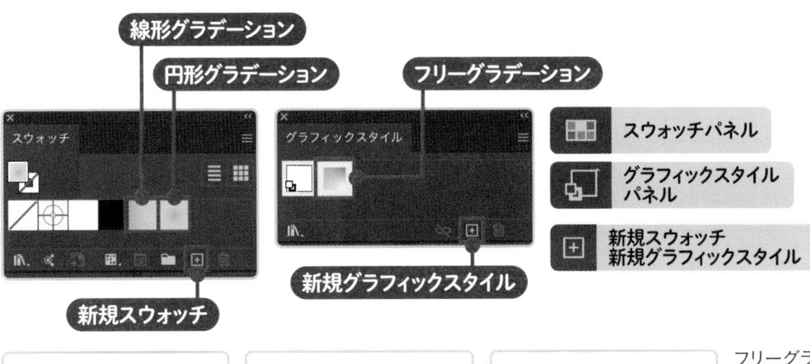

スウォッチ化は、スウォッチパネルのサムネールのリスト欄へのドラッグや[新規スウォッチ]のクリック、グラフィックスタイル化は、グラフィックスタイルパネルの[新規グラフィックスタイル]のクリックで可能。

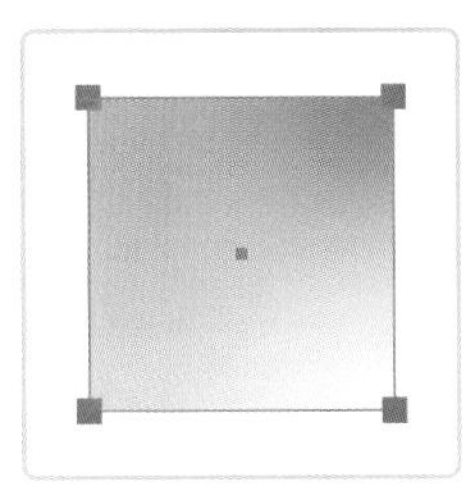
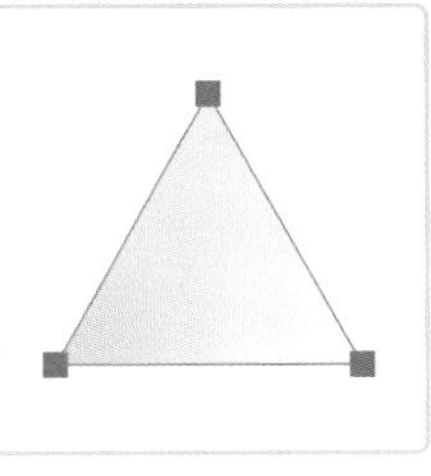

フリーグラデーションのグラフィックスタイルを適用した例。サンプルは同じグラフィックスタイルを適用したもの。パスの形状によっては、一部の[カラー分岐点]が反映されない。

4-6 [線]について設定する

- 色や[線幅]のほか、[線端]や[角の形状]、[線の位置]などの設定で、アートワークの印象が変わる
- 線パネルで[破線]にチェックを入れると、破線になる
- 端点に矢を設定すると、矢印になる
- [線]をアウトライン化すると、[塗り]に変換できる

1 準備
2 描画と作成
3 変形
4 塗りと線
5 アピアランス
6 ブラシとパターン
7 その他の操作

4-6-1 [線]について

[線]に色を設定すると、パスの場合はセグメント、テキストオブジェクトの場合は文字の輪郭に沿って、**実線**★1が表示されます。[線]には**[線幅]**、**[線端]**なども設定できます。これらの項目は**線パネル**★2のほか、**コントロールパネル**や**アピアランスパネル**、**プロパティパネル**でも設定できます。

★1 直前に[破線]を設定したり、[破線]を設定したパスを選択した場合、破線が表示される。

★2 線パネルは、[ウィンドウ]メニュー→[線]で開く。

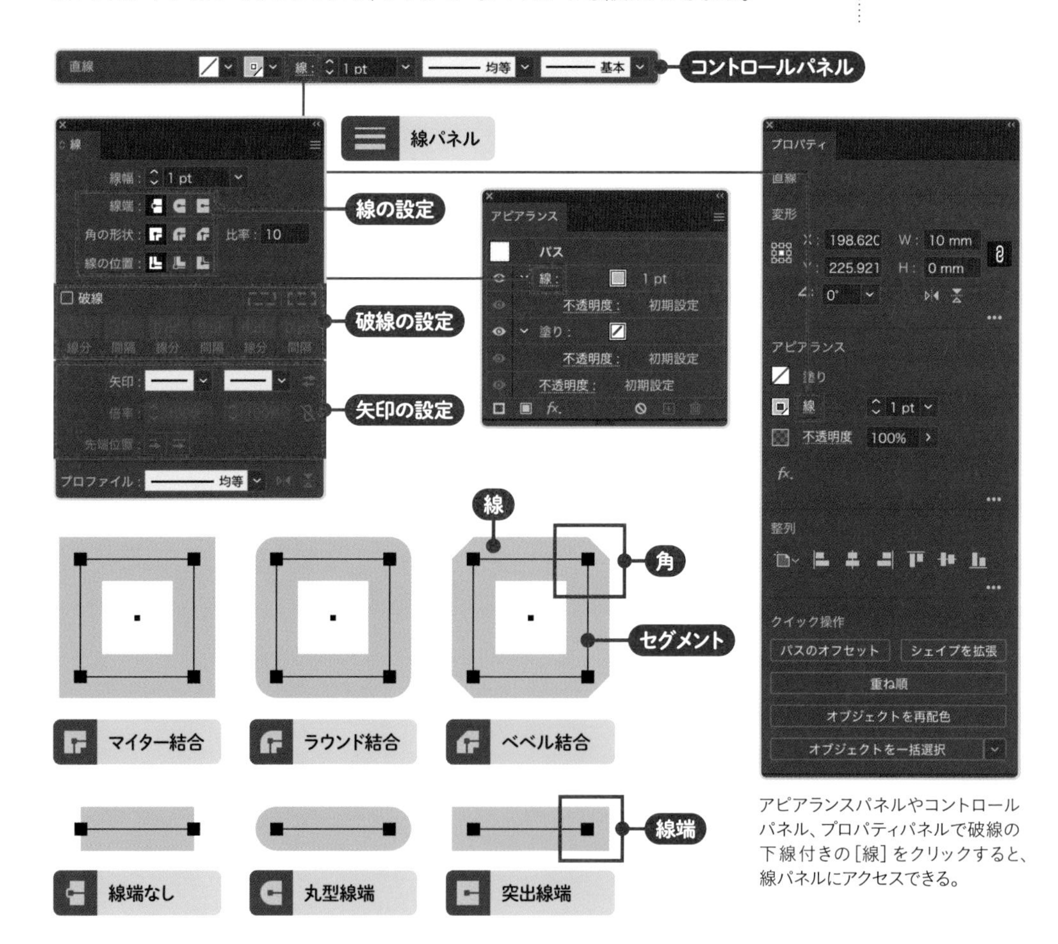

アピアランスパネルやコントロールパネル、プロパティパネルで破線の下線付きの[線]をクリックすると、線パネルにアクセスできる。

[線端]と**[角の形状]**の設定は、アートワークの印象を左右します。**[丸型線端]**と**[ラウンド結合]**の組み合わせにすると、角がとれて親しみやすくなります。[ラウンド結合]は、**角の不自然な突出を防ぐ用途**にも使えます。

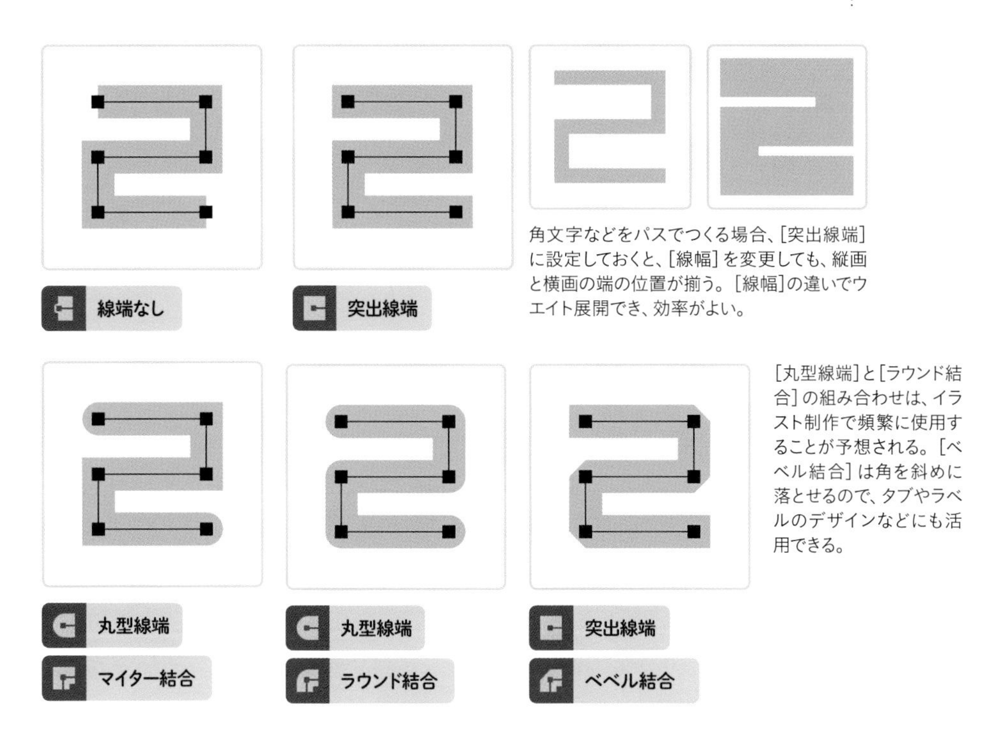

角文字などをパスでつくる場合、[突出線端]に設定しておくと、[線幅]を変更しても、縦画と横画の端の位置が揃う。[線幅]の違いでウエイト展開でき、効率がよい。

[丸型線端]と[ラウンド結合]の組み合わせは、イラスト制作で頻繁に使用することが予想される。[ベベル結合]は角を斜めに落とせるので、タブやラベルのデザインなどにも活用できる。

線パネルには**[線の位置]**という設定項目があり、[線]を表示する位置を**セグメントの中央/パスの内側/パスの外側**のいずれかに設定できます。デフォルトは**[線を中央に揃える]**です。

たとえば、輪郭線を[線を外側に揃える]に設定すると、図柄の内側に線が食い込まないので、**[線幅]を太くしても図柄の印象が変わらない**というメリット★3があります。またこの場合、**[線]が縁取りとしても機能**します。ただし、**中央以外に設定できるのはクローズパス**に限られます。また、テキストオブジェクトやグループ★4などには設定できません。

★3 [線を内側に揃える]には、[線幅]を変更しても、オブジェクトの輪郭の位置が変わらないというメリットがある。たとえば、複数配置した図版の枠線に設定すると、[線幅]を変えても、図版の隙間の見た目の幅が変わらない。

★4 アピアランスを使うと、テキストオブジェクトやグループにも[線を外側に揃える]と同等の処理を施せる。アピアランスについては、次の章で解説。

4-6-2　破線にする

線パネルで[破線]にチェックを入れると、**破線や点線**になります。**[線分]と[間隔]は3セットまで設定**でき、破線の間に点を挟んだ山折り線（一点鎖線）なども表現できます。★5

★5　長方形に設定した[破線]の[間隔]を大きめの値に設定し、[コーナーやパス線端に破線の線端を整列]を選択して、角にL字の印をつける（簡易トンボ）、といった使い道もある。

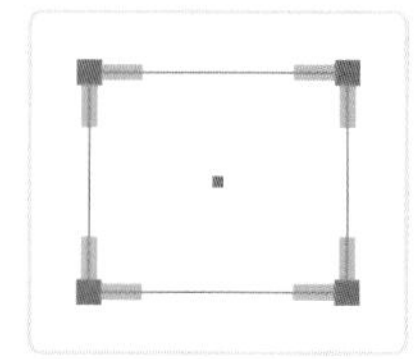

[線]を点線（ドットライン）にする

Step.1　オブジェクトを選択し、線パネルで〔線端：丸型線端〕に設定する

Step.2　〔破線〕にチェックを入れ、〔線分：0〕に設定し、〔間隔〕を調整する

Step.3　必要に応じて、〔コーナーやパス先端に破線の先端を整列〕をクリックする

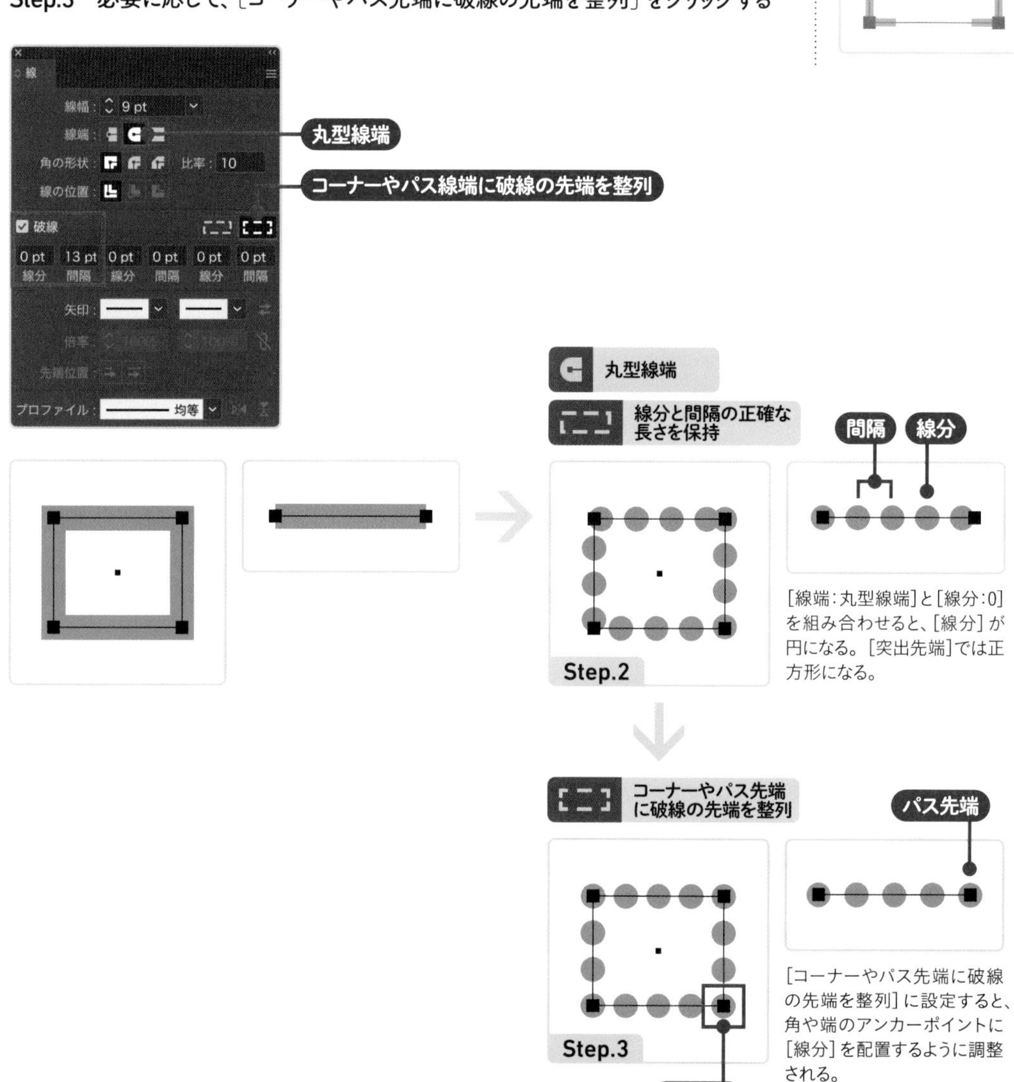

[線端：丸型線端]と[線分：0]を組み合わせると、[線分]が円になる。[突出先端]では正方形になる。

[コーナーやパス先端に破線の先端を整列]に設定すると、角や端のアンカーポイントに[線分]を配置するように調整される。

4-6-3 矢印にする

パスの端点に矢を追加すると、**矢印**★6になります。これも[線]の機能のひとつで、設定も**線パネル**でおこないます。★7

★6　[矢印]には、矢尻以外のデザインも用意されている。組み合わせると、寸法表示や罫線の端の装飾にも使える。

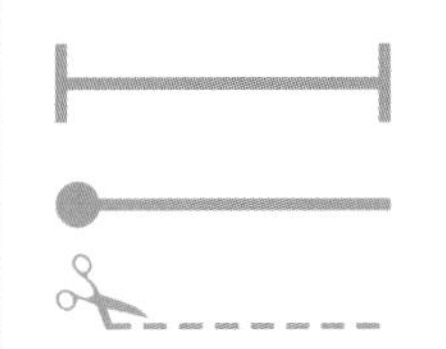

★7　矢印の方向を反転するには、線パネルで[矢印の始点と終点を入れ替え]をクリックするほか、[オブジェクト]メニュー→[パス]→[パスの方向反転]を選択する方法もある。矢印設定を解除するには、線パネルで[矢印:なし]を選択する。

[線]を矢印にする

Step.1　オブジェクトを選択し、線パネルの[矢印]で矢の種類を選択する

Step.2　必要に応じて[倍率]で矢のサイズを調整する

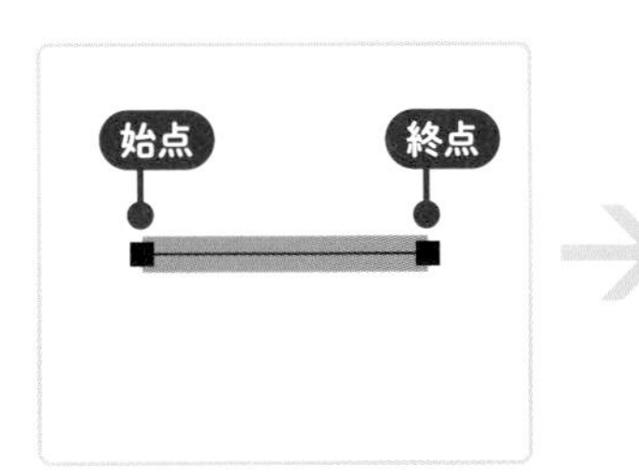

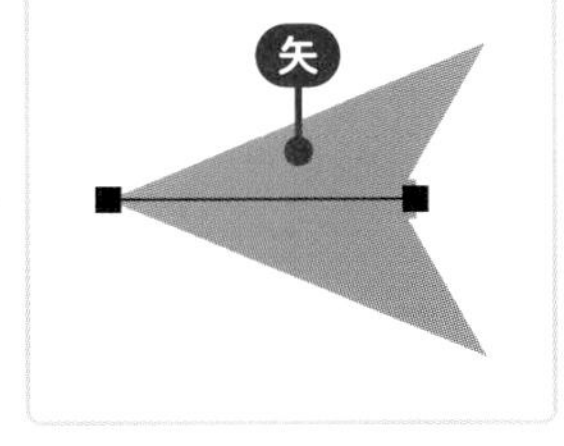

始点　終点

[倍率]のデフォルトは[100%]。[線幅]に対する比率なので、太めの[線幅]では、矢のサイズが大きすぎることがある。

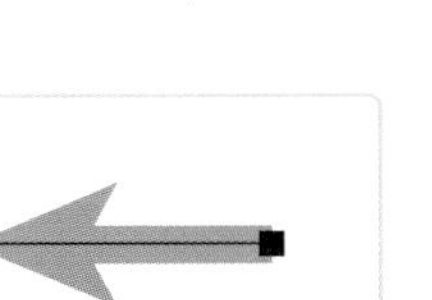

矢の先端をパスの終点から配置

矢の先端をパスの終点に配置

この場合の「終点」は、端点(始点と終点の両方)を指す。

クローズパス★8の場合、**いずれかのアンカーポイントが端点扱い**になります。矢の位置を指定するには、パスを切断して端点を設定します。

★8　端点を持たない環状のパス。

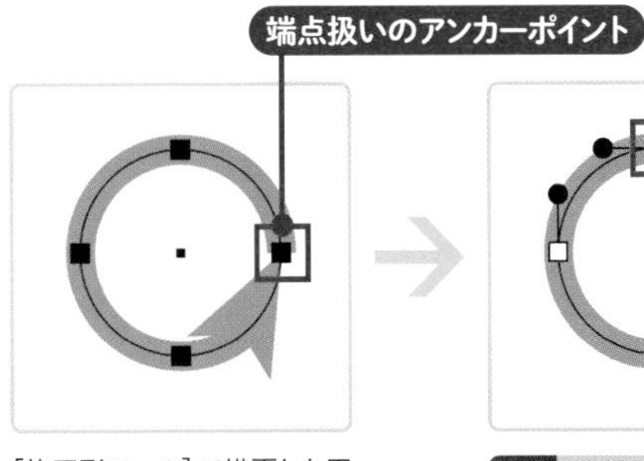

[楕円形ツール]で描画した円に、[矢印]を設定する。端点扱いのアンカーポイントは、長方形は右下角、多角形は頂点など、図形によって変わる。

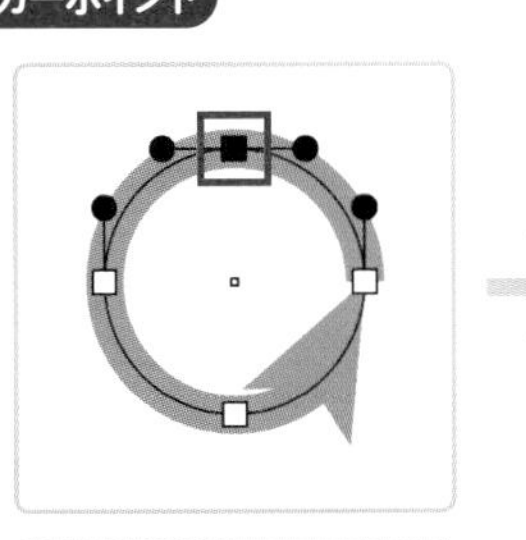

アンカーポイントを選択し、コントロールパネルで[選択したアンカーポイントでパスをカット]をクリックしてパスを切断する。

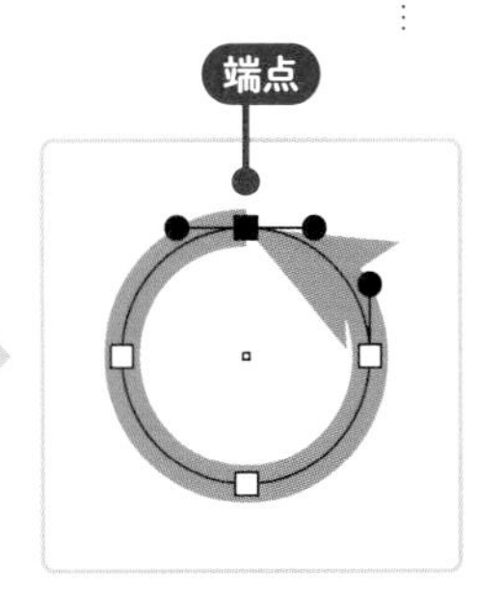

矢が端点に移動する。このほか、[はさみツール]でセグメントを切断して端点を設定することも可能。

4-6-4 [線]を[塗り]に変換(アウトライン化)する

[線] は**アウトライン化**することで、**[塗り]** に変換できます。変換すると、[線]のままでは施せなかった加工が可能になります。たとえば、[線]で作成した矢印は、そのままでは縁取りをつけることはできませんが、★9 アウトライン化して[塗り]のみのパスに変換すると、可能になります。

★9 アピアランスを利用すれば可能だが、ここでは割愛する。

[線]をアウトライン化する

Step.1 オブジェクトを選択する

Step.2 〔オブジェクト〕メニュー→〔パス〕→〔パスのアウトライン〕を選択する

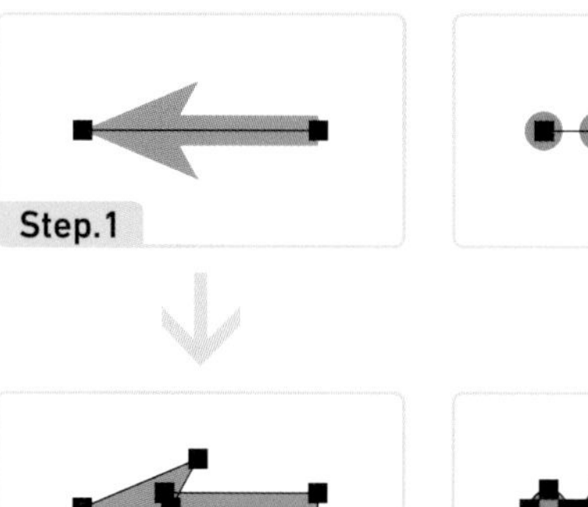

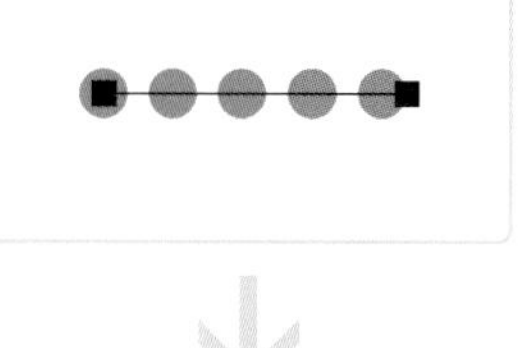

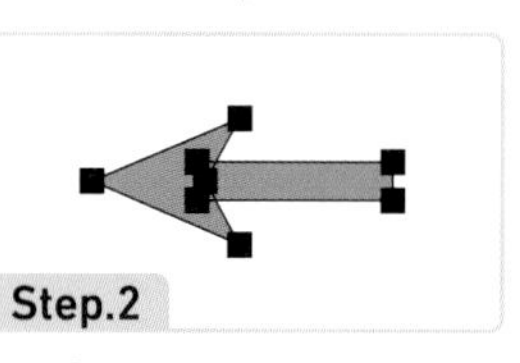

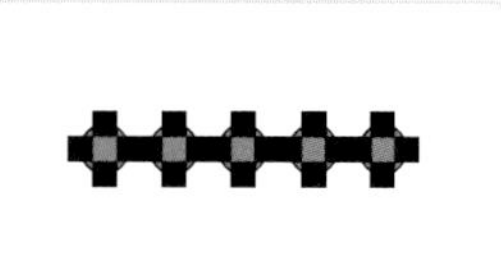

[矢印]を設定したパスをアウトライン化すると、[線]と矢が[塗り]のみのパスに変換される。

同様にして[破線]もアウトライン化できる。

アウトライン化すると、**[線]としての変更**はできません。変更の可能性がある場合は、元のオブジェクトを複製して残しておくことをおすすめします。なお、[矢印]の**矢の部分**については、**アピアランス**でもあるため、**[アピアランスを分割]でもアウトライン化**できます。★10 この場合、[線]についてはそのまま残るため、[線]としての変更が可能です。

★10 [パスのアウトライン]で可能なのは、[線]および線パネルで設定した加工を[塗り]に変換すること。線パネルで可能な加工のうち、[線を中央に揃える]以外の[線の位置]や矢印の矢の部分、可変線幅は、アピアランスでもあるため、[アピアランスを分割]でもアウトライン化できる。アピアランスか否かは、レイヤーパネルの○(ターゲットアイコン)で判別できる。円内がグレーで塗りつぶされていれば、アピアランス扱い(例外あり)。

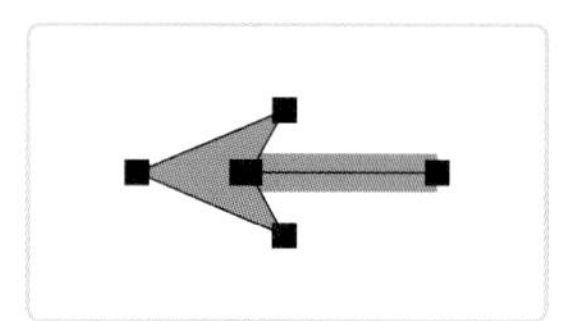

[オブジェクト]メニュー→[アピアランスを分割]を適用すると、矢の部分だけがアウトライン化され、[線]はそのまま残る。一方、[破線]はアピアランス扱いではないが、[コーナーやパス先端に破線の先端を整列]はアピアランス扱いとなるため、これを設定したオブジェクトに[アピアランスを分割]を適用すると、端点や角ごとにパスが分割される。

アピアランス

5-1 アピアランスで見た目を変える

- **アピアランスは、オブジェクトに直接変化を加えずに、設定で見た目を変える機能**
- **アピアランスパネルをはじめとするパネル類や、[効果] メニューのダイアログで設定する**
- **アピアランスパネルから各パネルやダイアログへアクセスすると、アピアランスを効率よく変更できる**
- **アピアランスは、レイヤー/グループ/最小単位のオブジェクトのほか、[塗り] や [線] にも設定できる**
- **アピアランスは、レイヤーパネルの◯ (ターゲットアイコン) のドラッグで、他のレイヤーやオブジェクトに移動・複製できる**
- **アピアランスは、グラフィックスタイルとして登録できる**

5-1-1 簡単なアピアランスの例

「アピアランス(appearance)」は、「見た目」「体裁」などの意味を持つ英単語です。Illustratorの**アピアランス**は、**「非破壊的な見た目の変更」**という意味合いを持ち、具体的には、**アピアランスパネルに表示される設定**★1を指します。アピアランスは、**レイヤー**や**グループ**、**オブジェクト**のほか、**[塗り]**や**[線]**に個別に設定することもできます。

アピアランスで円をクロスハッチ★2に変える

Step.1 円を選択し、[効果] メニュー→[パスの変形]→[パンク・膨張] を選択する

Step.2 [パンク・膨張] ダイアログで [収縮:-75%] に設定し、[OK] をクリックする

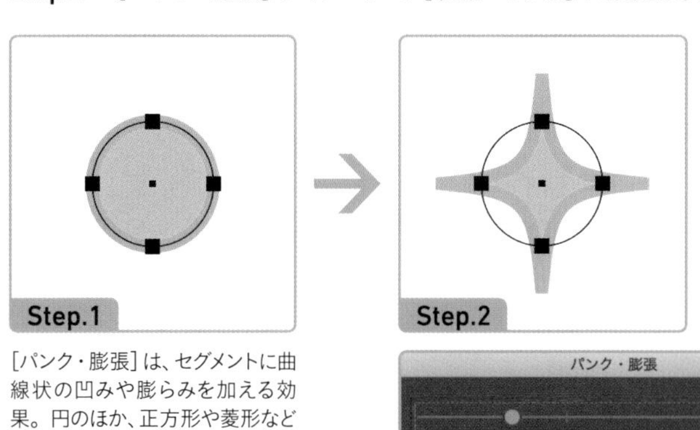

[パンク・膨張] は、セグメントに曲線状の凹みや膨らみを加える効果。円のほか、正方形や菱形などもクロスハッチにできる。正方形の場合は、45°回転した状態になる。

左方向は負の値でクロス形 (パンク/収縮)、右方向は正の値で花形 (膨張) になる。

★1 デフォルトの[塗り]と[線]のみの設定については、「見た目」ではあるが、アピアランスに含めない。ただし、アピアランスパネルで[塗り]と[線]の重ね順を入れ替えたり、[描画モード]などを変更すると、アピアランス扱いとなる。

★2 円や菱形の辺を丸く凹ませた図形を、本書では「クロスハッチ」と呼ぶ。輝きを演出する装飾パーツとして使うことが多い。

オブジェクトを選択すると、影響はオブジェクト全体に及びますが、**アピアランスパネル**★3で**[塗り]や[線]を選択すると、限定的な適用が可能**です。パネルのリストで**効果**★4**を移動して、適用先を変更**することもできます。

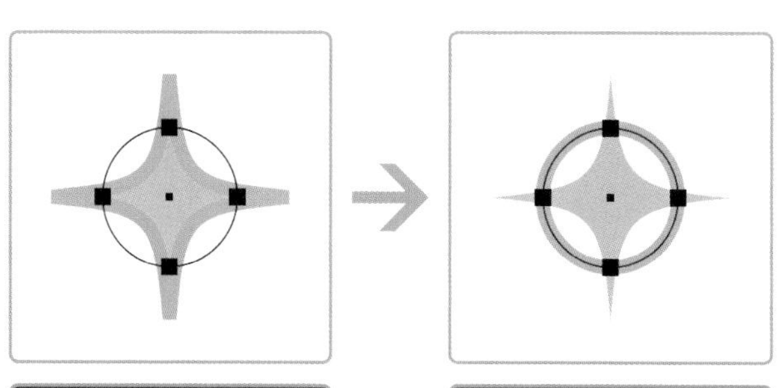

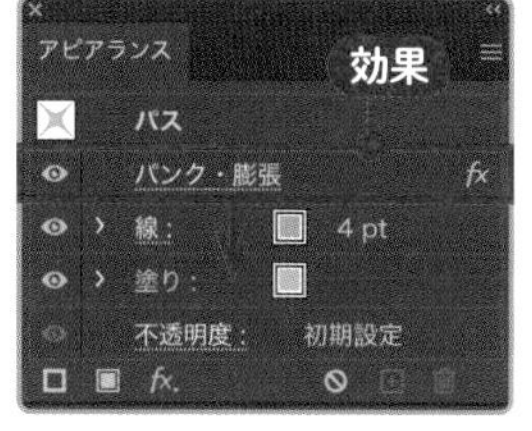

この時点では、[パンク・膨張]効果はパス全体に適用されている。この効果をドラッグして、[塗り]に移動する。

アピアランスパネル

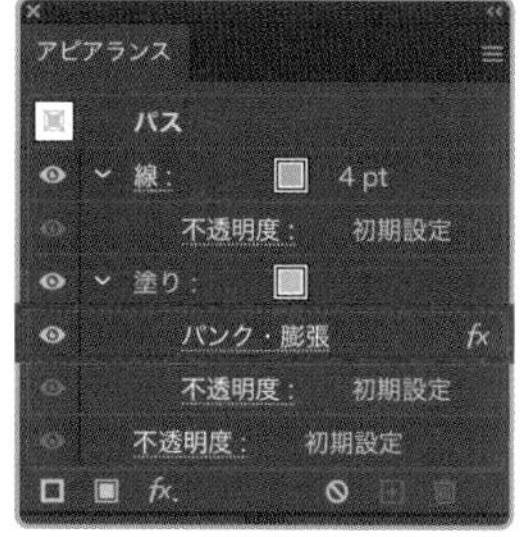

移動すると、[塗り]のみが変形され、[線]は元の円に戻る。

★3　アピアランスパネルには設定がすべて表示され、線パネルなどへもアクセスできる。コントロールパネルやプロパティパネルにも、[塗り]や[線]の情報は表示されるが、適用先として[塗り]や[線]を指定できるのは、アピアランスパネルのみ。[パンク・膨張]など、[効果]メニューを経由した場合、リストに破線の下線付きの効果名が表示され、クリックするとダイアログが開き、設定を変更できる。右端のアイコン[ダブルクリックして効果を編集]もひとつの目印となる。

fx ダブルクリックして効果を編集

★4　[効果]メニューで適用したアピアランスを、「効果」と呼ぶ。本書では、メニュー名の後ろにこの単語をつけて、「○○効果」と記述することがある。たとえば、[効果]メニュー→[パスの変形]→[パンク・膨張]を適用した場合、「[パンク・膨張]効果」となる。

アピアランスパネルのサムネールにカーソルを重ねたあと、オブジェクトへドラッグすると、オブジェクトにアピアランスを適用できます。

サムネールでアピアランスを適用する

Step.1　コピー元のアピアランスが設定されているオブジェクトを選択する

Step.2　アピアランスパネルのサムネールを適用先のオブジェクトへドラッグする

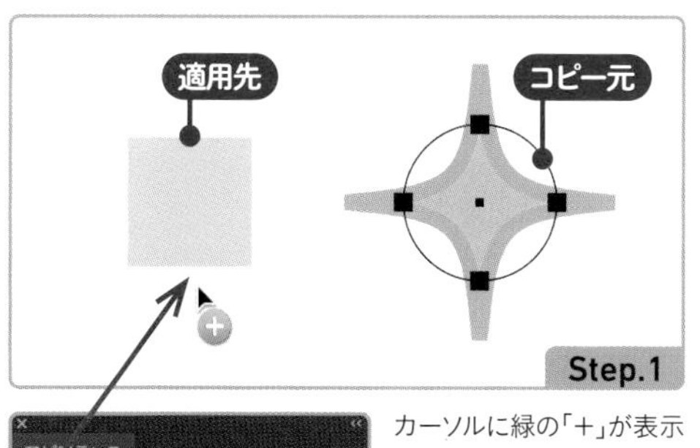

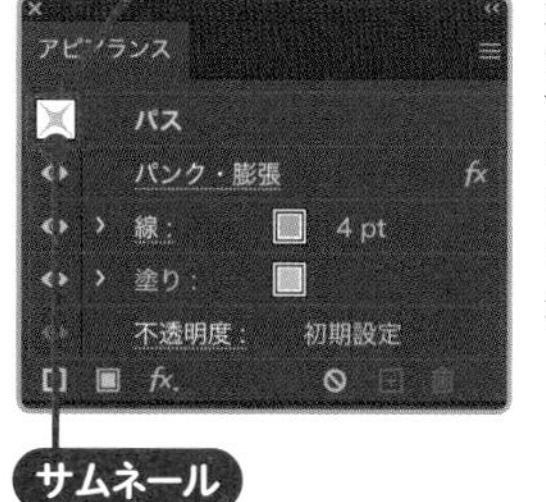

カーソルに緑の「+」が表示された状態でドラッグを終了すると、適用できる。緑の「+」は、カーソルがセグメントまたは[透明]以外の[塗り]に重なっているときに表示される。

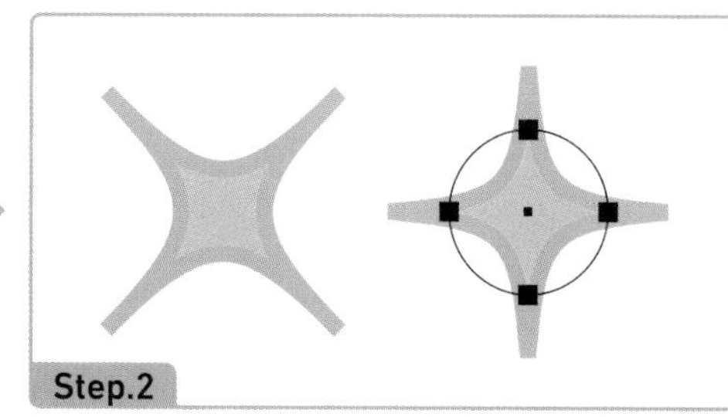

適用先のオブジェクトに、コピー元と同じアピアランスが適用される。コピー元のオブジェクトの選択は解除されないので、他のオブジェクトにも連続して適用できる。

［塗り］や［線］の重ね順は、ドラッグで入れ替えできます。★5 また、**［塗り］や［線］は、追加や複製が可能**です。個別に設定すると、複数のパスを重ねたような表現が、ひとつのパスでまかなえます。

★5 重ね順を入れ替えると、アピアランス扱いになる。デフォルトは［線］が上、［塗り］が下。レイヤーパネル同様、リストの上にあるものが前面に表示されるため、［線］を［塗り］の下に移動すると、外線をつけることができる。［線の位置：線を外側に揃える］に設定できないテキストオブジェクトなどに使える。

［線］を鉄道の地図記号にする

Step.1 パスを選択し、〔塗り：なし〕〔線：黒〕に設定する

Step.2 アピアランスパネルで〔新規線を追加〕をクリックして〔線〕を追加し、下を〔線幅：6pt〕、上を〔線：白〕〔線幅：4pt〕に変更する

Step.3 上の〔線〕を選択し、線パネルで〔破線〕にチェックを入れ、〔線分：15pt〕に設定する

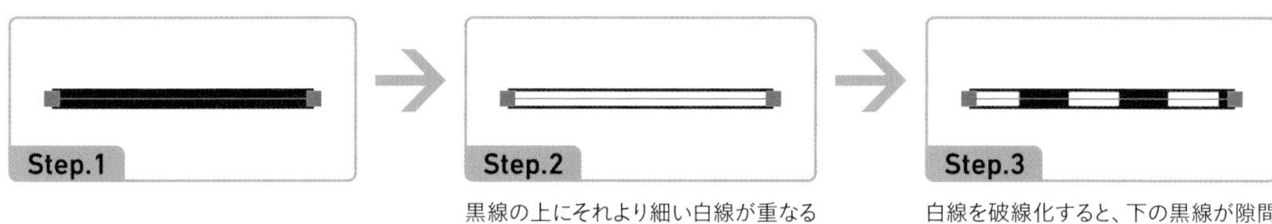

黒線の上にそれより細い白線が重なることで、二重線に見える。

白線を破線化すると、下の黒線が隙間からのぞく。

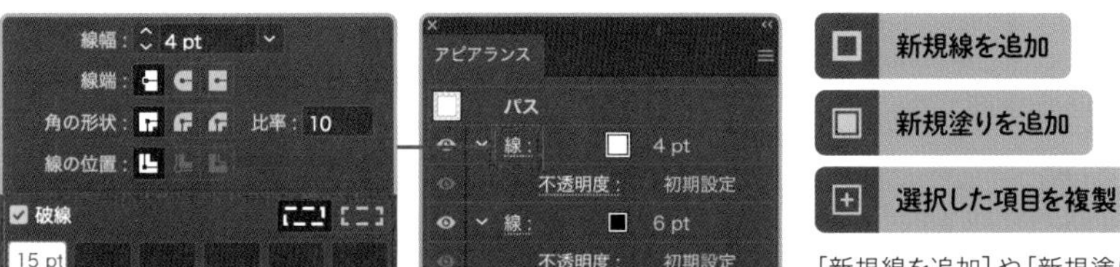

新規線を追加

新規塗りを追加

選択した項目を複製

［新規線を追加］や［新規塗りを追加］をクリックすると、直前に選択した［線］や［塗り］と同じ設定で追加される。リストの［塗り］や［線］、効果を選択して［選択した項目を複製］をクリックすると、同じものが複製される。

パネル下端の**［アピアランスを消去］**をクリックすると、設定した**アピアランスをすべて削除**★6できます。

★6 グループやレイヤーの場合は、効果と、追加した［塗り］と［線］がすべて削除される。パスの場合は［塗り：なし］［線：なし］の透明なパスになる。アピアランスの一部を削除する場合は、リストで効果や［塗り］などを選択して、［選択した項目を削除］をクリックする。

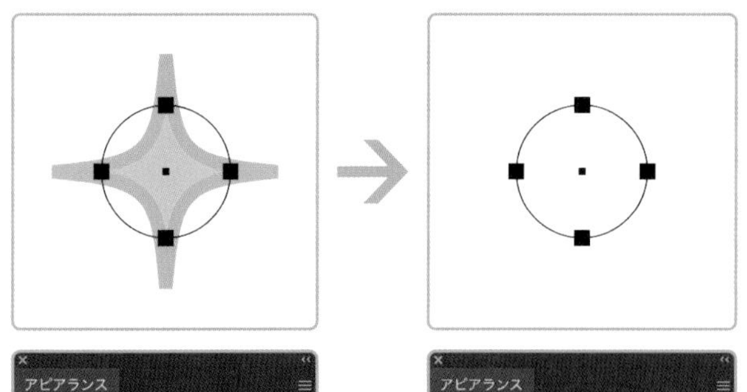

アピアランスを消去

選択した項目を削除

5-1-2　アピアランスの種類

アピアランスに分類されるのは、**[効果] メニューによる変形**のほか、線パネルでの **[線] の設定**、透明パネルでの **[描画モード] などの変更**、**ブラシの適用**などです。★7

以下に、アピアランスの例を掲載します。

★7　レイヤーパネルで○（ターゲットアイコン）がグレーで塗りつぶされていれば、アピアランスが設定されている（例外あり）。

アピアランスの内容	適用例	操作するパネルやメニュー
[塗り] や [線] を追加・複製する		アピアランスパネルの [新規塗りを追加] や [新規線を追加]
[線の位置] をパスの内側または外側に設定する		線パネルの [線の位置]
矢印にする		線パネルの [矢印]
[線幅] を部分的に変更する（可変線幅）		線パネルの [プロファイル] または [線幅ツール]
ブラシを適用する		ブラシパネル
[描画モード:通常] 以外に変更する		透明パネルの [描画モード]
[不透明度:100%] 以外に設定する		透明パネルの [不透明度]
拡大・縮小する		[効果] → [パスの変形] → [変形] ★ [オブジェクト] → [移動] [回転] [リフレクト] [拡大・縮小] [個別に変形] の代用になる。
回転する		
移動する		
複製する		

1 準備
2 描画と作成
3 変形
4 塗りと線
5 アピアランス
6 ブラシとパターン
7 その他の操作

アピアランスの内容	適用例	操作するパネルやメニュー
外側へ拡張、または内側へ収縮する		[効果]→[パス]→[パスのオフセット] ★[オブジェクト]→[パス]→[パスのオフセット]の代用になる。
セグメントを変形する		[効果]→[パスの変形] ★サンプルは、[パンク・膨張]を適用。
色面をハッチ化する		[効果]→[スタイライズ]→[落書き]
長方形や円に変換する		[効果]→[形状に変換]
ワープ機能で変形する		[効果]→[ワープ] ★[オブジェクト]→[エンベロープ]→[ワープで作成]でも、同様の非破壊的な変形が可能だが、こちらはアピアランスに含めない。
合体する、穴をあける		[効果]→[パスファインダー]→[追加][中マド]など ★パスファインダーパネルを利用した合体や穴あけは、非破壊的であっても、アピアランスに含めない。サンプルは、[追加]を適用。
[線]をアウトライン化する		[効果]→[パス]→[パスのアウトライン] ★[オブジェクト]→[パス]→[パスのアウトライン]の代用になるが、意図したとおりに動作しないこともある。サンプルは、[線]に[パスのアウトライン]と[パンク・膨張]を適用。
文字をアウトライン化する	A	[効果]→[パス]→[オブジェクトのアウトライン] ★[書式]→[アウトラインを作成]の代用になるが、意図したとおりに動作しないこともある。サンプルは、[オブジェクトのアウトライン]を適用したあと、[形状に変換]→[長方形]を[サイズ]の追加なしで適用。
ラスタライズする		[効果]→[ラスタライズ] ★[オブジェクト]→[ラスタライズ]の代用になる。
ドロップシャドウをつける		[効果]→[スタイライズ]→[ドロップシャドウ]
ぼかしを加える		[効果]→[スタイライズ]→[ぼかし]
角を丸くする		[効果]→[スタイライズ]→[角を丸くする] ★ライブコーナーでも非破壊的な角丸化が可能だが、こちらはアピアランスに含めない。

アピアランスの内容	適用例	操作するパネルやメニュー
立体化する	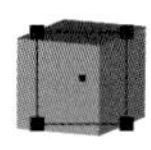	[効果]→[3D]
Photoshopのフィルターを適用する	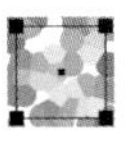	[効果]→[効果ギャラリー][ぼかし][スケッチ]など ★サンプルは、[ピクセレート]→[点描]を適用。
印刷用のトンボを追加する	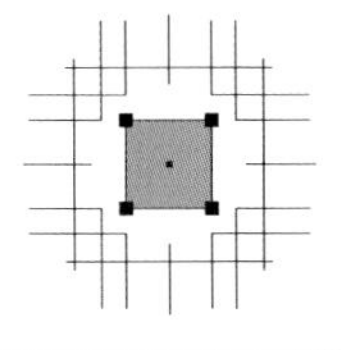	[効果]→[トリムマーク] ★[オブジェクト]→[トリムマークを作成]の代用になる。トンボの種類(日本式／西洋式)は環境設定で変更可能。
印刷用のトラップを作成する	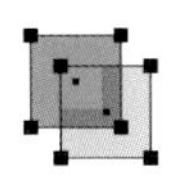	[効果]→[パスファインダー]→[トラップ]

[効果]メニューを利用したアピアランスのなかには、**アピアランスを使わなくても同じ結果**になるものもあります。たとえば合体は、パスファインダーパネルでも可能です。[パスのオフセット]や[トリムマーク]に相当するものは、[オブジェクト]メニューにもあります。それらとアピアランスの違いは、**非破壊か否か**、という点にあります。試行錯誤の必要がなければ、アピアランスを利用しないほうが、**分割**★8の手間が省けます。状況に応じて使い分けるとよいでしょう。

★8　アピアランスによる変更を、オブジェクトに直接反映させる操作。くわしくは、P152で解説。

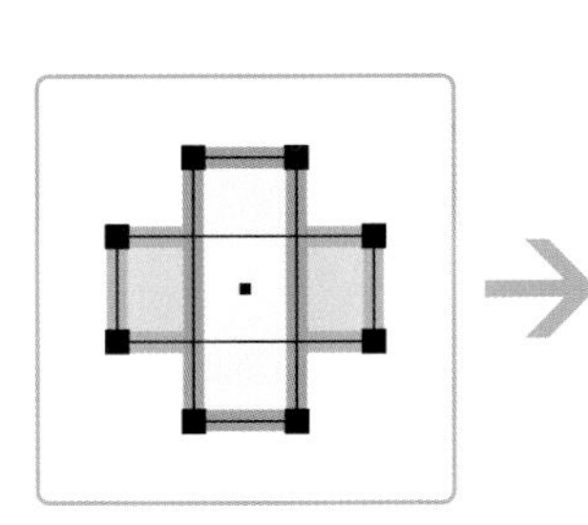

重なりのある複数のパスを選択し、複数の操作で合体する。

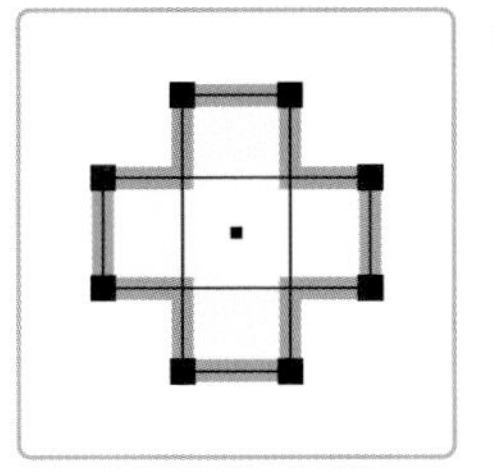

アピアランス

グループ化したあと、[効果]メニュー→[パスファインダー]→[追加]を選択すると、アピアランスによる合体となる。

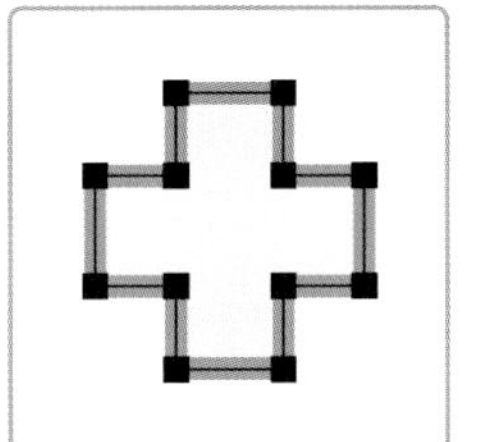

パス

パスファインダーパネルで[合体]をクリックすると、ひとつのパスになる(重なりがない場合はグループ化)。

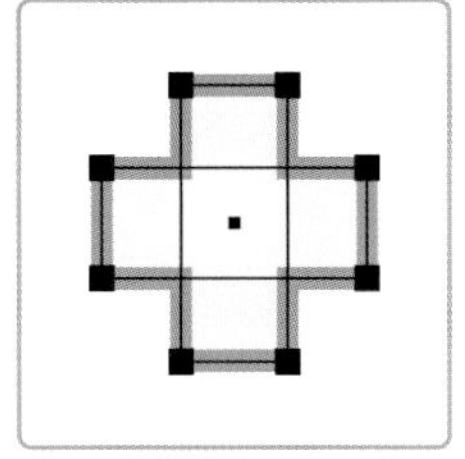

複合シェイプ

パスファインダーパネルで[option(Alt)]キーを押しながら[合体]をクリックすると、複合シェイプとして非破壊的に合体できるが、アピアランスではない。

5-1-3 アピアランスを設定できる箇所

アピアランスは、**最小単位のオブジェクト／グループ／レイヤーの3箇所に設定**できます。★9 グループやレイヤーに設定すると、オブジェクトを追加したり描画するだけで、同じアピアランスを適用できるメリットがあります。

★9 オブジェクトやグループは、[選択ツール]や[グループ選択ツール]などで選択しただけで設定できるが、レイヤーに設定するときは、レイヤーパネルでレイヤーをターゲットに設定する必要がある。

オブジェクトに設定

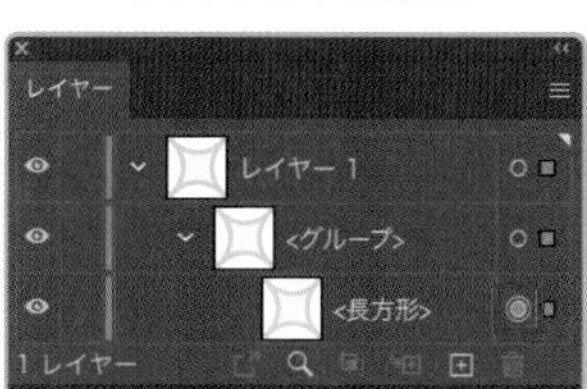

グループに設定

レイヤーに設定

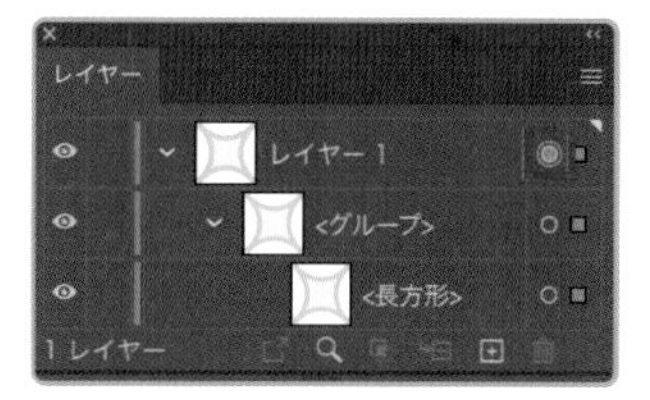

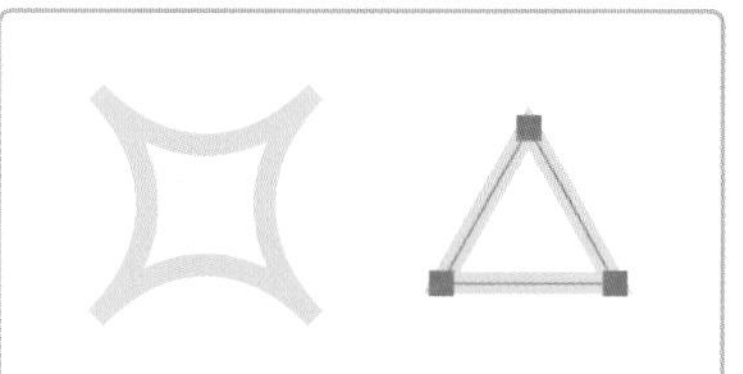

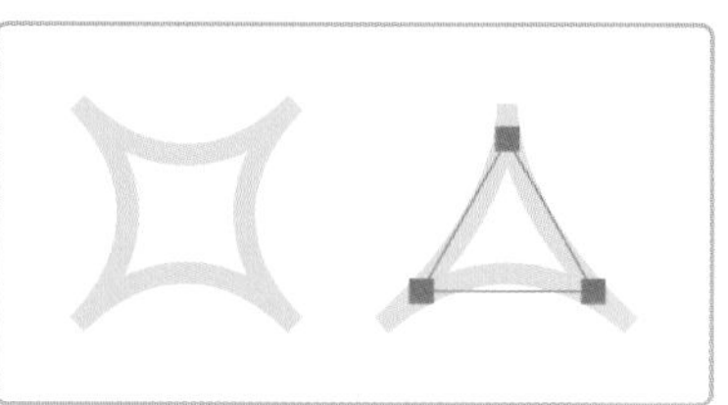

右側の正三角形をグループに追加すると、グループに設定したアピアランス（[パンク・膨張]によるセグメントの凹み）が反映される。

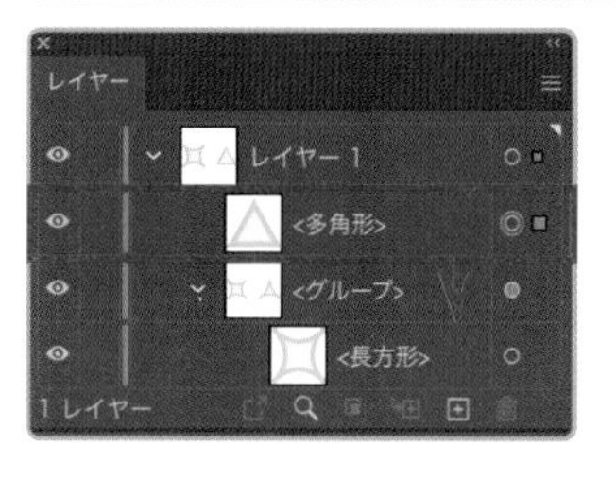

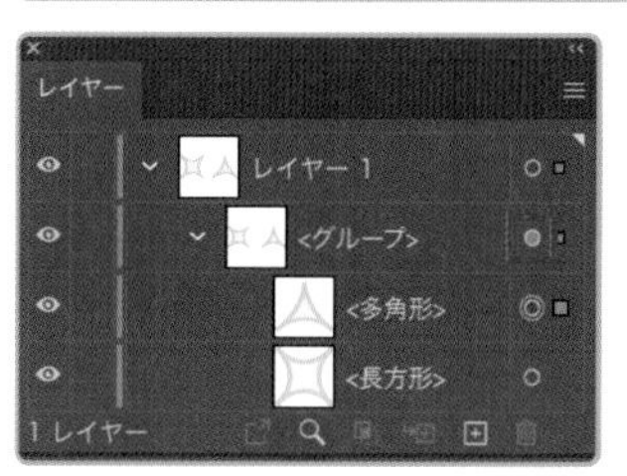

アピアランスを設定する際に注意しておきたいのが、**設定する階層**です。[選択ツール]でオブジェクトを選択した場合、それがグループであれば、グループに設定することになります。また、直前の操作で、アピアランスパネルで[線]を選択した場合、次の選択でも[線]が選択された状態になります。このように、**直前の操作によって、思いがけない箇所が選択されている**ことがあります。アピアランスを設定するときは、**レイヤーパネルやアピアランスパネルを注視する**癖をつけておくとよいでしょう。

レイヤーに設定する場合は、**レイヤーパネルでレイヤーをターゲットに設定**します。レイヤーに設定するメリットは、**レイヤーに描画するだけで、自動的に適用される**点です。グループに設定すると、それに含まれるオブジェクトの個別の選択がなかなか面倒ですが、レイヤーなら**[選択ツール]が使える**というメリットもあります。★10

★10 この性質は、ブラシやパターンをデザインするときに重宝する。**P168**や**P185**で使用している。

アピアランスをレイヤーに設定する

Step.1　レイヤーパネルでレイヤーの○（ターゲットアイコン）をクリックして◎にする★11

Step.2　アピアランスパネルや［効果］メニューなどで、アピアランスを設定する

★11　「レイヤーをターゲットに設定する」と呼ばれる操作。

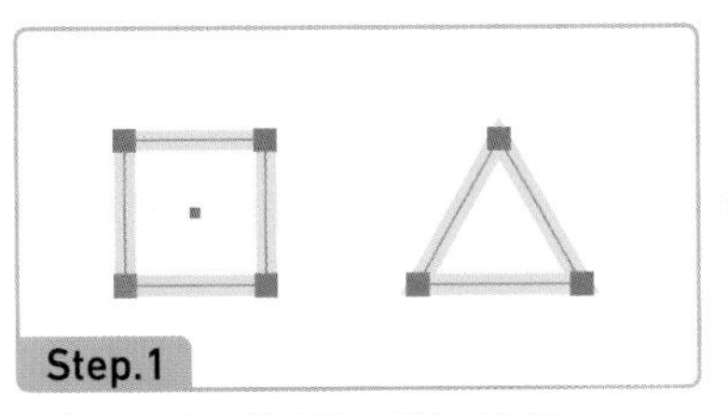

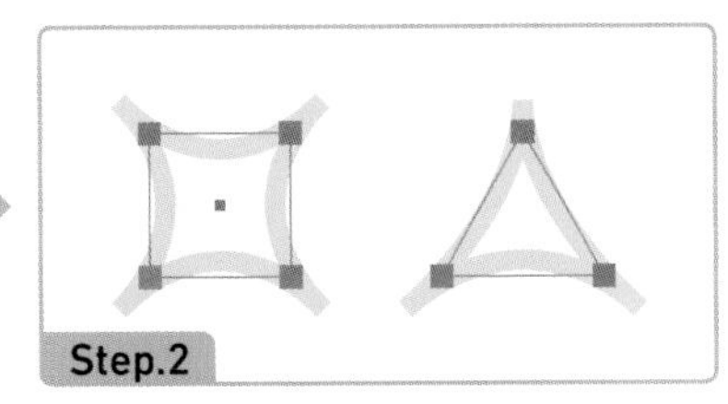

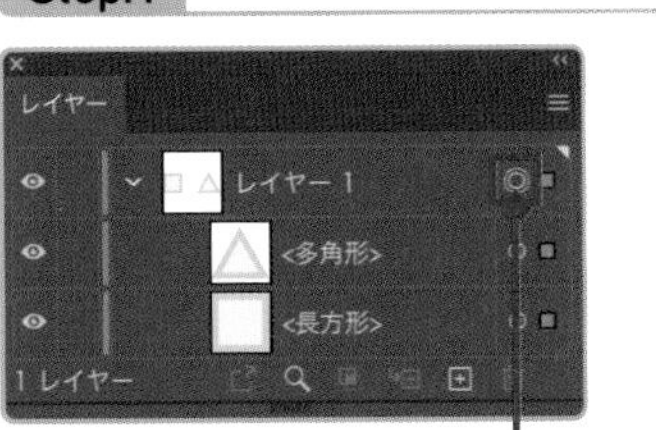

○をクリックして◎にすると同時に、レイヤーのすべてのオブジェクトも選択状態になる。

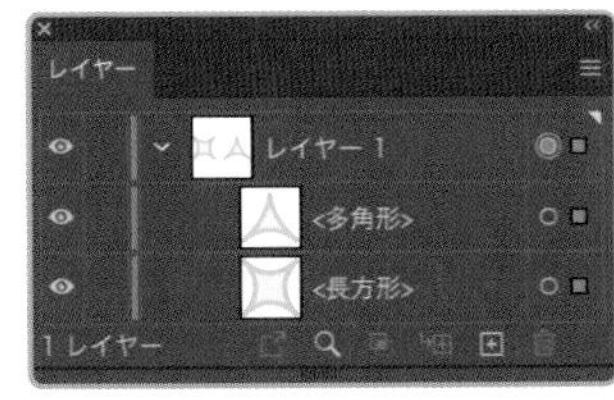

レイヤーに［効果］メニュー→［パスの変形］→［パンク・膨張］を適用した。アピアランスを適用すると、◎の内側がグレーで塗りつぶされる。

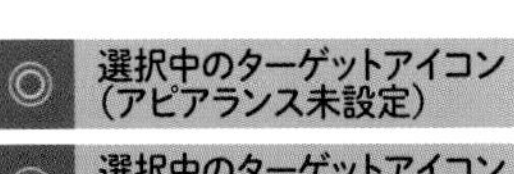

入稿データやロゴマーク、フォーマットデザインなど、**第三者が操作する可能性が高い場合、アピアランスをレイヤーに設定するのは避けたほうがよい**かもしれません。★12 使用する場合は、最終的に**分割する**か、**レイヤーの内容をひとつのグループにまとめ、アピアランスをそちらへ移動する**とよいでしょう。

★12　レイヤーに設定した場合、オブジェクトを他のレイヤーやファイルに移動すると、アピアランスの効果はなくなる。また、第三者が作成者のアピアランスを解読できるとは限らない。

★13　［option（Alt）］キーを押しながらドラッグすると、レイヤーにアピアランスを残したまま、グループに適用できる。レイヤーは作業用として残し、成果物だけ他のレイヤーやファイルへ移せる。

レイヤーのアピアランスをグループに移動する

Step.1　レイヤーパネルで［選択中のアート］をクリックして、レイヤーのオブジェクトをすべて選択したあと、［オブジェクト］メニュー→［グループ］を選択してグループ化する

Step.2　レイヤーパネルでレイヤーの○（ターゲットアイコン）にカーソルを合わせたあと、グループの○へドラッグする★13

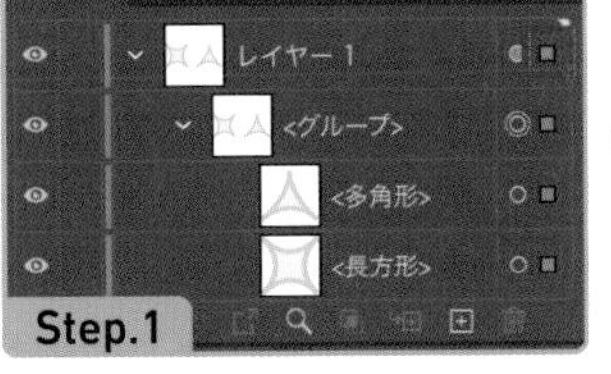

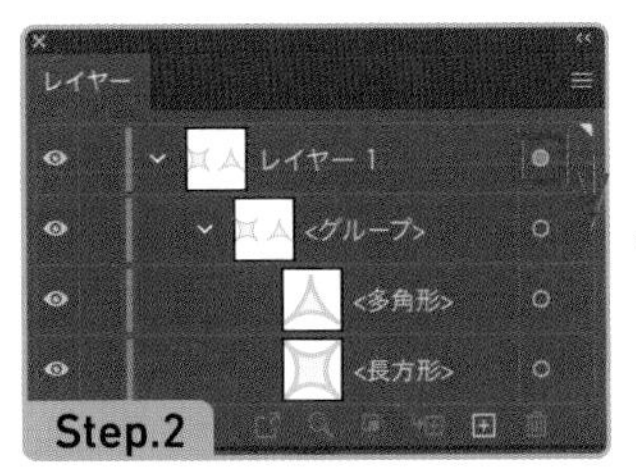

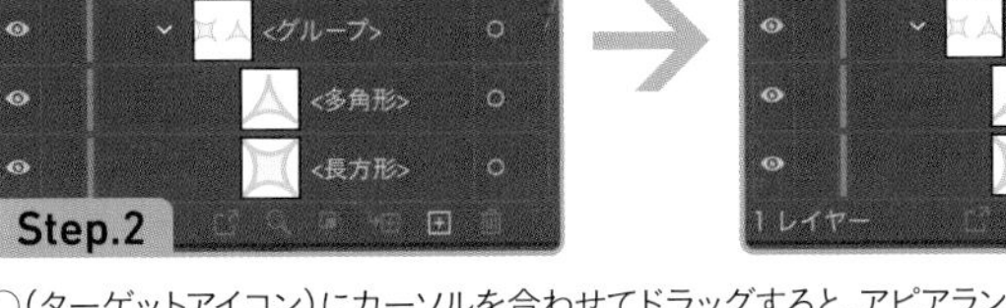

レイヤーの［選択中のアート］をクリックすると、レイヤーに含まれるオブジェクトをすべて選択できる。

○（ターゲットアイコン）にカーソルを合わせてドラッグすると、アピアランスが移動する。グループの○がグレーで塗りつぶされたら、アピアランスが移動できている。

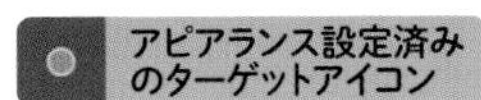

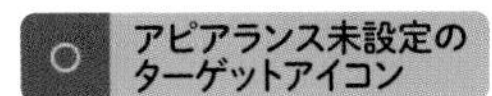

5-1-4 グラフィックスタイルで アピアランスを保存する

アピアランスは、**グラフィックスタイル**★14として登録できます。アピアランスの保存方法として使えるほか、同じアピアランスを他のオブジェクトにも設定しやすくなります。

★14 P135ではフリーグラデーションを保存するために使用した。線形グラデーションなどもグラフィックスタイルとして登録できるが、その場合、[塗り]と[線]の設定として登録されることになるため、スウォッチのように適用先をこまめに選べない。

アピアランスをグラフィックスタイルとして登録する

Step.1 アピアランスを設定したレイヤーやオブジェクトなどを選択する

Step.2 グラフィックスタイルパネル★15で［新規グラフィックスタイル］をクリックする

★15 グラフィックスタイルパネルは、[ウィンドウ]メニュー→[グラフィックスタイル]で開く。

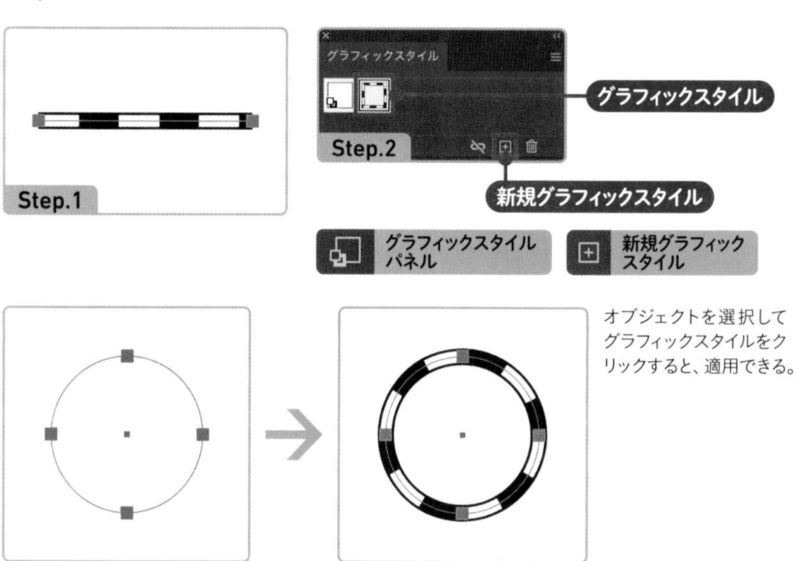

オブジェクトを選択してグラフィックスタイルをクリックすると、適用できる。

[新規グラフィックスタイル]のほか、**アピアランスパネルのサムネールをグラフィックスタイルパネルへドラッグして登録する方法**もあります。慣れてくると、こちらのほうがスムーズかもしれません。なお、選択したレイヤーやオブジェクトにアピアランスが設定されていない場合でも、**[塗り]や[線]、[線幅]などの設定**が登録されます。★16

★16 特色インキの掛け合わせをグラフィックスタイルとして登録すると、管理しやすい。[塗り]を追加して複数重ね、上の[塗り]を[オーバープリント]に設定する。

登録したグラフィックスタイルは、あとで設定内容を変更できます。ただし、**グラフィックスタイルの選択はグラフィックスタイルパネル、更新作業はアピアランスパネル**、といった具合に、2つのパネルにまたがって操作することになるため、少々ややこしいです。

グラフィックスタイルを更新する

Step.1　未選択状態（選択なし）★17 にしたあと、グラフィックスタイルパネルでグラフィックスタイルを選択する

Step.2　アピアランスパネルで設定を変更する

Step.3　アピアランスパネルのメニューから［グラフィックスタイルを更新］を選択する

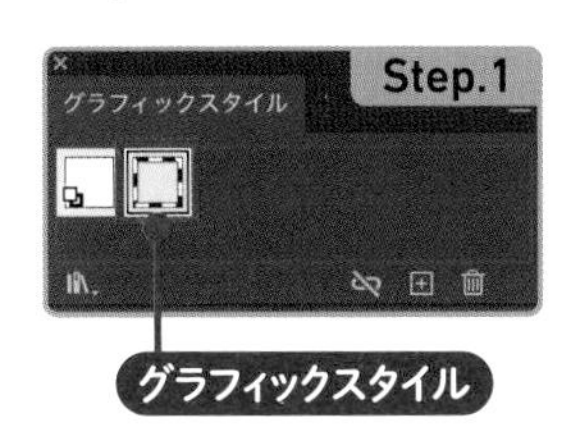

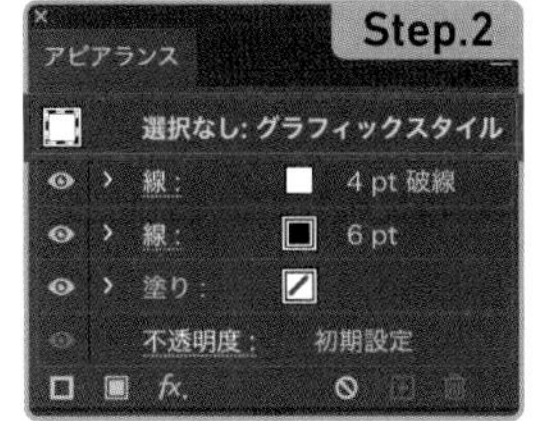

未選択状態でグラフィックスタイルを選択すると、サムネールの右側に「選択なし：（スタイル名）」と表示される。

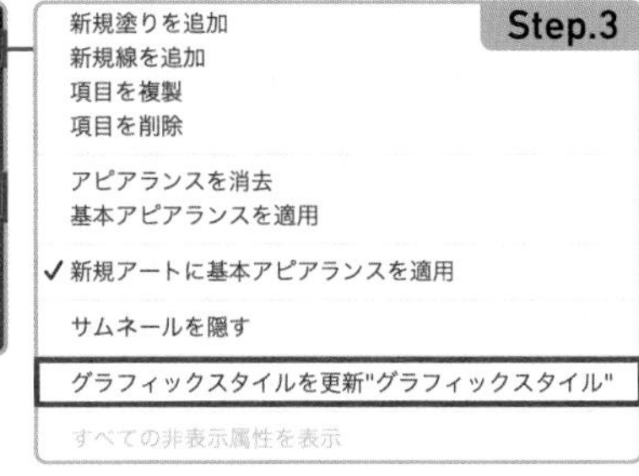

［線］の色を変更したあと、パネルメニューから［グラフィックスタイルを更新］を選択する。

変更がサムネールにも反映される。

［グラフィックスタイルを更新］の「"　"」には、**直前に選択したグラフィックスタイルの名前（スタイル名）**★18 が入ります。誤って関係ないものを更新しないよう、識別しやすいスタイル名を心がけましょう。スタイル名を変更するには、グラフィックスタイルパネルで**グラフィックスタイルをダブルクリック**★19 して、**［グラフィックスタイルオプション］ダイアログ**を開きます。

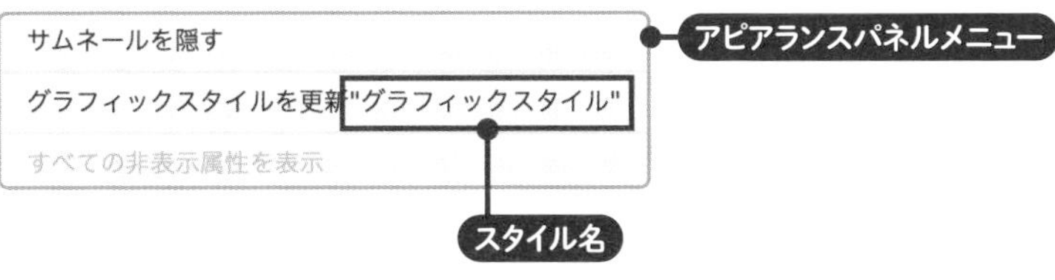

グラフィックスタイルパネルのメニューから［グラフィックスタイルオプション］を選択して開くことも可能。変更できるのは［スタイル名］のみ。

★17　オブジェクトにグラフィックスタイルを適用した状態で、アピアランスパネルや［効果］メニューなどでオブジェクトの見た目の設定を変更したあと、グラフィックスタイルを更新してもかまわない。この方法では、結果を確認しながら変更できる。

★18　グラフィックスタイルの名前を「スタイル名」と呼ぶ。デフォルトは「グラフィックスタイル」に設定される。変更を加えなければ、次に登録したものは「グラフィックスタイル2」となる。

★19　オブジェクトを選択した状態でダブルクリックすると、そのグラフィックスタイルが適用されてしまう。スタイル名の変更は、未選択状態でおこなう。スウォッチやブラシ、シンボルなどは、登録時に名前を設定するダイアログを経由したり、オプションアイコンのクリックで名前変更のダイアログを開けるが、グラフィックスタイルの場合は、登録時にダイアログを経由せず、パネルにオプションアイコンもない。

5-2 アピアランスを分割する

- アピアランスをオブジェクトに直接反映させる操作を、「アピアランスの分割」と呼ぶ
- グループに含まれるオブジェクトのアピアランスを分割すると、
グループの上の階層に設定されているアピアランスも分割される
- 分割によってラスタライズの処理が入る場合、
［ドキュメントのラスタライズ効果設定］ダイアログで［解像度］を確認・設定する

5-2-1 アピアランスを分割する

アピアランスによる変化を、オブジェクトに直接反映できます。この操作を、「**アピアランスの分割**」と呼びます。

アピアランスを分割する

Step.1 アピアランスを設定したオブジェクトを選択する

Step.2 〔オブジェクト〕メニュー→〔アピアランスを分割〕★1 を選択する

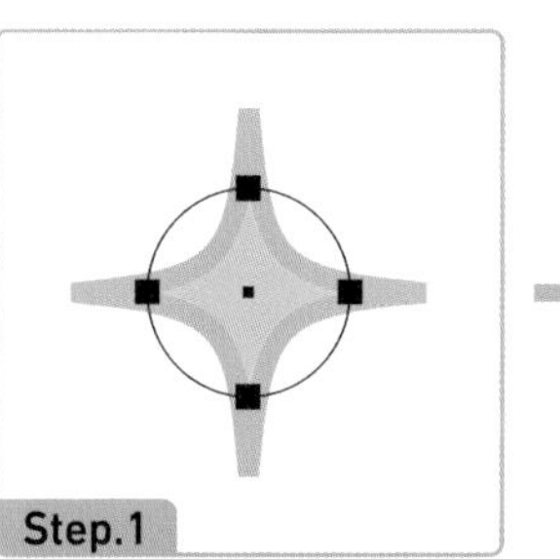

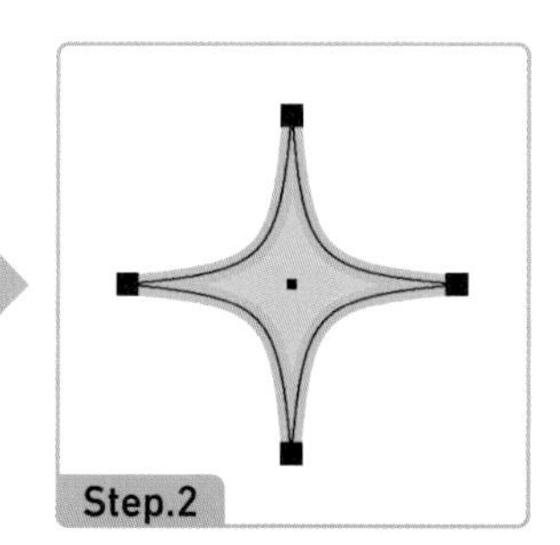

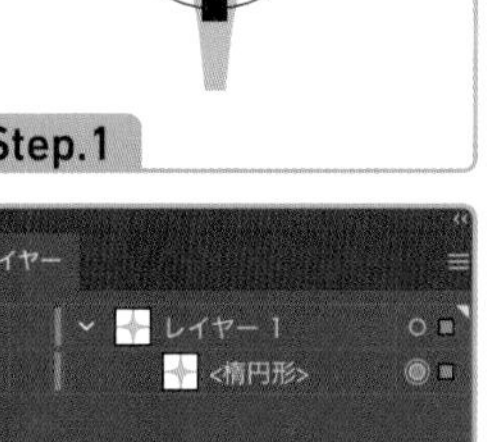

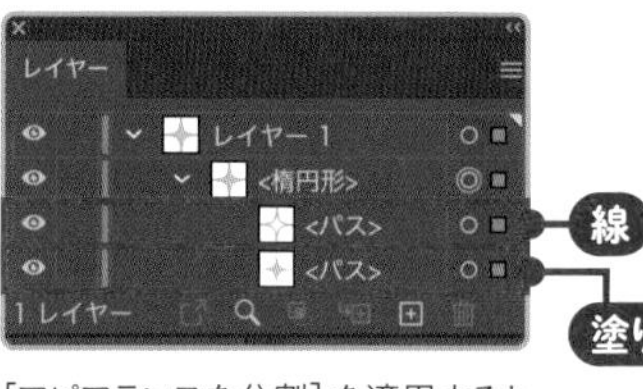

［アピアランスを分割］を適用すると、アピアランスによる変形が、パスの形状に反映される。アピアランスがパス全体に適用されたものであっても、［塗り］と［線］の2つのパスに分割される。ひとつのパスにするには、どちらかのパスに設定を追加して、残りのパスを削除する。

★1 アピアランスが設定されていない場合、［アピアランスを分割］は選択できない。レイヤーパネルでターゲットアイコンがグレーで塗りつぶされていれば、選択できる（例外あり）。

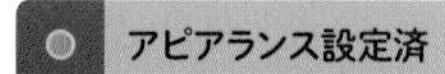

アピアランス未設定

［アピアランスを分割］を適用すると、**［塗り］や［線］ごとに分割**され、アピアランスの内容に応じて、**パスの変形**、**アウトライン化**、**ラスタライズ**などの処理がおこなわれます。**分割後はアピアランスの非破壊性は失われ**、設定を変更できません。★2 変更の可能性がある場合は、元のオブジェクトを複製して残しておくとよいでしょう。

★2 分割直後の［編集］メニュー→［アピアランスを分割の取り消し］以外では、元の状態に戻せないので注意する。

アピアランスの内容	分割後	レイヤー構造	分割後の状態
［塗り］や［線］を追加・複製する		<長方形> <パス> <パス>	［塗り］や［線］ごとにパスに分割される。 ★ サンプルは、［線］を2つ重ねたパスを分割。
［線の位置］をパスの内側または外側に設定する		<複合パス>	［線］がアウトライン化される。
矢印にする		<グループ> <グループ> <パス> <パス>	矢の部分はアウトライン化されるが、軸は［線］のまま保持される。
［線幅］を部分的に変更する（可変線幅）		<複合パス>	［線］が［線幅］の変化を含めてアウトライン化される。
ブラシを適用する		<グループ> <パス>	［線］がモチーフ（パスや画像）またはその集合体に変換される。
［描画モード:通常］［不透明度:100%］以外に変更する		<長方形> <長方形>	変化なし。
［効果］→［パスの変形］［形状に変換］などを適用する		<長方形> <グループ> <パス> <パス> <グループ> <パス> <パス>	レイヤーやオブジェクトを構成するパスに直接変形が加えられ、［塗り］や［線］ごとに分割される。 ★ サンプルは、［パスの変形］→［変形］で複製したものを分割。
色面をハッチ化する（［効果］→［スタイライズ］→［落書き］）		<グループ> <グループ> <パス> <パス> <パス>	［塗り］や［線］ごとに［線］のみのパスに変換される。

アピアランスの内容	分割後	レイヤー構造	分割後の状態
合体する（[効果] →[パスファインダー] →[追加]）	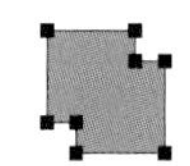		ひとつのパスにまとめられる。
[線]をアウトライン化する （[効果]→[パス] →[パスのアウトライン]）	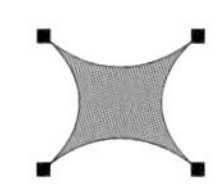	<パス>	[線]がアウトライン化される。 ★サンプルは[パスのアウトライン]と[パンク・膨張]を適用したものを分割。
文字をアウトライン化する （[効果]→[パス] →[オブジェクトのアウトライン]）	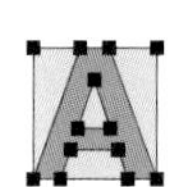	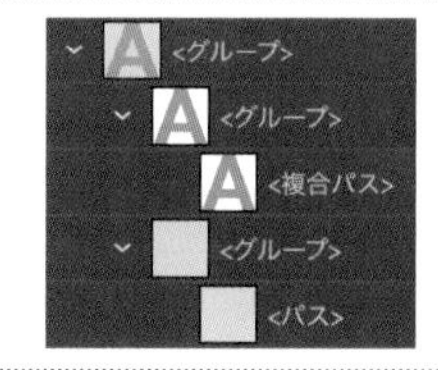	テキストオブジェクトがアウトライン化される。 ★サンプルは[オブジェクトのアウトライン]と[（形状に変換）長方形]を適用したものを分割。
ラスタライズする （[効果] →[ラスタライズ]）		<長方形>	埋め込み画像に変換される。
ドロップシャドウをつける （[効果]→[スタイライズ] →[ドロップシャドウ]）	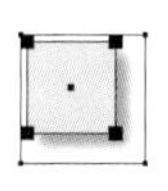	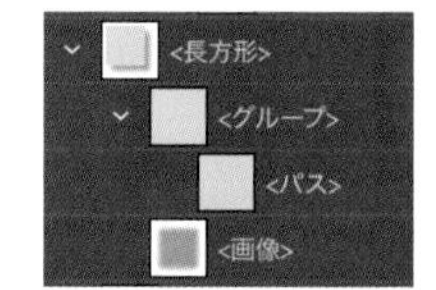	ドロップシャドウ部分のみ、埋め込み画像に変換される。
ぼかしを加える （[効果]→[スタイライズ] →[ぼかし]）	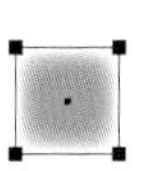	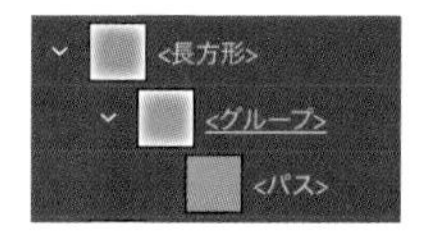	ぼかし部分はグループに追加された不透明マスク（埋め込み画像）で表現される。
立体化する （[効果]→[3D]）	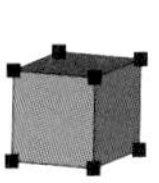	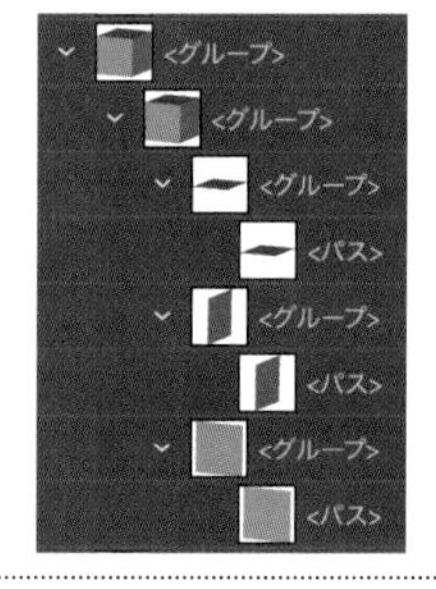	色面ごとにパスに変換される。
Photoshopのフィルターを適用する （[効果] →[Photoshop効果]）		<画像>	埋め込み画像に変換される。
印刷用のトラップを作成する （[効果] →[パスファインダー] →[トラップ]）	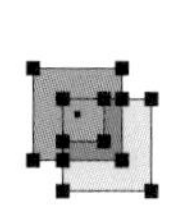	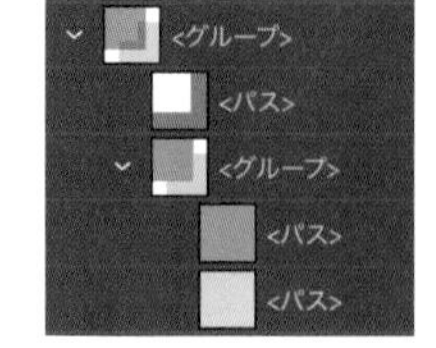	トラップがパスに変換される。

5-2-2 分割の巻き添えを回避する

アピアランスの分割は、**上の階層まで遡って適用**されます。グループとそれに含まれるパスの2箇所にアピアランスを設定し、パスを選択して［アピアランスを分割］を選択すると、グループのアピアランスも分割されます。★3

パスのアピアランスのみを分割する場合は、まず、グループのアピアランスを、**グラフィックスタイルとして登録したのち削除**します。そして、パスのアピアランスを分割したあと、グラフィックスタイルを**グループに再適用**すると、巻き添えによる分割を回避できます。

★3　レイヤーにアピアランスが設定されている場合、レイヤーのオブジェクトひとつを選択して［アピアランスを分割］を選択すると、レイヤーのアピアランスと、レイヤーのすべてのオブジェクトのアピアランスが分割されることになる。

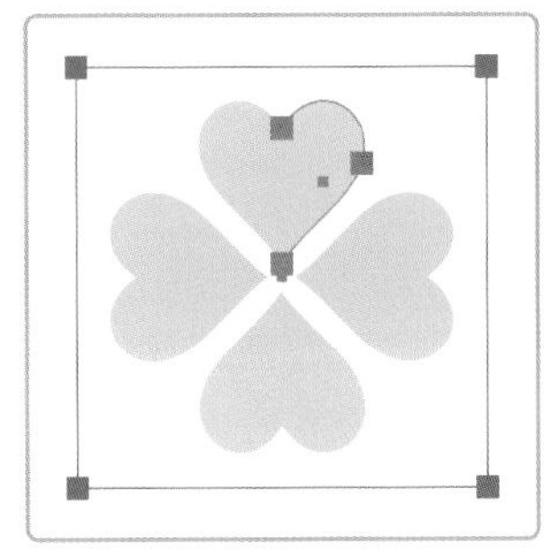

<パス>に左右反転コピーの［変形］効果、<グループ>に90°回転コピーの［変形］効果をそれぞれ適用して、クローバーをつくる。

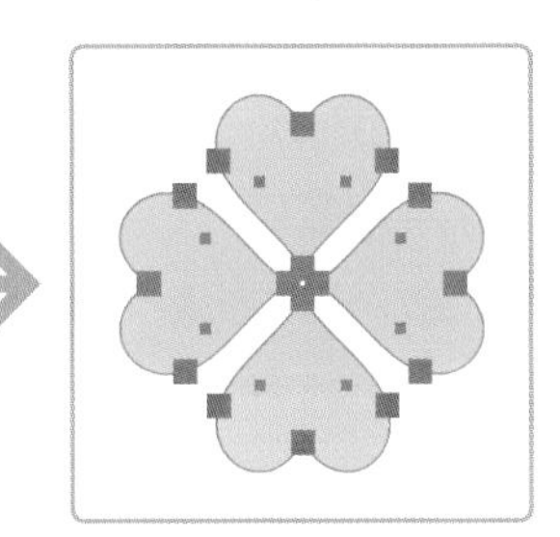

<パス>を選択してアピアランスを分割すると、<グループ>のアピアランスも分割される。

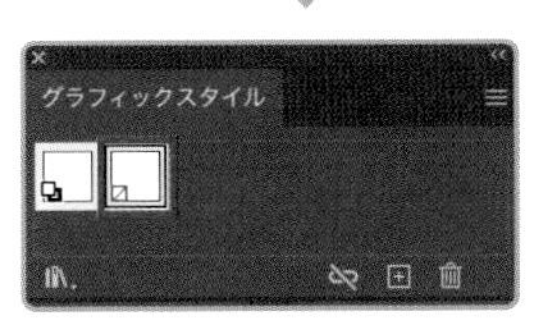

<グループ>のアピアランスをグラフィックスタイルとして登録する。

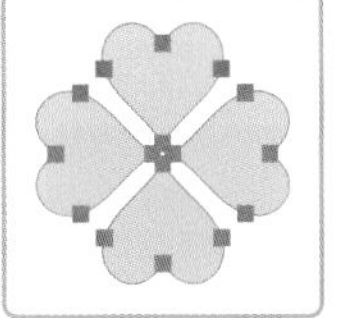

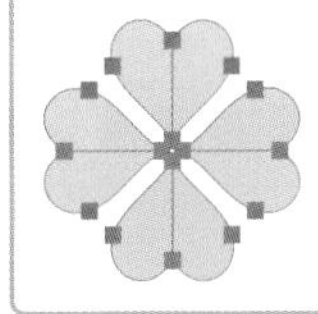

デザイン素材としては、アピアランスを分割してシンプルなパスにまとめておくと、何かと使い勝手がよくなる。アピアランス分割後に［合体］を適用して左のようになれば問題ないが、まれに右のようにうまく合体できないことがある。アピアランスを段階的に分割する方法を知っておくと、手間を最小限におさえることができる。

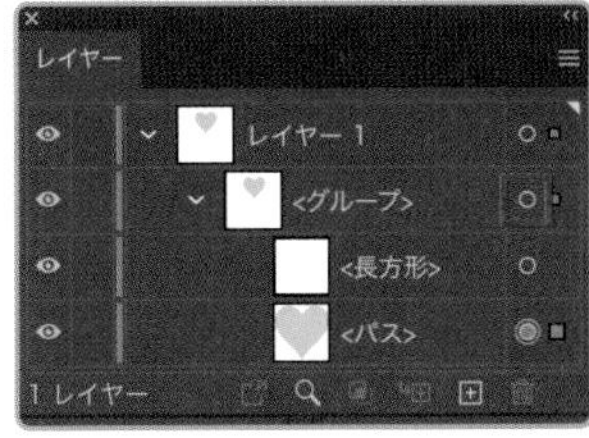

<グループ>のアピアランスを消去する。

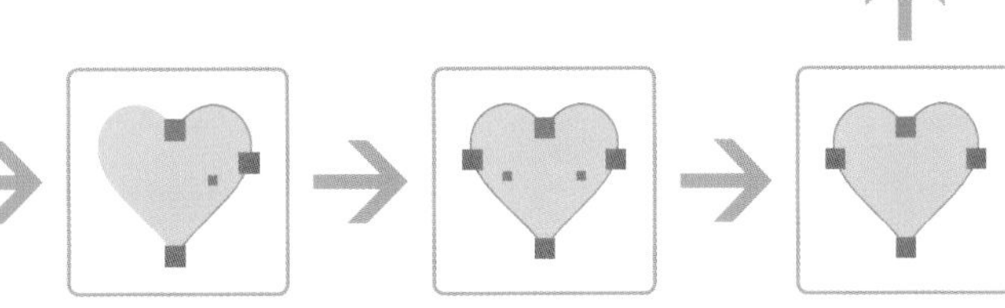

この状態でアピアランスを分割すると、<パス>のアピアランスだけを分割できる。パスファインダーパネルの［合体］でひとつのパスにまとめる。

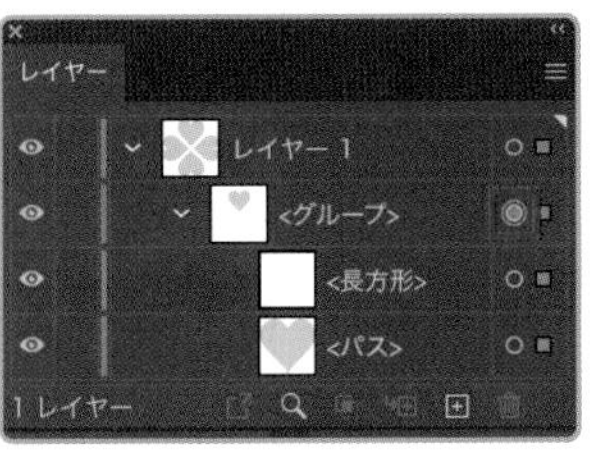

登録しておいたグラフィックスタイルを適用して、<グループ>のアピアランス（90°回転コピー）を復活させる。

5-2-3 ラスタライズの解像度

アピアランスの分割によって**ラスタライズ処理が発生し、画像に変換**される場合、その**解像度は[ドキュメントのラスタライズ効果設定]に依存**します。これは、**新規ファイル作成時に[ラスタライズ効果]**★4**の項目で設定**するものですが、ファイル作成時にそこまで想定していることはまれで、デフォルトのまま進めていることが多いでしょう。アピアランス分割前であれば、ファイル作成後でもじゅうぶん間に合います。

★4　新規ファイル作成時に、[カテゴリー：印刷]を選択すると、[高解像度(300ppi)]に設定される。それ以外は[スクリーン(72ppi)]となる。

適切な解像度は、用途に応じて変化します。**高めの解像度が必要なのは、入稿データなど印刷用途のファイル**です。通常は**[印刷]カテゴリー**のデフォルトの**[高解像度(300ppi)]**程度あれば十分ですが、高精細な仕上がりを求めるのであれば、それよりも高い値に設定します。

[ドキュメントのラスタライズ効果設定]を変更する

Step.1　[効果]メニュー→[ドキュメントのラスタライズ効果設定]を選択する

Step.2　[ドキュメントのラスタライズ効果設定]ダイアログで[解像度]のメニューから選択するか、[その他]を選択して数値を入力し、[OK]をクリックする

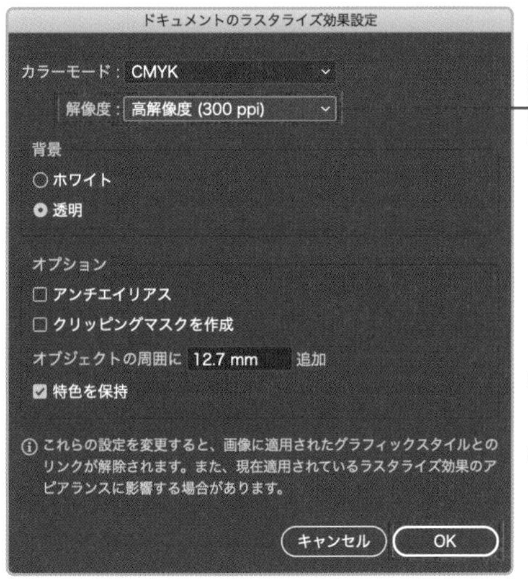

背景　[背景：ホワイト]に設定すると、白背景と合成した状態でラスタライズされる。

オプション　[アンチエイリアス]にチェックを入れると、アンチエイリアス処理した状態でラスタライズされる。[オブジェクトの周囲に0mm追加]に設定しても、ピクセルが追加されることがある。

［ドキュメントのラスタライズ効果設定］の［解像度］は、**ラスタライズが関係するアピアランス**★5**にも影響**します。低めに設定されていると、ピクセルを確認できるほどに、**プレビュー画質**が荒くなることがあります。なお、**［効果］メニュー→［ラスタライズ］**を適用した状態でアピアランスを分割すると、**［ラスタライズ］効果の［解像度］でラスタライズ**されるため、［ドキュメントのラスタライズ効果設定］の影響を回避できます。

★5　影響を受けるのは、［効果］メニューの［スタイライズ］の［ぼかし］［ドロップシャドウ］［光彩（内側）］［光彩（外側）］、および［Photoshop効果］を適用したオブジェクトやレイヤー。

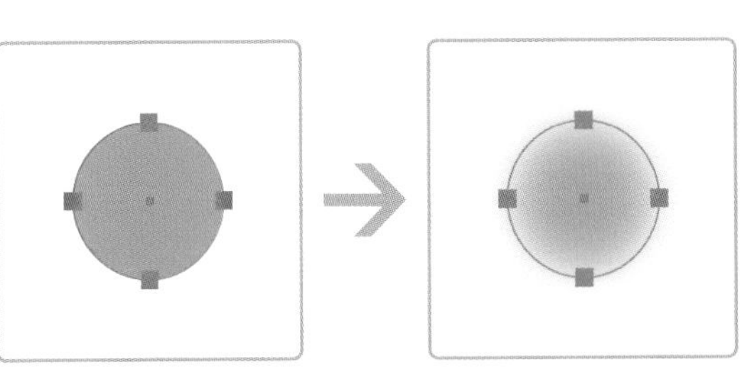

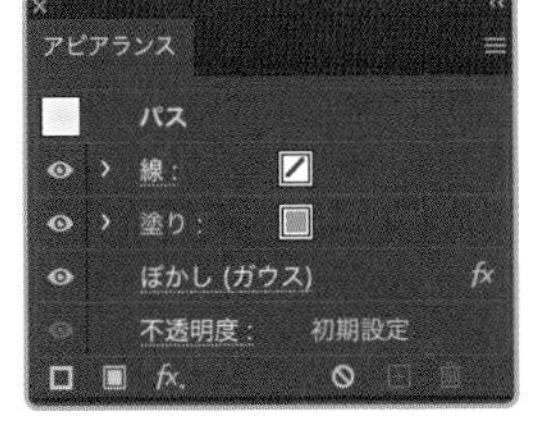

パスに、［効果］メニュー→［ぼかし］→［ぼかし（ガウス）］を適用。

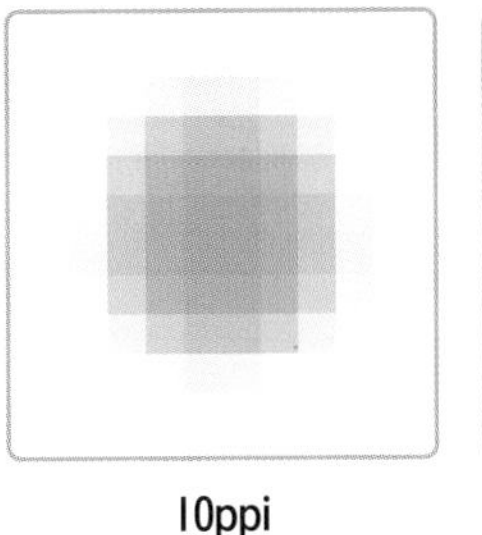

10ppi

72ppi

300ppi

［ドキュメントのラスタライズ効果設定］の［解像度］によって、プレビューがこれだけ異なる。入稿データを作成している場合、荒いと感じたら［ドキュメントのラスタライズ効果設定］ダイアログの設定を確認してみるとよい。ただし、［解像度］がある程度高くなると、荒さに気づかないこともある。72ppiと300ppiの区別ですら、画面上では気づきにくい。

［ぼかし（ガウス）］効果のあと、［ラスタライズ］効果で［解像度］を指定する。アピアランスは、リストの上から下へ適用される。項目のドラッグで順番を変えることも可能。

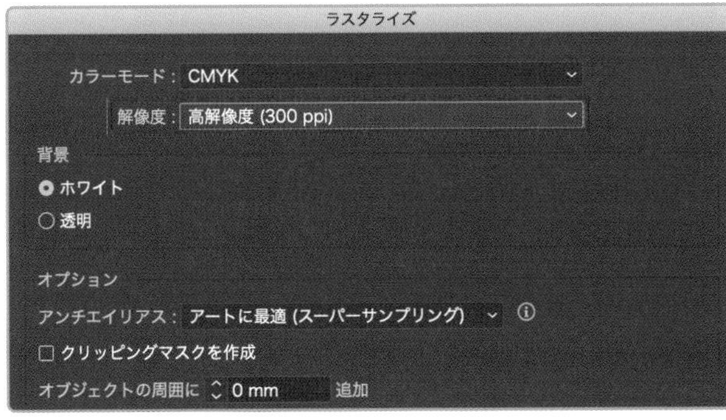

［ラスタライズ］ダイアログの内容は、［ドキュメントのラスタライズ効果設定］ダイアログと同じ。

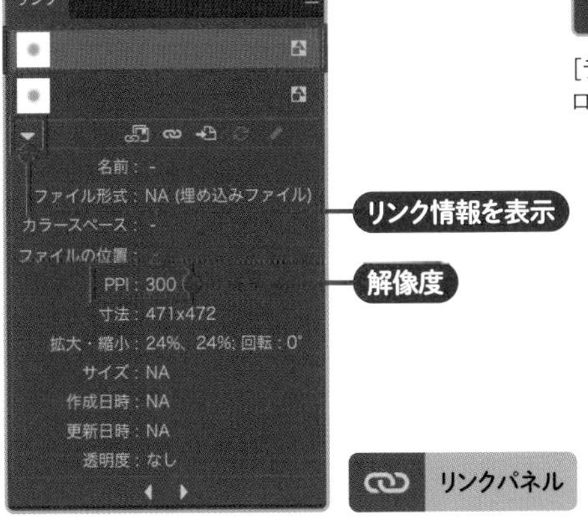

画像の［解像度］は、リンクパネルで確認できる。リンクパネルは、［ウィンドウ］メニュー→［リンク］で開く。画像を選択して［リンク情報を表示］をクリックすると、画像の情報が表示される。

10ppi

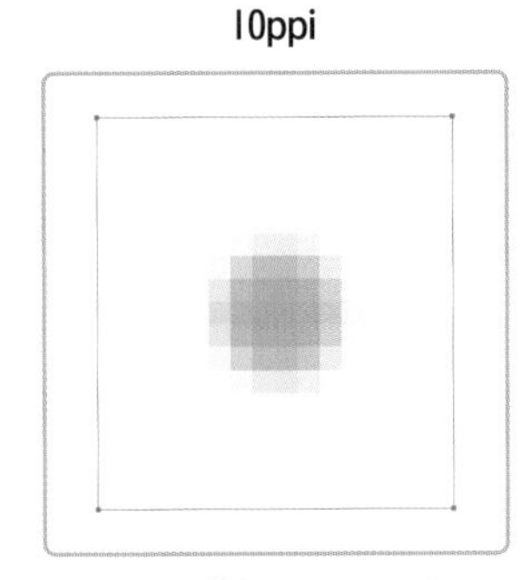

300ppi

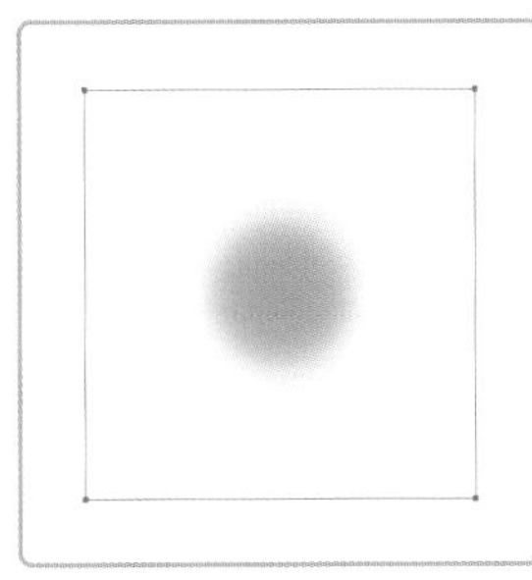

［ラスタライズ］効果を含むアピアランスを分割すると、［ラスタライズ］ダイアログで設定した［解像度］で画像化される。左は［10ppi］、右は［300ppi］。

[ハーフトーンパターン] などの**Photoshop効果**★6の結果は、**[解像度]** によって大幅に変わります。デフォルトでは**[ドキュメントのラスタライズ効果設定]** が影響しますが、**[効果] メニュー→ [ラスタライズ]** を適用すると、[解像度] を指定して結果をコントロールできます。

★6 Photoshopの [フィルター] メニューにあるフィルターを、Illustratorでも使用できる。ただし、[スケッチ] や [テクスチャ] などで使用する色が黒に限られるなど、完全に同じものではない。

Illustrator効果

Photoshop効果

[効果] メニューの上半分にIllustrator効果、下半分にPhotoshop効果が表示される。[解像度] は、Illustrator効果では画質に影響するが、Photoshop効果ではテクスチャの密度などにも影響する。

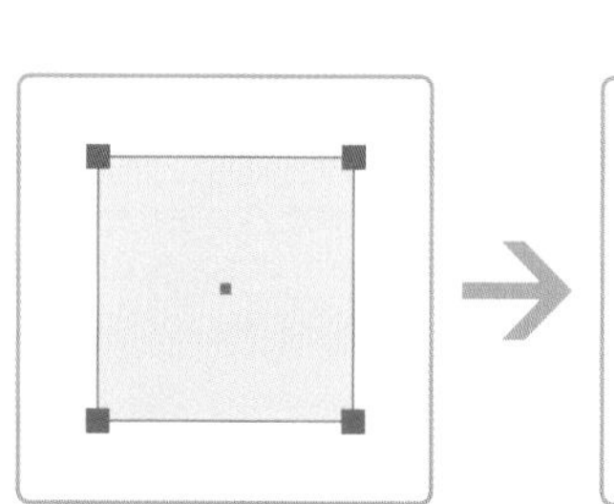

72ppi

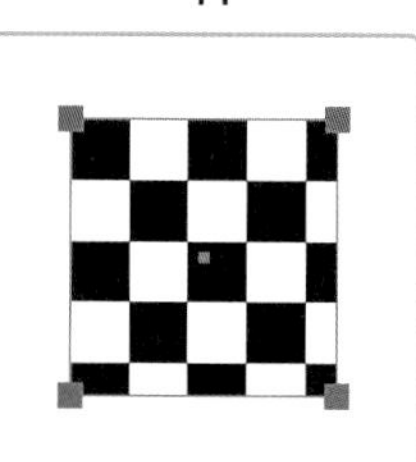

300ppi

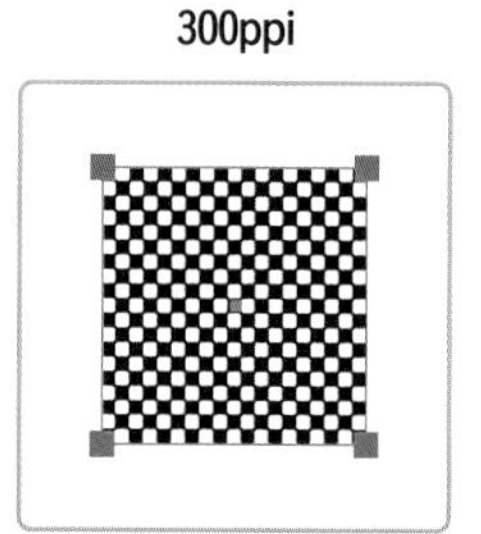

[効果] メニュー→ [ラスタライズ] を異なる [解像度] で適用したあと、[効果] メニュー→ [スケッチ] → [ハーフトーンパターン] を同じ設定で適用したもの。同じ設定値でも、[解像度] が異なると、点のサイズが変わる。アピアランスを分割すると埋め込み画像に変換されるが、この場合の [解像度] は [ラスタライズ] 効果の設定が影響する。[解像度] を指定するには、[ハーフトーンパターン] 効果の下に再度 [ラスタライズ] 効果を追加する。

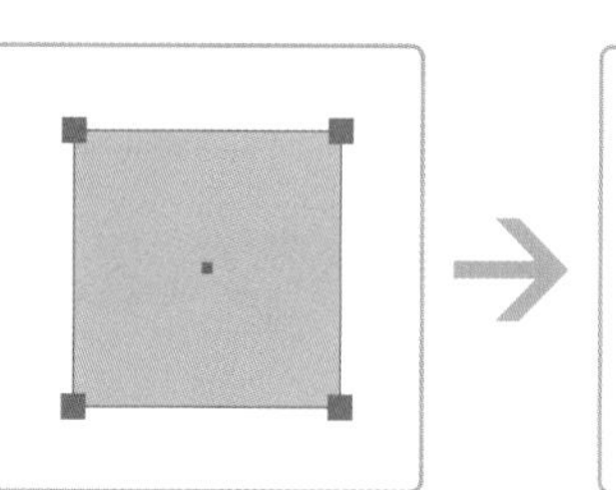

72ppi

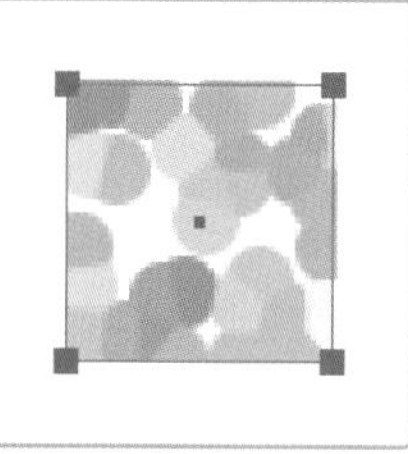

300ppi

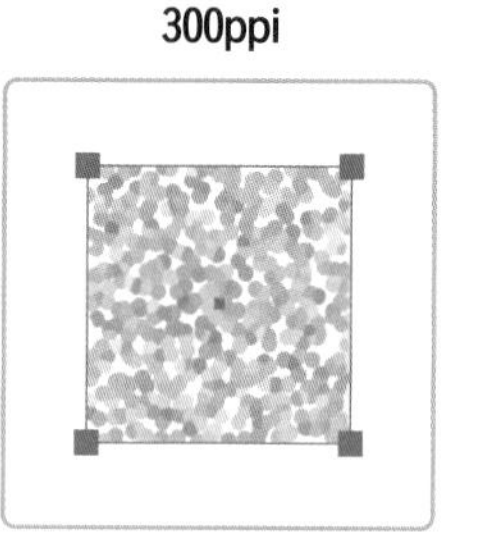

[効果] メニュー→ [ラスタライズ] を異なる [解像度] で適用したあと、[効果] メニュー→ [スケッチ] → [点描] を同じ設定で適用したもの。[ハーフトーンパターン] 同様、同じ設定値でも、[解像度] が異なると、点のサイズが変わる。

ブラシとパターン

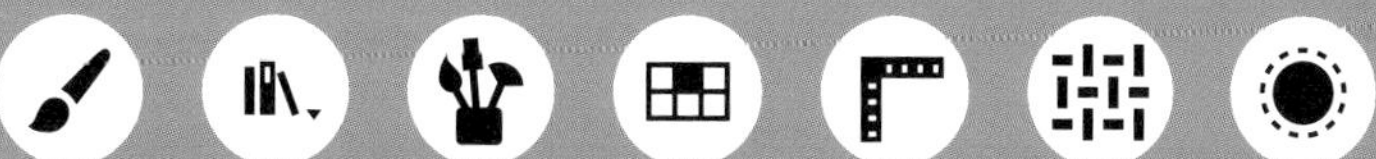

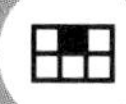

6-1 ブラシを利用する

- Illustratorのブラシは、[線] に対する設定なので、いつでも変更可能
- おもな種類に、散布ブラシ／パターンブラシ／アートブラシがある
- Illustratorのブラシライブラリには、多種多様なブラシが用意されている
- 散布ブラシとアートブラシについては、オブジェクトをブラシパネルに登録するだけで、ブラシを作成できる
- シームレスなパターンブラシをつくるには、厳密な位置合わせが必要だが、アピアランスを利用すると比較的設計しやすい
- 最背面の透明な長方形は、境界線として機能する
- ブラシパネルのブラシやスウォッチパネルのパターンスウォッチをキャンバスへドラッグすると、構成するパスや画像を取り出せる

6-1-1 Illustratorのブラシについて

星を散りばめたり、装飾フレームをつくるには、ブラシが便利です。ブラシは、**登録したモチーフ**★1**をパスの[線]に配置する機能**で、その方法によっていくつかの種類に分かれます。おもなブラシに、**モチーフを散りばめる「散布ブラシ」**と、**隙間なく隣り合わせて配置する「パターンブラシ」**、**ひとつのモチーフを引き伸ばす「アートブラシ」**があります。★2

★1　フランス語の「モチーフ（motif）」は、芸術では「表現の動機」、音楽では「楽曲を構成する最小単位」など、分野ことに意味合いが変わる。本書では、「模様を構成する最小単位」という意味で使用している。具体的にはブラシを構成する素材（ブラシパネルに登録したオブジェクト）や、パターンタイルなどを指す。

★2　このほかに「カリグラフィブラシ」と「絵筆ブラシ」もあるが、本書では解説を割愛する。

ブラシを使う

Method.A　［ブラシツール］を選択し、ブラシパネルでブラシを選択したあと、キャンバスでドラッグする

Method.B　オブジェクトを選択し、ブラシパネルでブラシを選択する

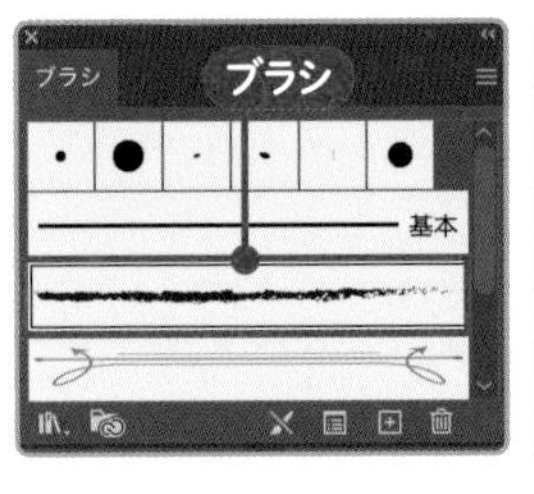

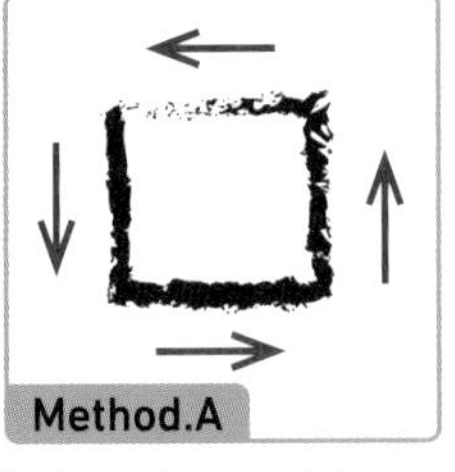

[ブラシツール]も[鉛筆ツール]同様、ドラッグの軌跡がパスになる。ツールの設定も、[ブラシツール]のダブルクリックで[ブラシツールオプション]ダイアログを開くと変更できる。

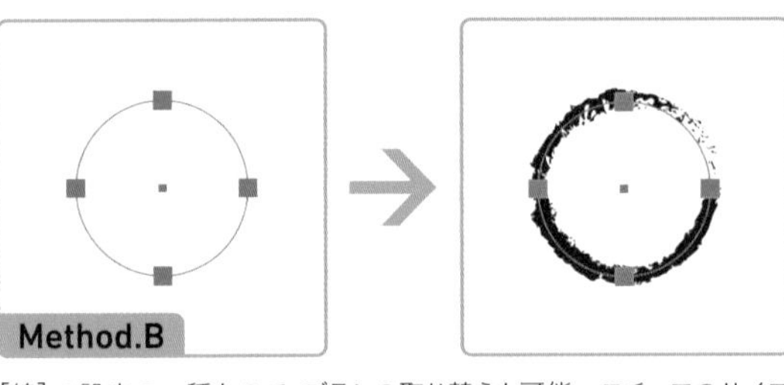

[線]の設定の一種なので、ブラシの取り替えも可能。モチーフのサイズは、[線幅]で調節できる。

6-1-2 ブラシライブラリを利用する

Illustratorには、**ブラシライブラリ**★3が用意されています。アナログ表現向きの[アート]や、エディトリアルデザインに便利な[装飾]など、多種多様なブラシが収録されています。

★3 スウォッチやシンボル、グラフィックスタイルにもライブラリが用意されている。ブラシライブラリと同様の操作で開く。

ブラシライブラリを開く

Method.A ［ウィンドウ］メニュー→［ブラシライブラリ］を選択し、ライブラリを選択する

Method.B ブラシパネルで［ブラシライブラリメニュー］★4をクリックし、ライブラリを選択する

★4 ブラシライブラリパネルの［ブラシライブラリメニュー］で開くと、ライブラリが置き換わる。

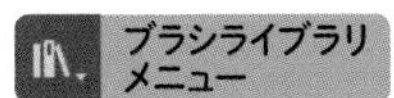

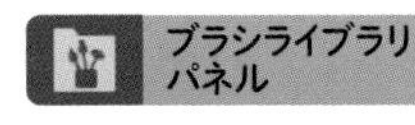

ブラシを保存...
アート
ベクトルパック
ボーダー
ワコム 6D ブラシ
画像ブラシ
矢印
絵筆ブラシ
装飾
ユーザー定義
その他のライブラリ...

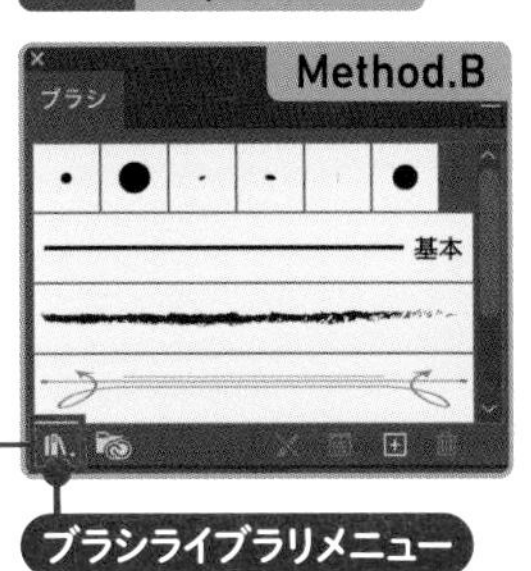

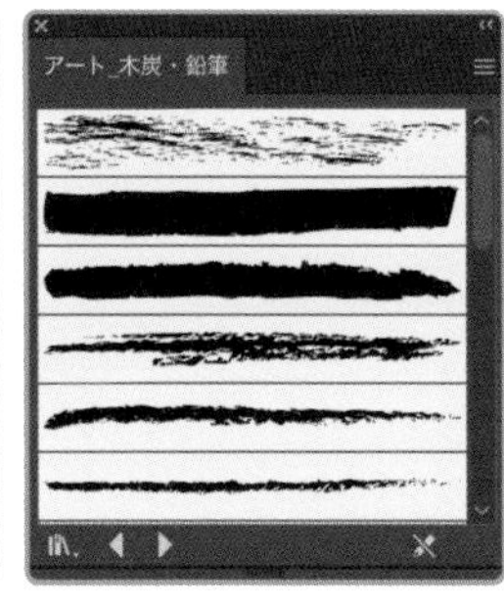

ブラシライブラリパネルでクリックしたブラシは、自動的にブラシパネルに読み込まれる。次に同じブラシを使うときは、ブラシパネルで選択可能。

通常はパネル名が表示されるところに、ライブラリ名が表示される。[ブラシライブラリメニュー]はこちらのパネルにもある。

散布ブラシ　アートブラシ　パターンブラシ　カリグラフィブラシ　画像ブラシ

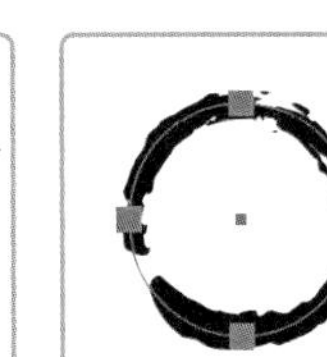

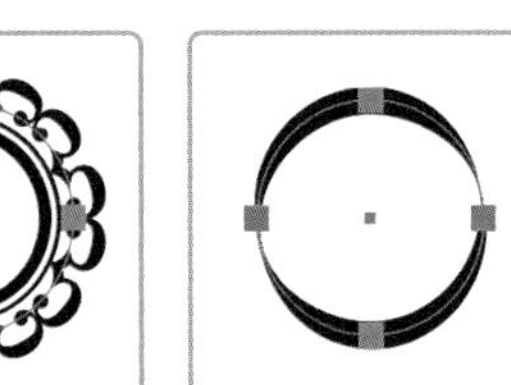

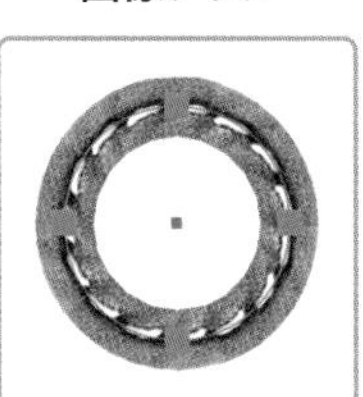

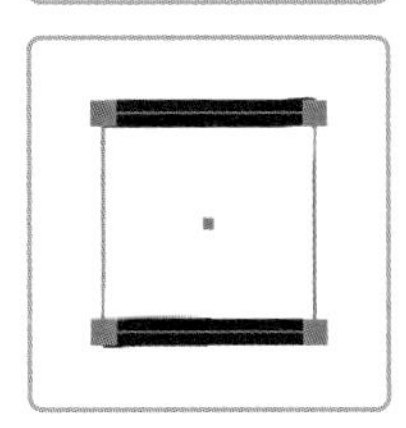

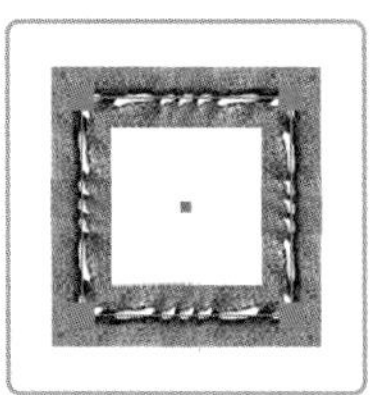

画像ブラシはブラシの種類ではなく、画像を使用したブラシ全般を指す。［画像ブラシ］ライブラリには、画像を使用したブラシがおさめられている。

［ブラシライブラリ］や［ブラシライブラリメニュー］から**［その他のライブラリ］を選択し、Illustratorファイルを選択する**と、その**ファイルのブラシパネルをライブラリとして開く**ことができます。このほか、ブラシを設定したオブジェクトを、ファイル間で**コピー＆ペーストして読み込む**方法もあります。★5

★5 スウォッチやシンボル、グラフィックスタイルなども、コピー＆ペーストで読み込める。

6-1-3 散布ブラシをつくる

点や星を散りばめたり、ローラースタンプのように同じオブジェクトを**ライン状に連続して並べる**ときに便利なのが、**散布ブラシ**です。散布ブラシは**継ぎ目の調整が不要**なので、簡単に自作できます。

★6 パスのほか、テキストオブジェクトや埋め込み画像もブラシ化できる。ブラシに含まれるテキストオブジェクトは、[書式] メニュー→[アウトラインを作成] の対象外となり、ドキュメント情報パネルにも反映されない。入稿データなど、異なる環境で開くことが想定されるファイルの場合、作成や使用に注意が必要。

散布ブラシを作成する

Step.1 オブジェクト★6 を選択する

Step.2 ブラシパネルで〔新規ブラシ〕をクリックし、〔新規ブラシ〕ダイアログで〔散布ブラシ〕を選択して〔OK〕をクリックする

Step.3 〔散布ブラシオプション〕ダイアログで〔OK〕をクリックする

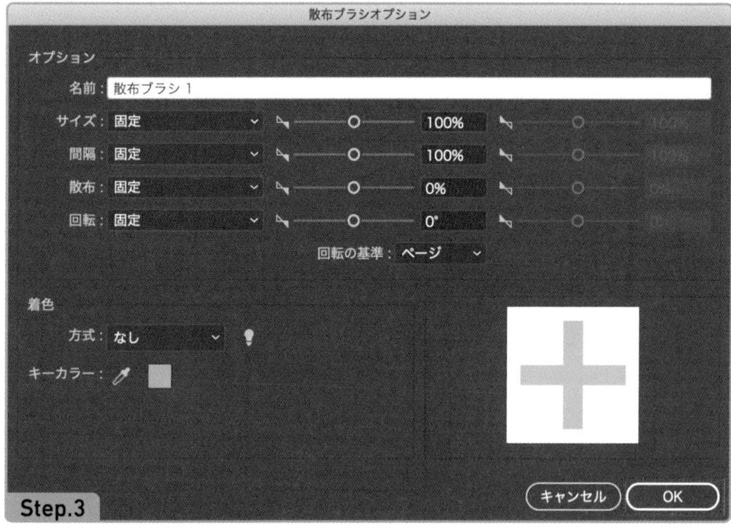

デフォルトの設定で [OK] をクリックする。作成後の設定変更も可能。

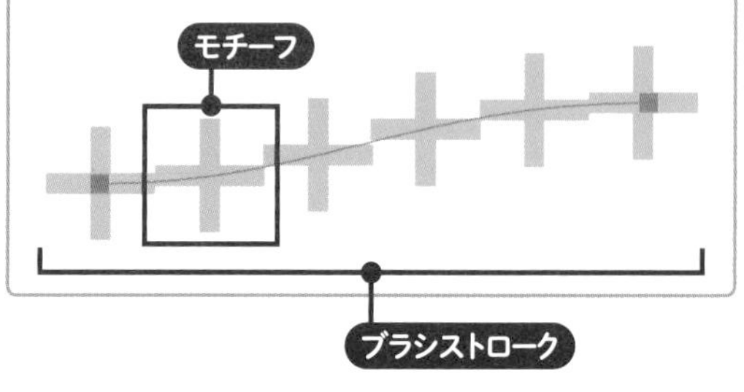

デフォルトの設定で作成したもの。モチーフが同サイズ、同角度、等間隔（隙間なし）で連なるブラシになる。ブラシを設定した［線］およびその見た目を、「ブラシストローク」と呼ぶ。

散布ブラシの場合、**[散布ブラシオプション]ダイアログ**の**[固定]と[ランダム]**★7**の使い分け**で、表現の幅が広がります。[固定]を選択すると、**設定した値でモチーフを繰り返します。**デフォルトはこちらに設定されます。一方、[ランダム]では、**数値にランダムなばらつきが加わります。[最小]と[最大]の幅**で、わずかなぶれにも、ダイナミックなギャップにも調整できます。

★7　[ランダム]は、散布ブラシのほか、カリグラフィブラシ、[個別に変形]ダイアログ、[変形効果]ダイアログなどでも使用できる。

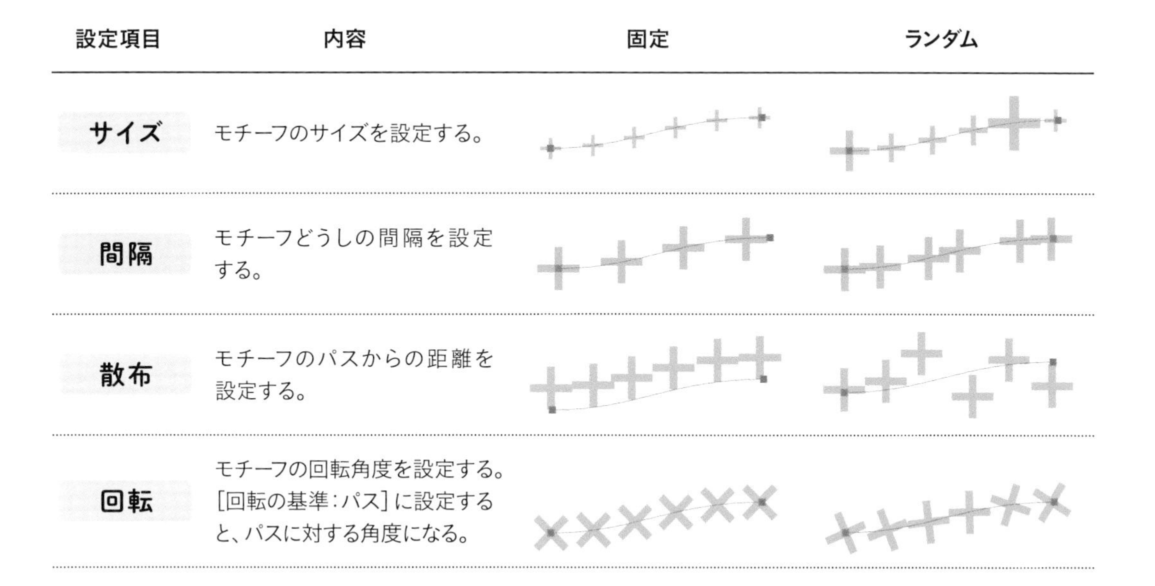

設定項目	内容	固定	ランダム
サイズ	モチーフのサイズを設定する。		
間隔	モチーフどうしの間隔を設定する。		
散布	モチーフのパスからの距離を設定する。		
回転	モチーフの回転角度を設定する。[回転の基準:パス]に設定すると、パスに対する角度になる。		

ブラシパネルで**ブラシをダブルクリック**すると、**[散布ブラシオプション]ダイアログ**で設定を調整できます。★8 [散布ブラシオプション]ダイアログで加えた変更は、**既存のブラシストロークにも影響**します。影響の有無は、[OK]をクリックしたあとの**警告ダイアログで選択**できます。

★8　散布ブラシ以外のブラシも、同様の手順で設定を変更できる。

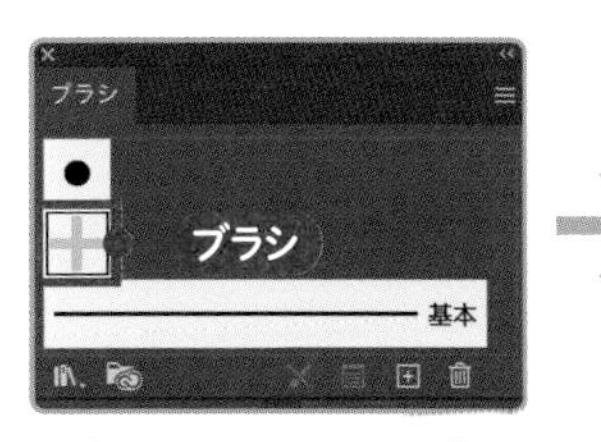

オブジェクト選択時にダブルクリックすると、ブラシが設定されてしまうため、未選択状態(選択なし)でダブルクリックする。

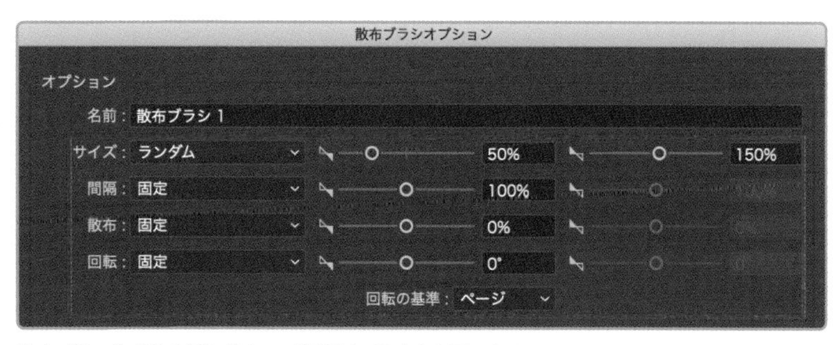

散布ブラシ作成時と同じダイアログが開き、設定を変更できる。

警告ダイアログ

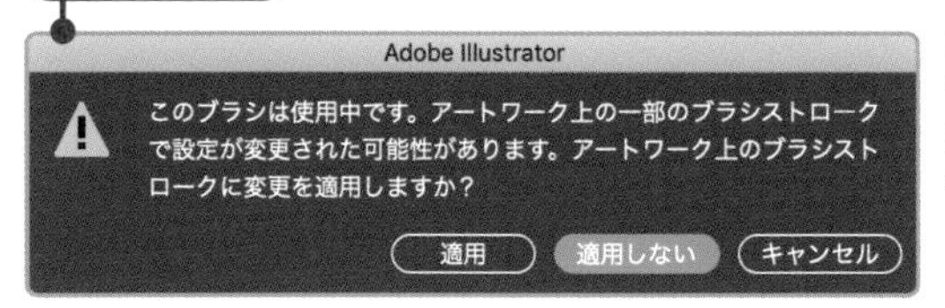

[適用]を選択すると、変更が既存のブラシストロークに反映される。[適用しない]を選択すると、既存のブラシストロークは変化しない。

ブラシ設定済みのパスを選択して、ブラシパネルで **[選択中のオブジェクトのオプション]** をクリックすると、**[ストロークオプション] ダイアログ**が開き、**ブラシストロークの設定を変更**できます。

この2つのダイアログは、設定項目は同じですが、**同期しません。** [散布ブラシオプション] ダイアログは、**ブラシそのものの設定**、[ストロークオプション] ダイアログは、**ブラシストロークに限定した設定**を変更します。★9

★9 [ストロークオプション] ダイアログの設定を元のブラシに反映したり、ブラシとして登録することはできない。同じ設定を他のパスやブラシストロークにも適用する場合は、アピアランスパネルのサムネールをパスへドラッグするか、新しくブラシを作成する（または元のブラシを複製して設定を変更する）。

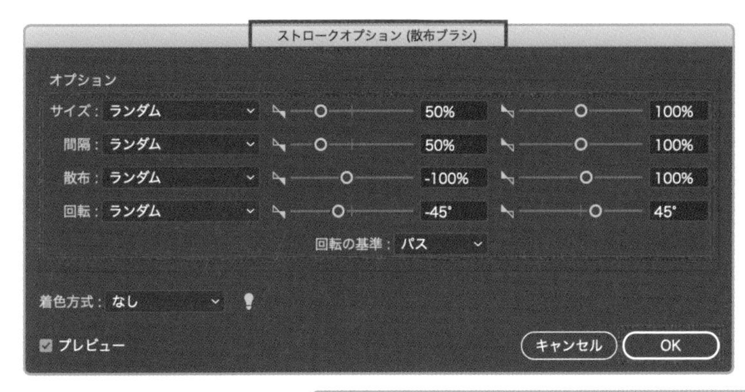

[ストロークオプション（散布ブラシ）] ダイアログには、[散布ブラシオプション] ダイアログと同じ設定項目が表示される。

選択中のオブジェクトのオプション

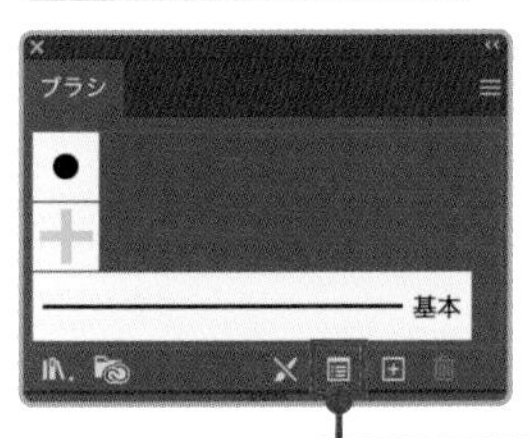

選択中のオブジェクトのオプション

[選択中のオブジェクトのオプション] は、ブラシ設定済みのパスを選択したときのみクリックできる。

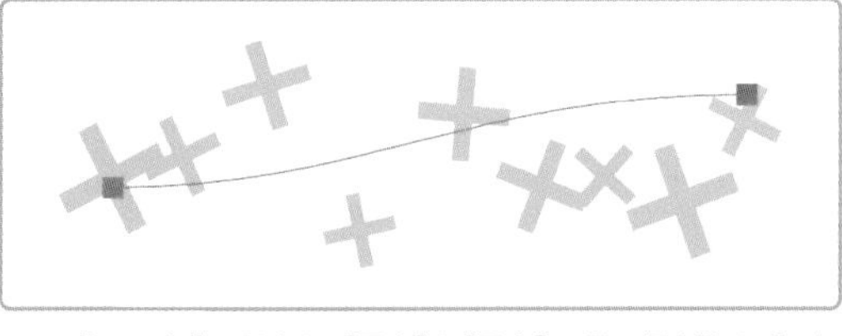

すべて [ランダム] に設定し、[最小] と [最大] の間に幅を設け、[回転の基準：パス] に設定したもの。

ブラシストロークを削除してブラシ設定前の状態に戻すには、特殊な操作が必要です。ブラシを設定したパスを選択し、ブラシパネルで **[ブラシストロークを削除]** ★10または **[基本]** をクリックすると、削除できます。[基本] は、ブラシパネルから削除できない特殊なブラシです。

★10 ブラシストロークを削除すると、[ブラシストロークを削除] はグレーアウトする。選択したパスにブラシが設定されているか否かの判別にも使える。

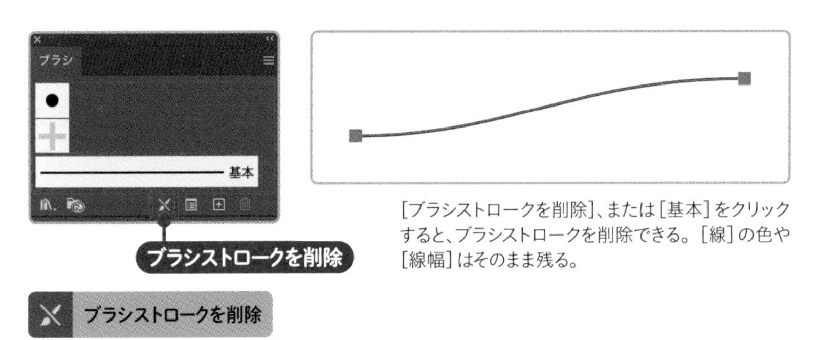

[ブラシストロークを削除]、または [基本] をクリックすると、ブラシストロークを削除できる。[線] の色や [線幅] はそのまま残る。

ブラシストロークを削除

6-1-4 アートブラシをつくる

アートブラシは、**モチーフを[線]に沿って変形させるブラシ**です。こちらも**継ぎ目の処理が不要**なため、自作が簡単な部類です。筆やクレヨンなどの描線をブラシ化すると、アナログ表現に使える素材になります。★11

作成の手順は散布ブラシと同じです。**[新規ブラシ]ダイアログで[アートブラシ]を選択**し、**[アートブラシオプション]ダイアログで[OK]をクリック**すると、作成できます。

[ブラシオプション]ダイアログや[ストロークオプション]ダイアログの**[着色]で[方式:彩色]に変更**すると、**[線]の色をブラシストロークに反映**できます。画材の描線をアートブラシ化した場合などは、この設定にしておくと便利です。**モチーフの色を[黒]に設定して登録すると、[線]の色をそのまま出す**ことができます。このしくみは、すべてのブラシに共通です。

★11　アナログ画材の描線のパス化には、画像トレース(**P67**)が便利。[ホワイトを無視]にチェックを入れると、描線のみをパスに変換できる。精度を上げるとアナログ感が強まるが、そのぶんアンカーポイントの数は増えるため、ブラシ化しても重すぎて使用に耐えないことがある。その場合は、パスを単純化したあと、再度ブラシ化すると解決することがある。画像そのものもブラシ化できるが、使い勝手や仕上がりはパスのほうがよい。

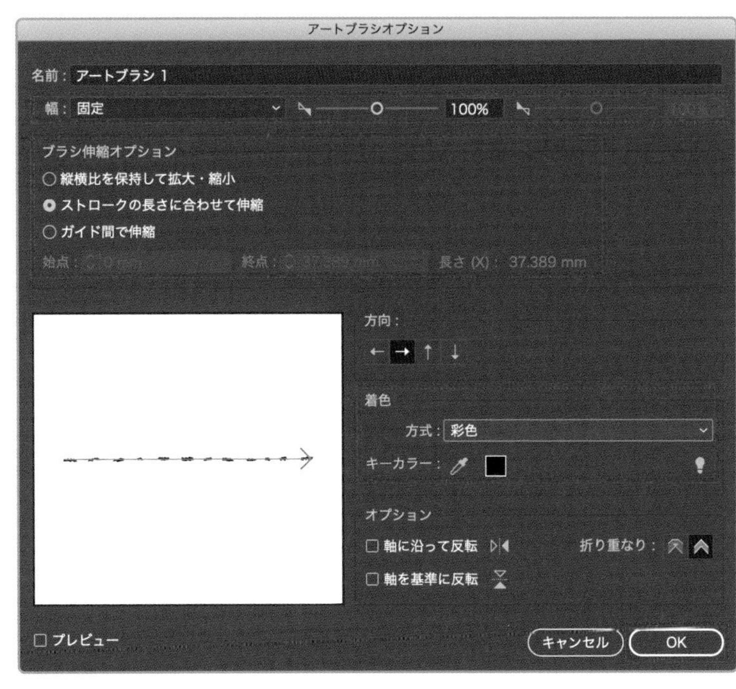

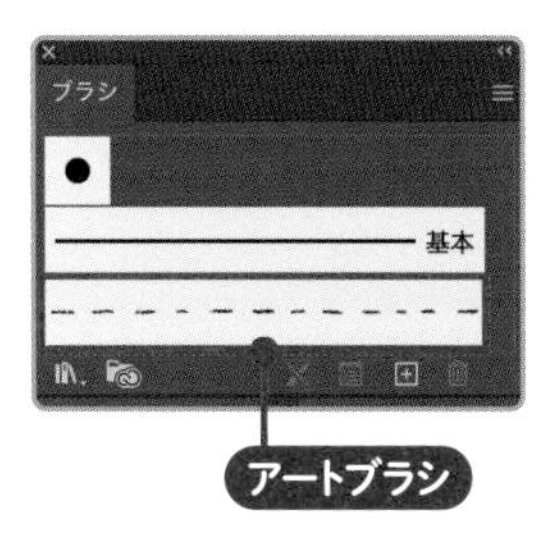

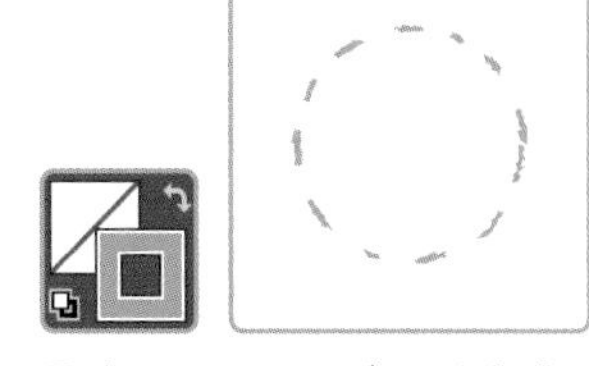

黒1色のモチーフでブラシを作成し、[方式:彩色]に設定すると、ブラシストロークに[線]の色が反映される。

幅　ブラシストロークの太さの変化について設定する。デフォルトの[固定]では、同じ太さになる。[筆圧]に変更し、変化の幅を設定すると、筆圧で太さが変化する。

ブラシ伸縮オプション　モチーフの変形の方針を設定する。デフォルトの[ストロークの長さに合わせて伸縮]は、モチーフの端がパスの端点に揃う。そのため、モチーフより大幅に長いパスに設定すると、不自然に引き伸ばされた印象になる。[縦横比を保持して拡大・縮小]は、モチーフの縦横比をある程度は保持できるものの、細い[線幅]での引き伸ばし感は避けられない。

着色　[方式:彩色]に変更すると、[線]の色を反映できる。モチーフの色を[黒]で作成しておくと、[線]の色をそのまま出すことができる。

アートブラシは、**ひとつのモチーフを、パスに沿って始点から終点まで引き伸ばすブラシ**です。長いパスに設定する場合は、モチーフが細長くなるようにデザインすると、★12 歪みが目立ちにくくなります。

★12 オブジェクトを複数つなげたモチーフのアートブラシも用意して、使い分けるとよい。

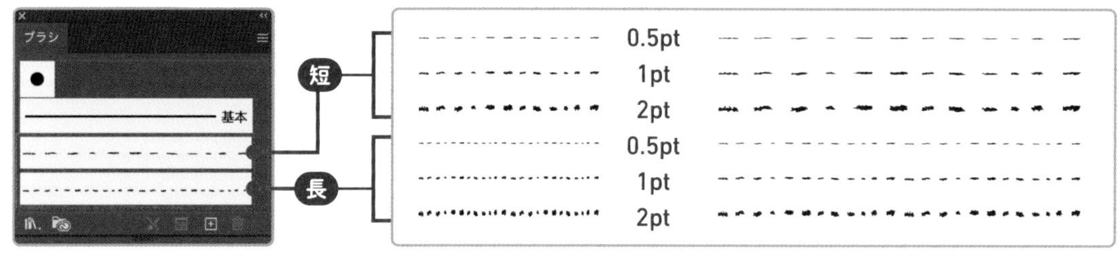

短いほうを長いパスに設定するとモチーフが引き伸ばされ、長いほうを短いパスに設定するとモチーフが圧縮される。[線幅]でブラシストロークの太さを変更すると、調整できる。

[ブラシ伸縮オプション]で**[ガイド間で伸縮]**を選択すると、引き伸ばす範囲★13を指定できます。

★13 伸縮範囲のデザインは、歪みが目立たないシンプルなものにするとよい。さらに[線]のみで構成されていれば、引き伸ばしても[線]自体に歪みが発生しない。

[ガイド間で伸縮]を選択すると、2本の点線のガイドが表示される。ガイドの外側は伸縮しない。端に複雑なデザインを持つモチーフの場合、これを利用すると、歪みを比較的減らすことができる。

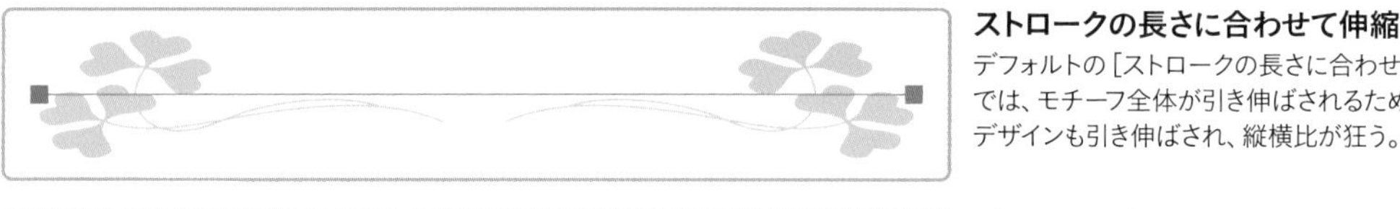

ストロークの長さに合わせて伸縮

デフォルトの[ストロークの長さに合わせて伸縮]では、モチーフ全体が引き伸ばされるため、両端のデザインも引き伸ばされ、縦横比が狂う。

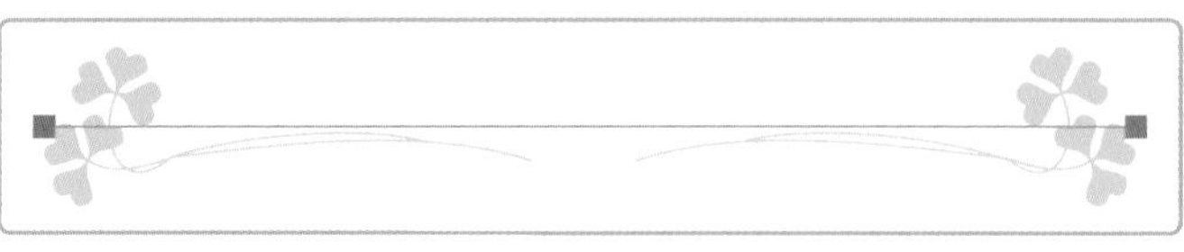

ガイド間で伸縮

[ガイド間で伸縮]に設定すると、両端のデザインの歪みを最小限におさえられる。

6-1-5 パターンブラシをつくる

パターンブラシは、**モチーフを隙間なく繰り返すブラシ**です。レースや縄編みのデザインをパターンブラシ化すると、使い勝手がよくなります。メインのパーツとは別に、**角のパーツも設定できる**ので、フレームなどもつくれます。メインのパーツを「**サイドタイル**」、★14 角のパーツを「**外角タイル**」と呼びます。

★14 シームレスな繰り返しの最小単位を、「タイル」と呼ぶ。

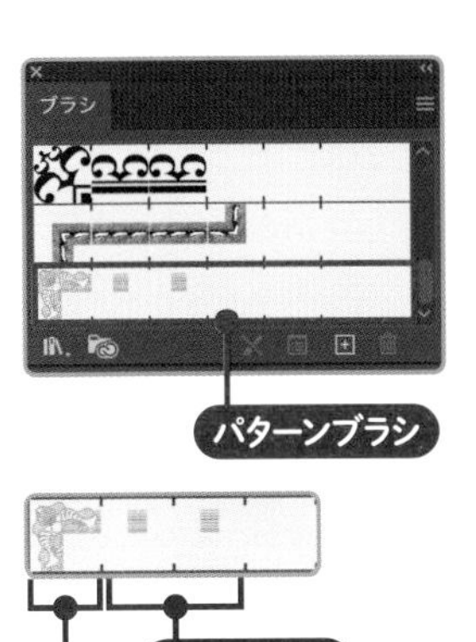

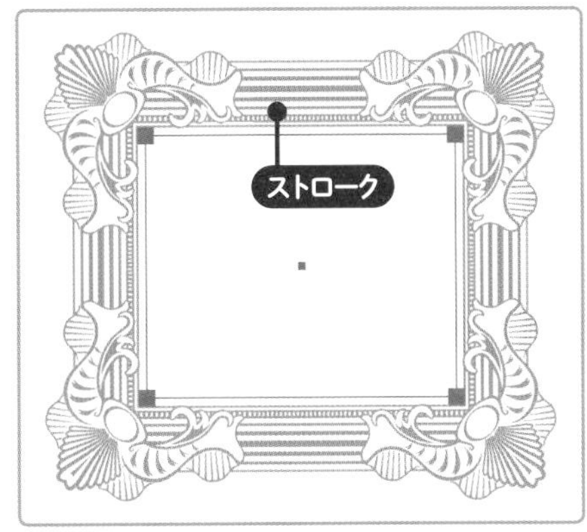

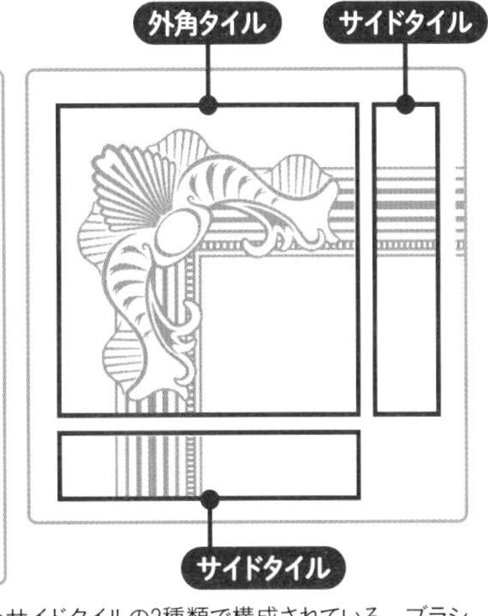

パターンブラシのブラシストロークは、おもに外角タイルとサイドタイルの2種類で構成されている。ブラシストロークに[オブジェクト]メニュー→[アピアランスを分割]を適用すると、パーツごとに分解できる。

このブラシをきれいに設定するには、**ブラシストロークのサイドタイルの歪みをチェック**します。サイドタイルは、**パスの長さやモチーフそのものの長さ、繰り返しの数のバランス**が悪いと、縦横に圧縮されて、歪みが目立ちます。この場合の解決策としては、**設定するパスのサイズや[線幅]を調整する**、**モチーフの長さを短めに変更してブラシをつくり直す**、★15 などの方法が考えられます。

パターンブラシ作成の流れは、他のブラシとほぼ同じです。他のブラシと比べて大変なのは、**継ぎ目がシームレスになるように、登録するモチーフを調整しなければならない**点にあります。手間がかかりますが、**アピアランス**を利用すると、効率よく作業できます。

パターンブラシのようなシームレスなブラシをつくるには、**境界線の定義**が必要です。Illustratorの場合、**オブジェクトの最背面に配置した透明な長方形は、境界線として機能する**という法則があります。

★15 ブラシパネルのブラシをキャンバスへドラッグすると、ブラシを構成する素材(パスや画像)を取り出せる。手を加えて再度ブラシとして登録することも可能。スウォッチパネルのパターンスウォッチも、同様の方法で素材を取り出せる。既存のブラシやパターンスウォッチの構造の研究もできる。

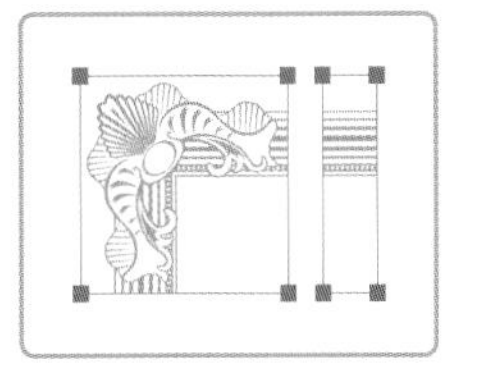

反転コピーでシームレスなサイドタイルをつくり、ブラシ化する

Step.1 サイドタイルの境界線にする〔W：10mm〕〔H：10mm〕の正方形★16を作成し、〔線〕に適当な色を設定する

Step.2 このレイヤー（境界）の上に新規レイヤー（描画）を作成し、モチーフの右半分を描く

Step.3 サイドタイルの境界線の正方形より大きい正方形★17を作成し、中心をサイドタイルの境界線に揃え、〔塗り：なし〕〔線：なし〕に設定する

Step.4 レイヤーパネルで「描画」レイヤーの○（ターゲットアイコン）をクリックして◎に変更したあと、〔効果〕メニュー→〔パスの変形〕→〔変形〕を選択し、〔変形効果〕ダイアログで〔水平方向に反転〕、〔コピー：1〕に設定して、〔OK〕をクリックする

Step.5 〔効果〕メニュー→〔パスの変形〕→〔変形〕を選択し、〔変形効果〕ダイアログで〔移動〕〔水平方向：10mm〕、〔コピー：2〕に設定して、〔OK〕をクリックしたあと、左右のつながりを確認しながら、モチーフの形状を調整する

★16 サイドタイルの境界線は、長方形でもOK。外角タイルは正方形にする必要がある。

★17 この正方形は、レイヤーに設定したアピアランスの適用範囲となる。こちらも、中心がサイドタイルの境界線に揃っていれば、長方形でもOK。

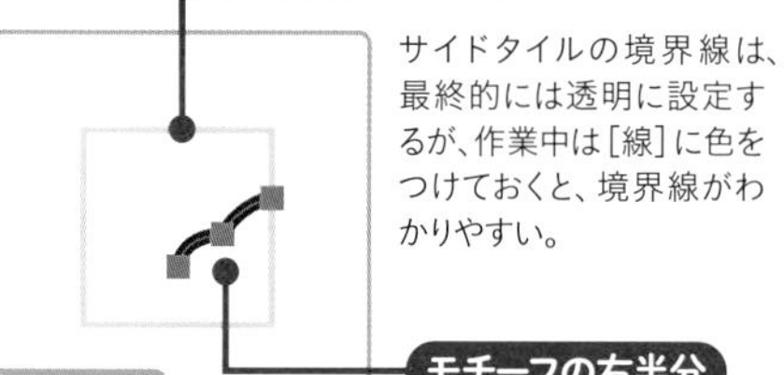

サイドタイルの境界線は、最終的には透明に設定するが、作業中は［線］に色をつけておくと、境界線がわかりやすい。

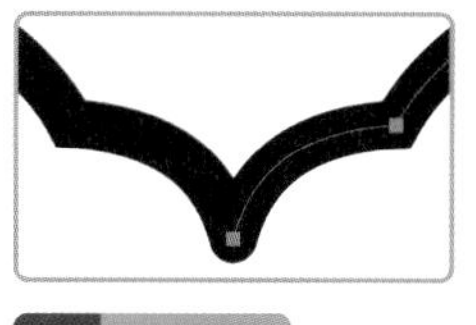

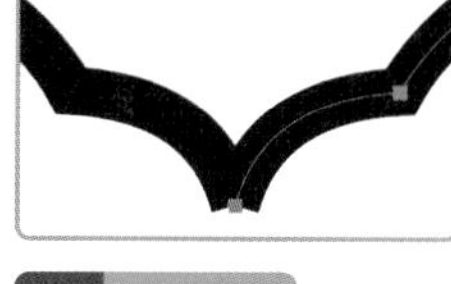

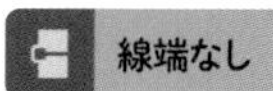

［線］でデザインする場合、［丸型線端］に設定すると、反転軸で滑らかにつながる。

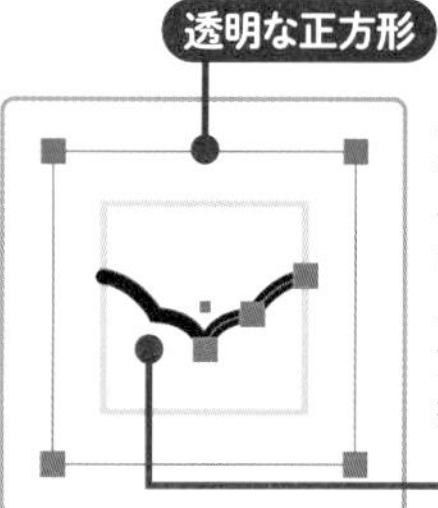

反転コピーのアピアランスをレイヤーに設定する場合、モチーフよりひと回り大きい透明な長方形を作成すると、その長方形の内側をアピアランスの適用範囲に指定できる。

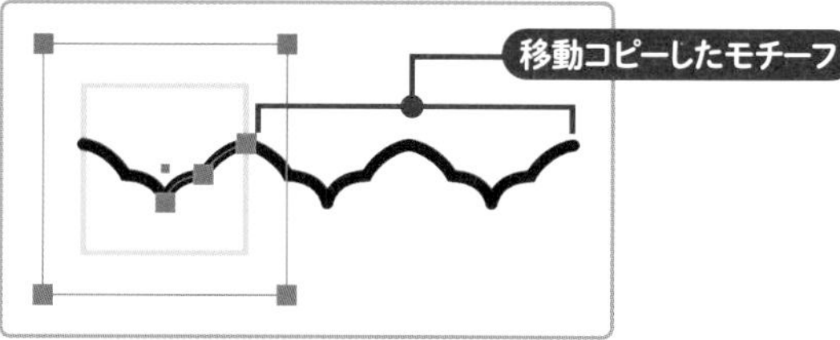

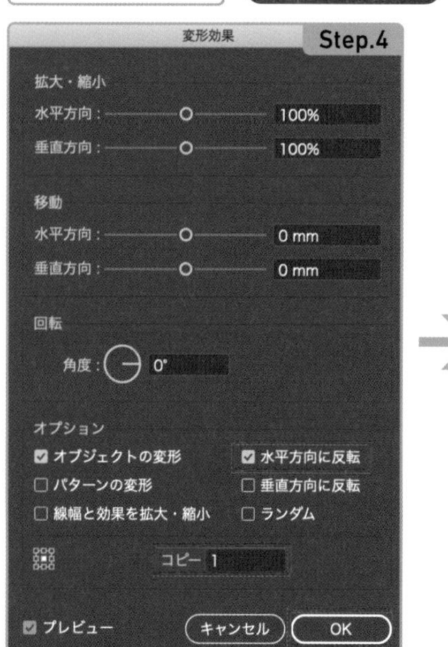

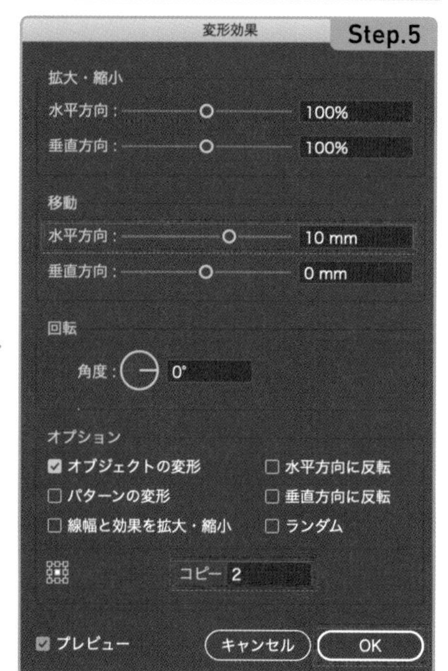

Step.6　「描画」レイヤーの〔選択中のアート〕をクリックしてレイヤーのすべてのオブジェクトを選択したあと、グループ化する

Step.7　「描画」レイヤーの○（ターゲットアイコン）をグループへドラッグして、アピアランスを移動したあと、★18 移動コピーの〔変形〕効果を非表示にする

Step.8　「境界」レイヤーの正方形（サイドタイルの境界線）を〔塗り：なし〕〔線：なし〕に変更したあと、すべてのオブジェクトを選択する

Step.9　ブラシパネルで〔新規ブラシ〕をクリックし、〔新規ブラシ〕ダイアログで〔パターンブラシ〕を選択して〔OK〕をクリックする

Step.10〔パターンブラシオプション〕ダイアログで〔OK〕をクリックする

★18　アピアランスをレイヤーに設定したために必要な操作。アピアランスをオブジェクトに設定している場合は不要。

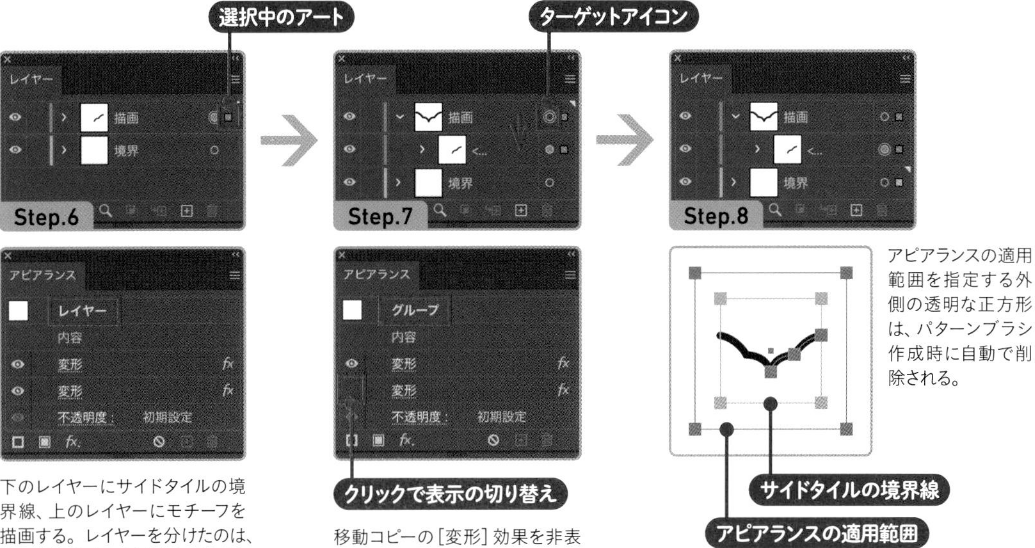

下のレイヤーにサイドタイルの境界線、上のレイヤーにモチーフを描画する。レイヤーを分けたのは、境界線を確実に最背面に配置するため。

移動コピーの〔変形〕効果を非表示にする。

クリックで表示の切り替え

アピアランスの適用範囲を指定する外側の透明な正方形は、パターンブラシ作成時に自動で削除される。

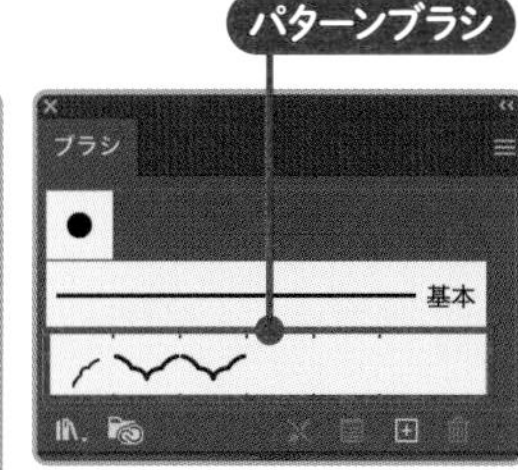

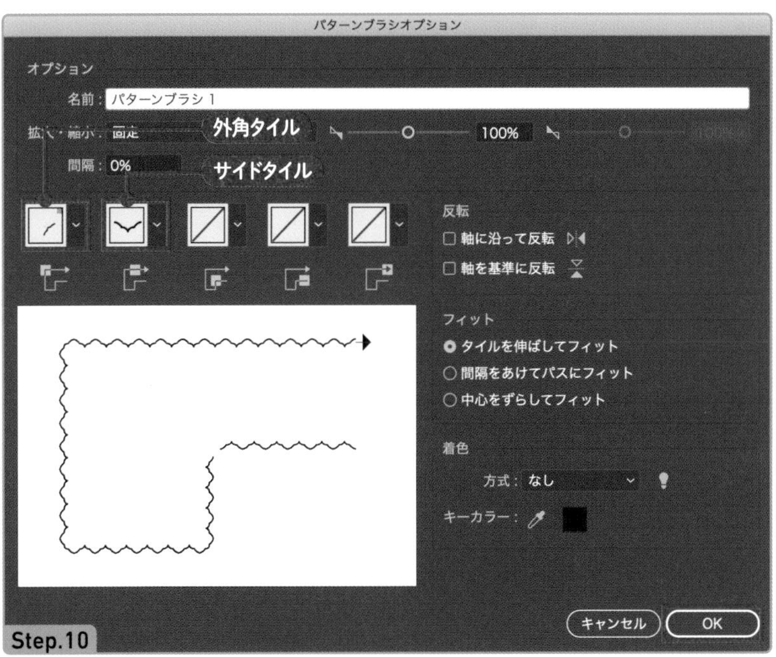

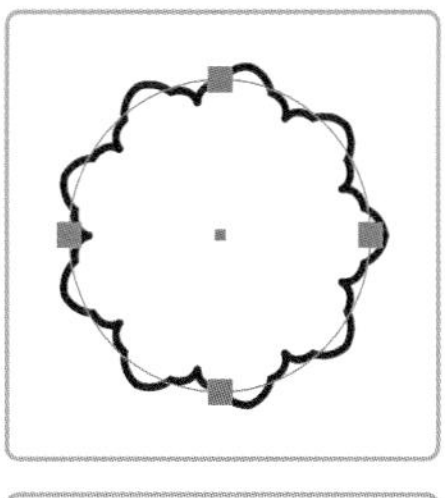

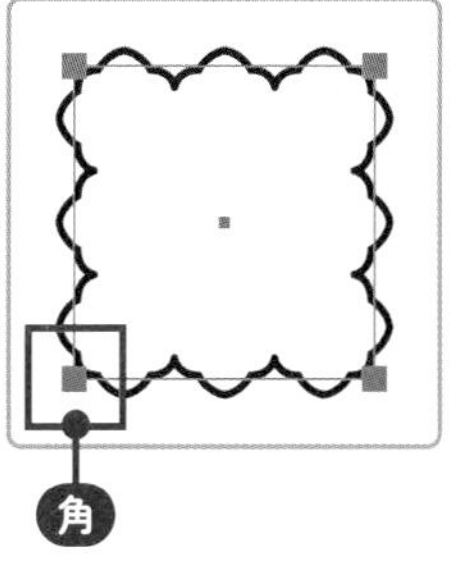

選択したオブジェクトは、［サイドタイル］に設定される。そのまま［OK］をクリックすると、パターンブラシを作成できる。ブラシを設定したパスがコーナーポイント（角）を持つ場合、自動生成された［外角タイル］が使用される。

モチーフがサイドタイルの境界線★19からわずかでもはみ出している場合、**透明な長方形で境界線を指定**する必要があります。アンカーポイントやセグメントがはみ出していなくても、**[線]の一部**がはみ出すことがあります。

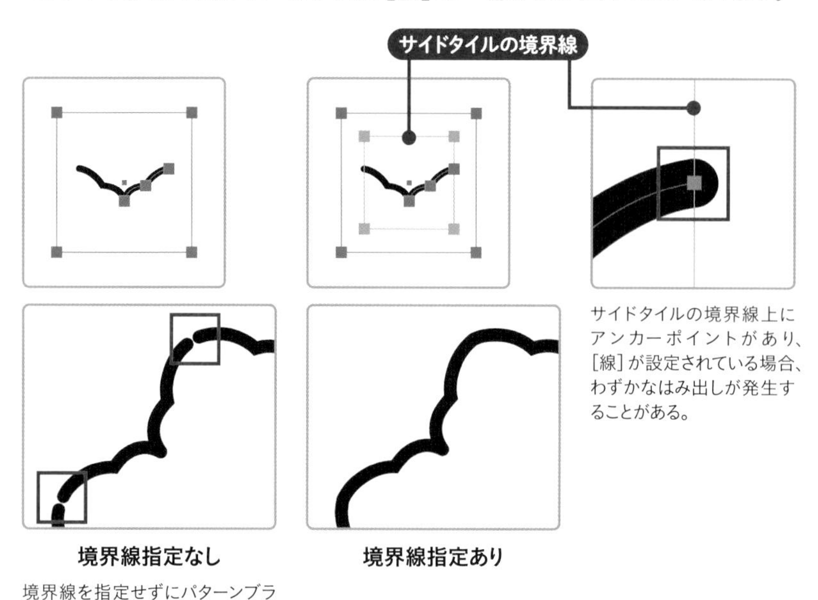

サイドタイルの境界線上にアンカーポイントがあり、[線]が設定されている場合、わずかなはみ出しが発生することがある。

境界線指定なし

境界線を指定せずにパターンブラシを作成すると、タイルの継ぎ目に隙間が発生する。

境界線指定あり

左右非対称のモチーフの場合、**移動コピー**を利用すると、シームレスなサイドタイルをデザインできます。水平方向に複製してトリミングしたあと、サイドタイルの境界線と一緒にパターンブラシを作成します。

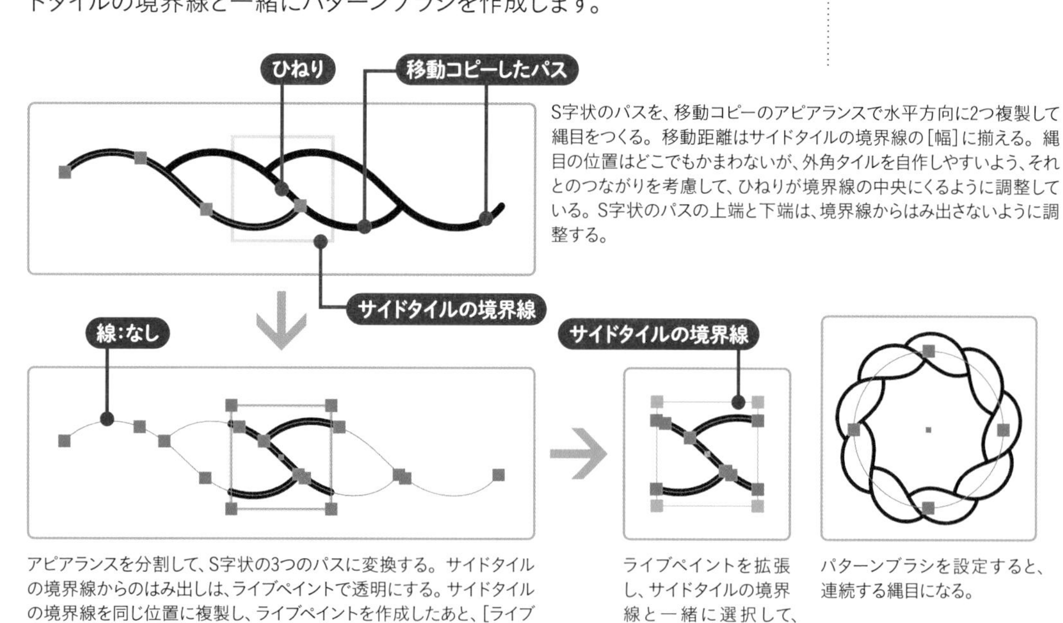

S字状のパスを、移動コピーのアピアランスで水平方向に2つ複製して縄目をつくる。移動距離はサイドタイルの境界線の[幅]に揃える。縄目の位置はどこでもかまわないが、外角タイルを自作しやすいよう、それとのつながりを考慮して、ひねりが境界線の中央にくるように調整している。S字状のパスの上端と下端は、境界線からはみ出さないように調整する。

アピアランスを分割して、S字状の3つのパスに変換する。サイドタイルの境界線からのはみ出しは、ライブペイントで透明にする。サイドタイルの境界線を同じ位置に複製し、ライブペイントを作成したあと、[ライブペイントツール]選択中に[shift]キーを押して[線]モードに切り替え、[線:なし]でクリックすると、透明にできる。

ライブペイントを拡張し、サイドタイルの境界線と一緒に選択して、パターンブラシを作成する。

パターンブラシを設定すると、連続する縄目になる。

★19 サイドタイルの境界線は、継ぎ合わせの位置を指定できるだけで、クリッピングマスクのようなトリミング機能はない。オブジェクトがサイドタイルの境界線より大幅にはみ出している場合、クリッピングマスクで不要な部分を隠す、パスファインダーパネルの[分割]やライブペイントなどを利用してはみ出しを切り分け、削除するなどの処理が必要となる。

6-1-6　シームレスな外角タイルをつくる

外角タイルは、**サイドタイルから自動的に生成**★20されます。ただし、それが理想どおりのものになるとは限りません。外角タイルも自作したほうが、きれいな仕上がりになることもあります。

★20　デフォルトは[自動スライス]が使用される。

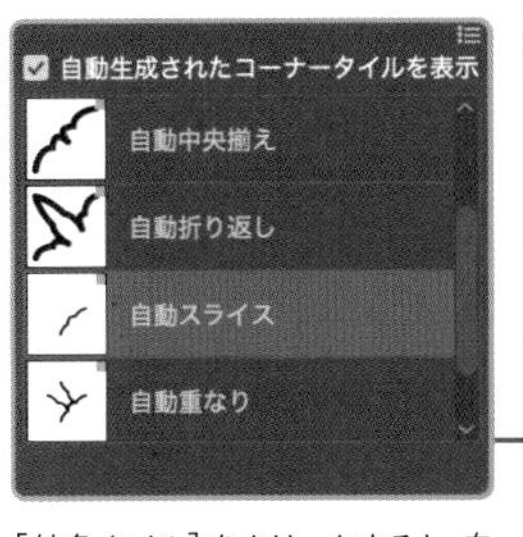

[外角タイル]をクリックすると、自動生成された候補が表示される。

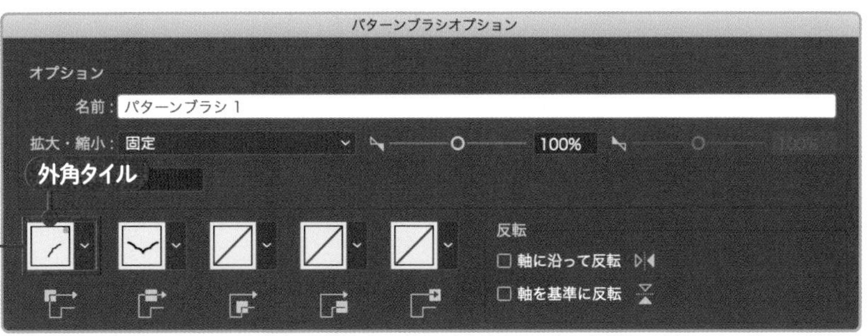

自動中央揃え

自動折り返し

自動スライス

自動重なり

外角タイルをサイドタイルとシームレスにつなげるには、**正確な位置合わせ**が必要です。境界線上の**アンカーポイントにスナップ**★21しながら描画すると、サイドタイルとシームレスにつなげることができます。

★21　別のレイヤーにあるパスのアンカーポイントにもスナップ可能。レイヤーをロックしても機能する。

外角タイルをデザインする

Step.1　レイヤー「境界」の正方形★22（サイドタイルの境界線）を複製したあと、サイドタイルの境界線に隙間なく隣り合うように配置し、［線］に適当な色を設定する

Step.2　新規レイヤー（角）を作成し、外角タイルの境界線より大きい正方形を作成して中心を外角タイルの境界線に揃え、［塗り：なし］［線：なし］に設定する

★22　サイドタイルの境界線は長方形でもかまわないが、外角タイルは縦横につなげる関係で、境界線を正方形にする必要がある。サイドタイルの境界線が長方形の場合、辺の長さをその長方形の高さに揃えた正方形で、外角タイルの境界線をつくる。

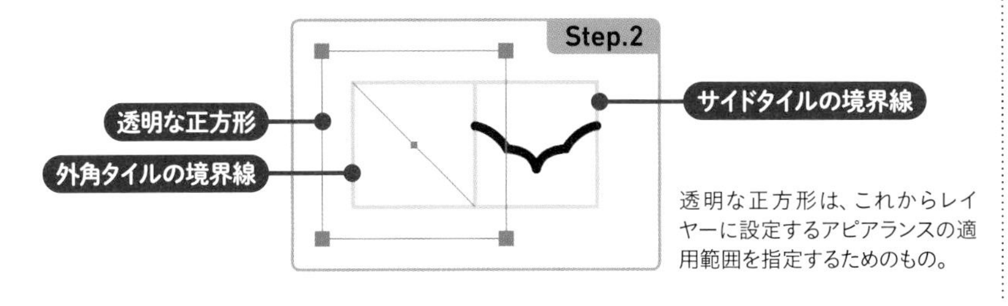

透明な正方形は、これからレイヤーに設定するアピアランスの適用範囲を指定するためのもの。

Step.3　レイヤーパネルで「角」レイヤーの○（ターゲットアイコン）をクリックして◎に変更したあと、〔効果〕メニュー→〔パスの変形〕→〔変形〕を選択し、〔変形効果〕ダイアログで〔角度：270°〕、★23〔垂直方向に反転〕、〔コピー：1〕に設定して、〔OK〕をクリックする

Step.4　アンカーポイントをスナップさせながら、外角タイルをデザインする

★23　Illustratorでは時計回りは負の値になり、360°－90°＝270°となる。

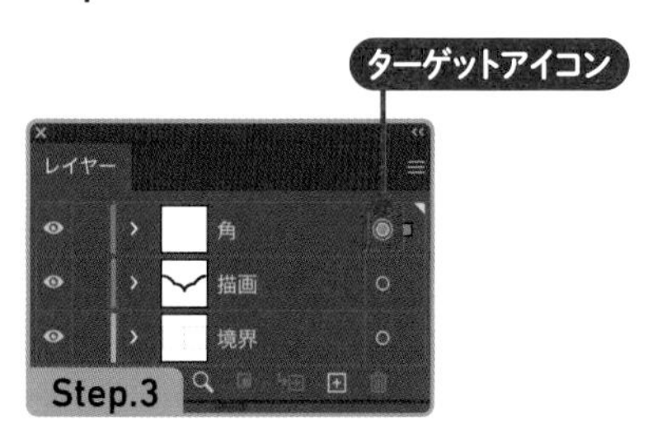

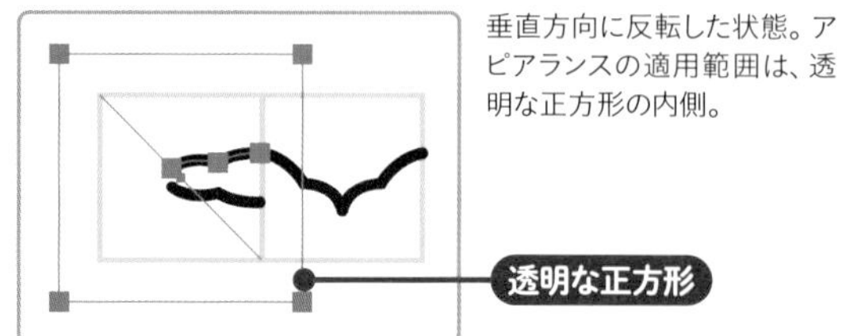

垂直方向に反転した状態。アピアランスの適用範囲は、透明な正方形の内側。

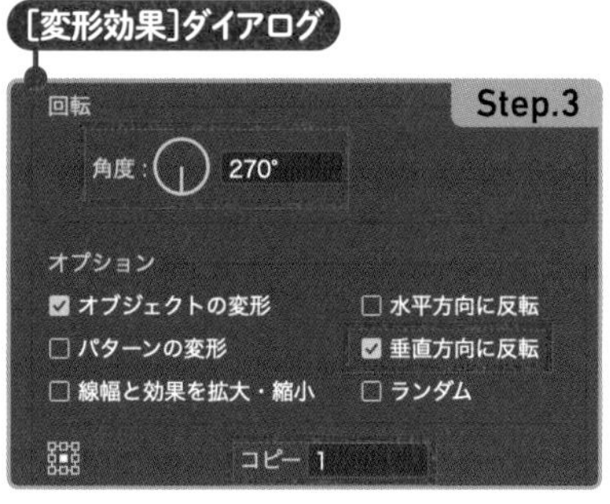

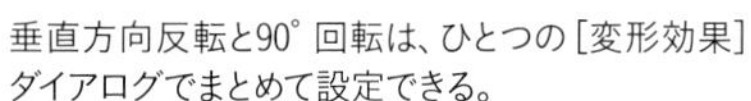
垂直方向反転と90°回転は、ひとつの〔変形効果〕ダイアログでまとめて設定できる。

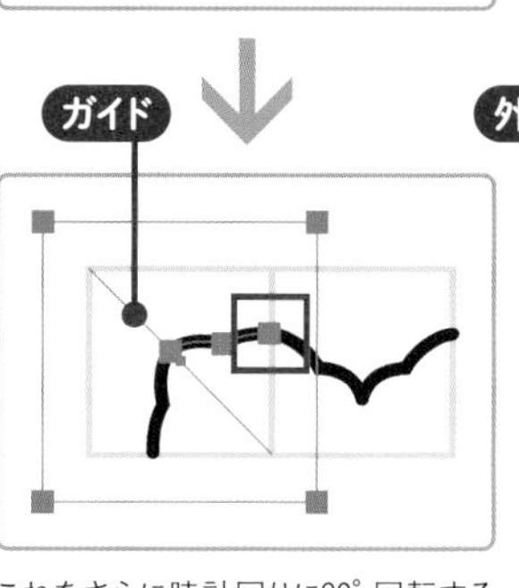

これをさらに時計回りに90°回転すると、45°の軸で反転した状態になる。45°の反転軸のガイドを作成し、そこにアンカーポイントをスナップさせると、角でシームレスにつながる。

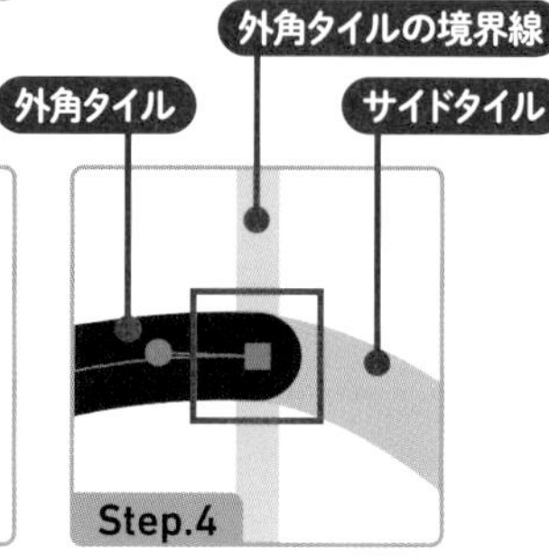

境界線上のアンカーポイントをサイドタイルのアンカーポイントにスナップさせると、シームレスにつなげることができる。

外角タイルのデザインをブラシに設定するには、**パターンスウォッチとしてスウォッチパネルに登録する**必要があります。**パターンブラシのパーツは、パターンスウォッチ**★24**から選択する**しくみになっています。

★24　〔パターンブラシオプション〕ダイアログで、〔外角タイル〕や〔サイドタイル〕の候補に表示されるのは、すべてパターンスウォッチ。サイドタイルのデザインも、パターンスウォッチとして登録すると、作成後に変更できる。

外角タイルをパターンブラシに設定する

Step.1　「境界」レイヤーの外角タイルの境界線を、〔塗り：なし〕〔線〕なしに変更する

Step.2　「角」レイヤーのオブジェクトをグループ化したあと、レイヤーのアピアランスをグループへ移動する

Step.3　「境界」レイヤーの外角タイルの境界線と、「角」レイヤーのオブジェクトを、〔選択ツール〕でスウォッチパネルへドラッグして登録する

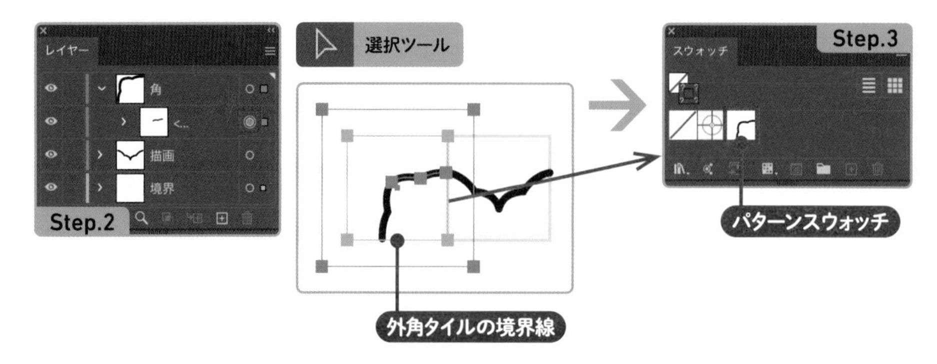

Step.4 ブラシパネルのブラシをダブルクリックして［パターンブラシオプション］ダイアログを開き、［外角タイル］のメニューから登録したパターンスウォッチを選択して、［OK］をクリックする

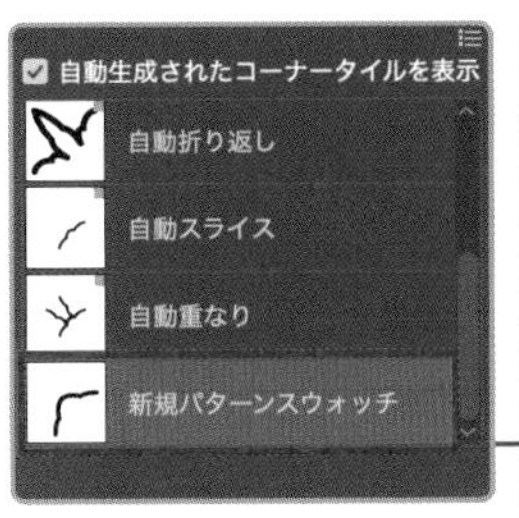

パターンスウォッチがメニューに表示される。

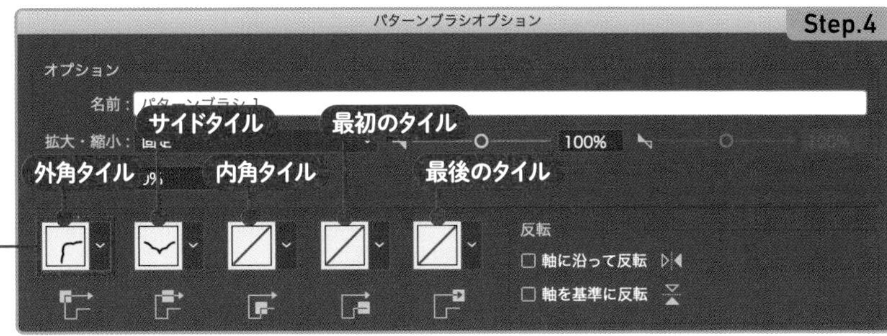

［最初のタイル］と［最後のタイル］には、端点のデザインを設定できる。作成と登録の手順は［外角タイル］と同じ。

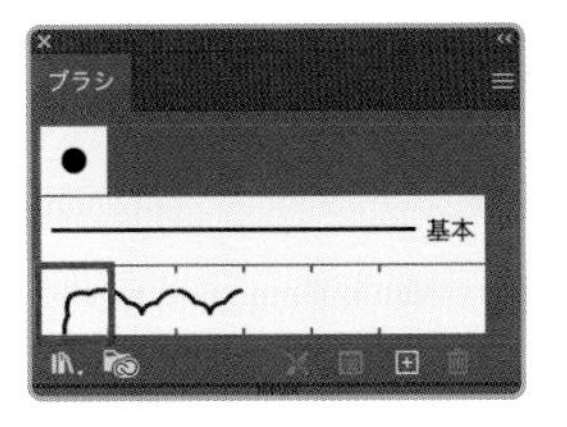

ブラシのサムネールも更新される。

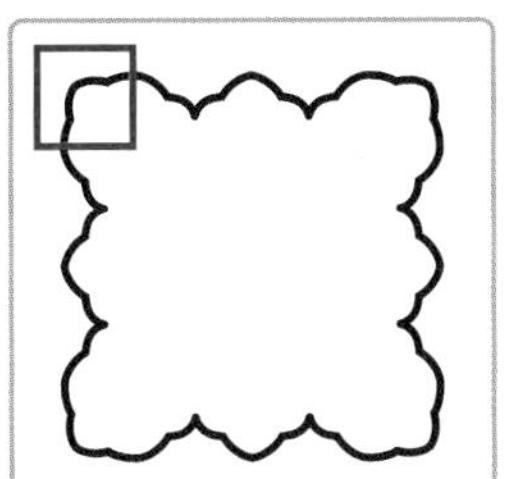

山型のレースの場合、サイドタイルの境界線の中央に山をつくる方法と、谷をつくる方法の2種類があるが、谷でデザインすると、外角タイルにつなげやすい。

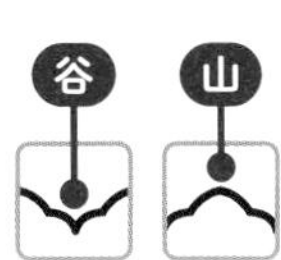

左右非対称なモチーフの場合、**縦にもつながるようにデザインする**必要があります。サイドタイルを複製して90°回転したものを、外角タイルの下に配置し、外角タイルの境界線上のアンカーポイントをスナップさせると、シームレスにつなげることができます。★25

★25　外角タイルのデザインはコーナーポイントに使用される。シームレスに作成しても、0°や180°に近い角では、歪みが発生する。90°に近い角が、最もきれいに仕上がる。

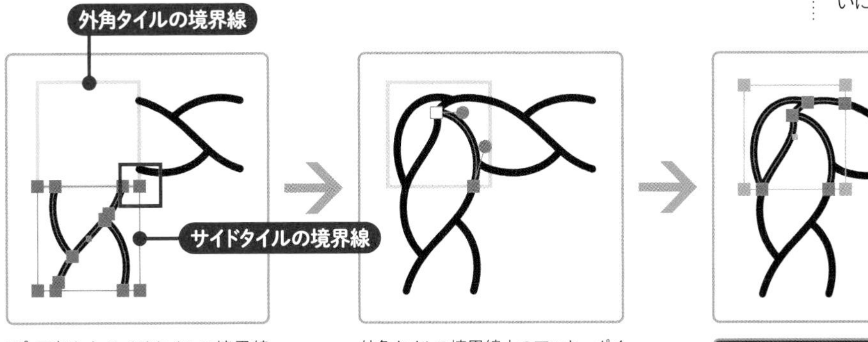

90°回転したサイドタイルの境界線の角を、外角タイルの境界線の角にスナップさせて配置する。

外角タイルの境界線上のアンカーポイントを、サイドタイルにスナップさせる。

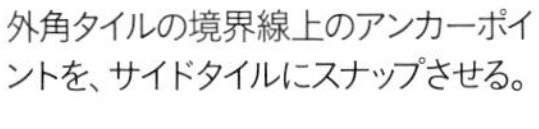

透明に変更した外角タイルの境界線と一緒に、パターンスウォッチとして登録する。

パターンブラシの［外角タイル］を変更する。

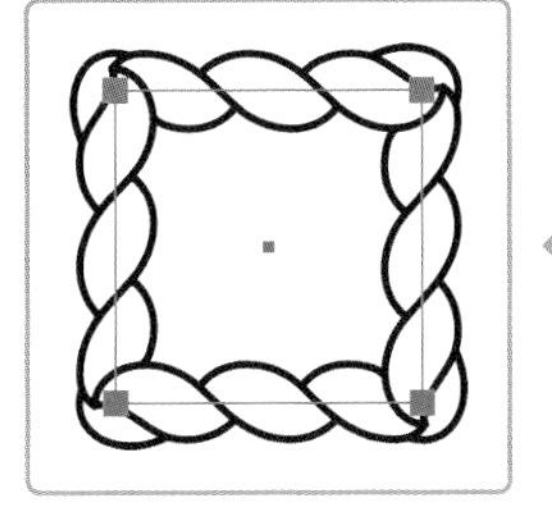

6-2 スウォッチで表現するパターン

- パターンは［塗り］や［線］の設定なので、あとから変更可能
- パターンのタイリングには、ウィンドウ定規の原点が影響する
- パターンを拡張すると、パスや画像の集合体に変換できる
- パターンの密度や角度は、［パターンの変形］に設定した拡大・縮小や回転、［変形］効果のアピアランスで調整できる
- Illustratorには、自動でパターンスウォッチを作成できるメニューがある

6-2-1 パターンスウォッチを使う

Illustratorで「パターン」というとき、一般的には、**パターンスウォッチ**★1やそれを使用した表現のことを指します。パターンスウォッチは**スウォッチの一種**で、［塗り］や［線］に設定すると、アートワークに**規則的な連続模様**を取り入れることができます。スウォッチパネルで**スウォッチのサムネールに模様が表示されているもの**が、パターンスウォッチです。

ブラシ同様、パターンも単なる設定なので、、何度でも変更可能です。また、**パターンスウォッチのライブラリ**★2も用意されており、ブラシライブラリと同様の手順で開けます。

★1　前の節で、外角タイルのデザインをブラシに組み込むときに使用したものと同じ。

★2　パターンスウォッチのライブラリは、スウォッチライブラリの一部。［ウィンドウ］メニュー→［スウォッチライブラリ］→［パターン］を選択し、その下の階層からライブラリを選択する。スウォッチパネルやスウォッチライブラリパネルの［スウォッチライブラリメニュー］をクリックして開くことも可能。ライブラリのパターンスウォッチをクリックすると、スウォッチパネルに読み込まれる。他のファイルのパターンは、［スウォッチライブラリメニュー］→［その他のライブラリ］のほか、それを設定したオブジェクトのコピー＆ペーストでも持ち込める。このあたりのしくみも、ブラシと同じ。

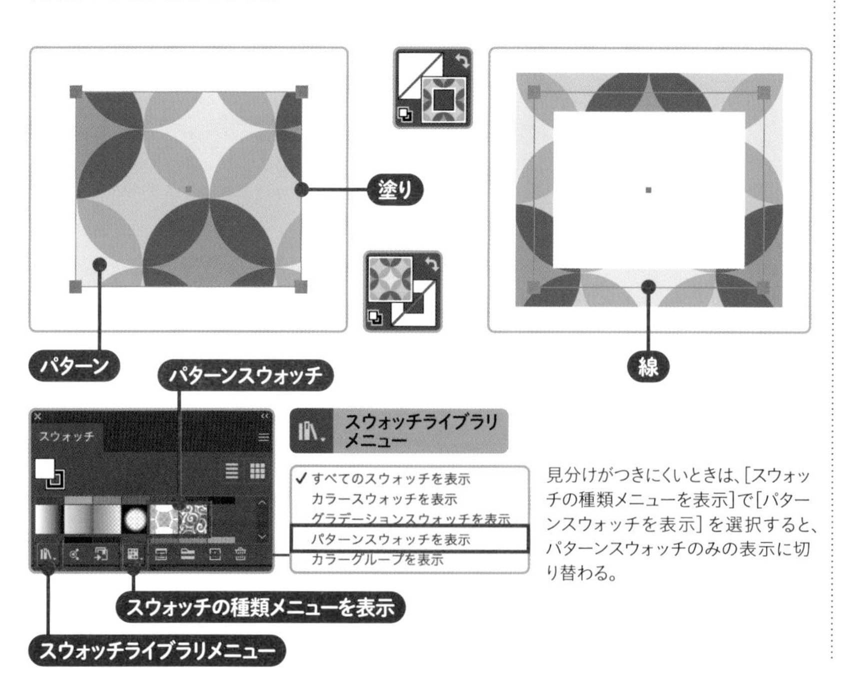

見分けがつきにくいときは、［スウォッチの種類メニューを表示］で［パターンスウォッチを表示］を選択すると、パターンスウォッチのみの表示に切り替わる。

6-2-2 パターンの図柄の位置をコントロールする

Illustratorのパターンスウォッチは、**パターンタイル**★3**を縦横に敷き詰める(タイリングする)**ことで、模様を表現するしくみになっています。**タイリングの基準点**は、デフォルトでは**ウィンドウ定規の原点**になります。**ウィンドウ定規の原点の位置を変更すると、図柄が移動**します。定規は、**[表示]メニュー→[定規]→[定規を表示]**のほか、**プロパティパネルの[定規とグリッド]で[定規を表示]をクリック**することでも、表示／非表示を切り替えできます。

Illustratorの定規にはもうひとつ、**アートボード定規**★4というものがあり、こちらはパターンに影響しません。定規の原点を頻繁に変更する場合は、こちらを使用したほうがよいでしょう。アートボード定規に変更するには、**定規にカーソルを合わせたあと、[control]キーを押しながらクリック(右クリック)し、メニューから[アートボード定規に変更]を選択**します。★5 このメニューは**[表示]メニュー→[定規]**にもあります。

★3　パターンタイルは、オブジェクトを長方形でトリミングしたもの。

★4　この定規は、アートボードごとに原点を設定できる。

★5　この操作は、定規の種類の確認にも使える。メニューに[アートボード定規に変更]と表示されたら、現在表示されているのはウィンドウ定規。[アートボード定規に変更]を選択すると、メニュー名は[ウィンドウ定規に変更]に変わる。

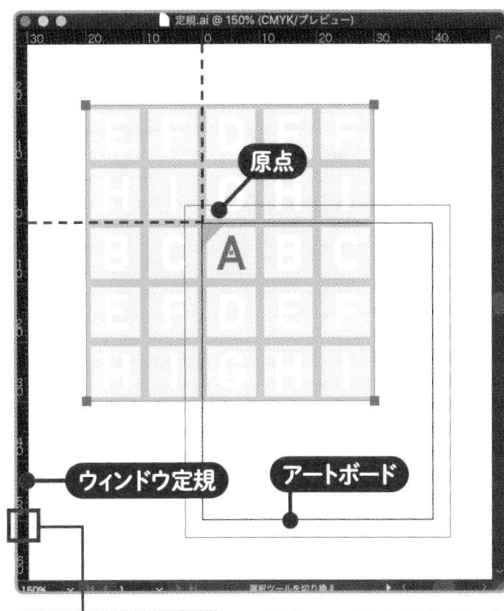

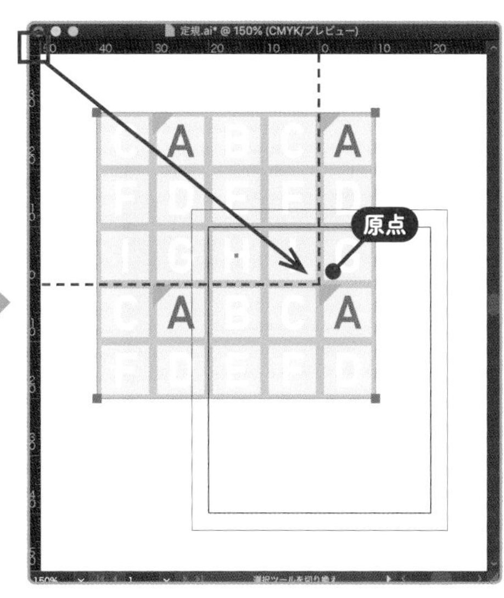

ピクセル
ポイント
パイカ
歯
インチ
フィート
フィートとインチ
ヤード
✓ミリメートル
センチメートル
メートル
アートボード定規に変更

ウィンドウ定規使用中は、[アートボード定規に変更]と表示される。

新規ファイルの場合、アートボードの左上角がウィンドウ定規の原点となる。パスにパターンを設定すると、タイリングの基準点が、アートボードの左上角に揃う。

定規を表示

未選択状態(選択なし)のプロパティパネルで切り替えできる。

ウィンドウ定規の原点を変更すると、パターンの図柄の位置が変わる。

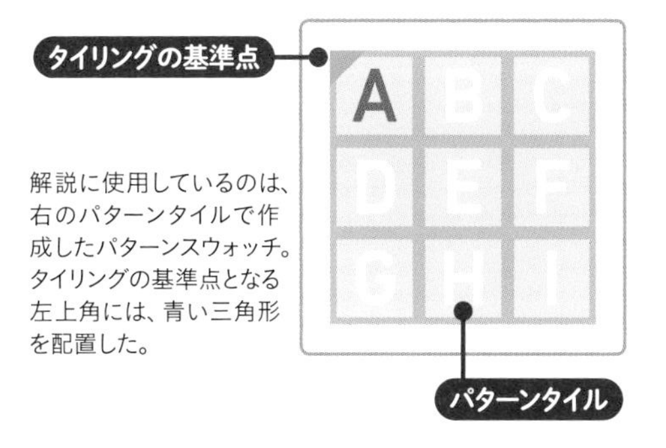

解説に使用しているのは、右のパターンタイルで作成したパターンスウォッチ。タイリングの基準点となる左上角には、青い三角形を配置した。

デフォルトでは、パターンスウォッチを使用したオブジェクトを移動すると、図柄の位置が変わります。位置を変えずに移動するには、**変形パネルのメニュー**から**[オブジェクトとパターンを変形]**または**[パターンのみ変形]**に設定します。この設定は、**[環境設定]ダイアログ**や**[拡大・縮小]ダイアログ**、**[回転]ダイアログ**にもあり、**同期**します。★6

図柄の位置は、**[～]キー+ドラッグ**で調整することもできます。ただしこれも、ウィンドウ定規の原点を変更すると、位置が変わってしまいます。調整後は、誤ってウィンドウ定規の原点を変更しないように注意します。

★6 環境設定、変形パネルのメニュー、[拡大・縮小]ダイアログなどの[オプション]の設定は同期する。影響を受ける項目は、[オブジェクトの変形][パターンの変形][線幅と効果を拡大・縮小][角を拡大・縮小]。これらの設定は、移動や拡大・縮小などの変形にも影響する。イレギュラーな設定に変更したら元に戻すようにすると、次の作業で混乱しない。**P98**参照。

ドラッグで図柄の位置を変更する

Step.1 〔選択ツール〕を選択し、パターンを設定したオブジェクトにカーソルを重ねる
Step.2 〔～〕キーを押しながらドラッグする

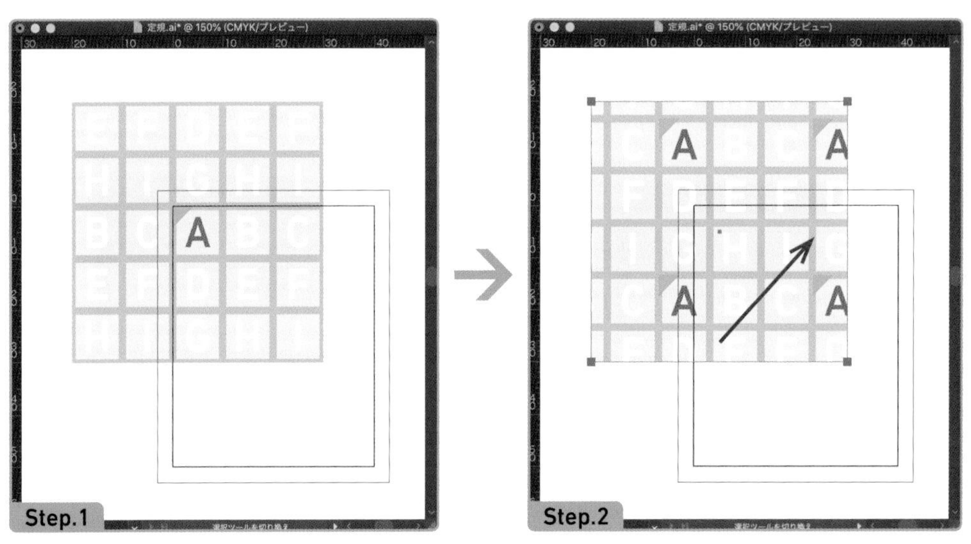

[選択ツール]でカーソルを重ねたあと、「～」キーを押しながらドラッグすると、パターンの図柄のみが移動する。

パターンスウォッチを使用したオブジェクトを、**他のファイルにコピー&ペーストする場合、**★7 **パターンの図柄の位置が変わることを想定**しておきましょう。位置を変えないためには、**[オブジェクトとパターンを変形]または[パターンのみ変形]に設定した状態で、コピー&ペーストする**、という方法があります。ただしそれでも、ペースト先のファイルでウィンドウ定規の原点を変更すると、図柄の位置は変わってしまいます。

★7 ファイル間を移動することが予想される場合、パターンを拡張するか、アピアランスを利用してオブジェクトをパターン状に配置するとよい。

6-2-3 パターンを拡張する

パターンスウォッチを設定したオブジェクトは、**パスや画像の集合体に変換**できます。この操作を「**パターンの拡張**」と呼びます。拡張しておくと、ファイルや環境が変わっても、図柄の位置は変わりません。ただし、パターンスウォッチが複雑なパスでつくられていると、拡張によって、ファイルサイズが大幅に増大することがあります。

パターンを拡張すると、パターンタイルを敷き詰めた面を**<クリッピングパス>**でトリミングした**<クリップグループ>**に変換されます。★8 **パターンを設定していた[塗り]や[線]をアウトライン化したもの**が、<クリッピングパス>になります。

単色の水玉模様やストライプなど、単純なパターンの場合は、同色のパスを合体してまとめると、扱いやすく、軽量化も図れます。

★8 クリッピングマスクを作成した状態に相当。

★9 [分割・拡張]は、パターンスウォッチを設定したオブジェクトをパスや画像の集合体に変換したり、グラデーションをグラデーションメッシュに変換できるメニュー。パターンスウォッチやグラデーションが設定されていない場合は、[塗り]や[線]ごとのパスに分割され、[線]はアウトライン化される。なお、[分割・拡張]は、ブラシストロークは対象外。ブラシストロークをパスや画像の集合体に変換するには、[アピアランスを分割]を適用する。

パターンを拡張する

Step.1 **パターンスウォッチを設定したオブジェクトを選択し、〔オブジェクト〕メニュー→〔分割・拡張〕★9 を選択する**

Step.2 **〔分割・拡張〕ダイアログで〔OK〕をクリックする**

[塗り]にパターンスウォッチを設定したオブジェクトを選択する。

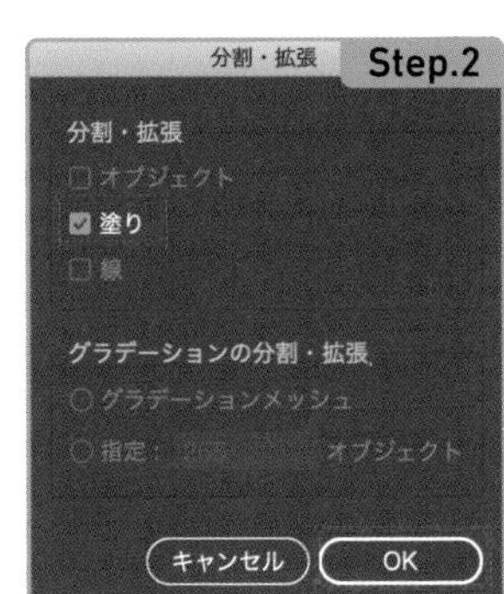

パターンスウォッチを設定した[塗り]に、自動でチェックが入る。[線]にパターンスウォッチを設定している場合、[線]にもチェックが入る。チェックを外すと、分割・拡張の対象から外すことができる。

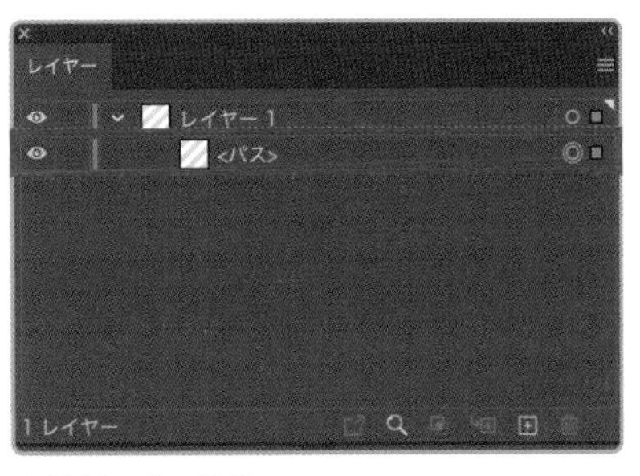

分割・拡張前の状態。

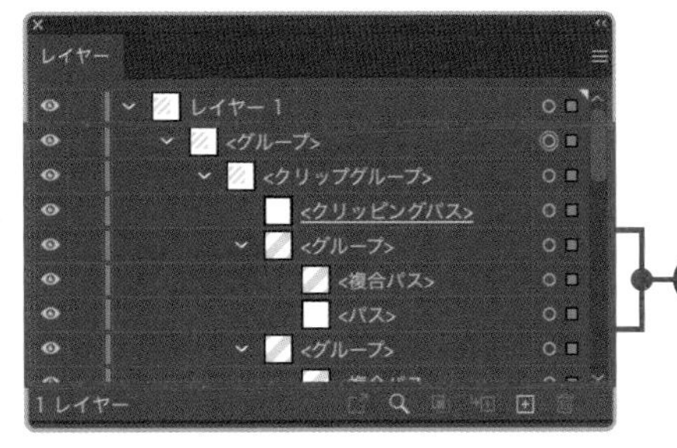

オブジェクトの構造は大幅に変化するが、見た目は変化しない。

拡張済みのパターンの同色のパスを合体する

Step.1 パスファインダーパネルのメニューから［パスファインダーオプション］を選択し、［パスファインダーオプション］ダイアログで［余分なポイントを削除］と［分割およびアウトライン適用時に塗りのないアートワークを削除］にチェックを入れて、★10 ［OK］をクリックする

Step.2 パターン拡張済みのオブジェクトを選択し、パスファインダーパネルで［分割］と［合体］を順にクリックする

★10 ［パスファインダーオプション］ダイアログのチェックは、両方とも入れておくとよい。チェックが入っていると、作業中に自動で無駄なパスやアンカーポイントが除去される。なお、この変更は、Illustratorを終了するとリセットされる。

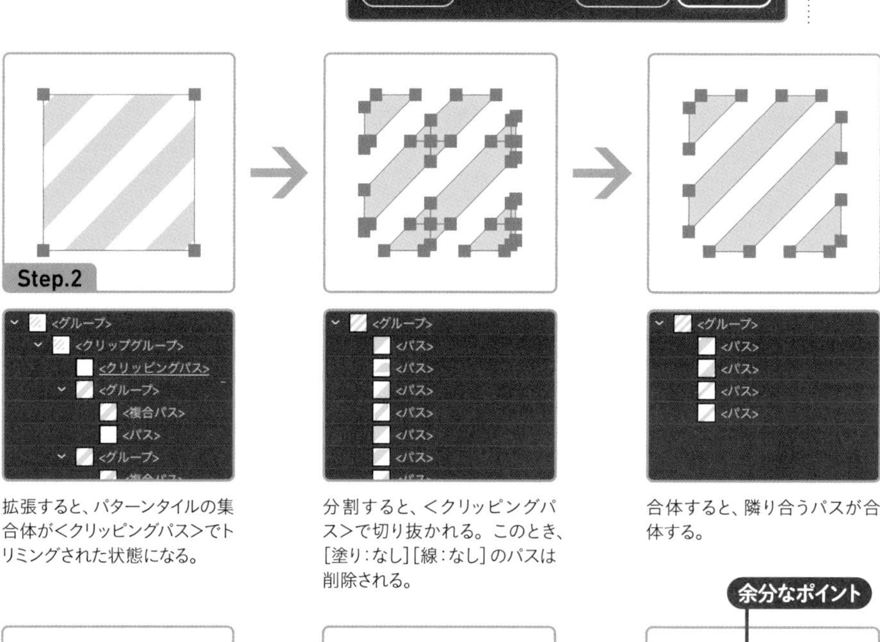

拡張すると、パターンタイルの集合体が<クリッピングパス>でトリミングされた状態になる。

分割すると、<クリッピングパス>で切り抜かれる。このとき、［塗り：なし］［線：なし］のパスは削除される。

合体すると、隣り合うパスが合体する。

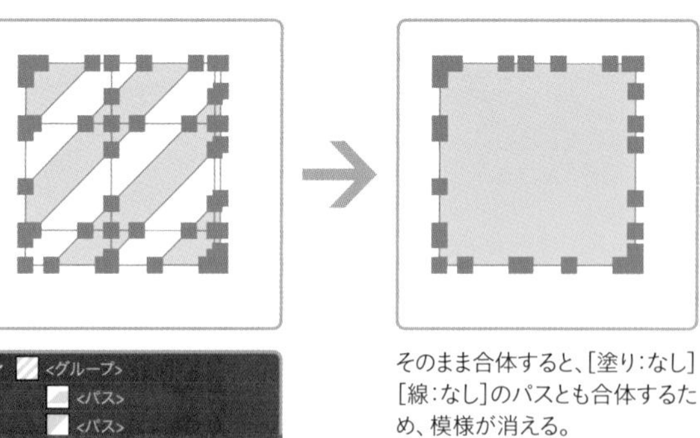

［分割およびアウトライン適用時に塗りのないアートワークを削除］にチェックを入れずに［分割］を適用すると、透明部分も［塗り：なし］［線：なし］のパスに変換される。

そのまま合体すると、［塗り：なし］［線：なし］のパスとも合体するため、模様が消える。

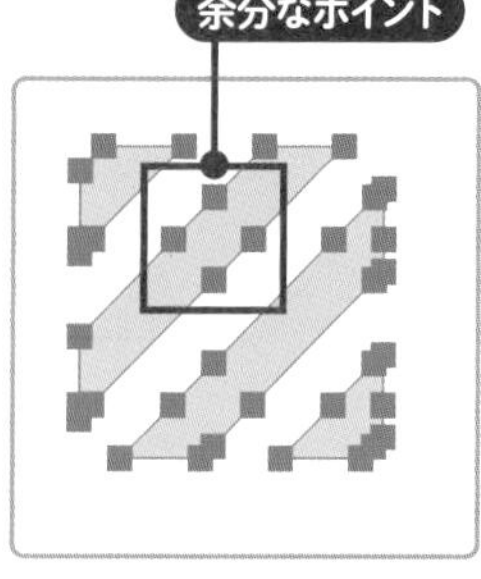

［余分なポイントを削除］にチェックを入れずに［合体］を適用すると、直線のセグメントの途中のアンカーポイントがそのまま残る。

6-2-4 パターンの図柄の密度や角度を変更する

図柄の位置だけではなく、**密度や角度**も変更できます。変更は、オブジェクトの変形にも使用する**[拡大・縮小]ダイアログ**や**[回転]ダイアログ**を経由しておこないます。★11

★11 パターンの図柄の密度や角度をリセットするには、パターンを設定した[塗り]や[線]に、いったんカラースウォッチなどを設定したあと、再度パターンスウォッチを設定する。

パターンの図柄の密度を変更する

Step.1 オブジェクトを選択したあと、ツールバーで〔拡大・縮小ツール〕をダブルクリックする★12

Step.2 〔拡大・縮小〕ダイアログの〔オプション〕で〔パターンの変形〕のみにチェックを入れる★13

Step.3 〔拡大・縮小〕の〔縦横比を固定〕に比率を入力し、〔OK〕をクリックする

★12 [拡大・縮小]ダイアログは、[オブジェクト]メニュー→[変形]→[拡大・縮小]でも開く。

★13 [オプション]で[オブジェクトの変形]のみにチェックを入れると、パターンの図柄の密度を保持したまま、オブジェクトだけを変形できる。[オプション]の設定は、環境設定や変形パネルと同期する。

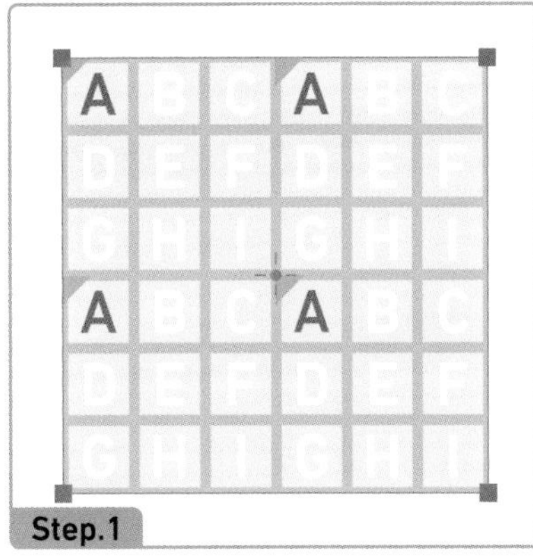

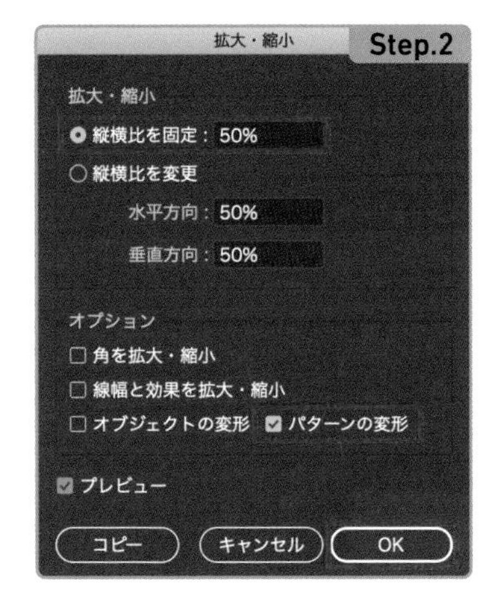

縦横比を固定:50%

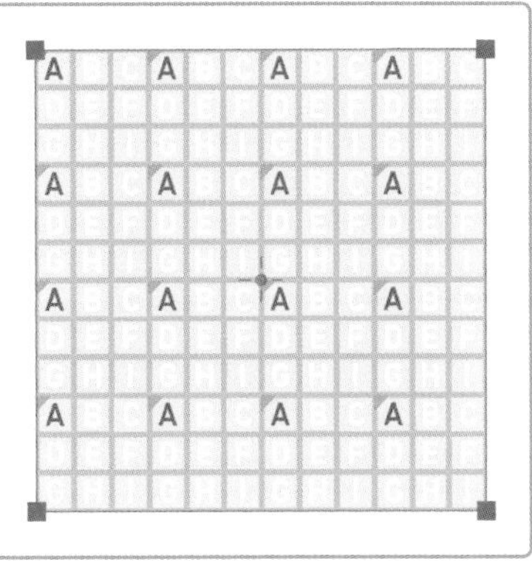

縦横比を固定:150%

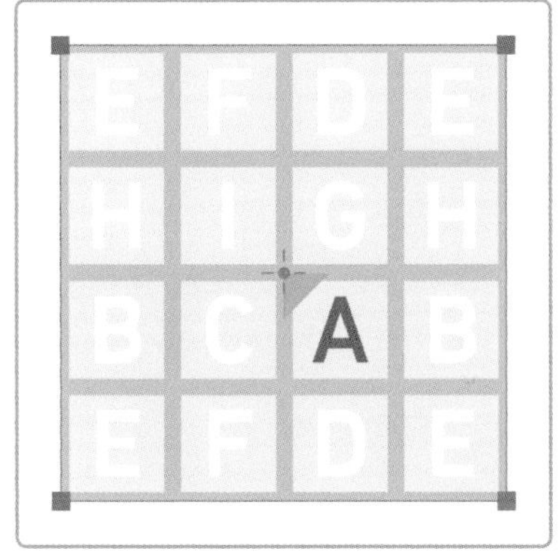

パスの形状は変化せず、[塗り]に設定したパターンスウォッチのタイルを拡大・縮小することで、図柄の密度だけが変化する。なお、[塗り]と[線]両方にパターンスウォッチを設定した場合、アピアランスパネルで[塗り]のみを選択していても、[線]のパターンも拡大・縮小の対象になる。

図柄の角度を変更する場合は、**[回転ツール]をダブルクリック**し、**[回転]ダイアログ**★14で **[パターンの変形]** のみにチェックを入れます。

★14 [回転]ダイアログは、[オブジェクト]メニュー→[変形]→[回転]でも開く。[オブジェクトの変形]のみにチェックを入れると、パターンの図柄の角度を保持したまま、オブジェクトだけを回転できる。拡大・縮小同様、[オプション]の設定は、環境設定などとも同期する。

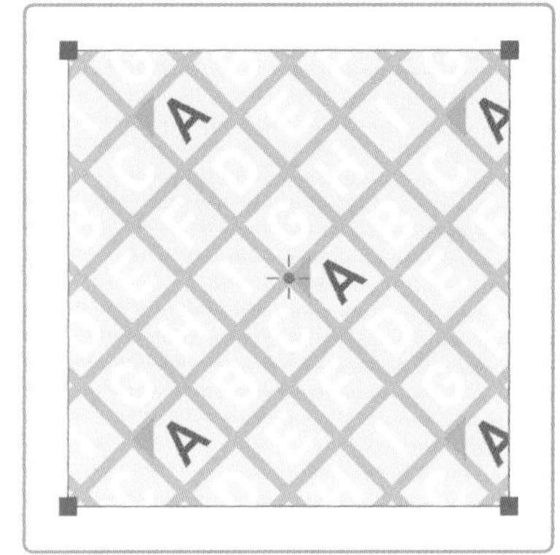

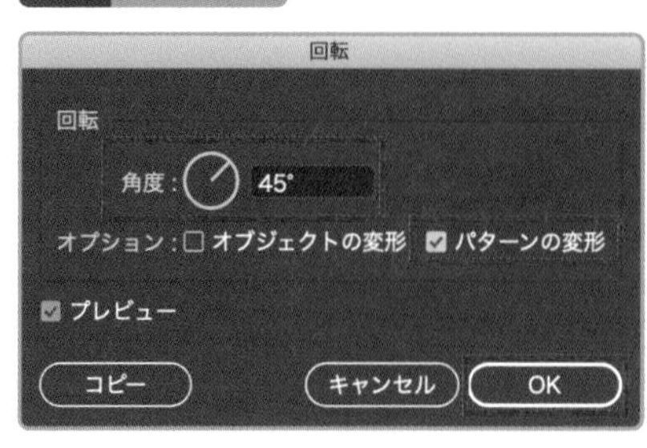

アピアランスを利用すると、**密度と角度を同時に調整**★15できます。

★15 密度と角度の同時調整は、[個別に変形]ダイアログでも可能。[オブジェクト]メニュー→[変形]→[個別に変形]で開く。アピアランスを設定するまでもない（数値が確定している）場合に便利。

アピアランスで密度と角度を調整する

Step.1 オブジェクトを選択し、〔効果〕メニュー→〔パスの変形〕→〔変形〕を選択する

Step.2 〔変形効果〕ダイアログの〔オプション〕で〔パターンの変形〕のみにチェックを入れたあと、〔拡大・縮小〕の比率や〔回転〕の〔角度〕を変更し、〔OK〕をクリックする

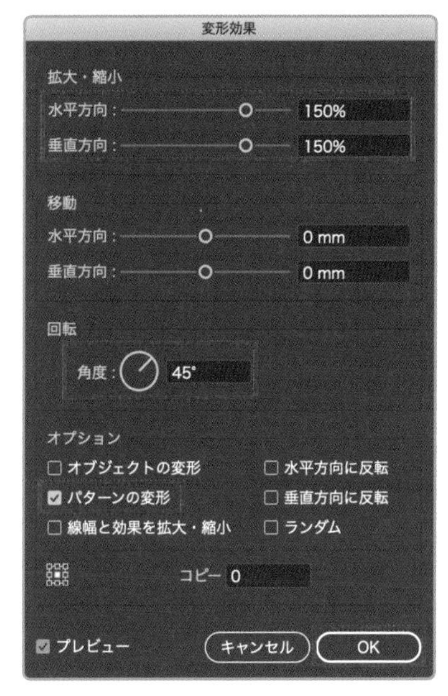

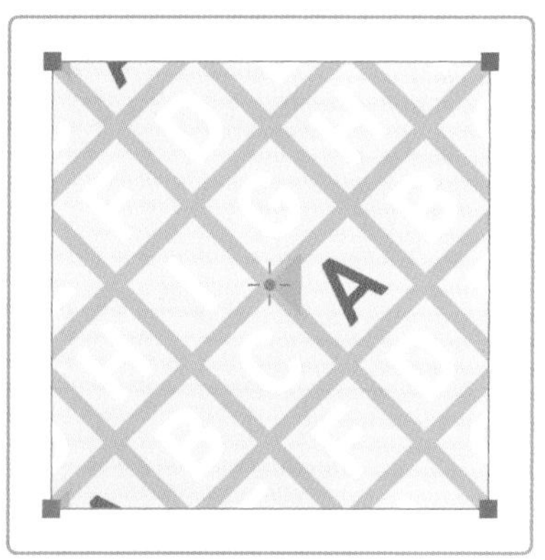

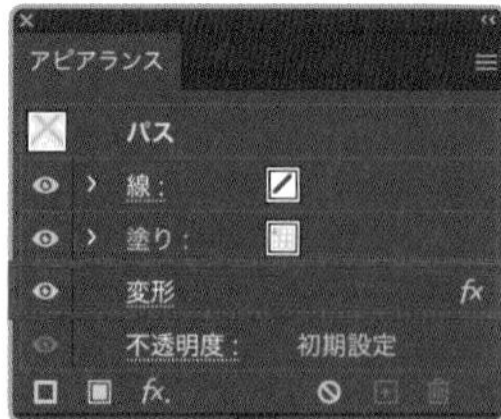

アピアランスの場合、変更やリセットが可能。また、[塗り]や[線]ごとに設定できるメリットもある。

6-2-5　メニューを利用したパターン制作

Illustratorでは、**オブジェクトを選択してメニューを適用する**★16だけで、シームレスなパターンスウォッチを作成できます。デフォルトの設定で[完了]をクリックするだけでも、パターンを作成できます。

★16　オブジェクトを上下左右に等間隔で複製して並べたものを、パターンスウォッチ化する機能。タイルの境界線を作成する手間が省ける。

水玉模様のパターンスウォッチをつくる

Step.1　円を描いたあと選択し、〔オブジェクト〕メニュー→〔パターン〕→〔作成〕を選択する

Step.2　パターンオプションパネルで〔タイルの種類：レンガ（横）〕に変更し、タイルサイズ（〔幅〕と〔高さ〕）で隙間を調整する

Step.3　ウィンドウ上端の〔完了〕をクリックする

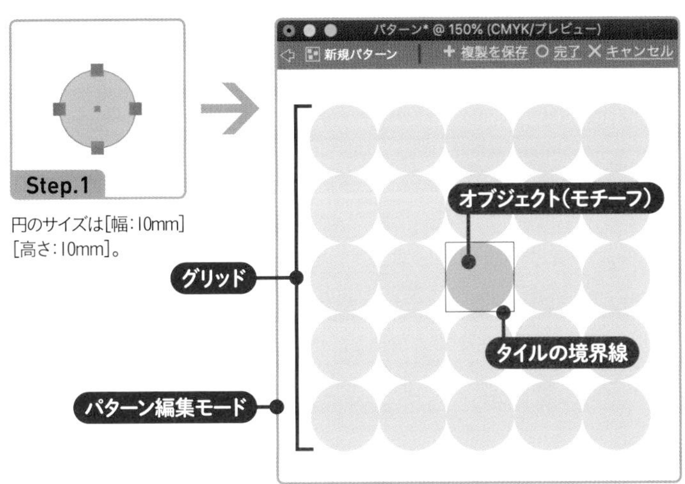

円のサイズは[幅：10mm][高さ：10mm]。

パターン編集モードに切り替わる。デフォルトの設定で[完了]をクリックすると、碁盤の目状にオブジェクトを敷き詰めたパターンになる。

パターンオプションパネル

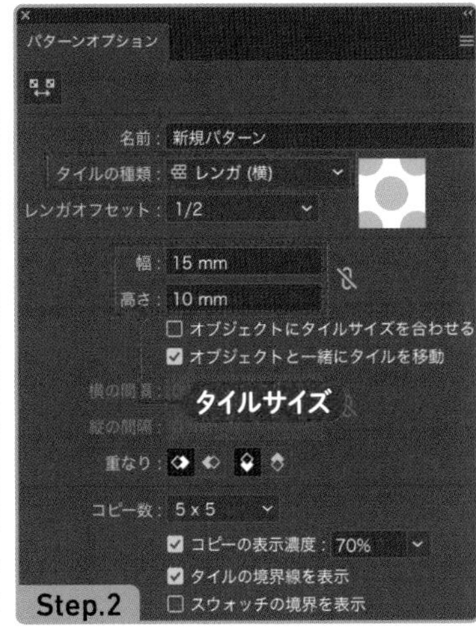

このパネルは[オブジェクト]メニュー→[パターン]→[作成]を選択すると開く。[ウィンドウ]メニュー→[パターンオプション]で開くことも可能。

タイルの種類　オブジェクトの配置方法を設定する。

幅と高さ(タイルサイズ)　タイルの境界線のサイズを設定する。デフォルトはオブジェクトのサイズになる。

コピー数　コピー（複製するオブジェクト）の数を設定する。

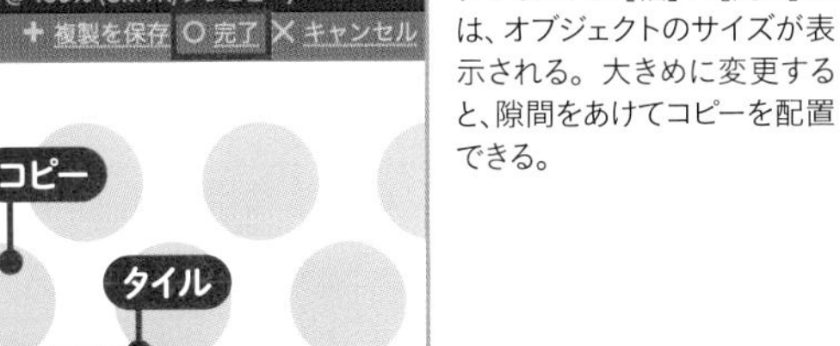

デフォルトの[幅]と[高さ]には、オブジェクトのサイズが表示される。大きめに変更すると、隙間をあけてコピーを配置できる。

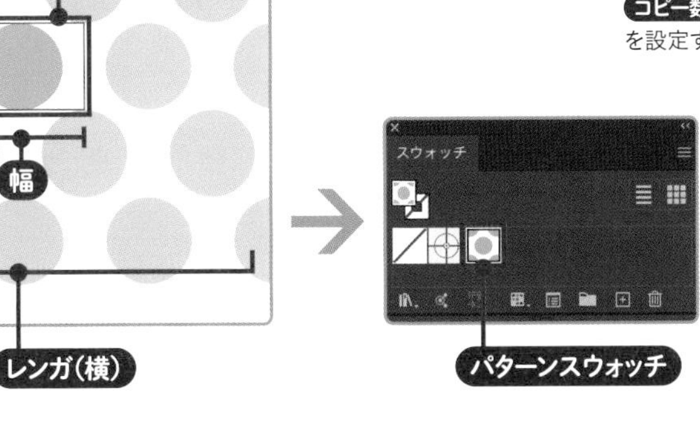

[完了]をクリックすると、パターンスウォッチが作成される。

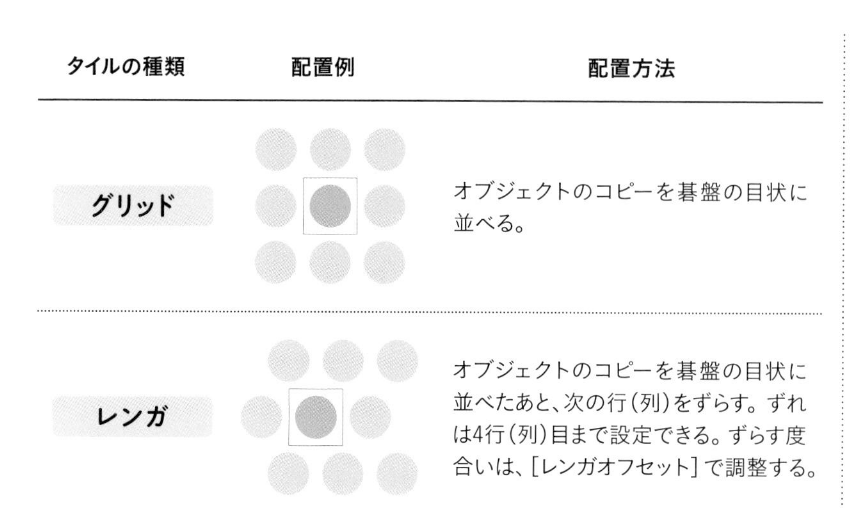

タイルの種類	配置例	配置方法
グリッド		オブジェクトのコピーを基盤の目状に並べる。
レンガ		オブジェクトのコピーを基盤の目状に並べたあと、次の行(列)をずらす。ずれは4行(列)目まで設定できる。ずらす度合いは、[レンガオフセット]で調整する。
六角形		オブジェクトのコピーの中心をつなぐと六角形になるように配置する(タイルが六角形となる)。

スウォッチパネルで**パターンスウォッチをダブルクリック**★17すると、**パターン編集モード**に切り替わり、**パターンオプションパネル**が開きます。変更を加えたあとでウィンドウ上端の**[複製を保存]**★18をクリックすると、パターンスウォッチが新たに作成されますが、ウィンドウに表示されているのは元のパターンスウォッチです。この状態で**[完了]**をクリックすると、変更が元のパターンスウォッチにも反映されてしまいます。元をそのまま残す場合は、**最初に[複製を保存]で元を残し、**★19 **変更を加えて[完了]をクリックする**か、**変更を加えて[複製を保存]で新規パターンスウォッチとして保存したあと、[キャンセル]でパターン編集モードを終了する**とよいでしょう。

★17　スウォッチパネルでパターンスウォッチを選択し、[パターンを編集]をクリックして開くことも可能。このアイコンは、カラースウォッチやグラデーションスウォッチを選択すると、名前が[スウォッチオプション]に変わり、クリックするとダイアログが開く。同じアイコンは、ブラシパネルでは[選択中のオブジェクトのオプション]、シンボルパネルでは[シンボルオプション]として使用されている。

パターンを編集

★18　[複製を保存]は、現在ウィンドウに表示されている状態を、新規パターンスウォッチとして保存するメニュー。

★19　スウォッチパネルでパターンスウォッチを選択して、[新規スウォッチ]をクリックすると、パターンスウォッチを複製できる。複製したほうに変更を加えるようにすると、元のパターンスウォッチを変更してしまう心配がない。

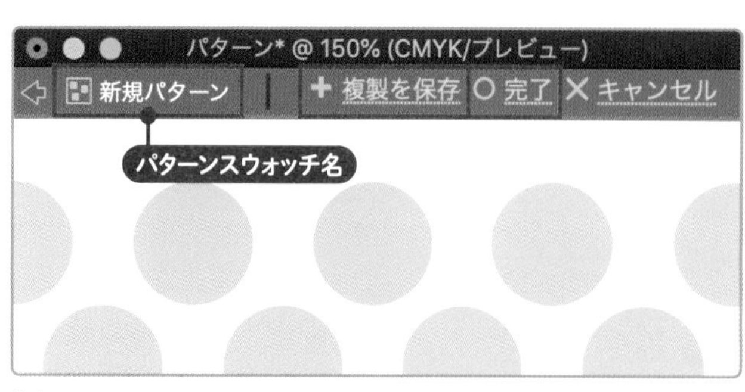

左上のパターンスウォッチ名は、編集中のパターンスウォッチの確認に使える。既存のパターンスウォッチも、ダブルクリックするとこのウィンドウが開く。

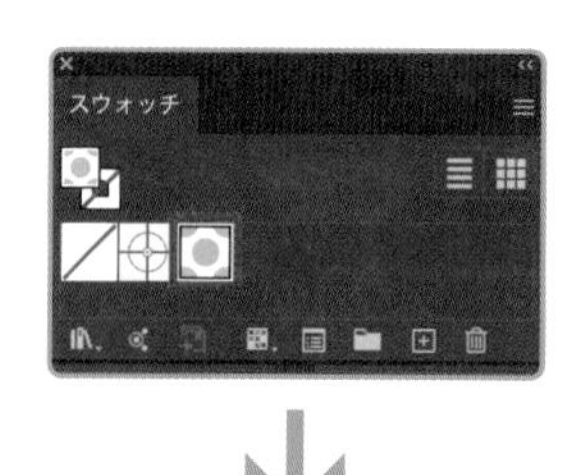

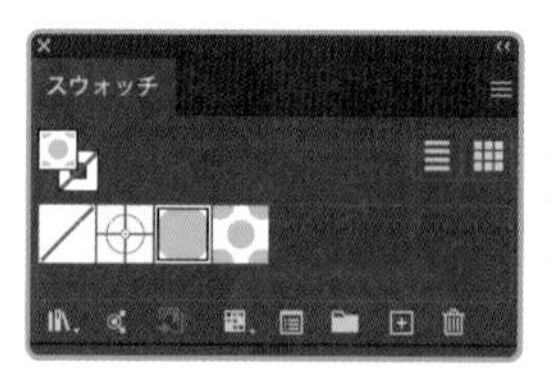

右が[複製を保存]で残した元のパターンスウォッチ、左が変更を加えて[完了]をクリックしたもの。

6-3 アピアランスでつくるパターン

- アピアランスの移動コピーを利用すると、パターンスウォッチと同様のタイリングが可能
- アピアランスで作成したパターンも、スウォッチ化できる

1 準備
2 描画と作成
3 変形
4 塗りと線
5 アピアランス
6 ブラシとパターン
7 その他の操作

6-3-1 アピアランスを利用したパターン

アピアランスを利用して、オブジェクトを規則的に配置すると、パターンスウォッチ設定時と同じ状態をつくることができます。★1 パターン作成に使うアピアランスは、**[変形]効果の移動コピー**です。具体的には**[効果]メニュー→[パスの変形]→[変形]**で開く**[変形効果]ダイアログ**で設定します。調整するのは、**[移動]**と**[コピー]**の2箇所です。

★1　アピアランスで作成したパターンは、ウィンドウ定規の原点の影響を受けないため、図柄の位置の変化を気にせず作業できる。また、無駄な重なりが発生しないため、最終的に拡張してパスや画像の集合体に変換する場合は、こちらで作成しておいたほうが、ファイルを軽量化できる。CC2021から、アピアランスの移動コピーと同じようにタイリングできる、リピート機能が導入された。オブジェクトを選択して[オブジェクト]メニュー→[リピート]→[グリッド]を選択すると適用できる。設定の変更は[オプション]でダイアログを開いておこなう。ただ、コピーの位置やタイルサイズなどを数値で正確に指定するなら、アピアランスのほうが確実。

アピアランスでグリッド配置にタイリングする

Step.1　オブジェクトを選択して〔効果〕メニュー→〔パスの変形〕→〔変形〕を選択し、〔変形効果〕ダイアログの〔移動〕で〔水平方向〕の移動距離を設定し、面積に応じて〔コピー〕の数を設定して、〔OK〕をクリックする

Step.2　〔効果〕メニュー→〔パスの変形〕→〔変形〕を選択し、〔変形効果〕ダイアログの〔移動〕で〔垂直方向〕の移動距離を設定し、面積に応じて〔コピー〕の数を設定して、〔OK〕をクリックする

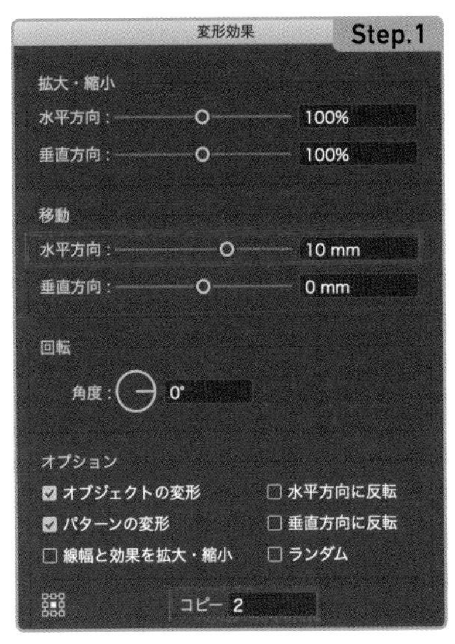

円は[W：10mm][H：10mm]。[変形効果]ダイアログの[移動]で[水平方向：10mm]、[コピー：2]に設定。

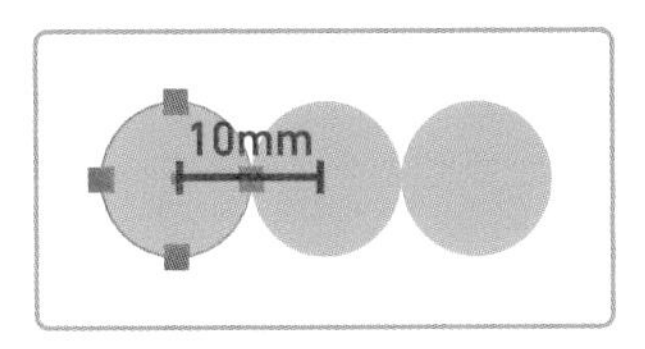

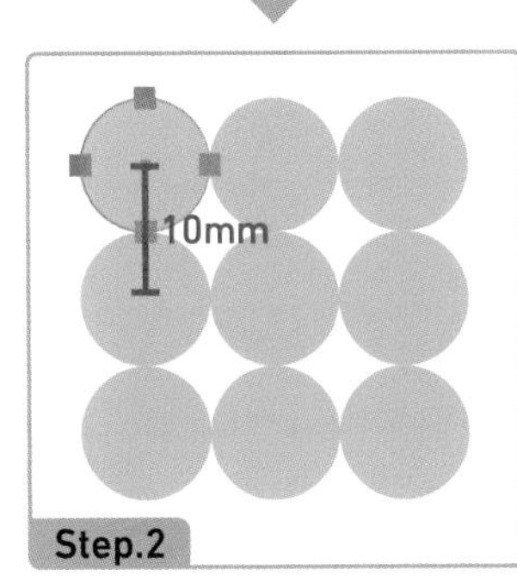

[変形効果]ダイアログの[移動]で[垂直方向：10mm]、[コピー：2]に設定。

アピアランスでレンガ配置にタイリングする★2

Step.1 オブジェクトを選択したあと、〔効果〕メニュー→〔パスの変形〕→〔変形〕を選択し、〔変形効果〕ダイアログの〔移動〕で〔水平方向〕の移動距離と、面積に応じて〔コピー〕の数を設定して、〔OK〕をクリックする

Step.2 〔効果〕メニュー→〔パスの変形〕→〔変形〕を選択し、〔変形効果〕ダイアログの〔移動〕で〔水平方向〕と〔垂直方向〕の移動距離を設定し、〔コピー：1〕に設定して、〔OK〕をクリックする

Step.3 〔効果〕メニュー→〔パスの変形〕→〔変形〕を選択し、〔変形効果〕ダイアログの〔移動〕で〔垂直方向〕の移動距離をStep.2の2倍に設定し、面積に応じて〔コピー〕の数を設定して、〔OK〕をクリックする

★2　アピアランスで作成したパターンを拡大・縮小する場合、[線幅と効果を拡大・縮小：オン]に設定すると、見た目を保持できる。拡大・縮小自体をアピアランスで設定することも可能。

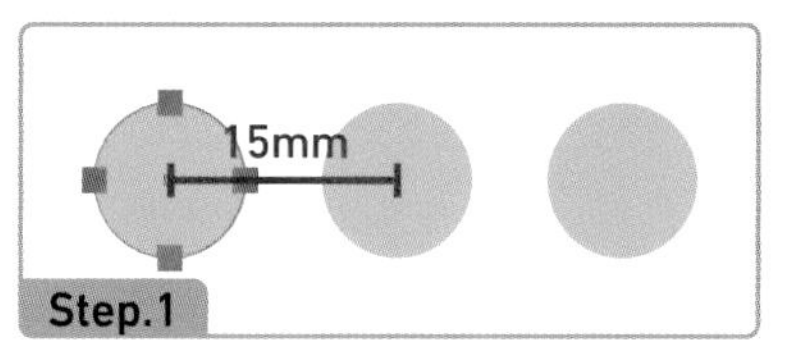

円は[W：10mm][H：10mm]。[変形効果]ダイアログの[移動]で[水平方向：15mm]、[コピー：2]に設定。

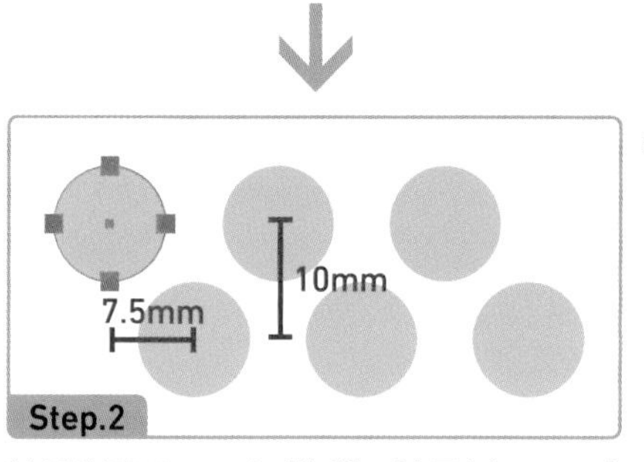

[変形効果]ダイアログの[移動]で[水平方向：7.5mm][垂直方向：10mm]、[コピー：1]に設定。

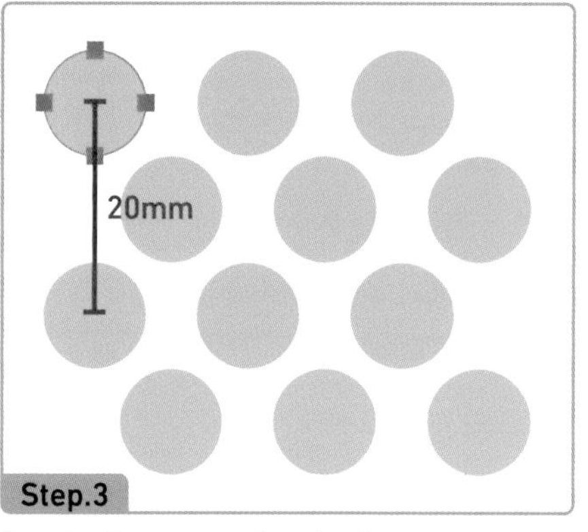

[変形効果]ダイアログの[移動]で[垂直方向：20mm]、[コピー：1]に設定。

デフォルトでは、適用した順にリストに効果が追加される。リストの上のほうにあるほど、適用順が早い。なお、効果名では内容の区別がつかない。内容を確認するには、表示／非表示を切り替えてみるとよい。

オブジェクトどうしに重なりがある場合、**アピアランスの[コピー]の重ね順の法則**を知っておくとよいでしょう。アピアランスで[コピー]を利用すると、**オブジェクトの背面に複製**されます。これを考慮して、**草原のように上へ伸びるデザイン**（前面のオブジェクトで背面のオブジェクトの下端を隠す）の場合は、オブジェクトを**上方向へ複製するように設定**します。逆に、**つららのように下へ垂れ下がるデザイン**（前面のオブジェクトで背面のオブジェクトの上端を隠す）の場合は、**下方向へ複製するように設定**します。

パターンオプションパネルの[重なり]でも、この重ね順をコントロールできます。たとえばつらら型配置にするには、[上を前面へ]を選択します。★3

★3　重ね順で調整できないときは、オブジェクトやグループ、レイヤーなどに分けてそれぞれにアピアランスを設定し、組み合わせて仕上げる。

草原型配置

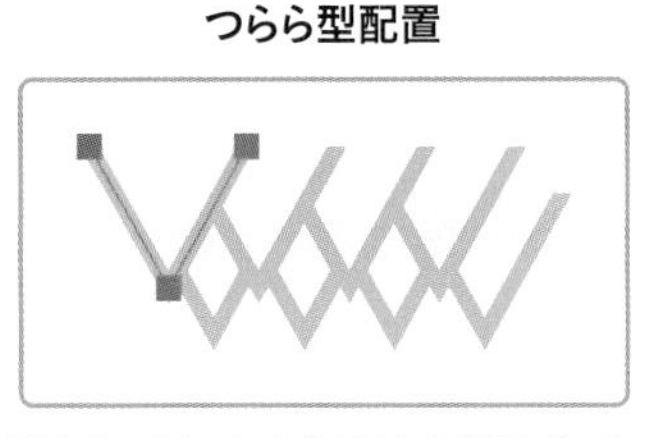

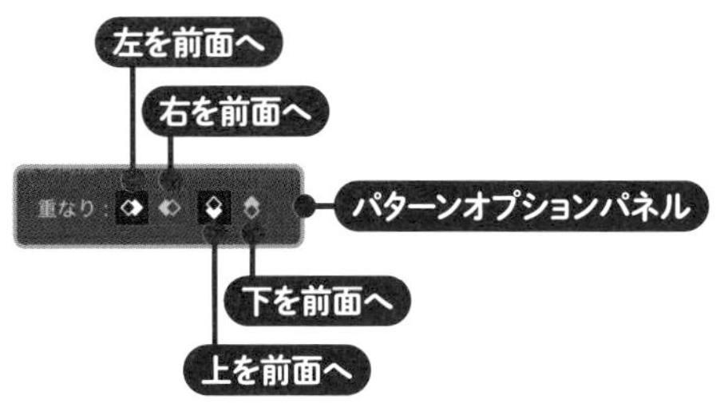

右方向への移動コピーは[左を前面へ]に相当する。また、左方向は[右を前面へ]、上方向は[下を前面へ]、下方向は[上を前面へ]になる。

移動コピーのアピアランスをレイヤーに設定すると、レイヤーに描画したり、オブジェクトをレイヤーに持ち込むだけで、パターン状に配置できます。オブジェクトに加えた変更も即座に全体に反映されるので、**仕上がりを随時確認しながらデザイン**できます。★4 **クリッピングマスクでトリミング**すると、[塗り]にパターンスウォッチを設定したときと同じ状態に仕上げることができます。

★4　[コピー]の数が多すぎると、動作が重くなることがある。その場合は数を減らしたり、アピアランスを一時的に非表示にするなどして対応する。

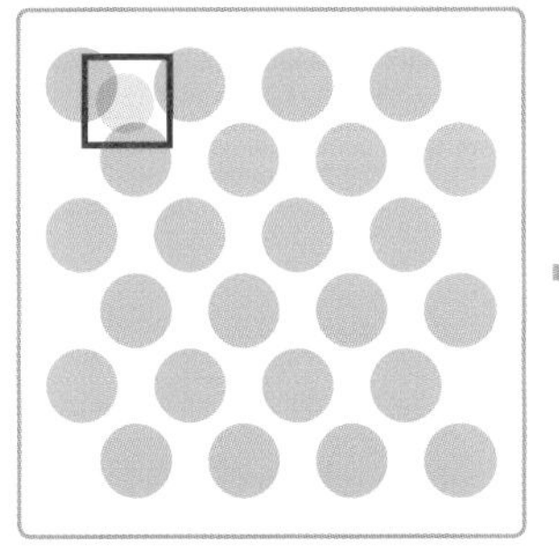

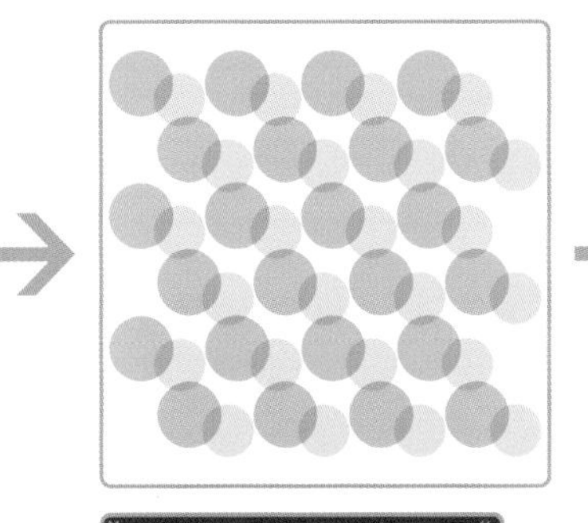

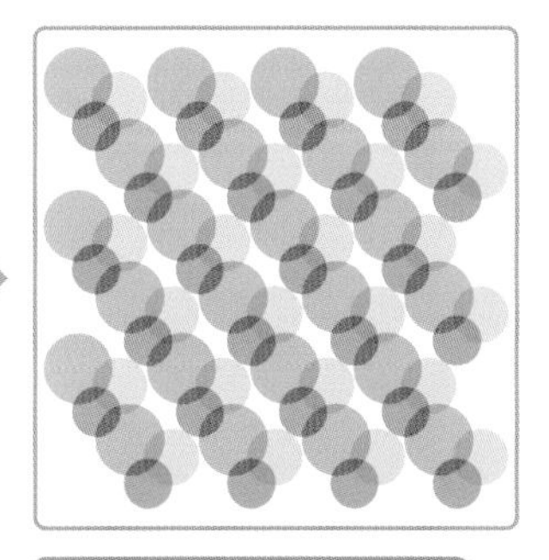

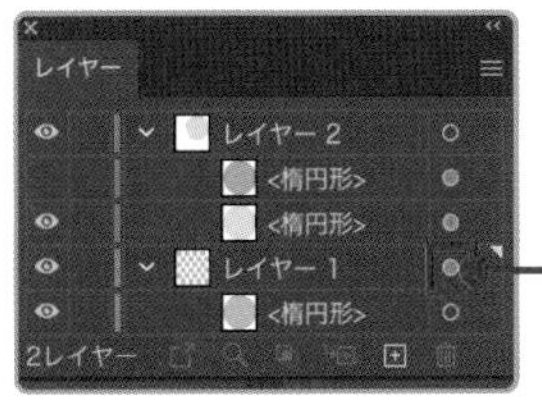

レイヤーにレンガ配置のアピアランスを設定し、別のレイヤーでオブジェクトをレイアウトする。

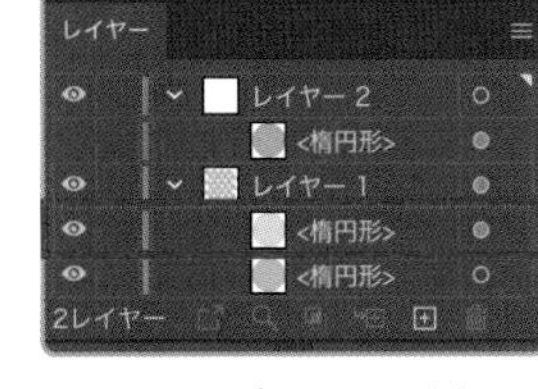

レイヤーにオブジェクトを追加すると、即座に全体に反映される。

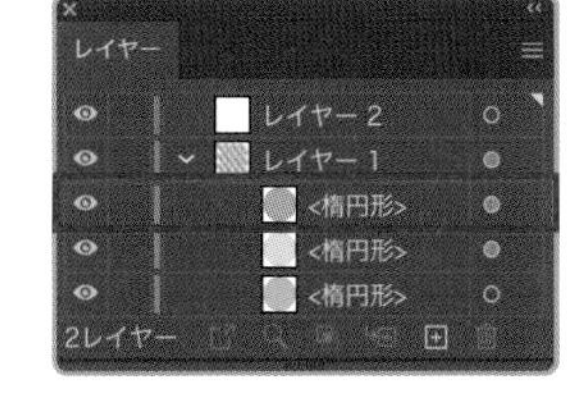

別のレイヤーでおおよその位置やサイズを調整し、アピアランスを設定したレイヤーへ移動すると、効率よく作業できる。オブジェクトを[選択ツール]で選択できるのもメリット。

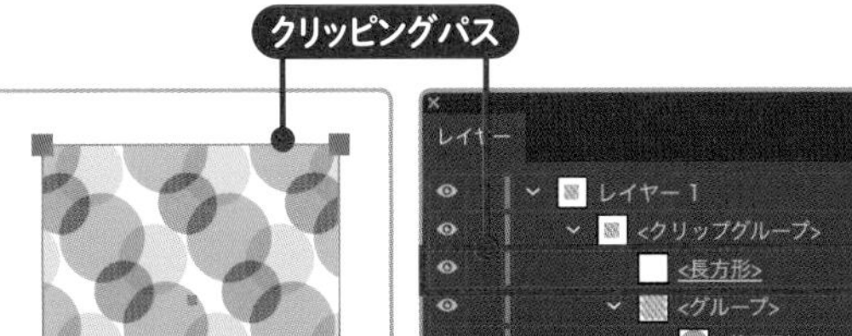

レイヤーのアピアランスでタイリングしたものを、他のレイヤーやファイルで使う場合、アピアランスをグループに移動する。レイヤーのオブジェクトをグループ化したあと、レイヤーの○(ターゲットアイコン)をグループへドラッグして、レイヤーのアピアランスをグループに移動する。このグループを、クリッピングマスクでトリミングすると、パターンスウォッチを設定したパスと同じ状態に仕上げることができる。なお、他のレイヤーやファイルへ移動しない場合、レイヤーのクリッピングマスクも使える。

6-3-2 アピアランスのパターンをスウォッチ化する

アピアランスで作成したパターンは、**タイルの境界線を指定**すると、そのまま**パターンスウォッチ化**できます。★5 タイルの境界線は、**最背面に作成した[塗り：なし][線：なし]の透明な長方形**で指定できます。長方形のサイズは、**[水平方向]や[垂直方向]の移動距離を基準に設定**します。位置はパターンを構成する要素がすべて入っていれば、どこでもかまいません。

パターンスウォッチ化する前に、**含まれるオブジェクトの数が最小限**になるよう、**[変形効果]ダイアログで[コピー]の値を調整**しておくことをおすすめします。パターンスウォッチには、アピアランスによって複製されたすべてのオブジェクトが含まれることになります。

★5 この方法で作成したパターンスウォッチは、パターンオプションパネルでの編集に適さない。パターンスウォッチをダブルクリックするとパターンオプションパネルが開くが、[タイルの種類]による配置の変更は、パターンタイル(タイルの境界線の内側のオブジェクト)単位でおこなわれる。オブジェクト単体の配置については変更できない。オブジェクトの配置を変更するには、アピアランスで調整し、再度パターンスウォッチとして登録する。

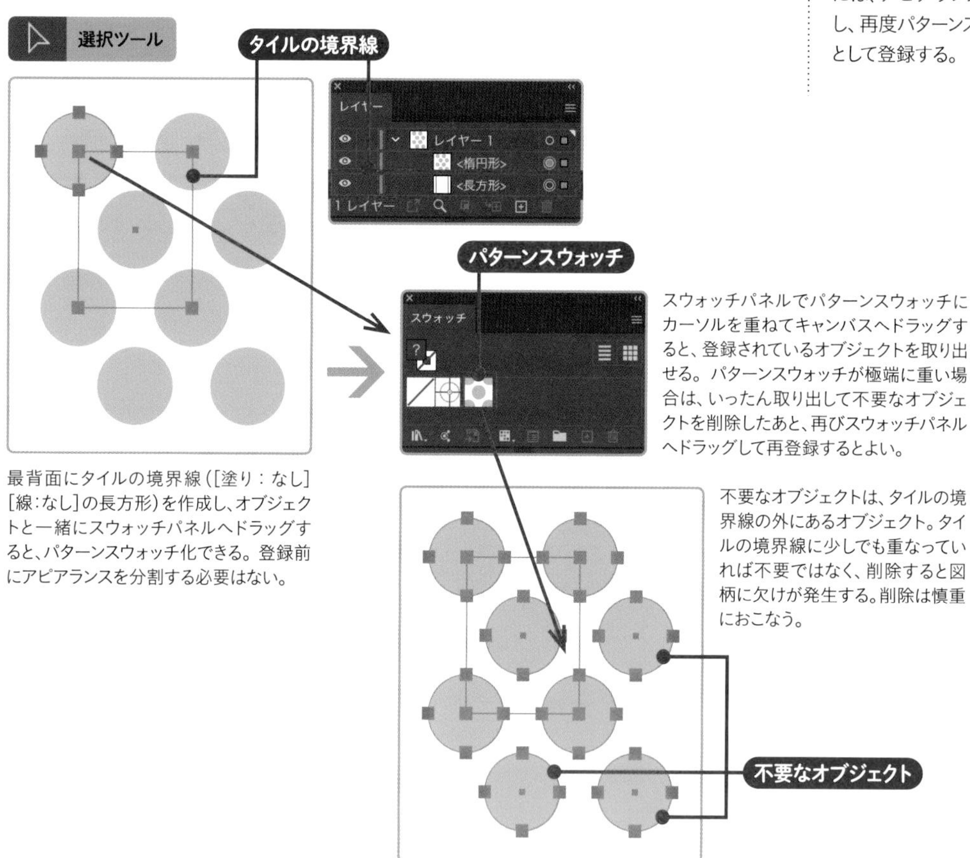

最背面にタイルの境界線([塗り：なし][線:なし]の長方形)を作成し、オブジェクトと一緒にスウォッチパネルへドラッグすると、パターンスウォッチ化できる。登録前にアピアランスを分割する必要はない。

スウォッチパネルでパターンスウォッチにカーソルを重ねてキャンバスへドラッグすると、登録されているオブジェクトを取り出せる。パターンスウォッチが極端に重い場合は、いったん取り出して不要なオブジェクトを削除したあと、再びスウォッチパネルへドラッグして再登録するとよい。

不要なオブジェクトは、タイルの境界線の外にあるオブジェクト。タイルの境界線に少しでも重なっていれば不要ではなく、削除すると図柄に欠けが発生する。削除は慎重におこなう。

その他の操作

7-1 ブレンドを利用した変形と配置

- ブレンドは、中間の色や形状を自動生成する機能
- 等間隔の複製や、色や形状の段階的な変化（メタモルフォーゼ）を表現できる
- ブレンドの軌跡を制御するブレンド軸は、変形や入れ替えが可能
- 拡張すると、中間生成物をパスとして取り出せる

7-1-1 ブレンドを作成する

ブレンドは、**中間の形状を自動生成する機能**です。同じ形状のオブジェクトで作成すれば、**等間隔の複製**★1に相当します。異なるサイズや形状のオブジェクトで作成すれば、**メタモルフォーゼ的な表現**が可能になります。

★1 等間隔の複製は、移動コピーでも可能。ブレンドを利用するメリットとして、端のオブジェクトの位置を変更すれば、間隔が均等になるよう自動で調整される、ブレンド軸を自由なかたちに変形できるため、中間生成物の位置に多少融通がきく、などの点が挙げられる。移動コピーの場合は、間隔を正確な値に設定できるというメリットがある。それぞれのメリットを把握して使い分けるとよい。

ブレンドを作成する

Step.1 複数のオブジェクトを選択する
Step.2 ［オブジェクト］メニュー→［ブレンド］→［作成］を選択する

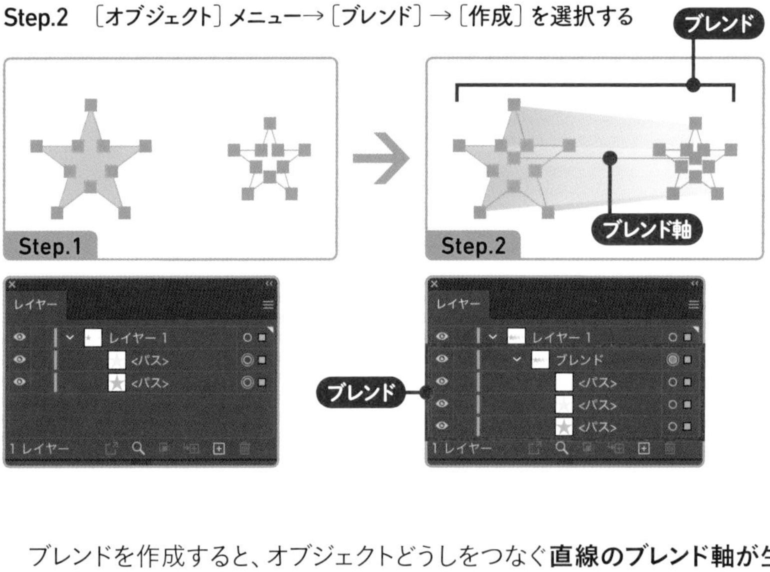

ブレンドを作成すると、オブジェクトどうしをつなぐ**直線のブレンド軸が生成**され、**特殊なグループ**★2にまとめられます。中間生成物は、デフォルトの設定で生成されます。数を変更するには、**［ブレンドオプション］ダイアログ**を開きます。

★2 ブレンドの○（ターゲットアイコン）は、アピアランス適用時と同じグレー表示になるが、ブレンドはアピアランスには分類されず、［オブジェクト］メニュー→［アピアランスを分割］も適用できない。

中間生成物の数を変更する

Step.1　**ブレンドを選択し、〔オブジェクト〕メニュー→〔ブレンド〕★3→〔ブレンドオプション〕を選択する**

Step.2　**〔ブレンドオプション〕ダイアログで〔間隔：ステップ数〕を選択して〔ステップ数〕を入力し、〔OK〕をクリックする**

★3　ブレンドに関するメニューは、［オブジェクト］メニュー→［ブレンド］以下にある。

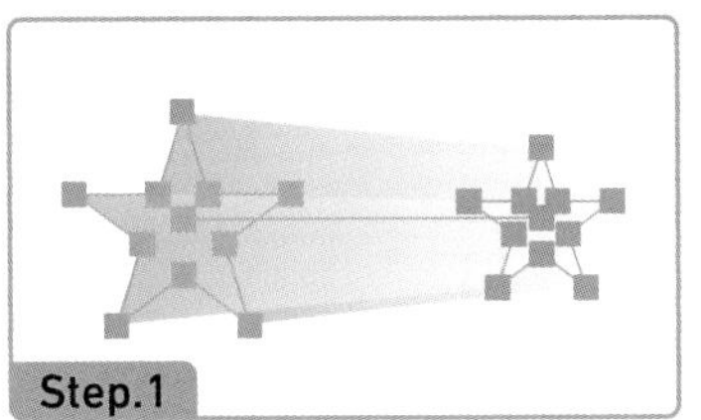

［間隔：スムーズカラー］で作成されたブレンド。［間隔］のデフォルトは、オブジェクトの状態や、直前に使用した設定によって変わる。

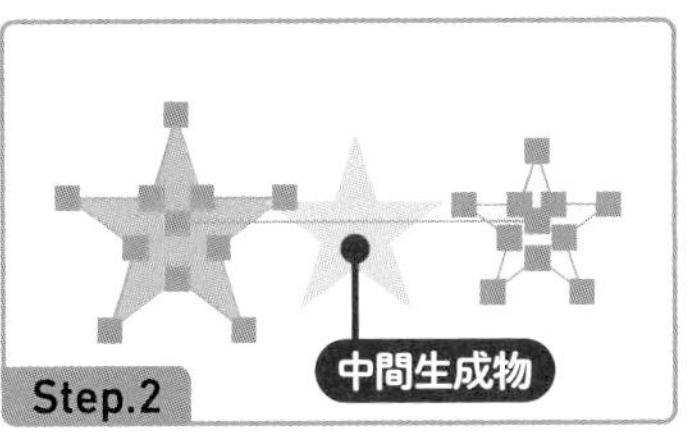

［間隔：ステップ数］［ステップ数：1］に変更。中間生成物がひとつになる。

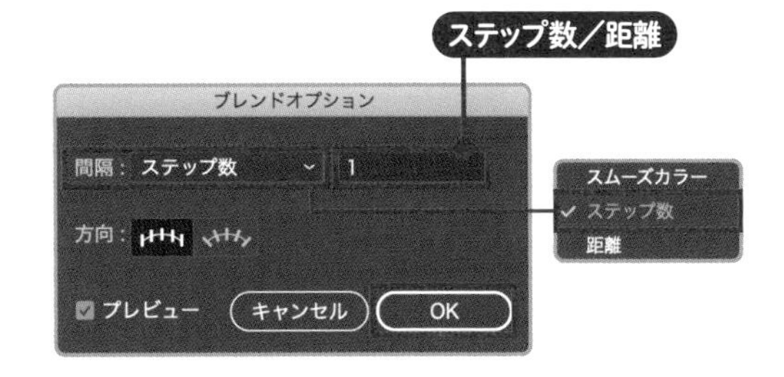

スムーズカラー　色がグラデーション状に変化するよう調整する。中間生成物の数は膨大になる。

ステップ数　入力した［ステップ数］が、中間生成物の数となるように、［距離］を調整する。

距離　入力した［距離］が、オブジェクトおよび中間生成物どうしの距離になるように、［ステップ数］を調整する。端のオブジェクトの位置は変わらないため、入力した値が正確に反映されるとは限らない。

ツールバーの**［ブレンドツール］**★4も、ブレンドに関係するツールです。このツールで**キャンバスのオブジェクトを順にクリック**していくと、ブレンドを作成できます。**順番を指定できる**ので、3つ以上のオブジェクトでブレンドを作成するときに便利です。

★4　［ブレンドオプション］ダイアログは、［ブレンドツール］のダブルクリックでも開く。

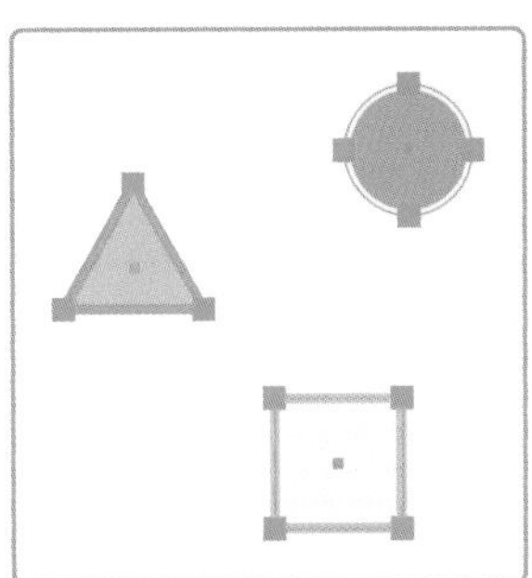

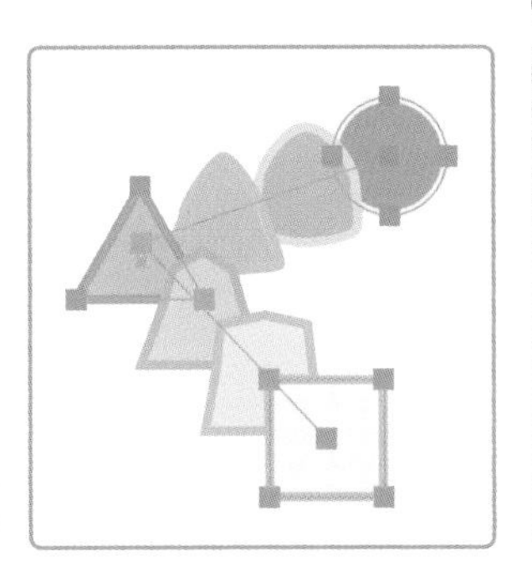

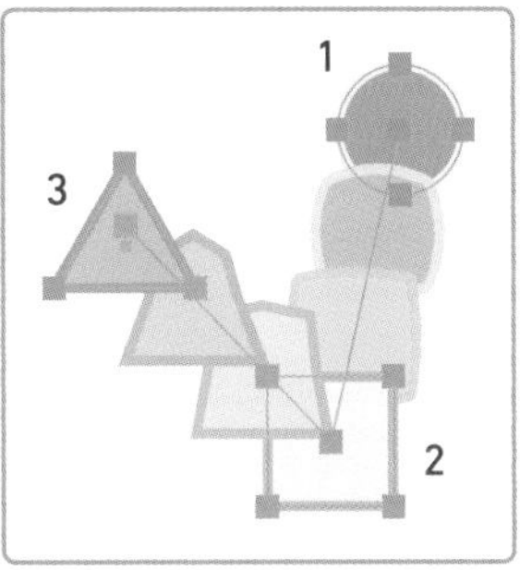

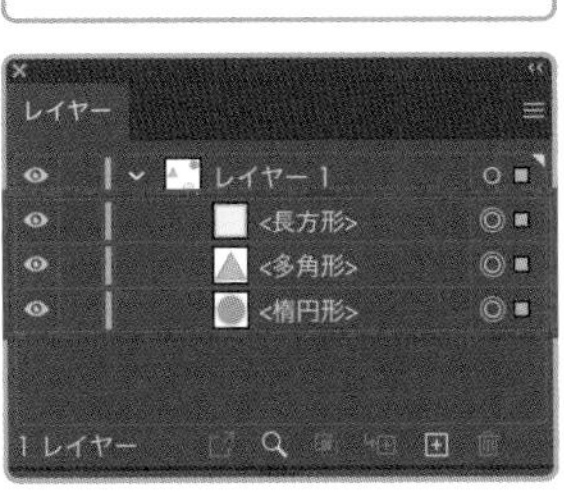

上から順に、正方形、三角形、円の順に重なっている。

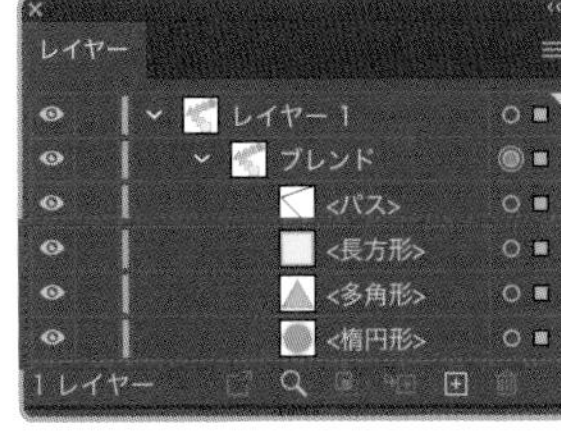

オブジェクトをすべて選択した状態で作成したブレンド。オブジェクトの重ね順どおりに、ブレンド軸が生成される。

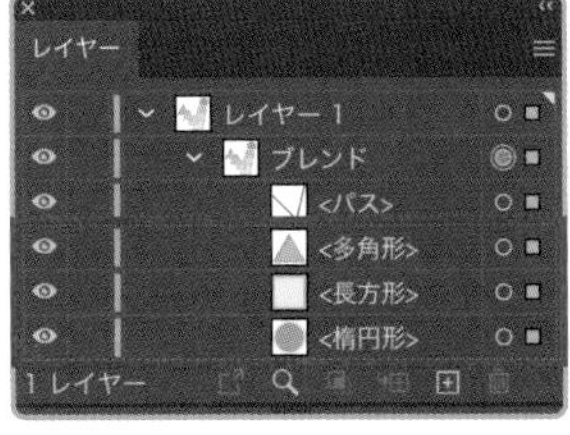

［ブレンドツール］で、円、正方形、三角形の順にクリックして作成したブレンド。オブジェクトの重ね順が変わる。

ブレンド軸★5**の形状を変える**ことで、ブレンドの軌跡を調整できます。ブレンド軸は、**他のパスに置き換えることも可能**です。

★5　ブレンド軸はパスでできている。端や途中のアンカーポイントは、オブジェクトの中央に配置される。アンカーポイントを移動すると、それに合わせてオブジェクトも移動する。

ブレンド軸を置き換える

Step.1　ブレンドと、ブレンド軸にするパスの両方を選択する

Step.2　〔オブジェクト〕メニュー→〔ブレンド〕→〔ブレンド軸を置き換え〕を選択する

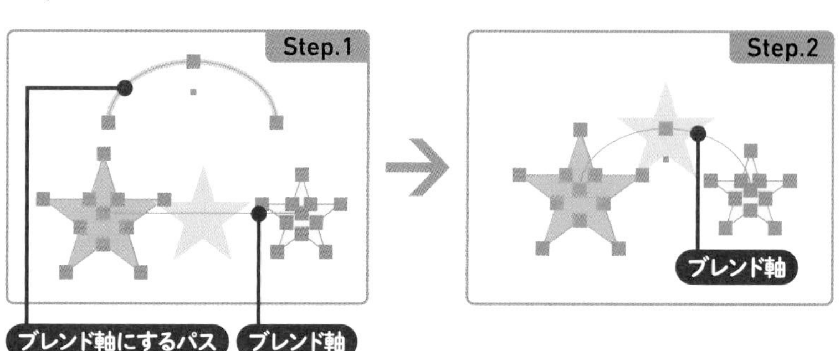

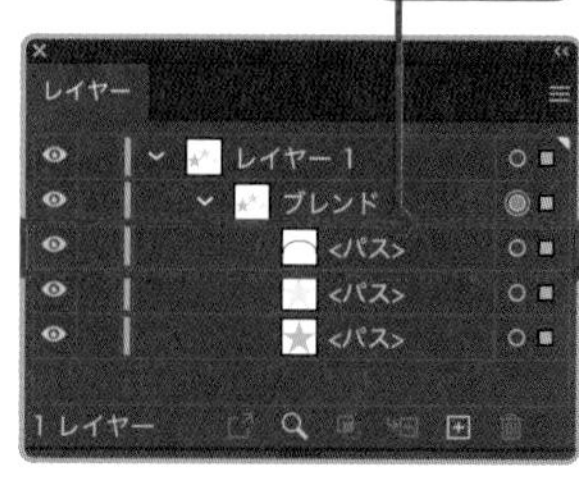

ブレンド軸が弧に置き換わる。元のブレンド軸は消滅する。

7-1-2　ブレンドを拡張する

ブレンドは、**[オブジェクト] メニュー→[ブレンド]→[拡張]**で**パスに変換**できます。★6 この操作を「**ブレンドの拡張**」と呼びます。拡張すると、中間生成物をパスとして取り出せます。

★6　アピアランスを使用していない場合に限り、[オブジェクト] メニュー→[分割・拡張] でも拡張できる。

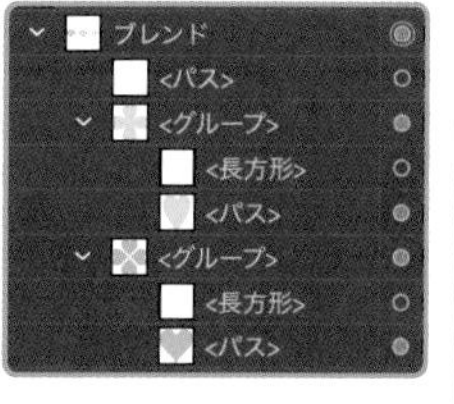

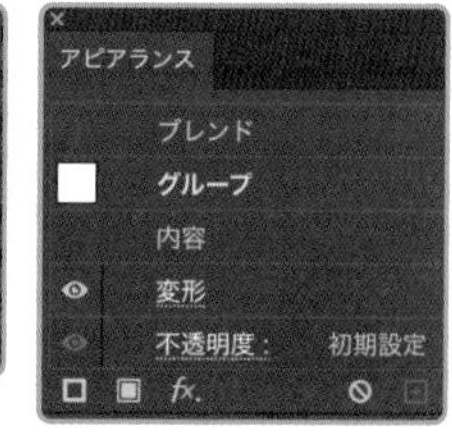

アピアランスの反転コピーと回転コピーでクローバーを作成し、葉の幅や付け根の位置を変えたものを用意して、ブレンドを作成した。このようにブレンドは、サイズ感や角の丸み、パーツの位置など、デザインの中間のバリエーションを探りたいときにも使える。

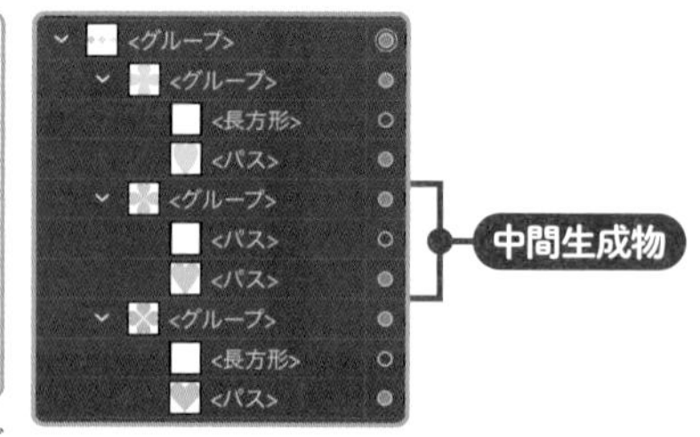

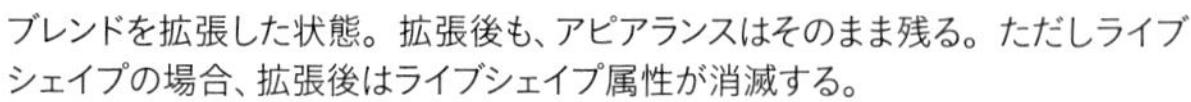
ブレンドを拡張した状態。拡張後も、アピアランスはそのまま残る。ただしライブシェイプの場合、拡張後はライブシェイプ属性が消滅する。

7-2 シンボルを利用した複製

- 変更の可能性があるパーツは、シンボルインスタンスで配置しておくと、修整が容易になる
- ダイナミックシンボルは、シンボルとのリンクを保持したまま、シンボルインスタンスの見た目を変更できる
- [シンボルスプレーツール] は、シンボルインスタンスを散布できるツール
- シンボルインスタンスのシンボルへのリンクを解除すると、パスや画像に変換できる
- 角のデザインが伸縮しない [9スライスの拡大・縮小用ガイド] は、フレーム製作に最適
- [3D] 効果で作成した立体にマッピングできるのは、シンボルに限られる

7-2-1 シンボルの登録とインスタンスの配置

シンボルは、**シンボルパネルに登録したマスターのコピーをキャンバスに配置する機能**です。マスターを「**シンボル**」、コピーを「**シンボルインスタンス**」★1と呼びます。キャンバスにあるのはすべて**インスタンス**です。**シンボルに加えた変更は、インスタンスに即座に反映**されます。

シンボルの操作は、**シンボルパネル**と、インスタンス選択時の**コントロールパネル**や**プロパティパネル**でおこないます。★2

★1　以降、省略して「インスタンス」と呼ぶ。

★2　メニューバーには、[分割・拡張] を除き、シンボルに関連するメニューはない。

シンボルとして登録する

Method.A　オブジェクトを選択したあと、シンボルパネル★3で〔新規シンボル〕をクリックし、〔シンボルオプション〕ダイアログで〔OK〕をクリックする

Method.B　オブジェクトをシンボルパネルへドラッグし、〔シンボルオプション〕ダイアログで〔OK〕をクリックする

★3　シンボルパネルは、[ウィンドウ] メニュー→ [シンボル] で開く。

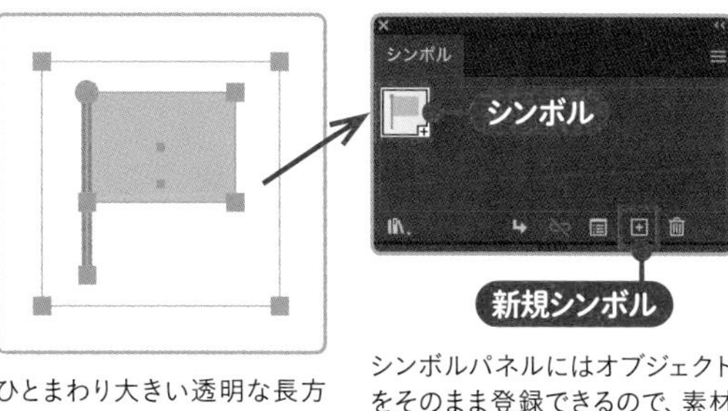

ひとまわり大きい透明な長方形と一緒に登録すると、シンボルを置換しても、長方形がアタリとなり、中心の位置を固定できる。

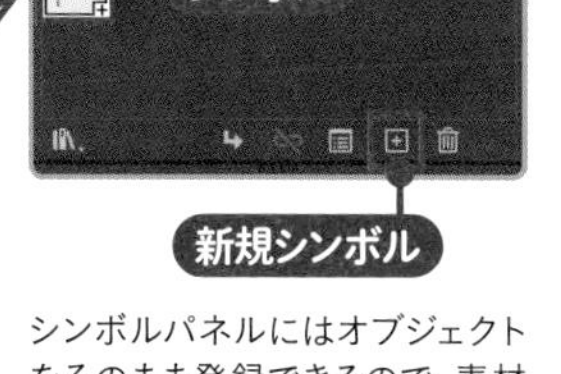

シンボルパネルにはオブジェクトをそのまま登録できるので、素材の保管庫的な活用もできる。

新規シンボル

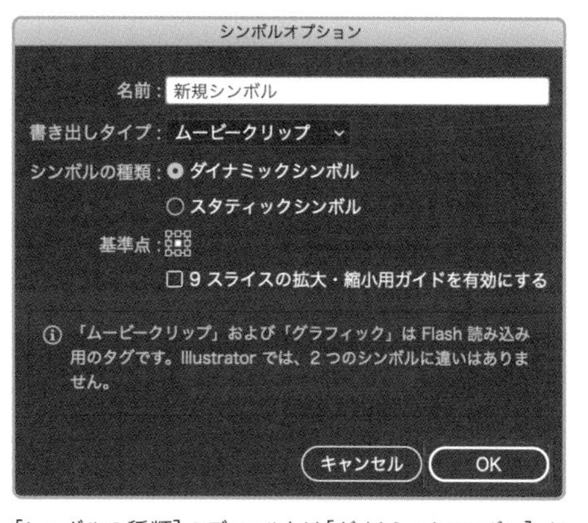

[シンボルの種類] のデフォルトは [ダイナミックシンボル]。どちらか迷う場合は [ダイナミックシンボル] のままでOK。

登録したオブジェクトは、**インスタンスに変換された状態でキャンバスに残ります。**★4 このインスタンスは、**シンボルパネルから配置したインスタンスと同じもの**です。

★4 [shift] キーを押しながら登録すると、インスタンスに変換されない。同じオブジェクトを他の用途でも使う場合は、この方法で登録するとよい。シンボルへのリンクを解除して、パスに変換することもできるが(P196)、入れ子のグループを解除するための手間がかかったり、動作がやや不安定なところもあるため、元の状態で残しておいたほうが、何かと安心。

シンボルインスタンスを配置する

Method.A シンボルパネルでシンボルをクリックして選択し、[シンボルインスタンスを配置] をクリックする

Method.B シンボルパネルのシンボルをキャンバスへドラッグする

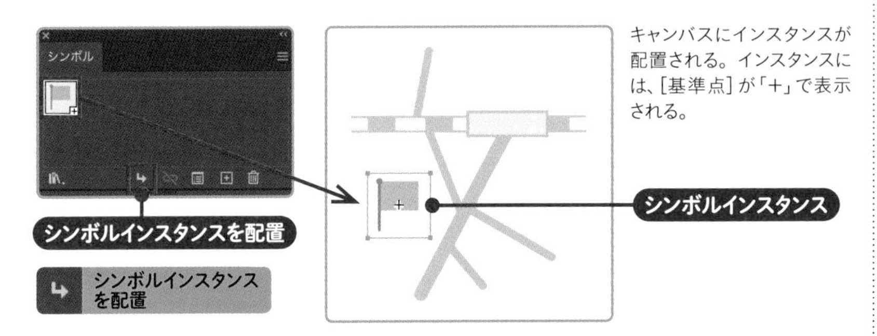

キャンバスにインスタンスが配置される。インスタンスには、[基準点] が「+」で表示される。

インスタンスのシンボルは、**他のシンボルに置換**できます。★5 置換先のシンボルは、あらかじめ**シンボルパネルに登録**しておく必要があります。

★5 シンボルは、配置後もデザインを一括で変更できるほか、自由な位置に配置できるというメリットもある。規則的な配置であれば、アピアランスで移動コピーし、変更が発生したら元のオブジェクトに手を加えるほうが手軽だが、位置に規則性がない場合は、シンボルが便利。このことは、普段シンボルを使う機会がなくても、頭の片隅に置いておくと役に立つことがある。

インスタンスのシンボルを置換する

Method.A キャンバスでインスタンスを選択したあと、シンボルパネルで置換先のシンボルを選択し、パネルメニューから [シンボルを置換] を選択する

Method.B キャンバスでインスタンスを選択し、コントロールパネルの [置換] で置換先のシンボルを選択する

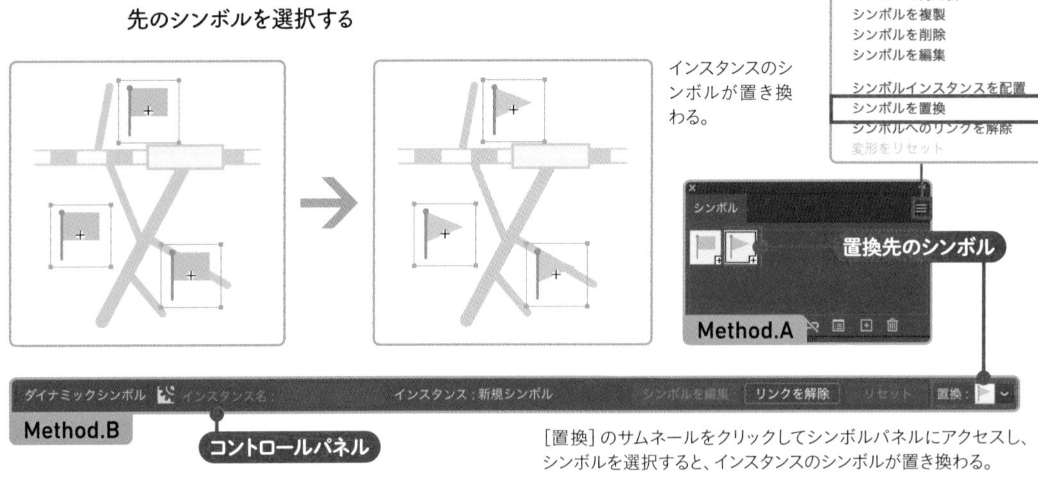

インスタンスのシンボルが置き換わる。

[置換] のサムネールをクリックしてシンボルパネルにアクセスし、シンボルを選択すると、インスタンスのシンボルが置き換わる。

7-2-2 ダイナミックシンボルとスタティックシンボル

シンボルには、**ダイナミックシンボル**と**スタティックシンボル**の2種類があります。★6 ダイナミックシンボルは、色や形状など、**インスタンスの見た目の変更が可能なシンボル**です。一方、スタティックシンボルは**従来型のシンボル**で、インスタンスの見た目の変更はできません。登録時に迷ったら、ひとまず**ダイナミックシンボルを選択**しておくとよいでしょう。デフォルトもこちらになっています。

★6 シンボルパネルにデフォルトで用意されているシンボルはスタティックシンボルだが、ダイナミックシンボルへ変更可能。シンボルパネルでシンボルを選択したあと、[シンボルオプション] をクリックしてダイアログを開くと変更できる。

シンボルオプション

ダイナミックシンボル		CC2015から導入された動的シンボル。サムネール右下に「+」が表示される。シンボルとの連携を保持しながら、インスタンスの色や[不透明度]などを変更できる。[効果] メニューによる変形も可能。
スタティックシンボル		従来型の静的シンボル。インスタンスの色など見た目の変更はできない。

ブラシやパターン同様、シンボルも**ライブラリ**が用意されていますが、収録されているのは**スタティックシンボル**です。ライブラリは**[ウィンドウ] メニュー→[シンボルライブラリ]** で開きます。★7

★7 シンボルパネルやシンボルライブラリパネルの[シンボルライブラリメニュー]のクリックでも開く。シンボルライブラリは、ストック素材としても重宝する。

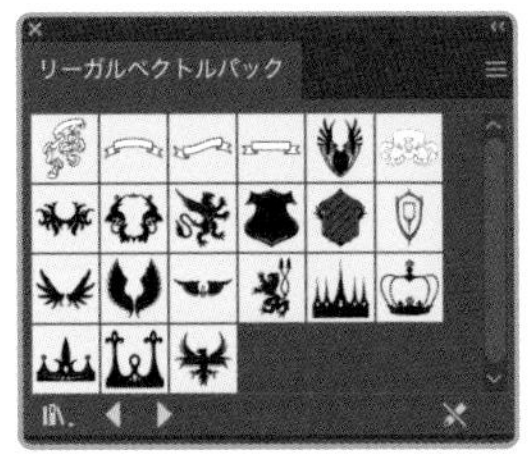

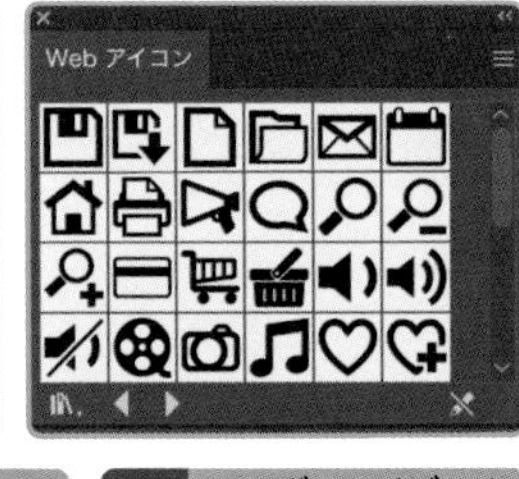

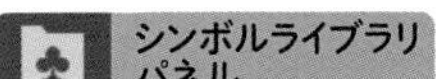

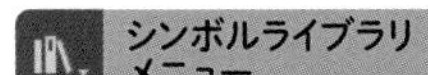

ダイナミックシンボルのインスタンスに変更を加える場合は、**[ダイレクト選択ツール] でインスタンスに含まれるオブジェクトを選択**します。**色やパターン、ブラシの変更や、[効果] メニューによる変形が可能**です。

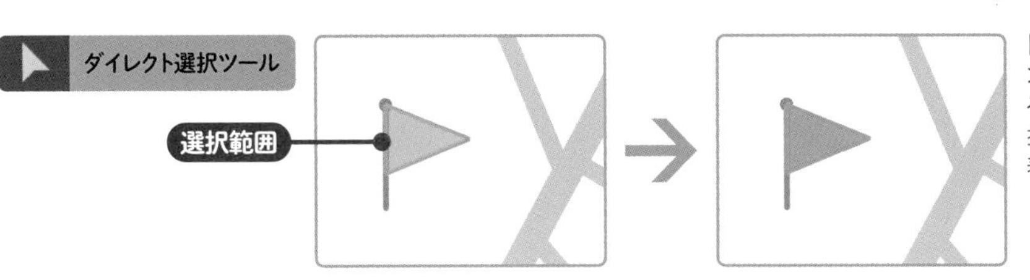

[ダイレクト選択ツール] でインスタンスをクリックすると、それに含まれるパスなどを選択できる。選択範囲は太枠表示になる。

［オブジェクトを再配色］ダイアログによる色の変更★8は、**ダイナミックシンボル／スタティックシンボル両方のインスタンスに対して可能**です。ただし、**変更はシンボルにも反映されてしまう**ので、注意が必要です。

★8 ［オブジェクトを再配色］ダイアログについては、P113参照。

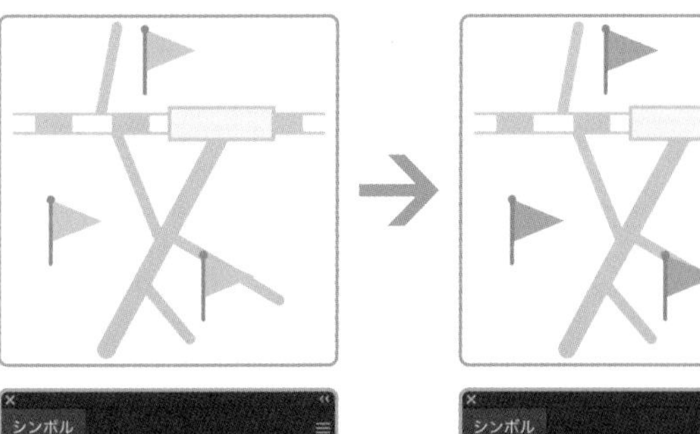

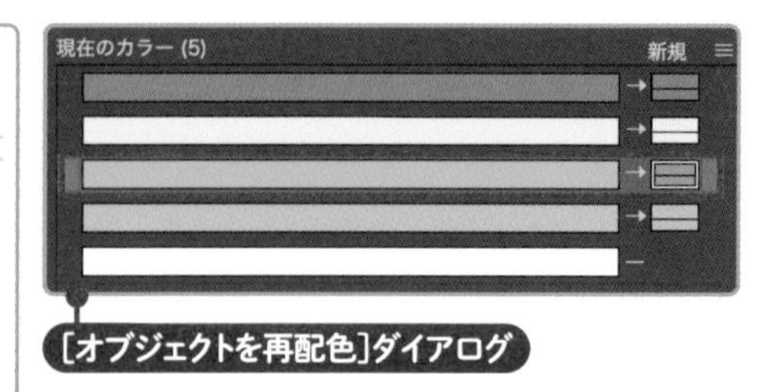

［オブジェクトを再配色］ダイアログ

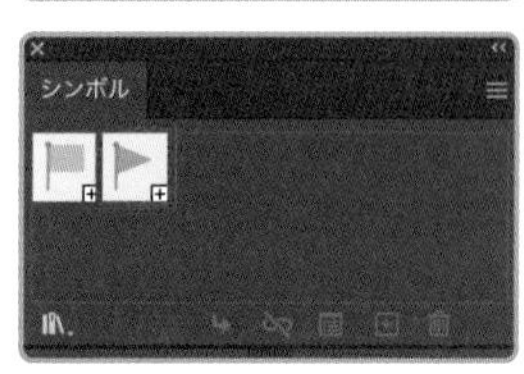

インスタンスの色を、［オブジェクトを再配色］ダイアログで変更すると、シンボルの色も変更される。

シンボル編集モードに切り替えると、シンボル本体に変更を加えることができます。パスそのものの形状の変更は、このモードでおこないます。

★9 この方法でシンボル編集モードに切り替えると、選択したインスタンス以外が半透明表示になる。インスタンスと周囲のオブジェクトとの関係を確認しながら作業できる。

シンボル編集モードに切り替える

Method.A シンボルパネルでシンボルをダブルクリックする

Method.B キャンバスでインスタンスを選択し、コントロールパネルやプロパティパネルで［シンボルを編集］をクリックする★9

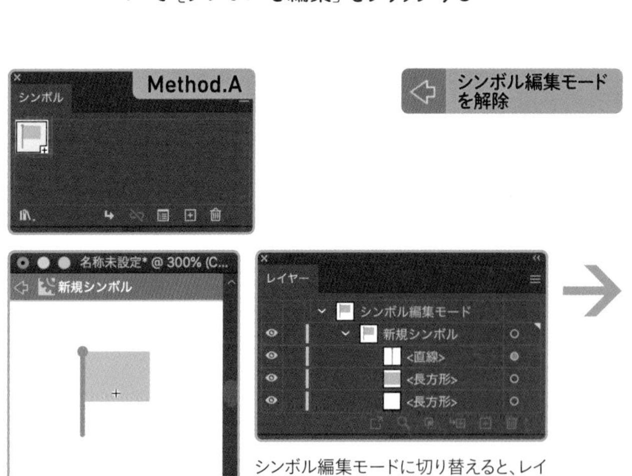

シンボル編集モード

シンボル編集モードに切り替えると、レイヤーパネルの表示も、シンボルに関連するオブジェクトのみに切り替わる。

シンボル編集モードを解除

シンボル編集モードを解除

［シンボル編集モードを解除］をクリックすると、変更が保存され、通常モードへ戻る。

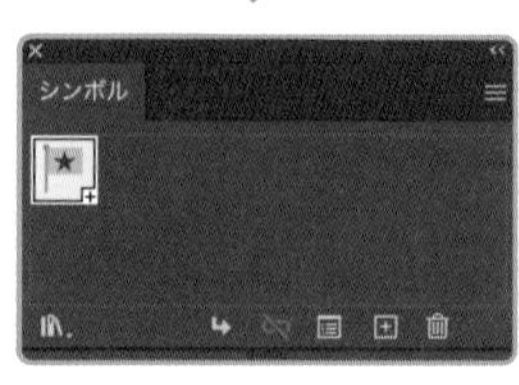

シンボルパネルのシンボルと、キャンバスのインスタンスの両方に、変更が反映される。

7-2-3 シンボルスプレーによる散布表現

インスタンスをスプレーのように散布できる、**シンボルスプレー**という機能があります。散布ブラシと異なるのは、**デザインをあとで変更できる**点にあります。

[シンボルスプレーツール]を使う

Step.1　ツールバーで[シンボルスプレーツール]を選択し、シンボルパネルでシンボルを選択する

Step.2　キャンバスでドラッグする

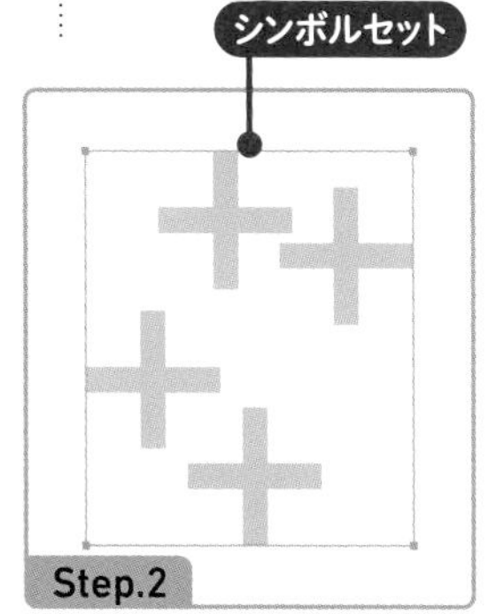

[シンボルスプレーツール]で作成したオブジェクトは、**シンボルセット**という扱いになります。これは**インスタンスの集合体**なので、**[シンボルを置換]が機能**します。シンボルセットに含まれるインスタンスは、**[シンボルシフトツール]**で位置、**[シンボルリサイズツール]**でサイズ、**[シンボルスピンツール]**で角度を変更できます。★10

★10　これらのツールは、ツールバーの[シンボルスプレーツール]と同じグループにある。ダイナミックシンボルの場合、変形するときには、[線幅と効果を拡大・縮小]などの設定も影響する(**P98**)。

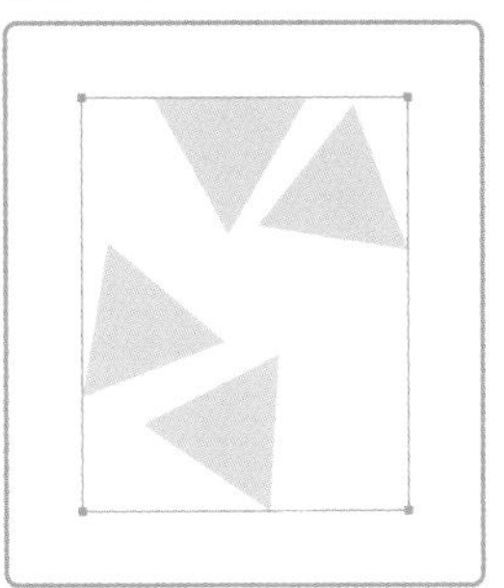

置換先のシンボルを選択し、パネルメニューから[シンボルを置換]を選択する。シンボルセットに含まれるインスタンスが置き換わる。

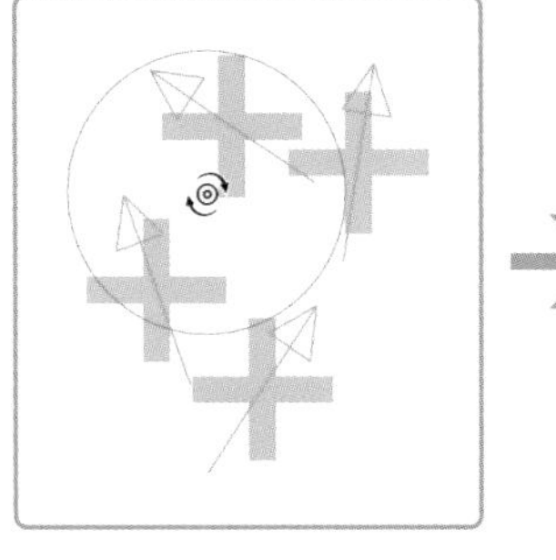

シンボルセットを選択した状態で、[シンボルスピンツール]でドラッグすると、インスタンスを回転できる。

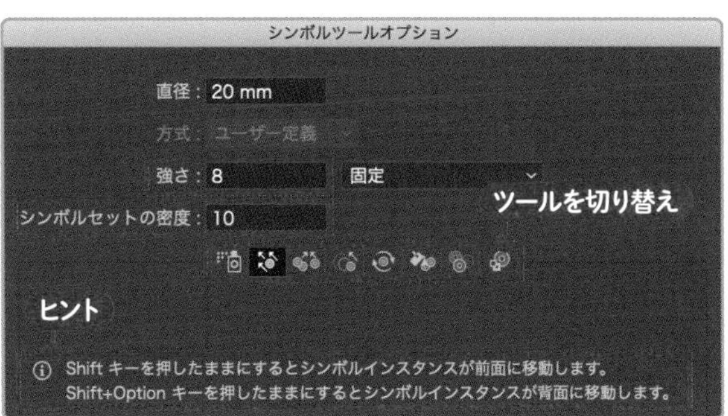

[シンボルスプレーツール]をダブルクリックすると[シンボルツールオプション]ダイアログが開き、[強さ]でインスタンスの量、[シンボルセットの密度]でインスタンスどうしの距離を設定できる。数値が高いほど、量が多く、距離が近くなる。ツールを切り替えると、ショートカットなどのヒントが表示される。

7-2-4 シンボルへのリンクを解除する

シンボルセットは**インスタンスに分割**できます。［シンボルシフトツール］などでは調整できない場合、インスタンスに分割するとよいでしょう。また、インスタンスの**シンボルへのリンクを解除**すると、★11 パスや画像に変換され、以降、シンボルに変更を加えても、その影響を受けなくなります。

★11 シンボルに含まれるオブジェクトを他の用途で使う場合も、これを利用すれば、パスなどを取り出せる。

シンボルセットをインスタンスに分割する

Step.1 シンボルセットを選択し、［オブジェクト］メニュー→［分割・拡張］を選択する
Step.2 ［分割・拡張］ダイアログで［OK］をクリックする

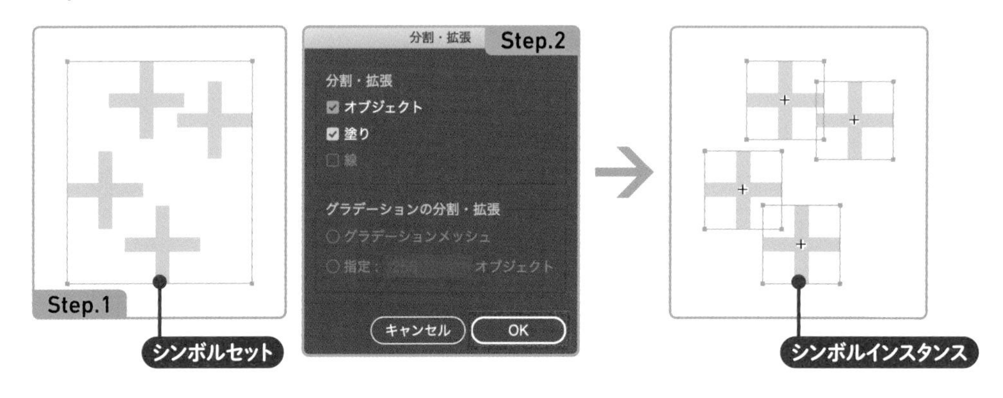

インスタンスのシンボルへのリンクを解除する★12

★12 ［オブジェクト］メニュー→［分割・拡張］でもリンクを解除できる。

Method.A キャンバスでインスタンスを選択し、シンボルパネルで［シンボルへのリンクを解除］をクリックする
Method.B キャンバスでインスタンスを選択し、コントロールパネルやプロパティパネルで［リンクを解除］をクリックする

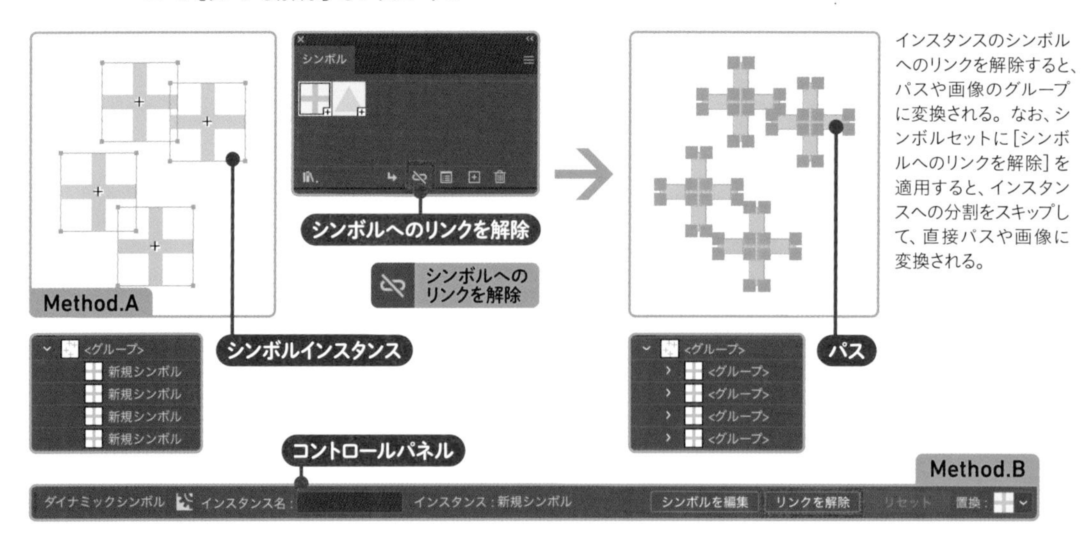

インスタンスのシンボルへのリンクを解除すると、パスや画像のグループに変換される。なお、シンボルセットに［シンボルへのリンクを解除］を適用すると、インスタンスへの分割をスキップして、直接パスや画像に変換される。

7-2-5 ［9スライスの拡大・縮小用ガイド］について

シンボルに、**［9スライスの拡大・縮小用ガイド］**を設定すると、**長方形の角付近のサイズを固定し、辺のみを伸縮**させることができます。伸縮範囲をガイドで指定するしくみは、**アートブラシの［ガイド間の伸縮］と同じ**です。★13 この機能は、角に複雑なデザインを持つフレームに最適です。アートブラシのフレーム版、と考えるとよいでしょう。伸縮範囲のデザインは、**歪みが目立ちにくいシンプルなもの**や、**［線］を利用したもの**が最適です。

★13 シンボルパネルにデフォルトで用意されている「トンボ（9スライス）」は、拡大・縮小用ガイドが設定されているシンボル。インスタンスを拡大・縮小してみると、そのはたらきやメリットを体感できる。

［9スライスの拡大・縮小用ガイド］をシンボルに設定する

Step.1 シンボルパネルでシンボルを選択したあと、〔シンボルオプション〕をクリックして〔シンボルオプション〕ダイアログを開き、〔9スライスの拡大・縮小用ガイドを有効にする〕にチェックを入れ、〔OK〕をクリックする

Step.2 シンボルパネルでシンボルをダブルクリックしてシンボル編集モードに切り替え、ガイドの位置を調整する

Step.3 〔シンボル編集モードを解除〕をクリックする

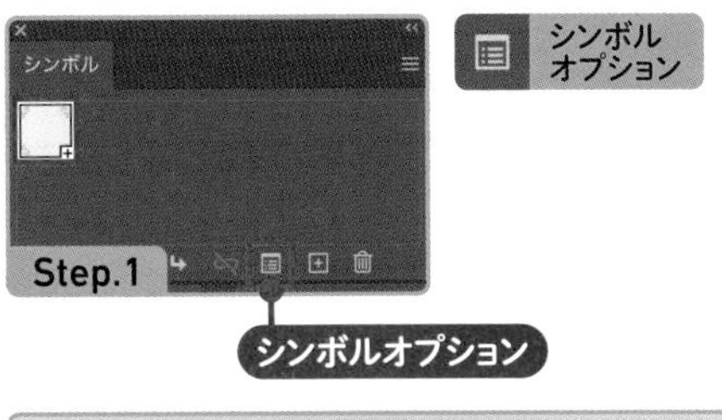

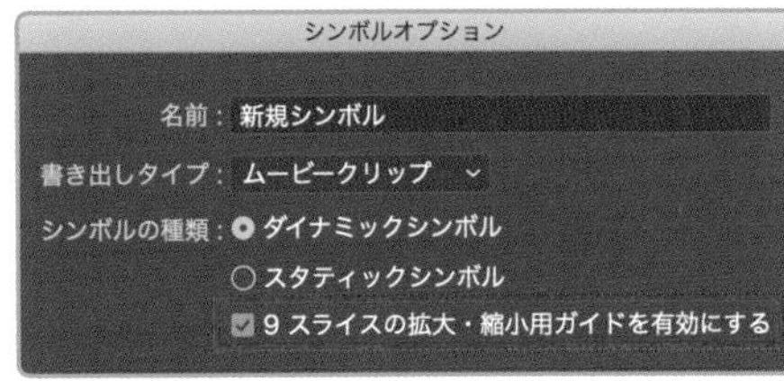

シンボル登録時に、［9スライスの拡大・縮小用ガイドを有効にする］にチェックを入れることも可能。

シンボル編集モードのガイドは、変形パネルの座標で位置をコントロールすることはできないが、アンカーポイントにはスナップ可能。正確な位置にガイドを配置する場合は、あらかじめスナップ用のオブジェクトを用意しておくとよい。

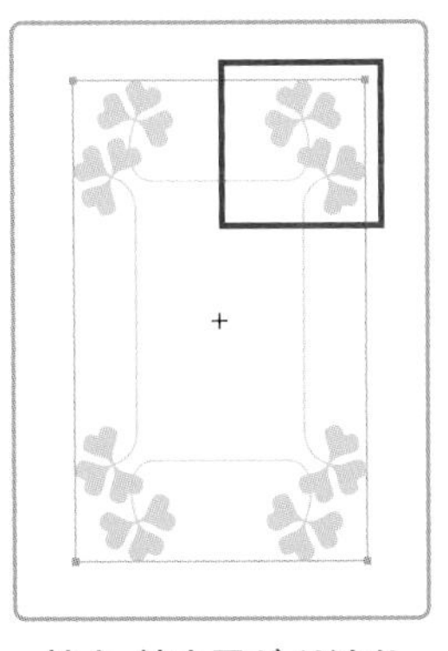

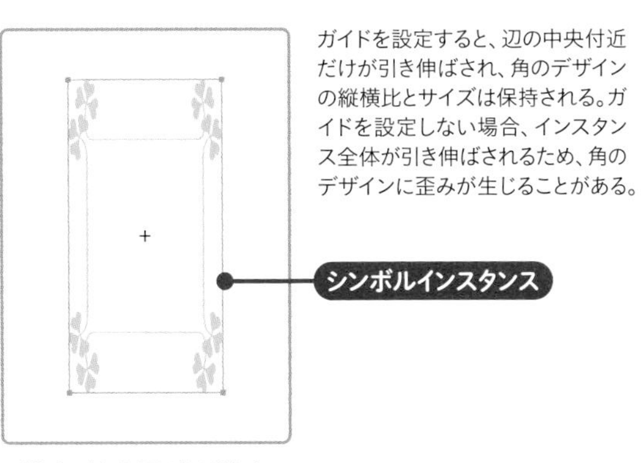

拡大・縮小用ガイドあり　　拡大・縮小用ガイドなし

ガイドを設定すると、辺の中央付近だけが引き伸ばされ、角のデザインの縦横比とサイズは保持される。ガイドを設定しない場合、インスタンス全体が引き伸ばされるため、角のデザインに歪みが生じることがある。

7-2-6 3Dにマッピングできるのはシンボルのみ

シンボルの意外な使いどころが、**[3D] 効果で作成した立体**★14**へのマッピング**です。立体には、**シンボルパネルのシンボル**のみをマッピングできます。[3D] 効果を使う場合は、頭に入れておくとよいでしょう。

★14 [押し出し・ベベル] は、平面を平行に押し出して立体化、[回転体] は平面を回転して立体化する。パスのほか、テキストオブジェクトや画像なども立体化できる。

サイコロをつくる

Step.1 マッピングする図柄を、シンボルとして登録する

Step.2 〔長方形ツール〕で正方形を描いて選択し、〔効果〕メニュー→〔3D〕→〔押し出し・ベベル〕を選択する

Step.3 〔3D押し出し・ベベルオプション〕ダイアログで〔押し出しの奥行き〕を正方形の辺の長さと同じ値に設定し、〔マッピング〕をクリックする

Step.4 〔アートをマップ〕ダイアログの〔シンボル〕でシンボルを選択し、〔面に合わせる〕をクリックしたあと、〔OK〕をクリックする★15

Step.5 〔3D押し出し・ベベルオプション〕ダイアログで〔OK〕をクリックする

★15 [回転体] で作成した球などへのマッピングも、同様の操作で可能。

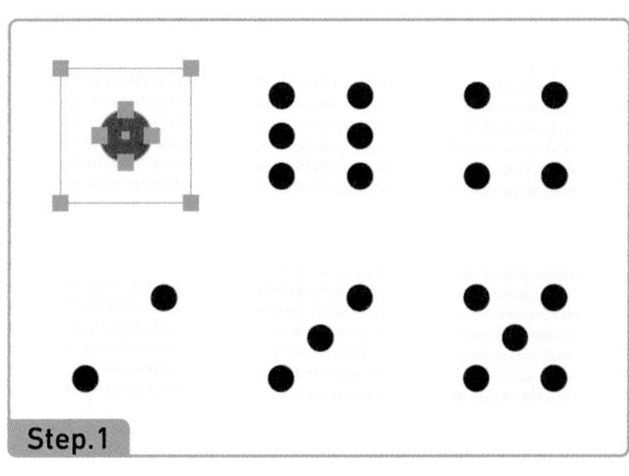

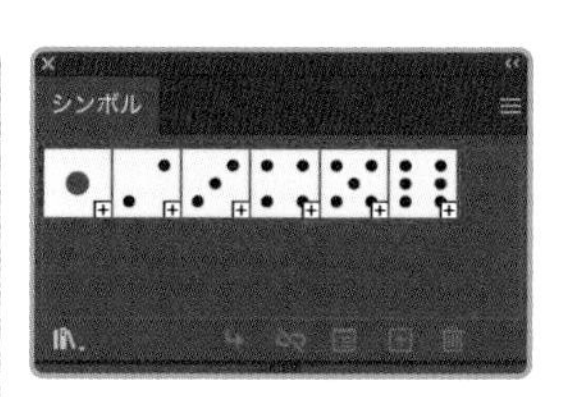

マッピングする図柄（サイコロの面）は、事前にシンボルとして登録しておく必要がある。

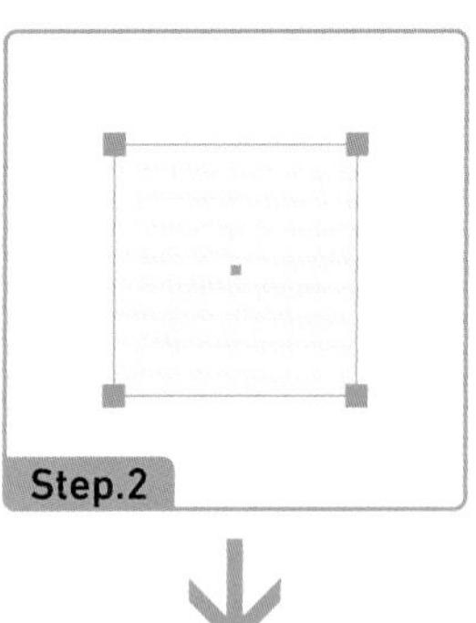

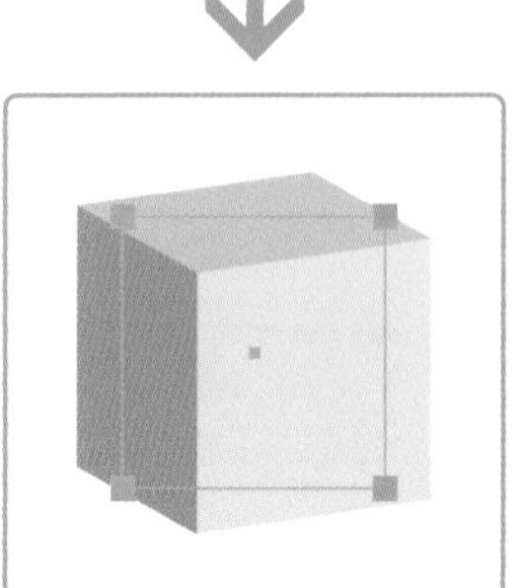

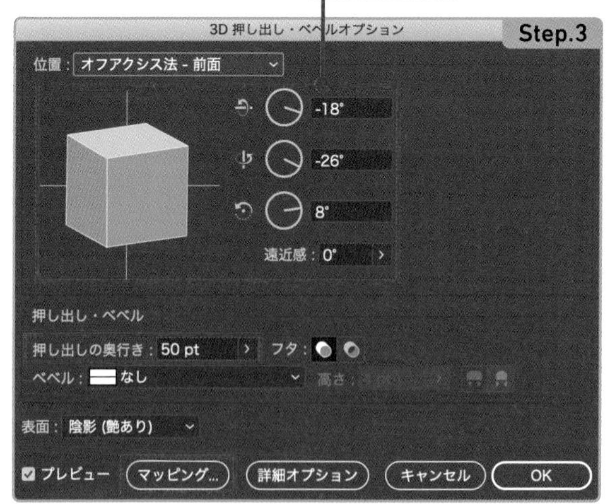

ダイアログ左上の立方体をドラッグすると、回転角度を変更できる。

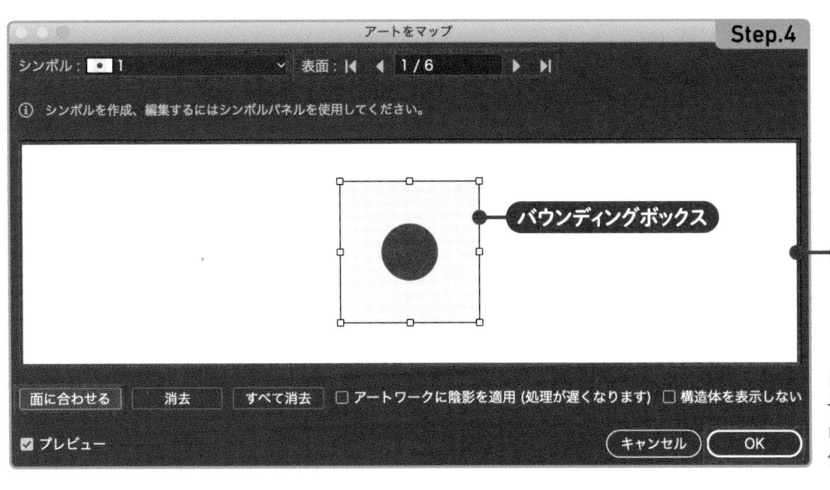

［シンボル］にはシンボルパネルのすべてのシンボルが表示される。［プレビュー］のバウンディングボックスで、位置やサイズを調整できる。

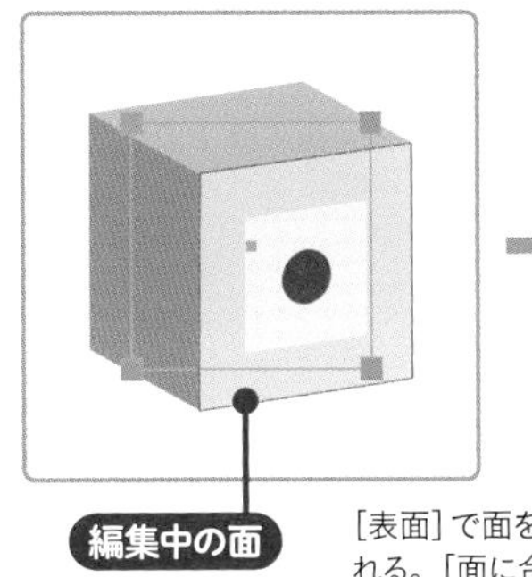

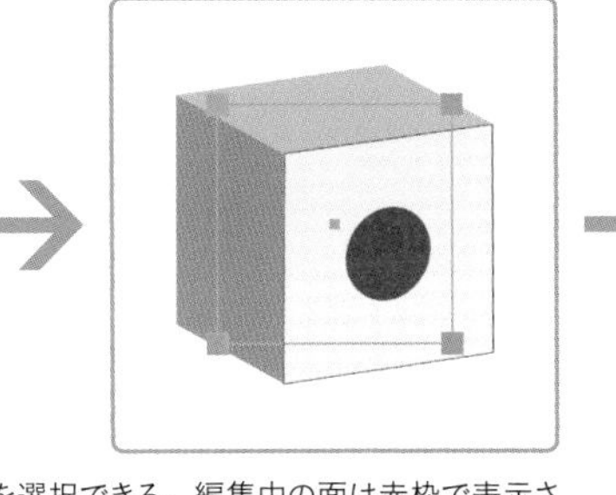

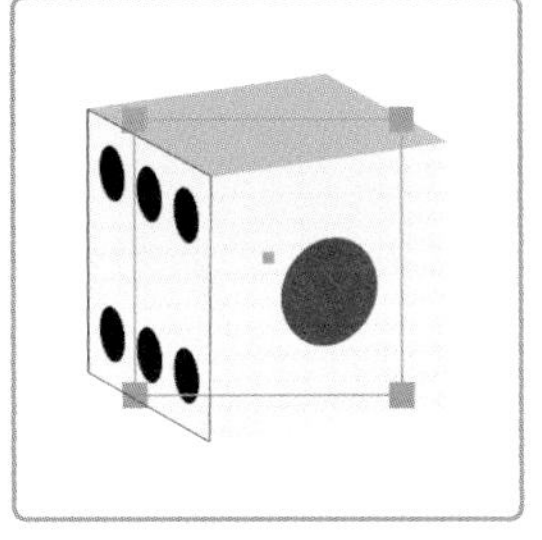

［表面］で面を選択できる。編集中の面は赤枠で表示される。［面に合わせる］をクリックすると、シンボルが面にフィットするように調整される。

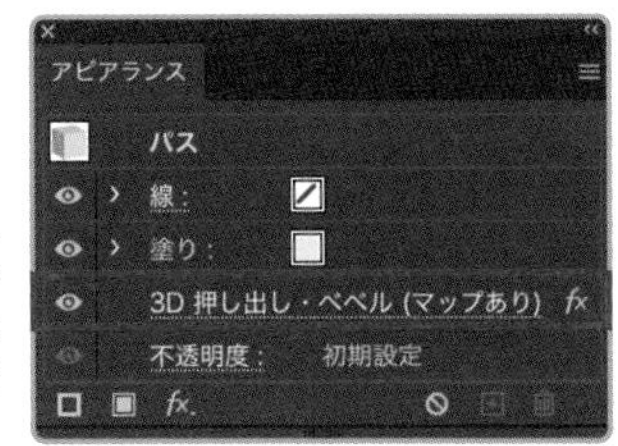

破線の下線付きの効果名［3D押し出し・ベベル（マップあり）］をクリックすると、［3D押し出し・ベベルオプション］ダイアログが開き、設定を変更できる。

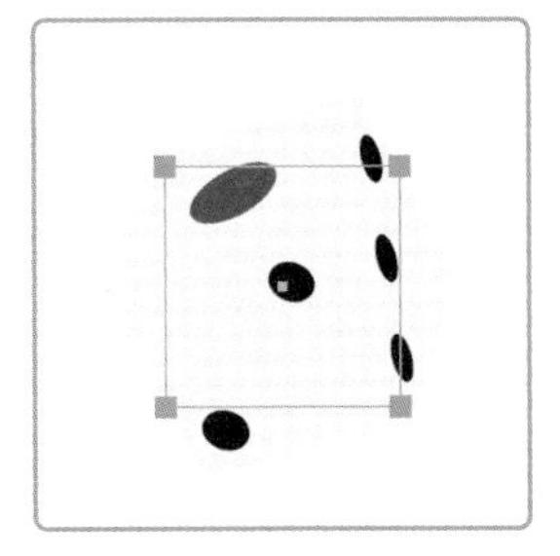

裏側の面にもマッピングしておくと、回転角度を自由に変更できる。

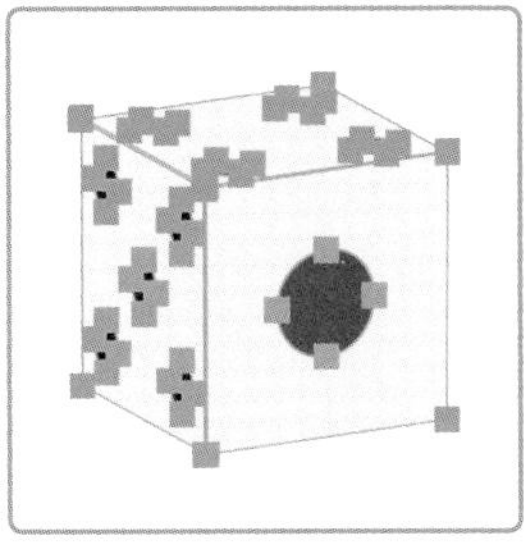

［オブジェクト］メニュー→［アピアランスを分割］で、色面ごとにパスに変換できる。ただし、同時に不要なクリッピングパスなども生成されるため、パスを整理する必要がある。

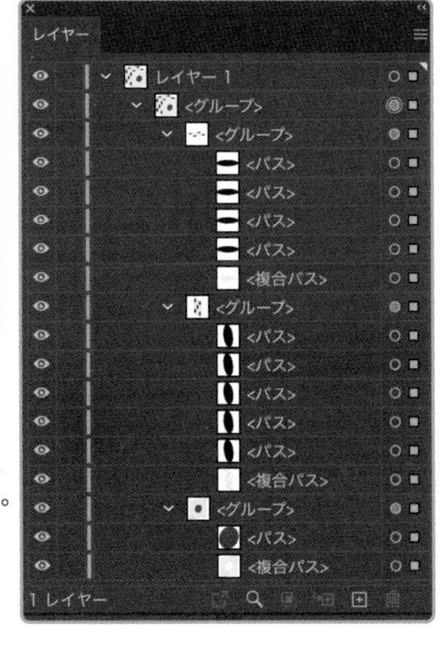

7-3 パスファインダーによる加工

- よく使うパスファインダーは、パスを結合する［合体］、穴をあける［中マド］、切り分ける［分割］の3つ
- ［余分なポイントを削除］と［分割およびアウトライン時に塗りのないアートワークを削除］にチェックを入れると、パスの単純化と軽量化が図れる
- ［効果］メニューの［パスファインダー］を利用すると、アピアランスとして非破壊的に適用できる
- ［option（Alt）］キーを押しながら［形状モード］を適用すると、複合シェイプとして非破壊的に適用できる

7-3-1 パスファインダーを適用する前の準備

パスファインダーは、**複数のパスを結合したり型抜きする機能**です。操作は、**パスファインダーパネル**★1でおこないます。頻繁に使うことが予想されるのは、**［合体］［中マド］［分割］**の3つです。

作業の前に、パターンの分割・拡張時にも設定した、**［パスファインダーオプション］を設定**します。パスファインダーパネルのメニューから［パスファインダーオプション］を選択して**［パスファインダーオプション］ダイアログ**を開き、**［余分なポイントを削除］**と**［分割およびアウトライン時に塗りのないアートワークを削除］**にチェックを入れます。★2 この2つはチェックを入れておいたほうが効率よく作業できるので、Illustratorを立ち上げたら、最初に設定を済ませておくとよいでしょう。

★1 パスファインダーパネルは［ウィンドウ］メニュー→［パスファインダー］で開く。

★2 **P178**のパターンの分割・拡張時に変更済みの場合、この操作は不要。

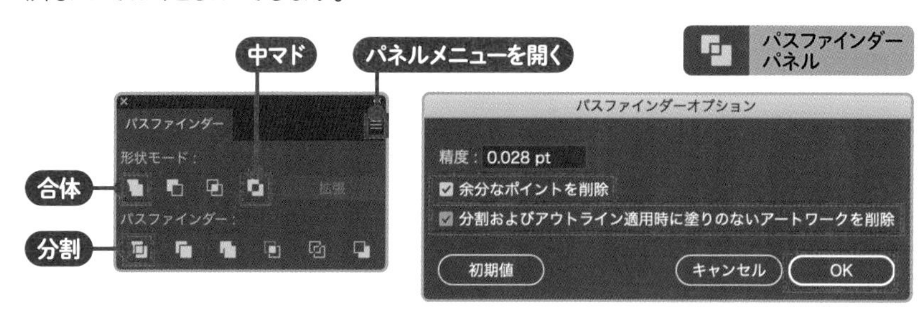

Illustratorを終了すると、このダイアログの設定はリセットされ、チェックが外れる。

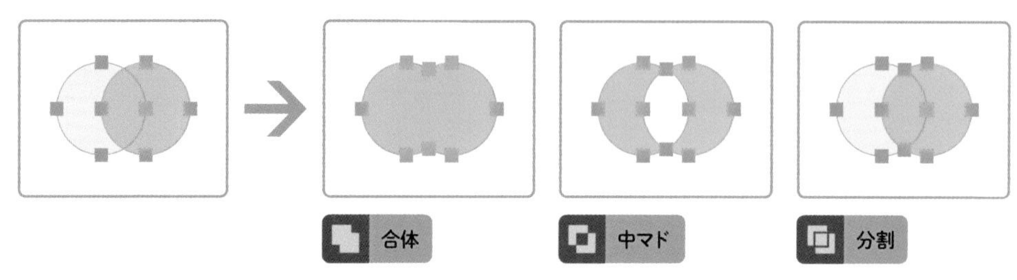

［余分なポイントを削除］は、工程の途中で発生した**不要なアンカーポイントを自動で削除するオプション**★3です。不要なアンカーポイントとは、具体的には**直線のセグメント上のアンカーポイント**などを指します。これらを自動で削除することで、効率よくパスを単純化できます。

★3　不要なアンカーポイントがもれなく削除されるわけではないため、残った場合は手動で削除する。

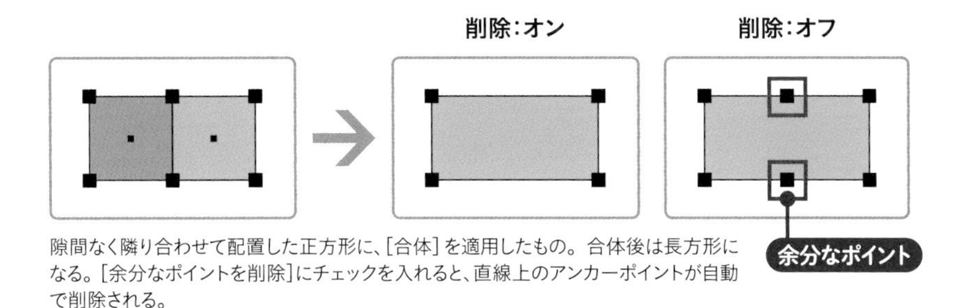

隙間なく隣り合わせて配置した正方形に、［合体］を適用したもの。合体後は長方形になる。［余分なポイントを削除］にチェックを入れると、直線上のアンカーポイントが自動で削除される。

［分割およびアウトライン時に塗りのないアートワークを削除］は、**［塗り：なし］［線：なし］の透明のパスを自動で削除するオプション**です。たとえば、オブジェクトを透明なクローズパス★4で分割すると、はみ出た領域も透明なパスとして残ります。チェックを入れておくと、これを削除する手間が省けます。

このオプションを設定した状態で、**クリッピングマスクを作成したオブジェクト（クリップグループ）に［分割］を適用**すると、**クリッピングパスの形状でオブジェクトを切り抜く**ことができます。**P178**のパターンの分割・拡張後の処理は、この性質を利用した操作です。

★4　「α」の字のように、セグメントの交差で閉じた領域がある場合も、透明なパスが残る。「C」の字のように、開口部がある場合は残らない。

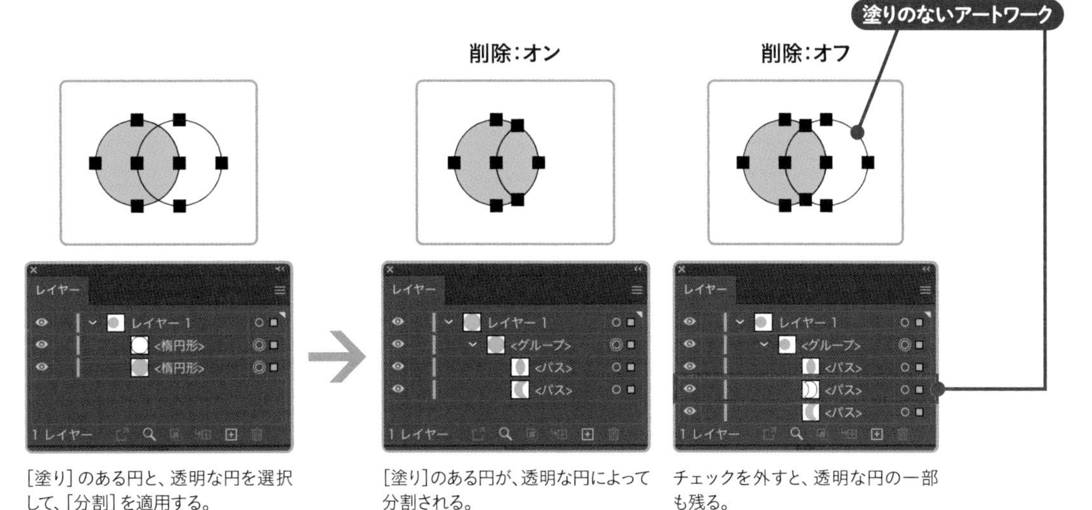

［塗り］のある円と、透明な円を選択して、［分割］を適用する。

［塗り］のある円が、透明な円によって分割される。

チェックを外すと、透明な円の一部も残る。

7-3-2 基本の3つのパスファインダーを使う

パスファインダーパネルの**[合体]**は、おもに**複数のパスを結合する機能**★5です。[塗り]や[線]には、**最前面のパスの設定が反映**されます。単一の**オープンパス**に適用すると、端点が直線のセグメントで繋がれた**クローズパス**に変換できます。

★5 [合体]を重なりのない複数のパスに適用すると、1階層のグループに変換される。この性質は、アピアランスの分割などの操作を経て、複雑な入れ子状態になったグループの階層を、ひとつにまとめる用途にも使える。

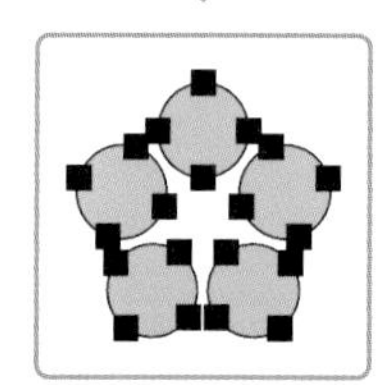

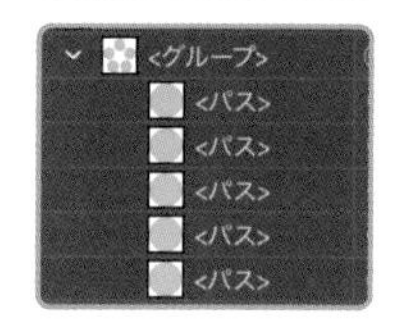

パスファインダーパネルの[合体]で合体する

Step.1 オブジェクトを選択する
Step.2 パスファインダーパネルで[合体]をクリックする

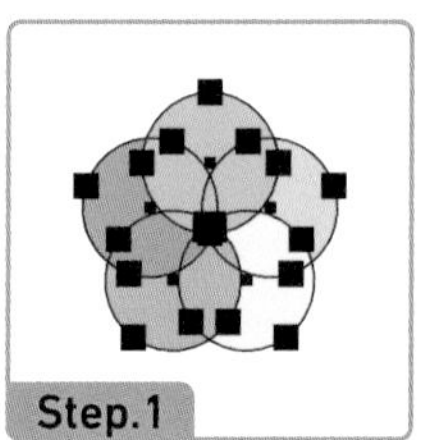

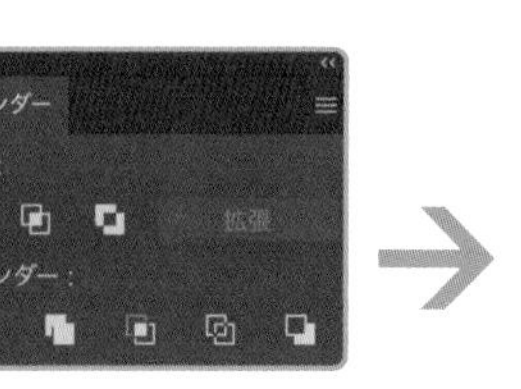

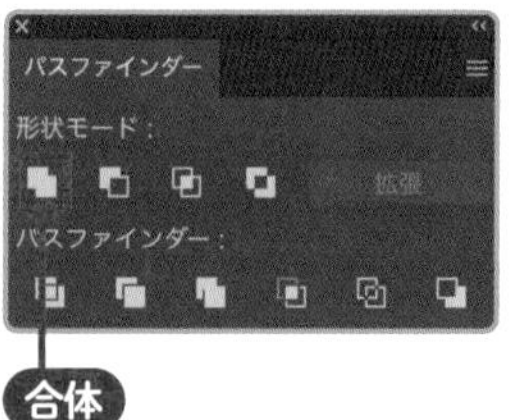

Step.2

重なりのあるパスがひとつのパスに結合され、最前面のパスの色が反映される。

[中マド]を適用すると、**パスの重なりが穴**★6**になります。[分割]**は、**重なったセグメントを境界線として、パスを分割する機能**です。

★6 穴を持つパスは、「複合パス」に分類される。

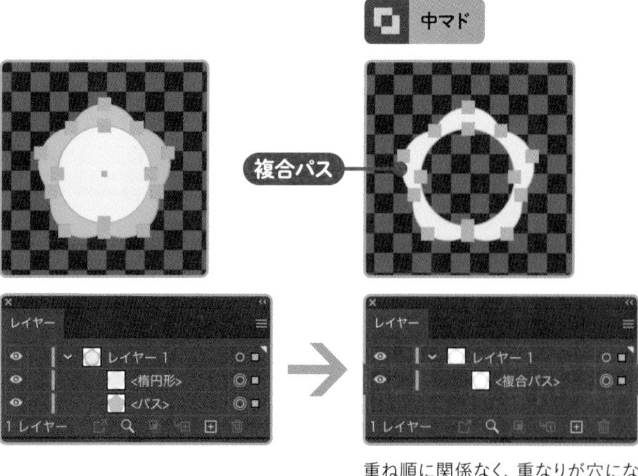

重ね順に関係なく、重なりが穴になる。最前面のパスの色が反映される。

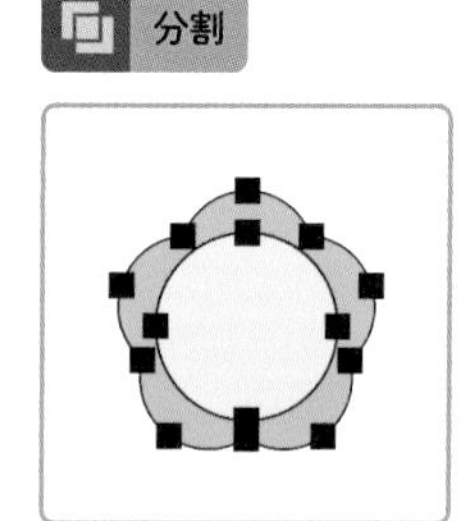

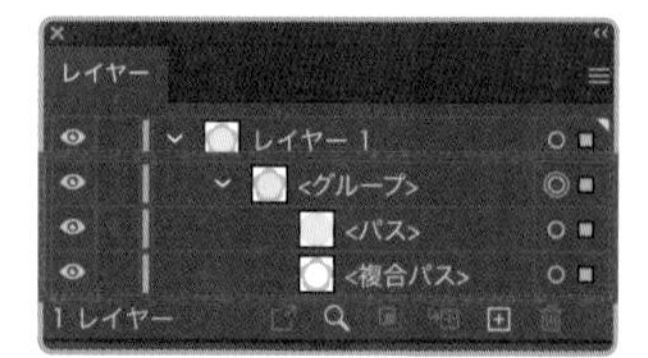

パスの重なりも、ひとつのパスとして分割される。分割されたパスは、グループにまとめられる。

7-3-3 アピアランスとしてのパスファインダー

パスファインダーをアピアランスとして適用することもできます。こちらは**非破壊**になるため、**パスの形状を保持できる**メリットがあります。★7 また、直接適用する場合と異なり、**アピアランスで見た目を変更したオブジェクトを含める**こともできます。**[処理]もダイアログで変更可能**です。

★7　基本的には、グループやレイヤー、テキストオブジェクトに適用する。それ以外のオブジェクトには、適用しても効果が見られないことがある。

[パスファインダー]効果(アピアランス)で合体する

Step.1　オブジェクトを選択し、〔オブジェクト〕メニュー→〔グループ〕を選択する

Step.2　〔効果〕メニュー→〔パスファインダー〕→〔追加〕★8 を選択する

★8　パスファインダーパネルの[合体]は、[効果]メニューでは[追加]になる。

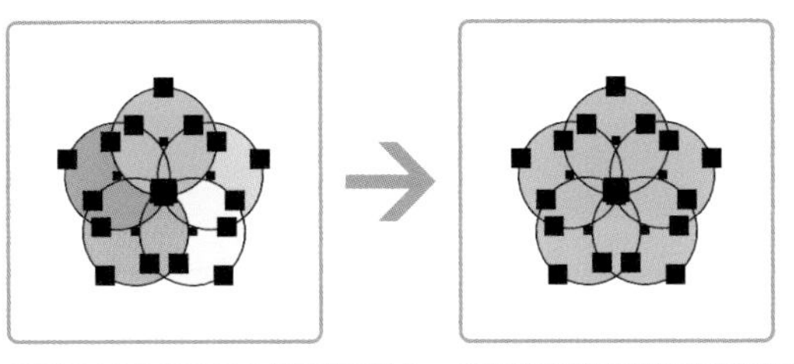

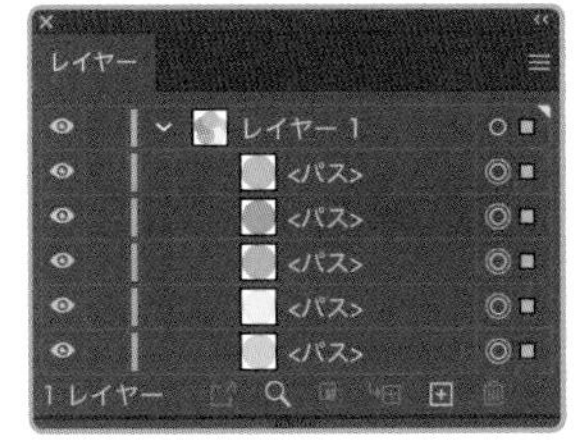

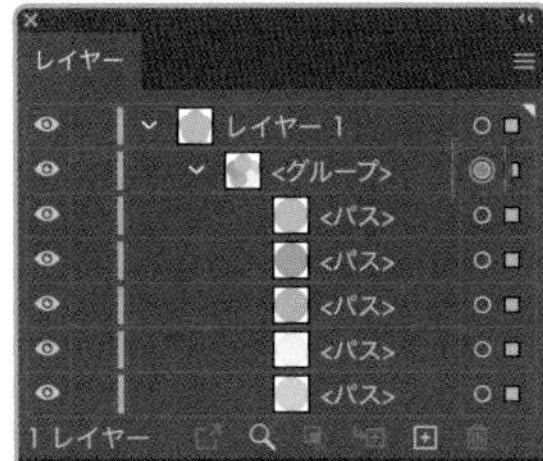

グループのアピアランスとして設定される。色は最前面のオブジェクトのものが反映されるが、グループに含まれる個々のオブジェクトは変化しない。グループを解除すれば、元の状態に戻る。

[パスファインダー]効果の[処理]を変更する

Step.1　オブジェクトを選択し、アピアランスパネルで効果名をクリックする

Step.2　〔パスファインダーオプション〕ダイアログで〔処理〕を変更し、〔OK〕をクリックする

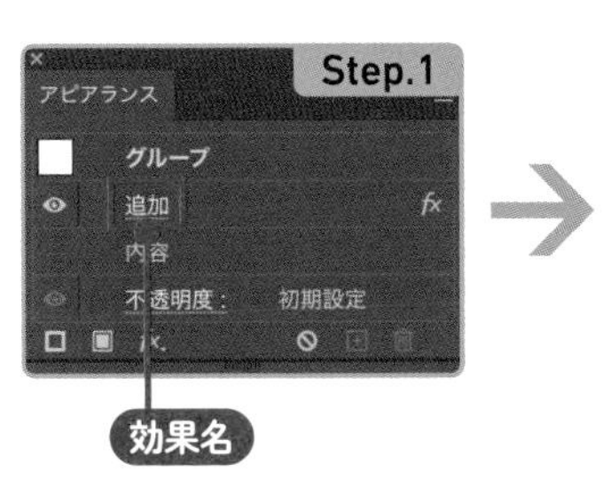

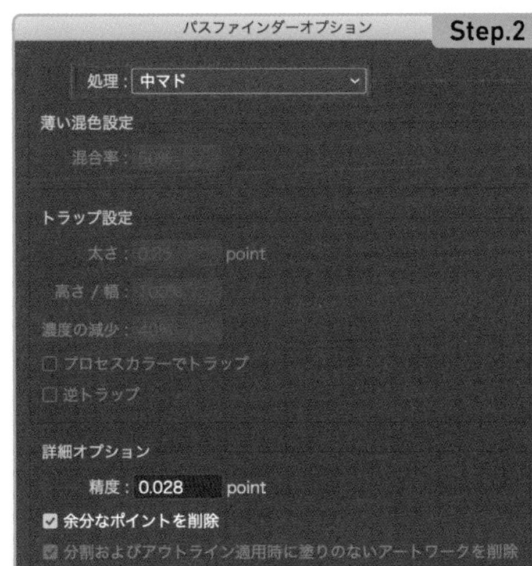

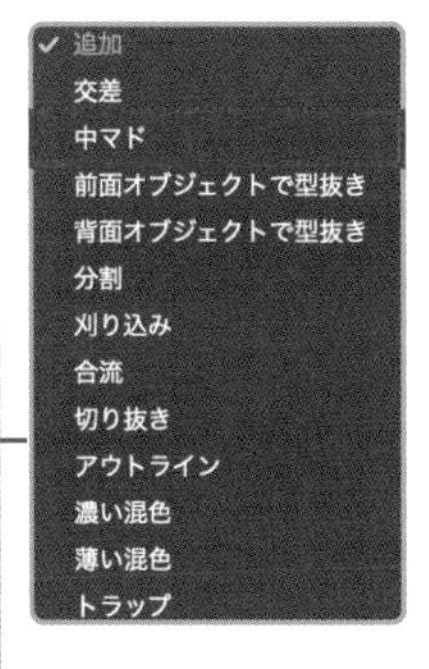

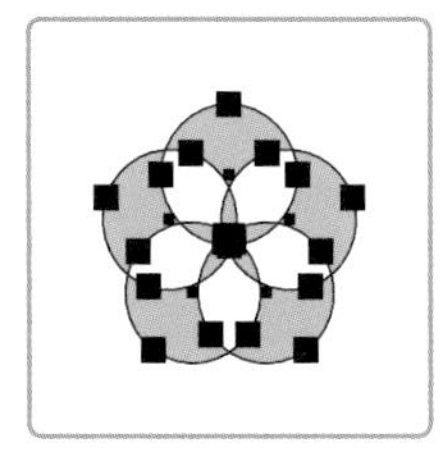

[追加]から[中マド]に変更した。アピアランスなので何度でも変更できる。

7-3-4 複合シェイプとして合体する

[合体]★9と**[中マド]**については、アピアランスを使わなくても非破壊的に適用する方法があります。それは、**複合シェイプ**という状態に変化させて加工する方法です。複合シェイプは、**前面と背面のオブジェクトの関係を設定することで、見た目を変える機能**です。関係は、**パスファインダーパネル上段の[形状モード]で設定**します。

★9　合体する複数の方法については、P147でも解説。

★10　[複合シェイプを作成]を選択すると、[合体]で作成した複合シェイプになる。ただし、複合シェイプ=合体したもの、というわけではない。

複合シェイプとして合体する

Method.A　オブジェクトを選択し、[option(Alt)]キーを押しながら、パスファインダーパネル上段の[形状モード]で[合体]をクリックする

Method.B　オブジェクトを選択し、パスファインダーパネルのメニューから[複合シェイプを作成]を選択する★10

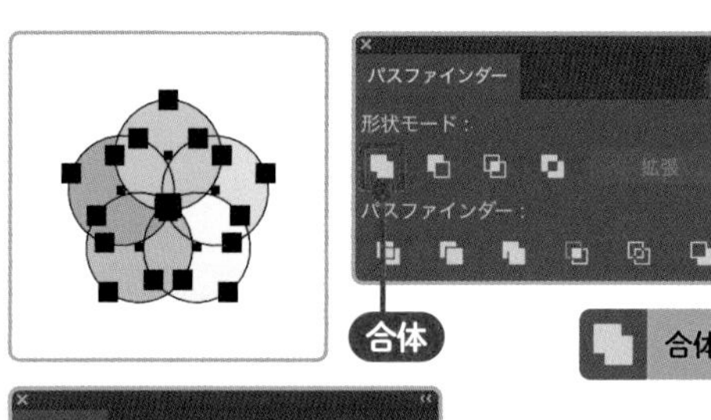

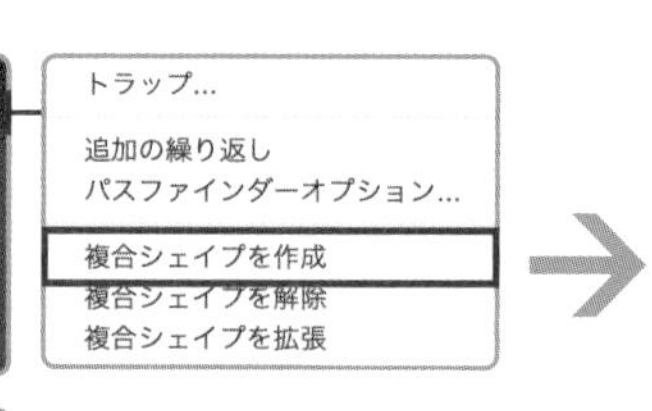

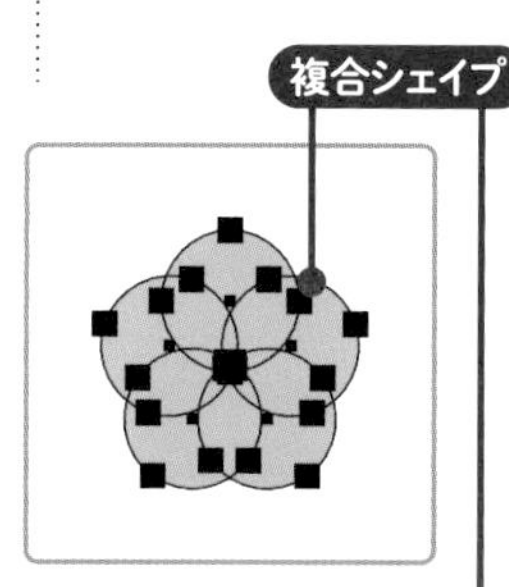

複合シェイプは、レイヤーパネルで判別できる。デフォルトでは、最前面のオブジェクトの色が反映される。パスファインダーパネルのメニューから[複合シェイプを解除]を選択すると、元の状態に戻せる。

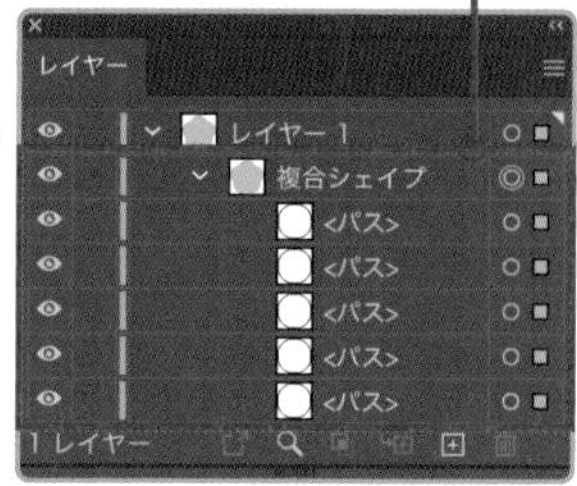

アピアランス同様、複合シェイプも、**テキストオブジェクトやアピアランスで変形したパス**などを組み込めます。**グループ構造になっているので、オブジェクトを追加できる**点も同じです。★11

複合シェイプの[塗り]や[線]は、適用直後は**最前面のオブジェクトの設定が反映**されますが、複合シェイプに含まれる**オブジェクトに変更を加えると、重ね順に関係なく、それが全体に反映**されます。

★11　複合シェイプはグラフィックスタイル化できないが、アピアランスは、グラフィックスタイル化できるという違いがある。工程をグラフィックスタイル化する場合は、アピアランスを利用する。

複合シェイプの**［形状モード］の変更も可能**です。操作は、複合シェイプの**最背面以外のオブジェクトを選択**してからおこないます。複合シェイプは、**前面のオブジェクトの［形状モード］を変更することで、背面のオブジェクトとの合成方法を変更する機能**であるためです。★12

★12　ひとつの複合シェイプに、異なる［形状モード］を設定できる。

［形状モード］を変更する

Step.1　**複合シェイプの最背面以外のオブジェクトを選択する**

Step.2　**［option（Alt）］キーを押しながら、パスファインダーパネル上段の［形状モード］で、アイコンのいずれかをクリックする**

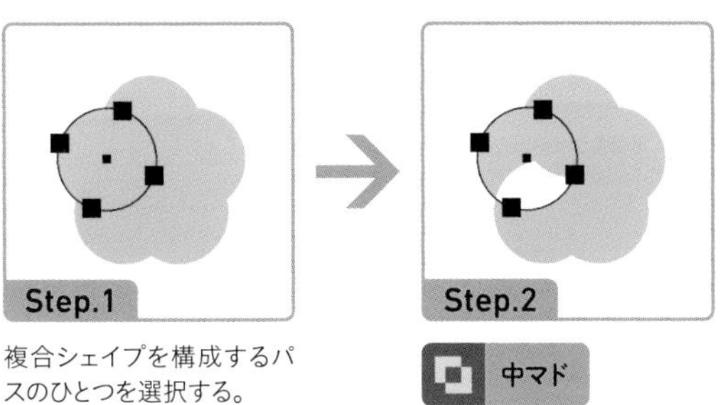

複合シェイプを構成するパスのひとつを選択する。

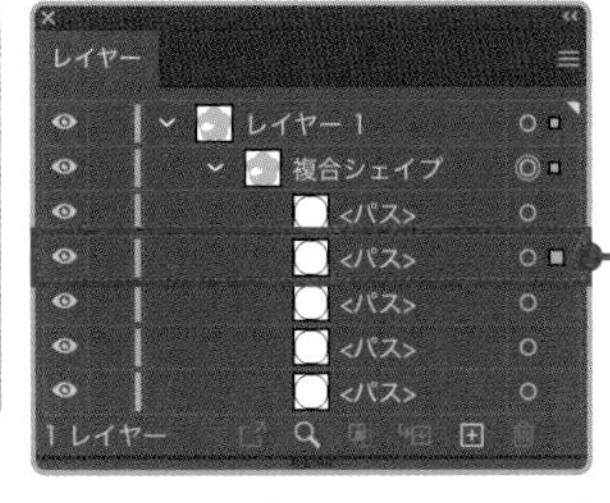

パスのひとつを［形状モード：中マド］に変更。ただし、どの［形状モード］が適用されているか、レイヤーパネルやアピアランスパネルでは判別できない。

複合シェイプとして加えた変更を、オブジェクトに直接反映することも可能です。★13 この操作を、「**複合シェイプの拡張**」と呼びます。

★13　複合シェイプには［オブジェクト］メニュー→［アピアランスを分割］も適用できる。［複合シェイプを拡張］と同じ結果になる。

複合シェイプを拡張する

Method.A　**複合シェイプを選択し、パスファインダーパネルで［拡張］をクリックする**

Method.B　**複合シェイプを選択し、パスファインダーパネルのメニューから［複合シェイプを拡張］を選択する**

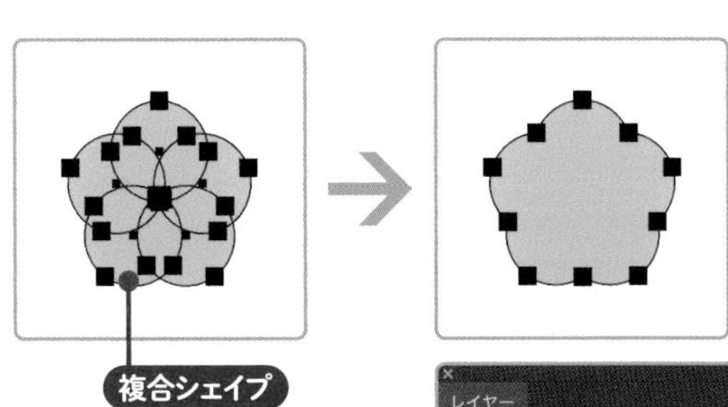

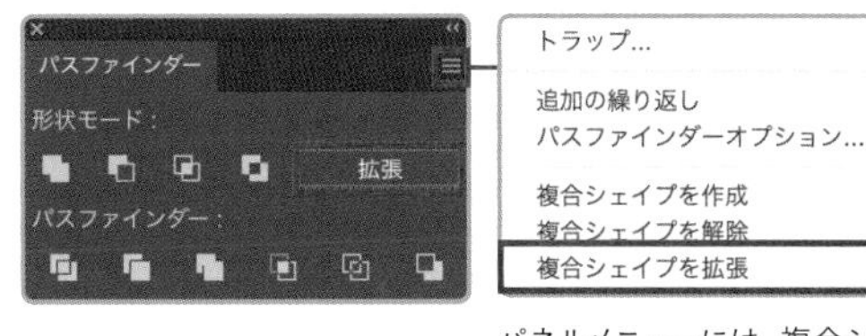

パネルメニューには、複合シェイプに関するメニューが用意されている。

拡張すると、［option（Alt）］キーを押さずに［形状モード］を適用したときと、同じ結果になる。

7-4 クリッピングマスクを利用する

- クリッピングマスクは、図柄を非破壊的にトリミングできる機能
- マスクとして機能するオブジェクトは、<クリッピングパス>と表示される
- クリッピングマスクをレイヤーに設定すると、オブジェクトを［選択ツール］で選択できる

7-4-1 クリッピングマスクを作成する

クリッピングマスクは、マスクとして機能する**オブジェクト（クリッピングパス）**★1**で図柄をトリミングする機能**です。図柄の一部を覆い隠す★2だけなので、あとで**トリミング位置を変更**したり、**元の状態に戻す**こともできます。写真を切り抜く、イラストをトリミングする、入稿データでトンボに重なった図柄を隠すなど、使用範囲が幅広く、実務で頻繁に使う機能です。

★1 クリッピングパスに変換できるのは、パスや複合パス、複合シェイプ、テキストオブジェクト。

★2 覆い隠されるのは、クリッピングパスの外側の領域。アピアランスによる変形は反映されないので、事前にアピアランスを分割しておく。ライブコーナーは反映されるため、クリッピングパスの角丸加工は、こちらを利用するとよい。

クリッピングマスクを作成する

Step.1 マスクにするオブジェクトを最前面に移動したあと、マスクと図柄のオブジェクトを選択する

Step.2 ［オブジェクト］メニュー→［クリッピングマスク］→［作成］を選択する

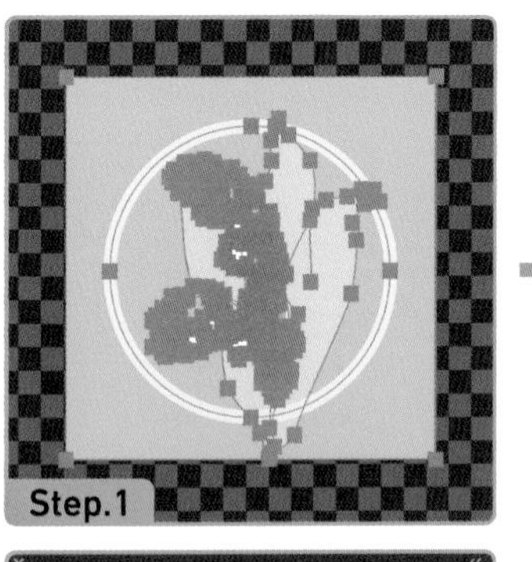

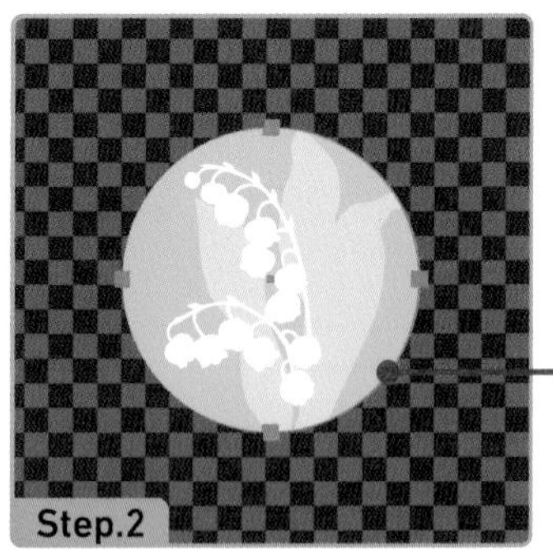

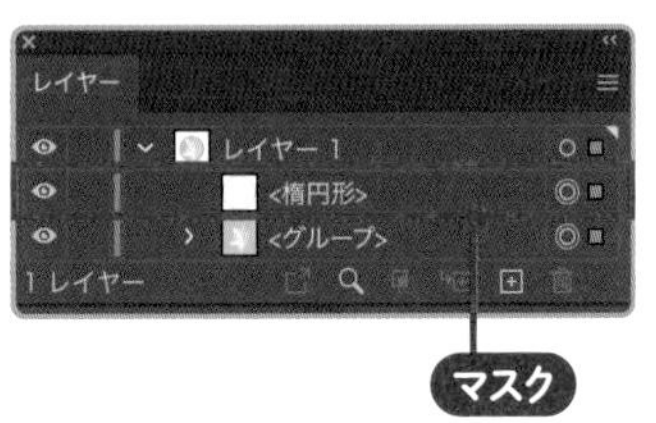

選択したオブジェクトのうち、最前面のものがクリッピングパスに変換されるため、最前面に移動する必要がある。

マスクとして機能するオブジェクトは名前が<クリッピングパス>に変わるが、ライブシェイプはクリッピングパス変換後も、<長方形><楕円形>など、シェイプ名で表示される。

クリッピングマスクを作成すると、選択したオブジェクトは**クリップグループ**にまとめられます。**最前面のオブジェクトがマスク(クリッピングパス)**となり、レイヤーパネルで**<クリッピングパス>**と表示されます。クリッピングパスはこの時点で**[塗り:なし][線:なし]**に変更され、**アピアランスも消去**されますが、クリッピングマスク作成後に選択すると、色を設定できます。★3

クリッピングパスはクリップグループ内にあれば、**重ね順に関係なくマスクとして機能**します。また、オブジェクトを**クリップグループに追加すると、そのオブジェクトもトリミング**されます。

★3　[線]はクリップグループの最前面、[塗り]は再背面に表示される。[線]は枠線、[塗り]は背景色として使える。また、アピアランスも適用できる。

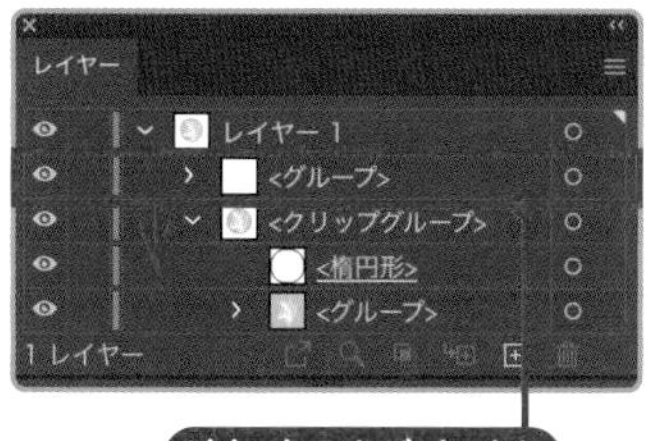

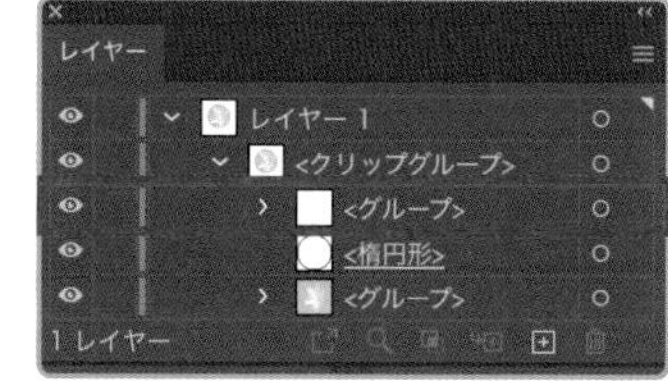

オブジェクトを追加するには、レイヤーパネルでリストの項目をクリップグループへドラッグして、割り込ませる。

クリッピングマスクを解除する

Method.A　**クリップグループを選択し、〔オブジェクト〕メニュー→〔クリッピングマスク〕→〔解除〕を選択する**

Method.B　**レイヤーパネルでクリッピングパスをドラッグして、クリップグループの外に出す**

Method.C　**クリッピングパスを選択して削除する**

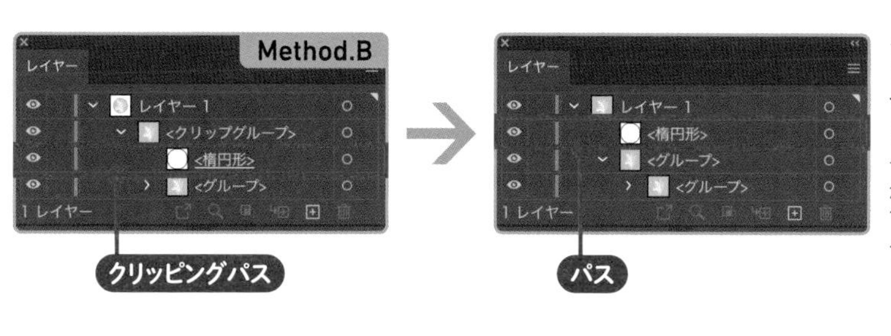

クリッピングパスをクリップグループの外へドラッグすると、クリッピングマスクを解除できる。クリッピングパスは元の属性に戻り、クリップグループはグループになる。ライブシェイプの場合、クリッピングパスか否かは、オブジェクト名の下線で判別できる。下線があればクリッピングパス、なければライブシェイプ。

7-4-2 レイヤーに設定するクリッピングマスク

レイヤーにクリッピングマスクを設定することもできます。レイヤー全体をひとつの**クリップグループ**と考え、その中の特定のオブジェクトを**クリッピングパス**に指定して、外側の領域を覆い隠すしくみです。

★4 レイヤーパネルでレイヤー名をクリックし、ハイライトカラーに変われば、レイヤーが選択状態になっている。ハイライトカラーになっていない（パネルの地色と同じ）場合、レイヤーの○（ターゲットアイコン）やオブジェクトが選択状態であっても、レイヤーは未選択状態となっている。この状態では、パネルメニューの［クリッピングマスクを作成］はグレーアウトし、選択できない。レイヤーが複数存在する場合は、レイヤーの誤選択にも注意する。

レイヤーのクリッピングパスを指定する

Step.1 マスクにするオブジェクトを、レイヤーの最前面に移動する

Step.2 レイヤーパネルでレイヤーを選択し、★4 パネルメニューから〔クリッピングマスクを作成〕を選択する

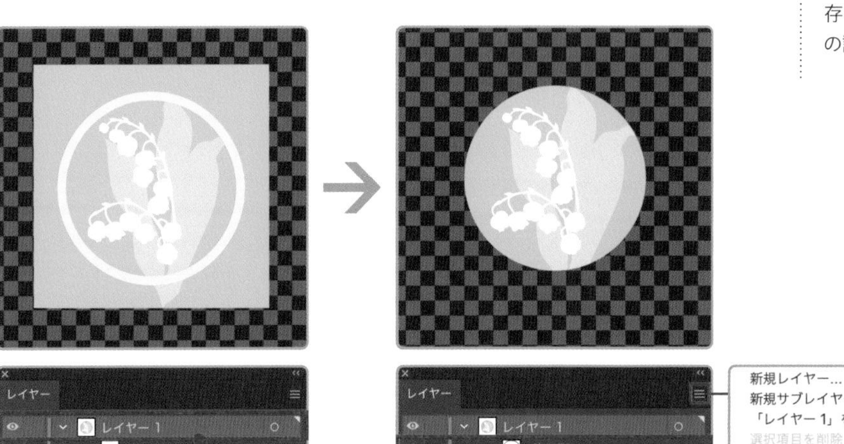

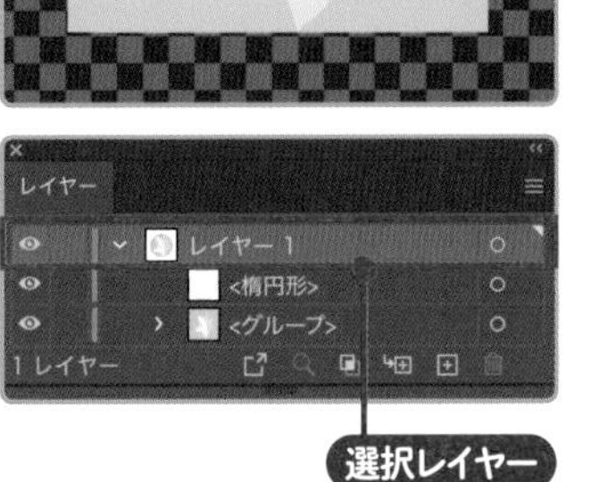

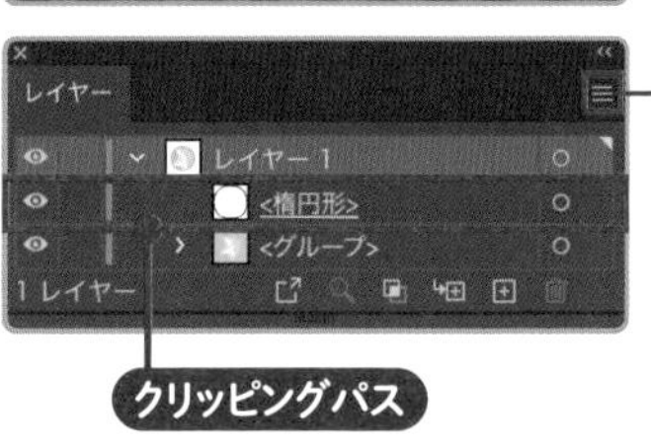

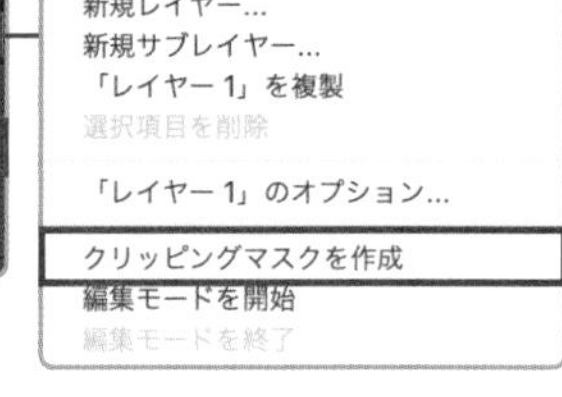

レイヤーのクリッピングマスクは、冊子の見開きページのデザイン★5に便利です。たとえば、片方のページサイズの長方形を、レイヤーのクリッピングパスに指定し、図柄をレイアウトすれば、ノドを越えても反対側のページに飛び出しません。**［トリミング表示］**で断裁後の状態も確認できます。

★5 単ページでデザインし、面付けで処理する場合は不要。

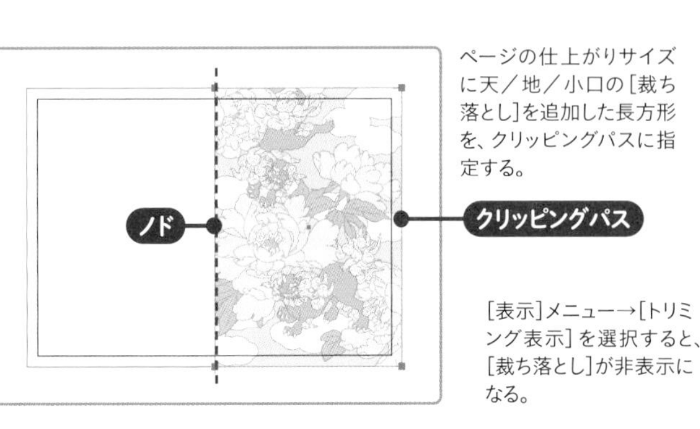

ページの仕上がりサイズに天／地／小口の［裁ち落とし］を追加した長方形を、クリッピングパスに指定する。

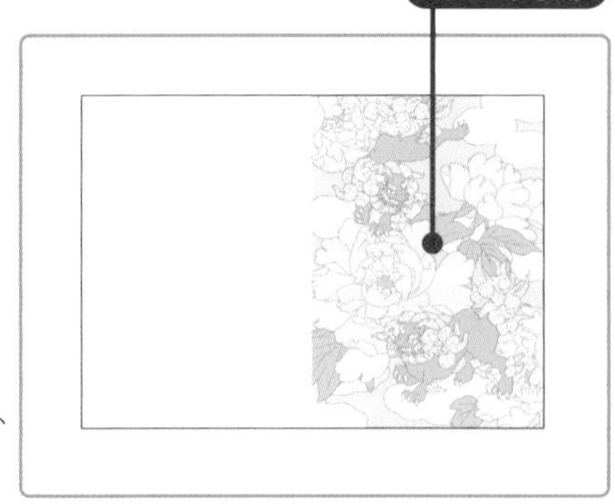

［表示］メニュー→［トリミング表示］を選択すると、［裁ち落とし］が非表示になる。

レイヤーのクリッピングパスも、クリップグループのクリッピングパスも、レイヤーパネルでは同じ表示になります。見分けかたとしては、**レイヤー直下に<クリッピングパス>が存在できている場合、そのレイヤーにはクリッピングマスクが作成されている**、と考えます。

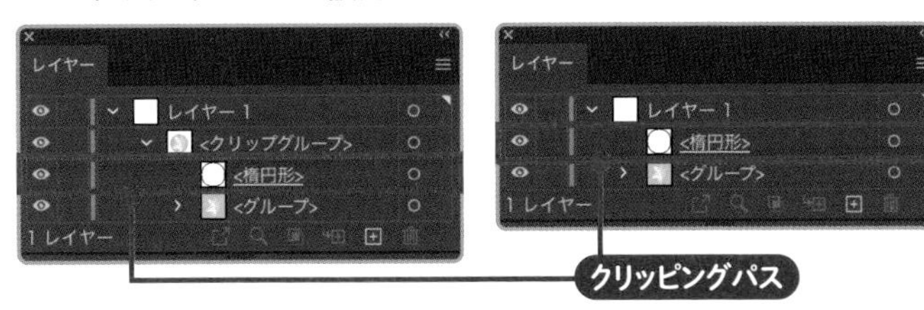

レイヤーに設定する最大のメリットは、**［選択ツール］によるオブジェクトの選択が可能**、という点にあります。クリップグループの場合、それに含まれるオブジェクトを個別に選択するには、［グループ選択ツール］やレイヤーパネルのリストで地道に選択する必要がありますが、**レイヤーに設定すれば、［選択ツール］で直感的に操作**できます。また、新しく作成した**オブジェクトを、クリップグループへ追加する操作も不要**です。

デメリットもあります。まず、第三者から見て、**構造がわかりづらい**という点が挙げられます。また、他のレイヤーやファイルに図柄を移動するとき、**クリッピングパスを一緒に移動することを忘れると、トリミングが無効になる**という問題もあります。これについては、**クリッピングパスを含めてレイヤーのオブジェクトをグループ化する**ことで、対処できます。

レイヤーのクリッピングパスは、複製★6したり、他のレイヤーやファイルに移動しても、マスクとして機能します。他の用途に使い回す場合は、**レイヤーのクリッピングマスクを解除して、<クリッピングパス>の属性を取り除く**必要があります。★7

レイヤーのクリッピングマスクを解除する

Method.A　レイヤーパネルでレイヤーを選択して、パネルメニューから〔クリッピングマスクを解除〕を選択する★8

Method.B　レイヤーのクリッピングパスを選択して、〔オブジェクト〕メニュー→〔クリッピングマスク〕→〔解除〕を選択する

★6　複製により、ひとつのレイヤーに複数のクリッピングパスが存在する場合、クリッピングパスが重なった領域だけが表示され、それ以外の領域は覆い隠される。複数の領域を飛び地的に表示する場合、複数のパスを複合パスに変換し、それをクリッピングパスに指定するとよい。複合パスは、複数のパスをひとつのパスとして扱える機能で、重なりは穴になるが、重なりがなければ飛び地的に面を持てる。複数のパスを選択して、［オブジェクト］メニュー→［複合パス］→［作成］を選択すると、複合パスに変換できる。

★7　レイヤーのクリッピングマスクをクリップグループに変更する場合は、レイヤーのクリッピングマスクを解除したあと、元のクリッピングパスを最前面に移動して、再度クリッピングマスクを作成する。

★8　Method.Aの場合、そのレイヤー上のすべてのクリッピングマスクが解除される。これは、クリップグループのクリッピングパスにも影響する。レイヤーのクリッピングマスクのみを解除するには、Method.Bを使う。

7-5 文字の高度な設定と活用

- 書体やサイズなどの設定は、スタイルとしてプリセット化でき、設定の変更も可能
- 段落全体を段落スタイル、段落中の特定の文字を文字スタイルで指定すると、効率よく管理できる
- 文字組みアキ量を利用すると、句読点や括弧の前後の間隔をまとめて調整できる
- 合成フォントを利用すると、文字の種類ごとに書体を使い分けたり、かなフォントを効率よく使える

7-5-1 段落スタイルの作成と適用

段落スタイルは、[フォントファミリ]や[フォントサイズ]などの**書式設定をプリセット化できる機能**です。段落スタイルを利用すると、書体やサイズなどを効率よく管理できます。**他の段落に同じ設定を適用**できるほか、**ダイアログで加えた変更を、適用済みの段落に反映**できます。★1

段落スタイルは、**段落スタイルパネル**★2で作成します。既存の段落の設定を登録できるほか、段落スタイルを実際の段落に適用した状態で、プレビューで確認しながら設定を調整することもできます。

★1 「段落」は、行頭から改行までの一連の文字。行を構成する文字がひとつであっても、改行を挟めば段落となる。

★2 段落スタイルパネルは、[ウィンドウ]メニュー→[書式]→[段落スタイル]で開く。ほとんどのパネルは[ウィンドウ]メニュー直下から選択できるが、テキストに関するパネルは[書式]にまとめられている。

既存の段落から段落スタイルを作成する

Step.1 ツールバーで[文字ツール]を選択し、段落中にカーソルを挿入する

Step.2 段落スタイルパネルで[新規スタイルを作成]をクリックする

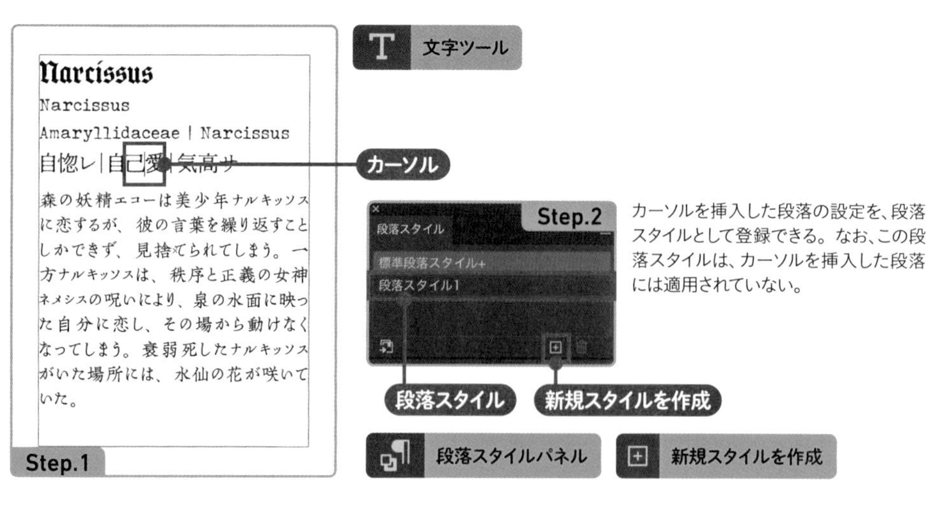

カーソルを挿入した段落の設定を、段落スタイルとして登録できる。なお、この段落スタイルは、カーソルを挿入した段落には適用されていない。

段落スタイルの適用も、段落スタイルパネルを利用します。なお、既存の段落から段落スタイルを作成した場合、**元となった段落にその段落スタイルは適用されていません。**元の段落に適用するには、別途、操作をおこなう必要があります。★3

★3　元の段落に適用するには、条件を満たす必要がある。具体的には、次のページで解説する。

段落スタイルを適用する

Method.A　テキストオブジェクトを選択し、段落スタイルパネルで段落スタイルをクリックする

Method.B　〔文字ツール〕で段落の先頭から末尾までの文字を選択したあと、段落スタイルパネルで段落スタイルをクリックする

テキストオブジェクト

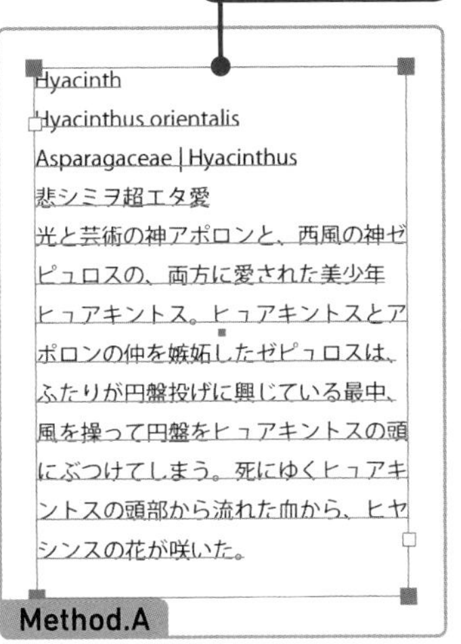

テキストオブジェクトを選択して段落スタイルをクリックすると、それに含まれるすべての段落に適用される。

文字ツール

Method.B

〔文字ツール〕で段落の先頭から末尾までの文字を選択する。行を3回クリックすると、段落全体を選択できる。

この状態で段落スタイルを適用すると、差分のない状態で適用できる。段落スタイルの差分がもたらす問題については、次のページで解説する。

Method.C　**テキストオブジェクトを選択し、段落スタイルパネルで〔標準段落スタイル〕をクリックして適用したあと、〔文字ツール〕で段落にカーソルを挿入し、段落スタイルパネルで段落スタイルをクリックする**

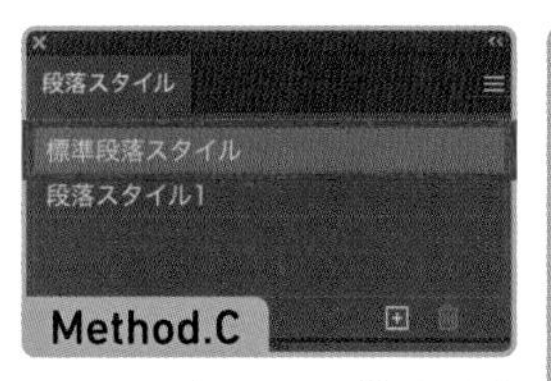

テキストオブジェクトに［標準段落スタイル］を適用する。

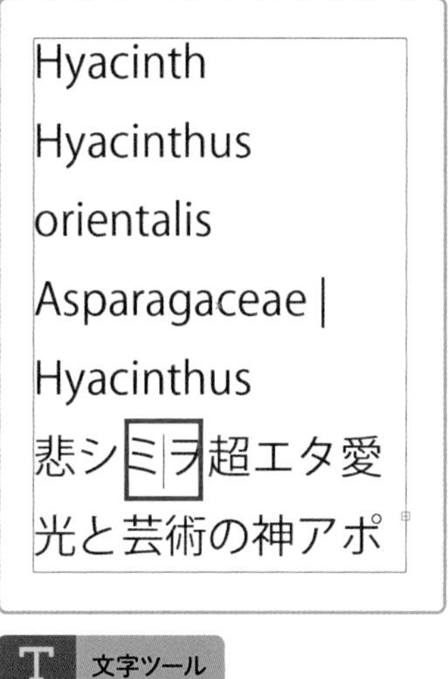

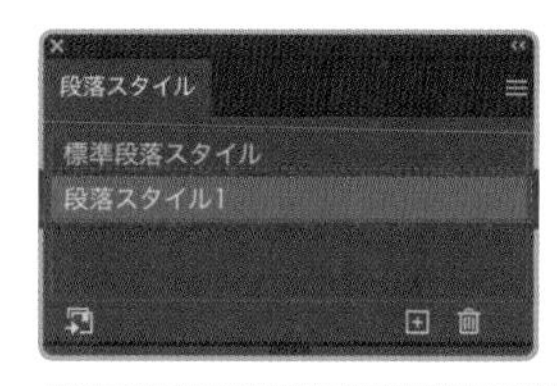

何らかの段落スタイルが差分なく適用されている場合に限り、カーソルを挿入するだけで、段落の先頭から末尾まで適用できる。

Method.Cは、InDesignではおなじみの操作ですが、★4 Illustratorでこの方法を使うには、**その時点で段落に適用されている段落スタイルと差分がないという条件を満たす**必要があります。Method.Cで最初にテキストオブジェクトに標準段落スタイルを適用したのは、この条件を満たすためです。**標準段落スタイル**は、新規ファイル作成時の**デフォルトの段落スタイル**で、Illustratorで作成するすべてのテキストに適用されます。★5

標準段落スタイルとの差分は、常に発生します。標準段落スタイルには［フォントファミリ］などが設定されておらず、テキストオブジェクト作成時に何らかの［フォントファミリ］が選択されるだけで、標準段落スタイルに変更を加えたことになるためです。

Illustratorで既存の段落に適用する場合、**テキスト全体に設定する段落スタイルが同じ、または使用率に偏りがあれば、Method.Aが効率がよい**でしょう。たとえば、本文用の段落スタイルをテキストオブジェクトに適用したあと、見出しなど一部の段落にカーソルを挿入して専用の段落スタイルを適用すると、最小限の手間でもれなく適用できます。

★4　InDesignの場合、段落にカーソルを挿入するだけで、差分を解消して段落スタイルを適用できる。InDesignを使い慣れていると、**Method.C**で適用できると考えてしまいがちだが、Illustratorの場合は結果が異なるので、注意が必要。元の段落にこの方法で適用すると、差分があることが見た目ではわからず、段落スタイルに加えた変更も反映されないため、混乱しやすい。

★5　段落スタイルを作成してそれをデフォルトに設定することもできるが、InDesignと異なり、［フォントファミリ］などの必須項目を空欄のまま段落スタイルを作成できるため、この方法でも差分が発生する可能性が高い。

特定の段落に適用する場合は、**Method.Bの、段落の先頭から末尾**★6**までの文字をもれなく選択し、段落スタイルパネルで段落スタイルをクリックする方法が確実**です。文字が選択状態になっていれば、差分を解消して適用できます。段落スタイルの書式を採取した段落（元の段落）へも、この方法で適用できます。

★6　末尾の文字のあとも半角程度のスペースが選択可能なのは、制御文字が挿入されているため。[書式] メニュー→[制御文字を表示] を選択すると、表示される。

元の段落の先頭から末尾までの文字を選択した状態で、段落スタイルを適用する。

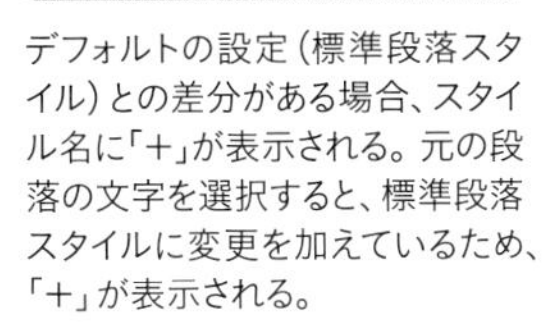

デフォルトの設定（標準段落スタイル）との差分がある場合、スタイル名に「+」が表示される。元の段落の文字を選択すると、標準段落スタイルに変更を加えているため、「+」が表示される。

段落スタイル適用後、スタイル名に「+」が表示されなければ、差分なく適用できている。

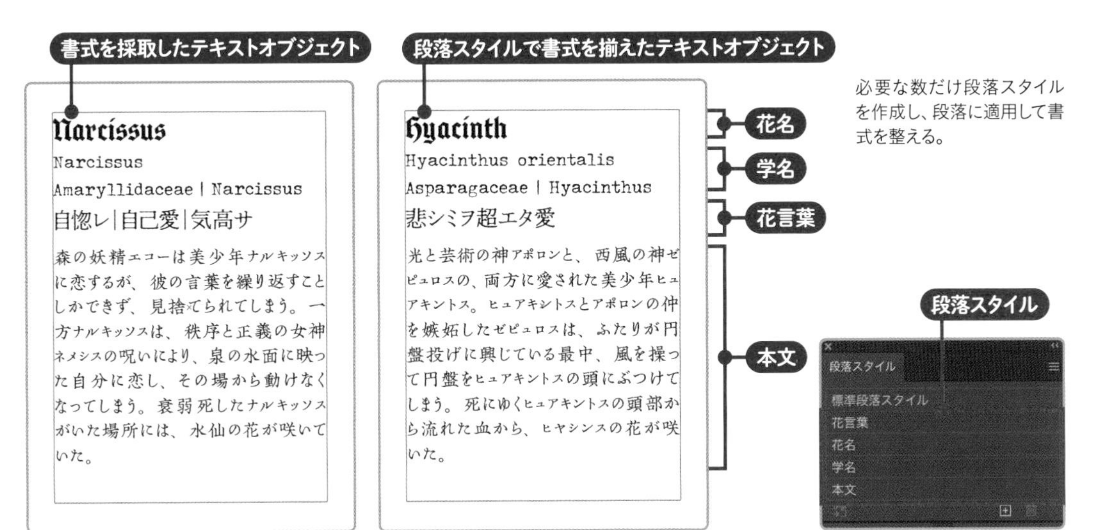

必要な数だけ段落スタイルを作成し、段落に適用して書式を整える。

段落スタイルの設定変更は、**[段落スタイルオプション]ダイアログ**でおこないます。**[プレビュー]**にチェックを入れると、結果を確認しながら設定できます。**スタイル名の変更**★7も、このダイアログで可能です。

★7 段落スタイルパネルでスタイル名をダブルクリックすると、入力ボックスに切り替わり、スタイル名を変更できる。スタイル名が表示されていない領域をダブルクリックすると、[段落スタイルオプション]ダイアログが開く。このあと解説する文字スタイルについても、同様の操作が可能。また、レイヤーパネルのレイヤーも、レイヤー名のダブルクリックでレイヤー名の変更、それ以外の領域のダブルクリックでダイアログが開く。スウォッチパネルやブラシパネルなども、パネルメニューでリスト表示に切り替えると、同様の操作が可能。P239参照。

段落スタイルの設定を変更する

Step.1 未選択状態(選択なし)にしたあと、段落スタイルパネルで段落スタイルを選択し、パネルメニューから[段落スタイルオプション]を選択する

Step.2 [段落スタイルオプション]ダイアログで設定を変更し、[OK]をクリックする

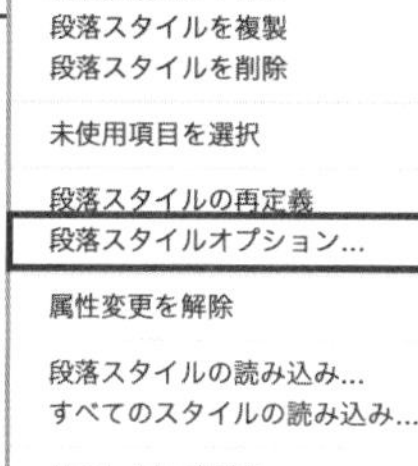

操作は、必ず未選択状態でおこなう。文字やテキストオブジェクトが選択されていると、段落スタイルを選択したときに、その段落スタイルが適用されてしまう。

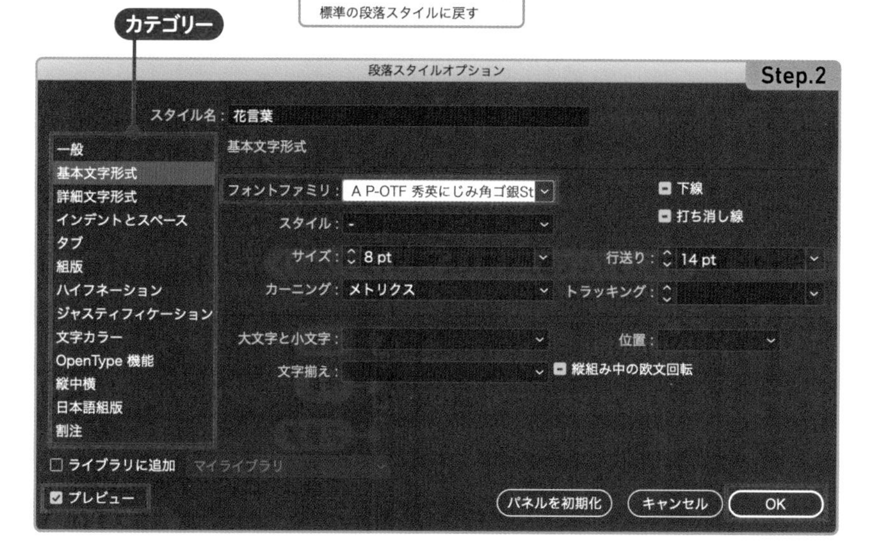

カテゴリー 項目をクリックすると、カテゴリーを切り替えできる。

基本文字形式 [フォントファミリ]や[サイズ]など、文字パネルの項目を設定できる。

インデントとスペース [行揃え]や[左/上インデント]など、段落パネルの項目を設定できる。

日本語組版 [禁則処理]や[文字組み]など、段落パネルの項目を設定できる。

Hyacinthus orientalis
Asparagaceae | Hyacinthus
悲シミヲ超エタ愛
光と芸術の神アポロンと、西風の神ゼピュロスの、両方に愛された美少年ヒュ

段落スタイル変更前の状態。

Hyacinthus orientalis
Asparagaceae | Hyacinthus
悲シミヲ超エタ愛
光と芸術の神アポロンと、西風の神ゼピュロスの、両方に愛された美少年ヒュ

段落スタイルで[フォントファミリ]を変更すると、書体が変わる。

段落スタイルを適用したあとも、文字パネルや段落パネルで、書式を変更することは可能です。このように**上書きで書式を変更すること、またその部分(差分)**を、**「オーバーライド(属性変更)」**と呼びます。段落中にオーバーライドが発生していると、段落スタイルパネルの**スタイル名に「+」が表示**されます。★8 オーバーライドは、消去できます。

★8 「+」が表示されるのは、オーバーライドの直前にカーソルが挿入されているか、選択したテキストオブジェクトや文字にオーバーライドが含まれている場合のみ。テキストオブジェクトに段落スタイルが混在している場合は、表示されない。

オーバーライドを消去する

Step.1 テキストオブジェクトや文字を選択する

Step.2 段落スタイルパネルで段落スタイルをクリックする

T 文字ツール

オーバーライド(属性変更)

Narcissus
Narcissus
Amaryllidaceae | Narcissus
自惚レ|自己愛|気高サ
森の妖精エコーは美少年ナルキッソスに恋するが、彼の言葉を繰り返すことしかできず、見捨てられてしまう。一方ナルキッソスは、秩序と正義の女神ネメシスの呪いにより、泉の水面に映った自分に恋し、その場から動けなくなってしまう。衰弱死したナルキッソスがいた場所には、水仙の花が咲いていた。

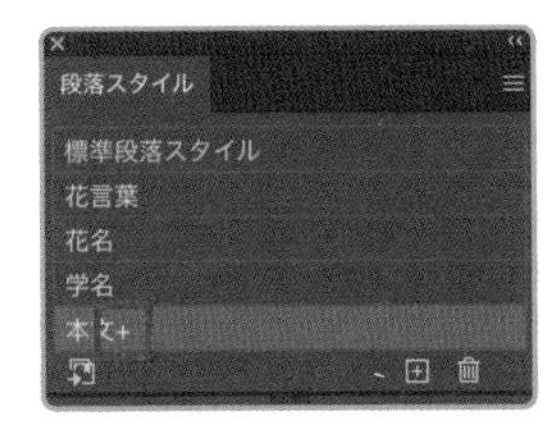

選択範囲にオーバーライドがある場合、スタイル名に「+」が表示される。

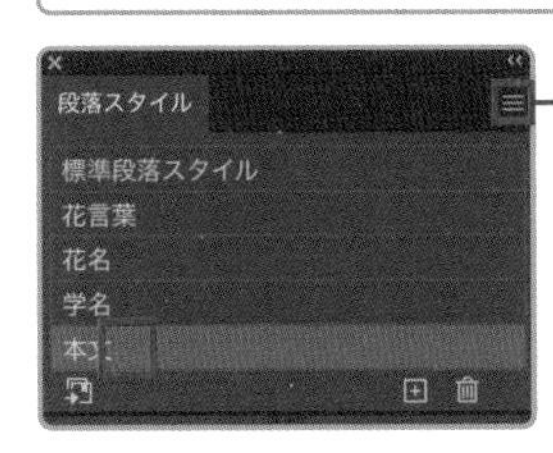

段落スタイルをクリックすると、選択範囲に含まれるすべてのオーバーライドが消去され、スタイル名の「+」が消える。段落スタイルの再適用にも相当する操作。

新規段落スタイル...
段落スタイルを複製
段落スタイルを削除
未使用項目を選択
段落スタイルの再定義
段落スタイルオプション...
属性変更を解除
段落スタイルの読み込み...
すべてのスタイルの読み込み...

パネルメニューで[属性変更を解除]を選択して消去することも可能。ただしこれを選択できるのは、オーバーライド部分のみが選択状態にある場合に限られる。

オーバーライドの一部の文字を選択して段落スタイルをクリックすると、その文字だけオーバーライドが消去される。InDesignで同様の操作をおこなうと、段落全体のオーバーライドが消去されるが、Illustratorの場合は、選択した文字に限定した消去になる。

7-5-2 文字スタイルの作成と適用

文字スタイルは、**段落中の一部の文字の書式を設定できるスタイル**です。★9 段落スタイル同様、**既存の文字から作成**でき、ダイアログで**設定を変更すると、文字スタイルを適用した文字に反映**されます。

★9 キーワードの書体や色を変えたり、箇条書きの先頭の文字の書式を変えたりといった用途に活用できる。なお、InDesignの[箇条書き]や[先頭文字スタイル]のような、書式の指定に文字スタイルを使用する機能はない。

文字スタイルを作成する

Step.1 [文字ツール]で文字を選択する★10

Step.2 文字スタイルパネルで[新規スタイルを作成]をクリックする

Step.3 [新規文字スタイル]ダイアログで[OK]をクリックする

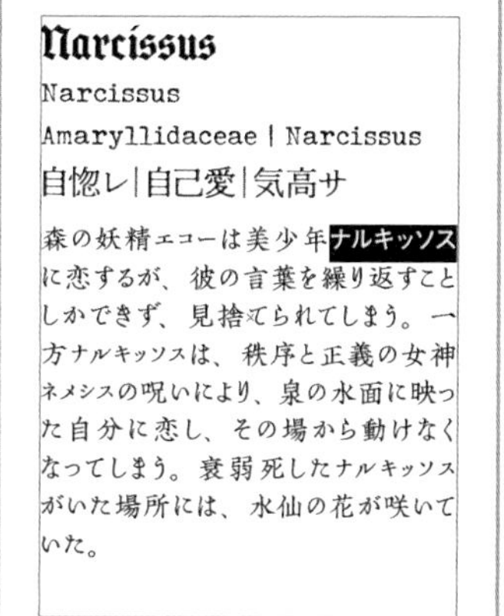

文字スタイルパネル
新規スタイルを作成
文字スタイル
[標準文字スタイル]+
文字スタイル1
Step.2
文字スタイル
新規スタイルを作成
文字ツール

選択した文字の設定が、文字スタイルとして登録される。段落スタイル同様、元の文字に文字スタイルは適用されないため、別途適用する必要がある。

★10 未選択状態(選択なし)で文字スタイルパネルの[新規スタイルを作成]をクリックすると、空(設定なし)の文字スタイルを作成できる。空の文字スタイルを作成して実際のテキストに適用し、[文字スタイルオプション]ダイアログで設定を変更しながら仕上げる方法もある。空の段落スタイルも、未選択状態で段落スタイルパネルの[新規スタイルを作成]をクリックすると作成できる。

文字スタイルを適用する

Step.1 [文字ツール]で文字を選択する

Step.2 文字スタイルパネルで文字スタイルをクリックする

Step.1
Step.2

文字ツール

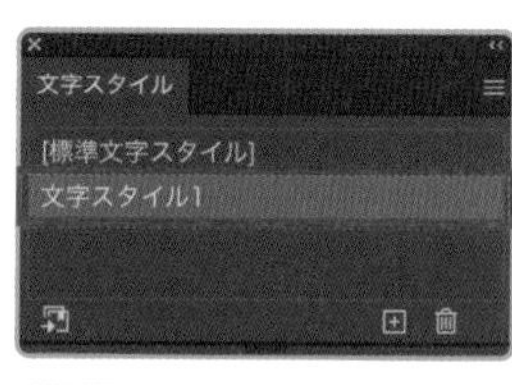

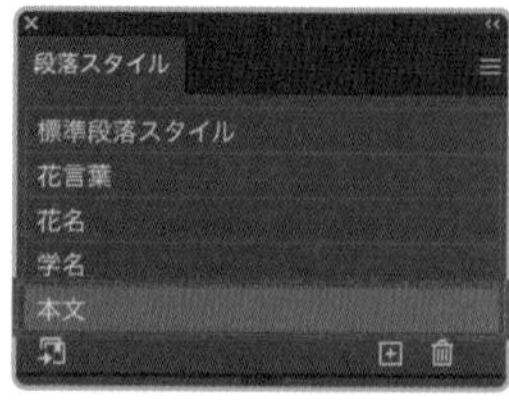

文字スタイルがハイライトカラーになっていれば、適用されている。文字スタイルで書式を変更した部分は、段落スタイルのオーバーライドにならない。

文字スタイルの優先度は段落スタイルより高く、両方が適用されている部分には、**文字スタイルの設定が反映**されます。段落スタイルのオーバーライド扱いにもなりません。**段落全体を段落スタイルで設定**し、その中の**一部の文字の設定を文字スタイルで変更**すると、効率よく管理できます。★11

文字スタイルの変更も、段落スタイル同様、ダイアログでおこないます。**文字スタイルパネルのメニューから[文字スタイルオプション]を選択**するか、**文字スタイルをダブルクリック**すると、**[文字スタイルオプション]ダイアログ**が開き、変更できます。

★11　InDesignでは文字スタイルを利用して下線や打ち消し線を設定できるが、Illustratorの文字スタイルにはその項目がない。下線や打ち消し線は、文字を選択し、文字パネルのアイコンをクリックして設定する。また、ルビ機能もない。

文字スタイルの設定を変更する

Step.1　未選択状態（選択なし）にしたあと、文字スタイルパネルで文字スタイルを選択し、パネルメニューから〔文字スタイルオプション〕を選択する

Step.2　〔文字スタイルオプション〕ダイアログで設定を変更し、〔OK〕をクリックする

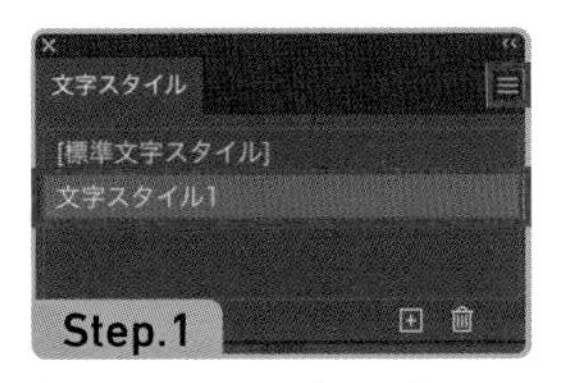

[文字スタイルオプション]ダイアログは、文字スタイルのダブルクリックでも開く。

Narcissus
Narcissus
Amaryllidaceae | Narcissus
自惚レ|自己愛|気高サ
森の妖精エコーは美少年ナルキッソスに恋するが、彼の言葉を繰り返すことしかできず、見捨てられてしまう。一方ナルキッソスは、秩序と正義の女神ネメシスの呪いにより、泉の水面に映った自分に恋し、その場から動けなくなってしまう。衰弱死したナルキッソスがいた場所には、水仙の花が咲いていた。

Narcissus
Narcissus
Amaryllidaceae | Narcissus
自惚レ|自己愛|気高サ
森の妖精エコーは美少年ナルキッソスに恋するが、彼の言葉を繰り返すことしかできず、見捨てられてしまう。一方ナルキッソスは、秩序と正義の女神ネメシスの呪いにより、泉の水面に映った自分に恋し、その場から動けなくなってしまう。衰弱死したナルキッソスがいた場所には、水仙の花が咲いていた。

[文字スタイルオプション]ダイアログで[文字カラー]を変更した。[プレビュー]にチェックを入れると、結果を確認しながら調整できる。

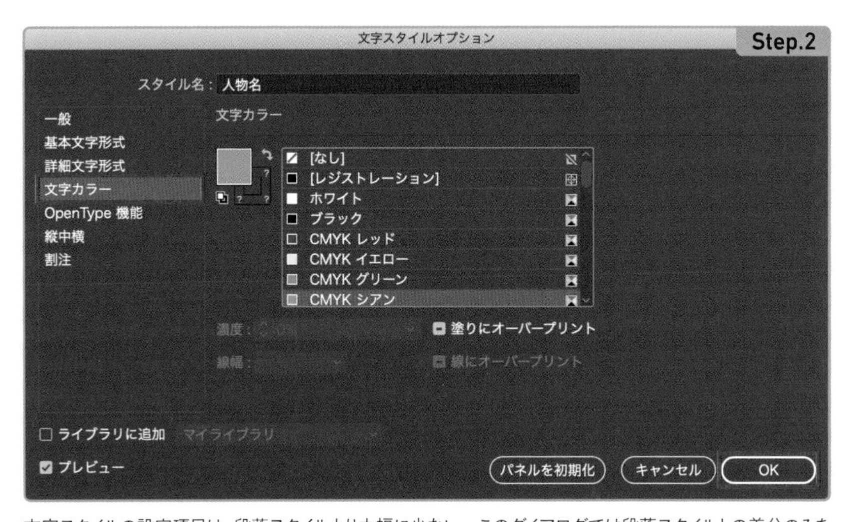

文字スタイルの設定項目は、段落スタイルより大幅に少ない。このダイアログでは段落スタイルとの差分のみを設定し、段落スタイルと同じでよい項目は、空欄にしておく。[パネルを初期化]をクリックすると、カテゴリーごとに空欄に戻せる。

7-5-3 文字組みアキ量設定について

文字の間隔を、文字組みアキ量★12**で調整する方法**があります。**カーニング**と異なるのは、フォントに設定された情報や文字の形状ではなく、**文字の種類とその前後の組み合わせで間隔を指定する**点です。句読点や括弧の前後の間隔などを、まとめて調整できます。

文字組みアキ量は**段落に設定する**もので、**段落パネル**や**[段落スタイルオプション]ダイアログ**の**[文字組み]**で選択できます。

★12 「アキ」はここでは文字と文字の間隔を指すが、段落パネルの[段落後のアキ]のように、行と行の間隔に対しても使う。

段落スタイルに文字組みアキ量を設定する

Step.1 〔段落スタイルオプション〕ダイアログを開く

Step.2 カテゴリー〔日本語組版〕で〔文字組み〕のメニューから選択する

Narcissus
Narcissus
Amaryllidaceae | Narcissus
自惚レ|自己愛|気高サ
森の妖精エコーは美少年ナルキッソスに恋するが、彼の言葉を繰り返すことしかできず、見捨てられてしまう。一方ナルキッソスは、秩序と正義の女神ネメシスの呪いにより、泉の水面に映った自分に恋し、その場から動けなくなってしまう。衰弱死したナルキッソスがいた場所には、水仙の花が咲いていた。

デフォルトは[文字組み:行末約物半角]に設定される。

[約物半角]に変更した。行中の「。」や「、」のスペーシングが、全角から半角へ変更されている。

[段落スタイルオプション]ダイアログ

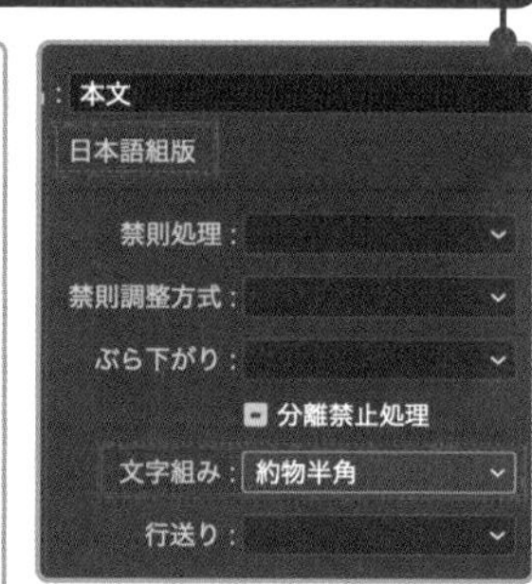

用意されている選択肢は、**[なし][約物半角][約物全角][行末約物半角][行末約物全角]**の5つです。見分けるポイントは、**約物**（やくもの）★13のスペーシングが全角か半角かという点にあります。

★13 「約物」は、「、」や「。」などの句読点類、「(」や「『」などの括弧類など。

約物半角　**行末約物半角**　**約物全角**

森の妖精エコーは美少年ナルキッソスに恋するが、彼の言葉を繰り返すことしかできず、見捨てられてしまう。

すべて[カーニング:和文等幅][行揃え:左揃え]に設定。行中の約物が半角扱いになるのは、[約物半角]のみ。これに設定すると、約物の前後の間隔が詰まって、行がまとまった印象になる。一方、句読点での区切りは弱くなるため、長文は読みづらくなるおそれがある。

文字組みアキ量は**カスタマイズ**できます。ベースにする設定（**元とするセット**）を選択し、そのコピーに変更を加えます。★14

★14　［元とするセット：なし］を選択することも可能。［なし］は一切の調整が入らない設定で、すべて［0%］に設定される。

文字組みアキ量をカスタマイズする

Step.1　［書式］メニュー→［文字組みアキ量設定］を選択する

Step.2　［文字組みアキ量設定］ダイアログで、［新規］をクリックする

Step.3　［新規文字組みセット］ダイアログで［元とするセット］を選択したあと、［OK］をクリックする

Step.4　［文字組みアキ量設定］ダイアログで設定を変更し、［保存］をクリックしたあと、［OK］をクリックする

新規文字組みセット
名前：約物半角 コピー
元とするセット：約物半角
キャンセル　OK
Step.3

［元とするセット］は、既存の［文字組み］から選択する。希望に近い設定のものを選ぶと、カスタマイズが楽になる。

森の妖精エコーは美少年ナルキッソスに恋するが、彼の言葉を繰り返すことしかできず、見捨てられてしまう。一方ナルキッソスは、秩序と正義の女神ネメシスの呪いにより、泉の水面に映った自分に恋し、その場から動けなくなってしまう。衰弱死したナルキッソスがいた場所には、水仙の花が咲いていた。

森の妖精エコーは美少年ナルキッソスに恋するが、彼の言葉を繰り返すことしかできず、見捨てられてしまう。一方ナルキッソスは、秩序と正義の女神ネメシスの呪いにより、泉の水面に映った自分に恋し、その場から動けなくなってしまう。衰弱死したナルキッソスがいた場所には、水仙の花が咲いていた。

［文字組みアキ量設定］ダイアログで、漢字やかなの前の読点類のスペーシングを［0%］に変更する。適用すると、読点類（「、」）のスペーシングが半角になる。

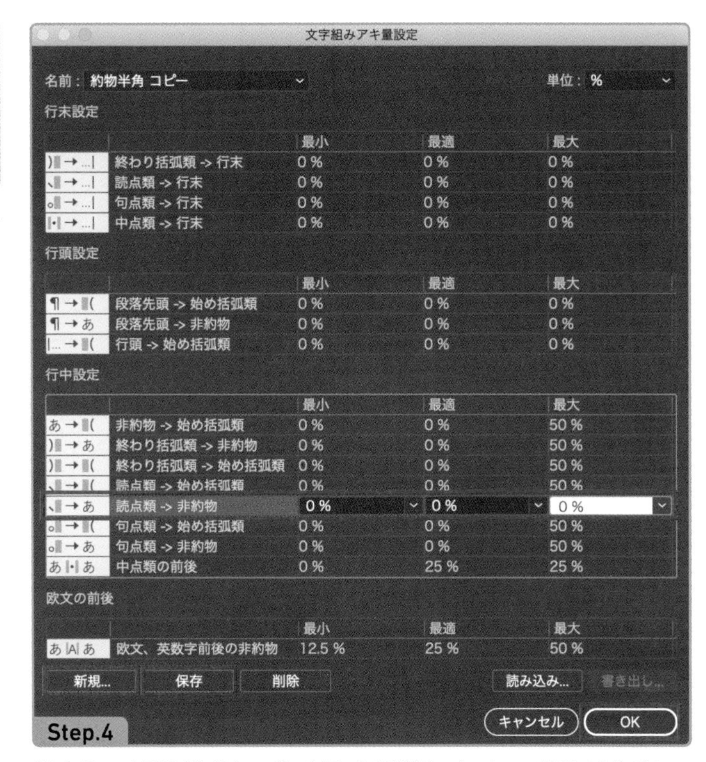

［文字組みアキ量設定］ダイアログの変更による影響は、プレビューで確認できず、ダイアログを閉じるまではわからない。結果が予想と異なる場合は、［書式］メニュー→［文字組みアキ量設定］で再度このダイアログを開き、該当する［文字組み］を選択・表示して、変更を加える。

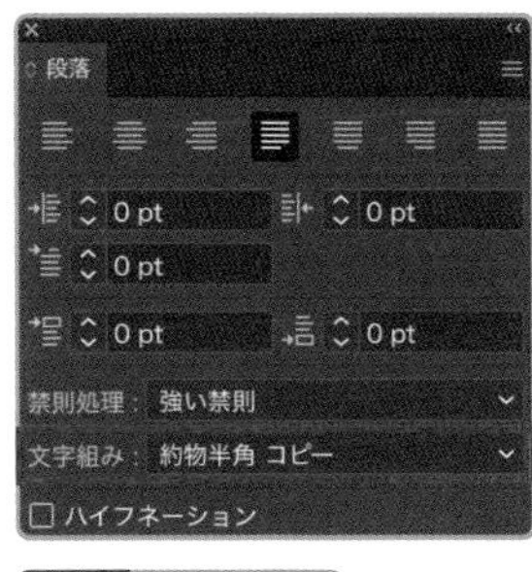

段落パネル

カスタマイズした［文字組み］は、段落パネルの［文字組み］のメニューにも表示され、選択できるようになる。段落にカーソルを挿入して［文字組み］のメニューから選択すれば、段落に直接設定できる。また、このメニューから、［文字組みアキ量設定］ダイアログを開くことも可能。

文字組みアキ量を調整することで、解決できる問題もあります。[行頭設定]では、**段落先頭のアキ**をコントロールできます。★15 また、**半角英数字の前後のアキ**をすべて[0%]★16に変更すると、前後の不要な隙間をなくすことができます。

★15　段落先頭にアキを設けて、文字の開始位置を他の行より下げる操作を、「字下げ」と呼ぶ。

★16　ざっくりと[0%]＝アキなし、[50%]＝半角アキ、[100%]＝全角アキ、[150%]＝1.5文字アキ、と考えると設定しやすい。なお、[文字組み：なし]に設定すると、すべて[0%]に設定されるため、こちらを選択する方法もある。

段落先頭のアキ(字下げ)

行頭設定

		最小	最適	最大
¶→▯(	段落先頭 -> 始め括弧類	150 %	150 %	150 %
¶→あ	段落先頭 -> 非約物	100 %	100 %	100 %
|…→▯(	行頭 -> 始め括弧類	0 %	0 %	0 %

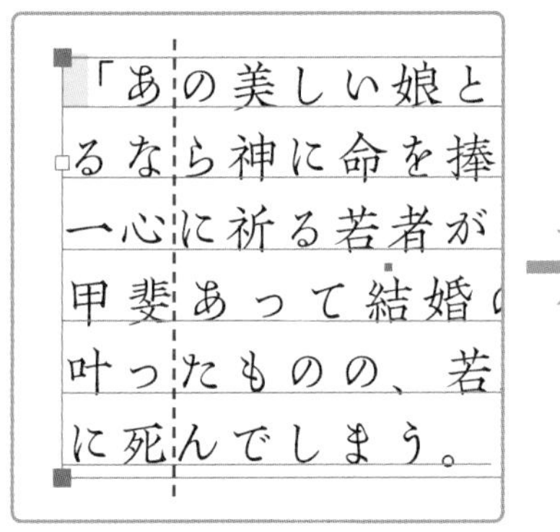

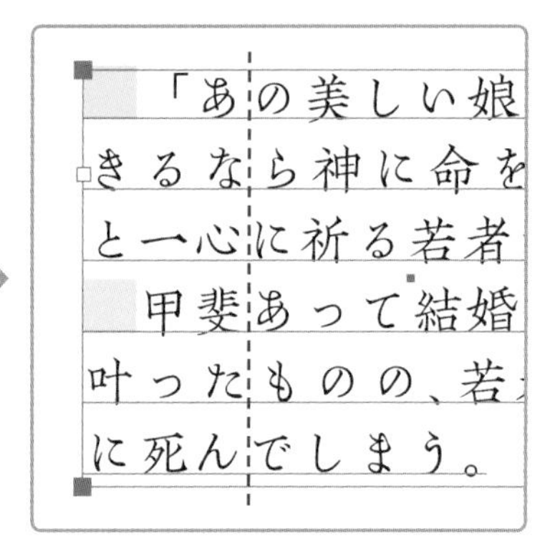

デフォルトは[段落先頭ー>始め括弧類:50%][段落先頭ー>非約物:0%]に設定されている。段落先頭の括弧類の前には、半角分のアキが設けられ、括弧類の直後の文字は、行頭から2文字目に揃う。この状態を、「起こし食い込み」と呼ぶ。

[段落先頭ー>始め括弧類:150%][段落先頭ー>非約物:100%]に変更すると、段落先頭に全角1文字分のアキをつくることができる。括弧類の前には1.5文字分のアキが設けられ、括弧類の直後の文字は、行頭から3文字目に揃う。この状態を、「段落1字下げ(起こし全角)」と呼ぶ。

欧文の前後のアキ

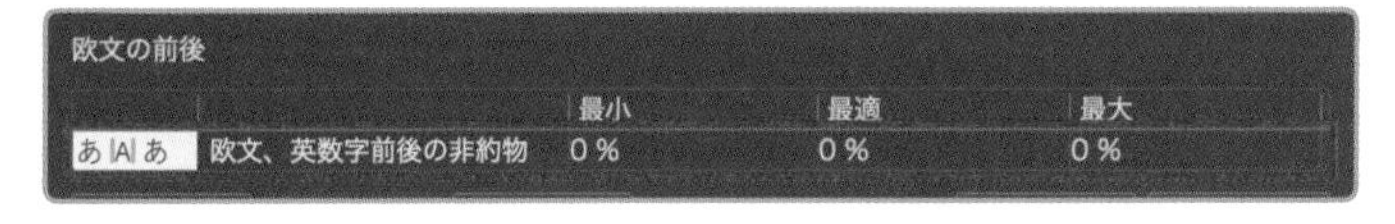

欧文の前後

		最小	最適	最大
あ|A|あ	欧文、英数字前後の非約物	0 %	0 %	0 %

デフォルトで用意されている[文字組み]は、[欧文、英数字前後の非約物]が[最小:12.5%][最適:25%][最大:50%]に設定されているため、半角程度の隙間ができる。

すべて[0%]に変更すると、英単語やアルファベット、半角数字などの前後に、隙間が発生しない。

7-5-4 合成フォントを作成する

漢字やひらがな、アルファベットなど、**文字の種類ごとに使用する書体を指定し、その組み合わせをフォント化**できます。この機能を「**合成フォント**」と呼びます。合成フォントを作成すると、**かなフォントを活用できる**ほか、**半角英数部分を特定の欧文フォントに置き換えるなどの処理が可能**になります。作成した合成フォント★17は、文字パネルなどの **[フォントファミリ] で選択**できます。

★17　設定を変更する場合は、[合成フォント] ダイアログを開いて該当の合成フォントを選択・表示し、変更を加えたあと[保存]をクリックする。

合成フォントを作成する

Step.1　[書式] メニュー→ [合成フォント] を選択する

Step.2　[合成フォント] ダイアログで [新規] をクリックし、[新規合成フォント] ダイアログで [OK] をクリックする

Step.3　[合成フォント] ダイアログで [漢字] や [半角欧文] などを設定し、[保存] をクリックしたあと、[OK] をクリックする

新規合成フォント
名前：新規合成フォント 1
元とするセット：なし
キャンセル　OK
Step.2

ベースにする既存の合成フォントがある場合は、[元とするセット] から選択すると、差分を変更するだけで済む。

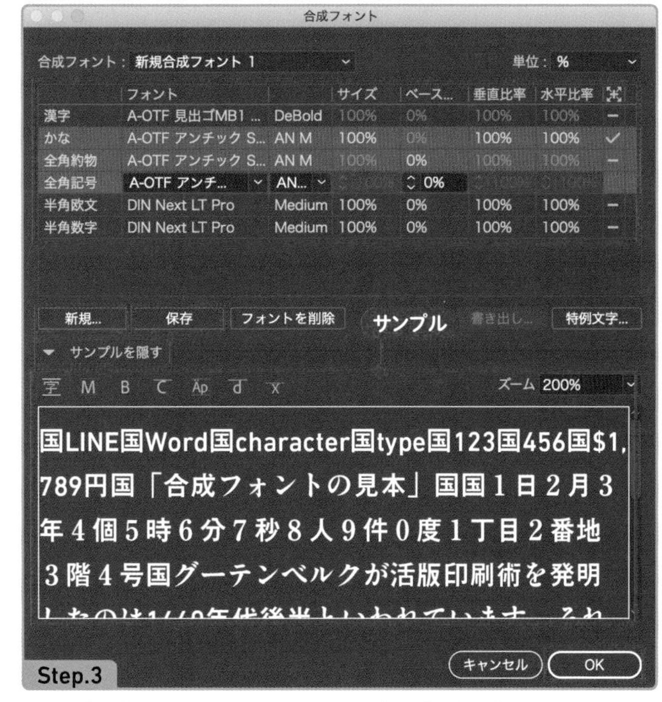

リストで [shift] キーを押しながらクリックすると、[漢字] や [かな] などの種類を複数選択できる。そのうちのひとつに加えた変更は、選択中の他の種類にも反映される。

サンプルを表示　クリックするとサンプルが開き、実際の使用感を確認できる。[ズーム] で表示倍率を変更できる。サンプルが開いているときは、[サンプルを隠す] と表示される。

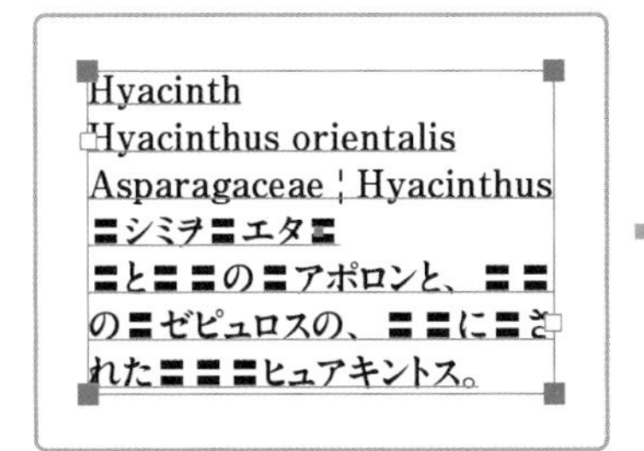

かな (カナ) のみのフォントをそのまま使用すると、漢字部分は「〓」になる。

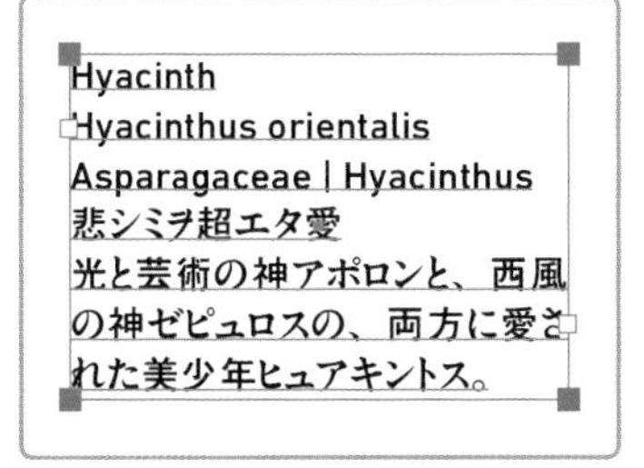

漢字を持つフォントと組み合わせて合成フォント化すると、使い勝手がよくなる。

7-6 画像やファイルを配置する

- リンク画像（リンクファイル）と埋め込み画像の2種類があるが、変換可能
- サムネールのドラッグで配置する方法と、ダイアログを経由して配置する方法がある
- トリミングには、クリッピングマスクを利用する方法と、画像そのもののサイズ（カンバスサイズ）を変更する方法がある

7-6-1 配置画像や配置ファイルの分類

Illustratorファイルには、**画像**や**Illustratorファイル**、**PDFファイル**などを配置できます。これらは配置方法やその後の操作によって、**リンク画像（リンクファイル）**と**埋め込み画像**に分類されます。★1 リンク画像やリンクファイルは**ファイルに関連付けられたもの**、埋め込み画像は**ファイルに埋め込まれたもの**です。どちらに相当するかは、**リンクパネル**のほか、**アピアランスパネル**や**コントロールパネル**でも確認できます。

★1 リンク／埋め込みの種類によって、使用可能な機能が制限されることがある。ブラシやパターンスウォッチに使えるのは埋め込み画像に限られる。画像トレースや［効果］メニューについては、どちらでも利用できる。

リンク画像

埋め込み画像

リンク画像（リンクファイル）は、対角線が表示される。埋め込み画像は、リンクパネルにアイコンが表示される。

リンクパネル　埋め込み

	オブジェクト名	メリット	デメリット
リンク	ファイル名 <リンクファイル>	ファイルサイズが軽くなる。 オリジナルの変更を反映できる。 オリジナルを再配置すればリカバリー可能。	リンク切れのおそれあり。
埋め込み	ファイル名 <画像>	ファイルを移動してもリンク切れしない。 画像そのものをトリミングできる。	ファイルサイズが重くなる。 オリジナルの変更が反映されない。 ラスタライズで作成した埋め込み画像など、オリジナルが存在しない場合、削除すると消滅する。

7-6-2 画像やファイルを配置する

Illustratorファイルに画像を配置する方法は、何通りかあります。配置方法によって、画像の種類（**リンク／埋め込み**）が変わります。★2

★2 **Method.A**はリンク、**Method.C**は埋め込みで配置される。**Method.B**はダイアログでリンク／埋め込みを選択可能。**Method.A**と**B**は画像のほか、Illustratorファイルや PDFファイルなども配置できる。

画像を配置する

Method.A **Bridgeやデスクトップからサムネールをキャンバスへドラッグする**

Method.B **［ファイル］メニュー→［配置］を選択し、ダイアログで画像を選択して、［配置］をクリックする**

Method.C **Photoshopで［コピー］を選択したあと、Illustratorで［編集］メニュー→［ペースト］を選択する**

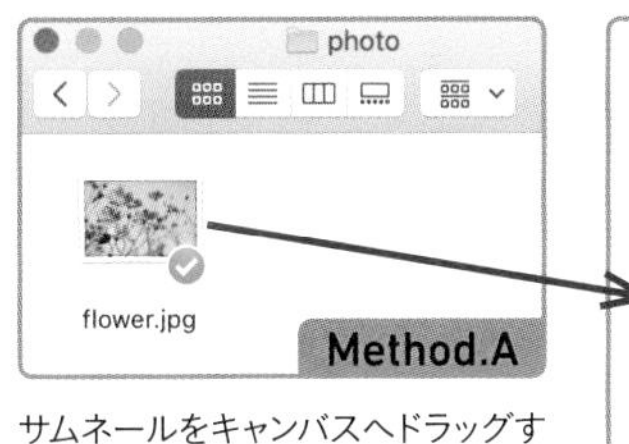

サムネールをキャンバスへドラッグすると、リンク画像として配置される。

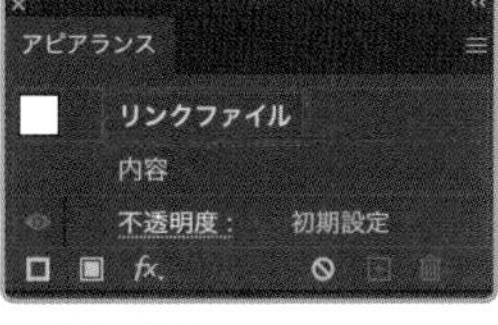

リンク画像／リンクファイルのいずれも「リンクファイル」と表示される。

［ファイル］メニュー→［配置］を選択するとダイアログが開く。［リンク］のチェックのオン／オフで、リンク／埋め込みを選択できる。［読み込みオプションを表示］にチェックを入れると、Illustratorファイルや PDFファイルの場合は［PDFを配置］ダイアログが開き、トリミング範囲を指定できる。

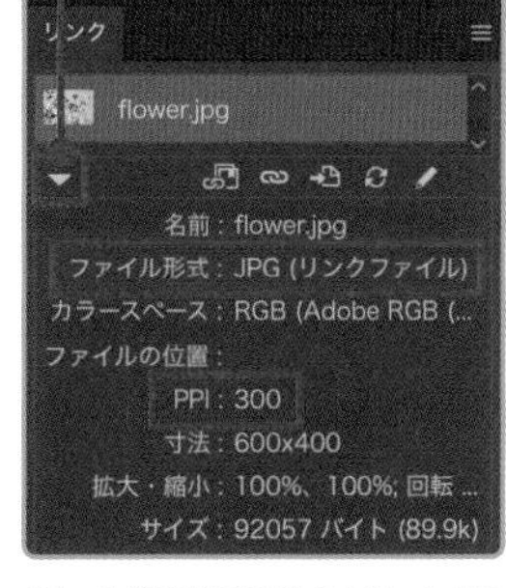

［リンク情報を表示］をクリックすると、［ファイル形式］や［PPI（解像度）］などを確認できる。

コントロールパネルの左端には、画像の種類が表示される。

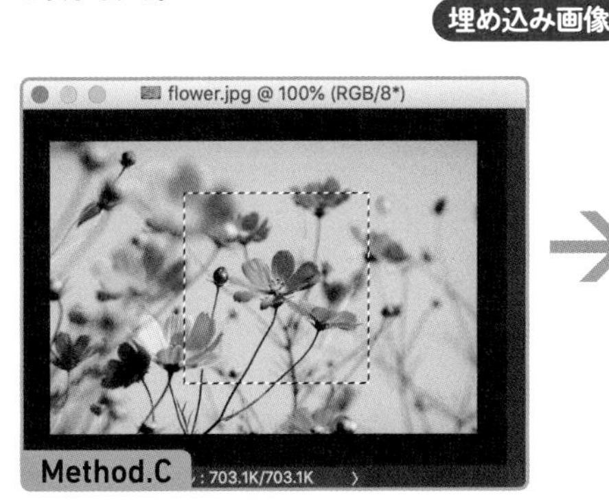

Photoshopで選択範囲を作成したあと、［編集］メニュー→［コピー］を選択する。

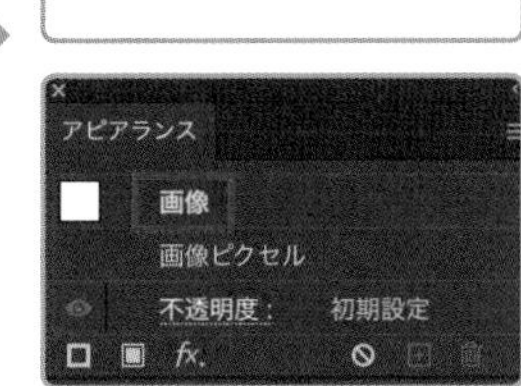

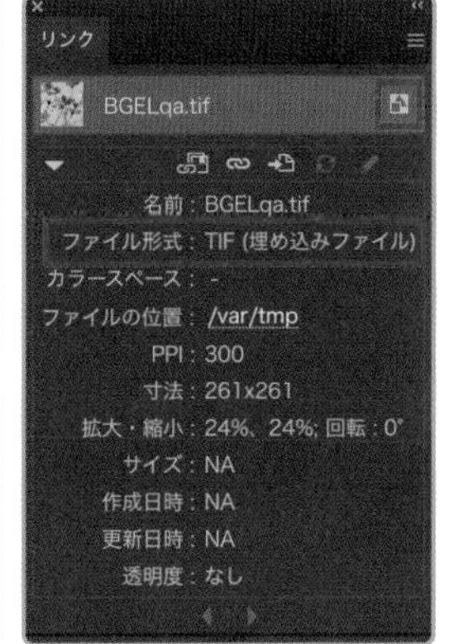

Illustratorで［編集］メニュー→［ペースト］を選択すると、埋め込み画像として配置される。［ファイル形式］はTIF形式となる。

IllustratorファイルやPDFファイルを配置する場合、**Method.B**を利用すると、**トリミング範囲**や**ページ（アートボード）**などを指定できます。ダイアログ★3で**[読み込みオプションを表示]**にチェックを入れ、次に開く**[PDFを配置]ダイアログ**で指定します。

★3 [リンク]にチェックを入れると、リンクファイルとして配置される。[リンク]のチェックを外すと、ファイルに含まれるパスや画像そのものが配置される。

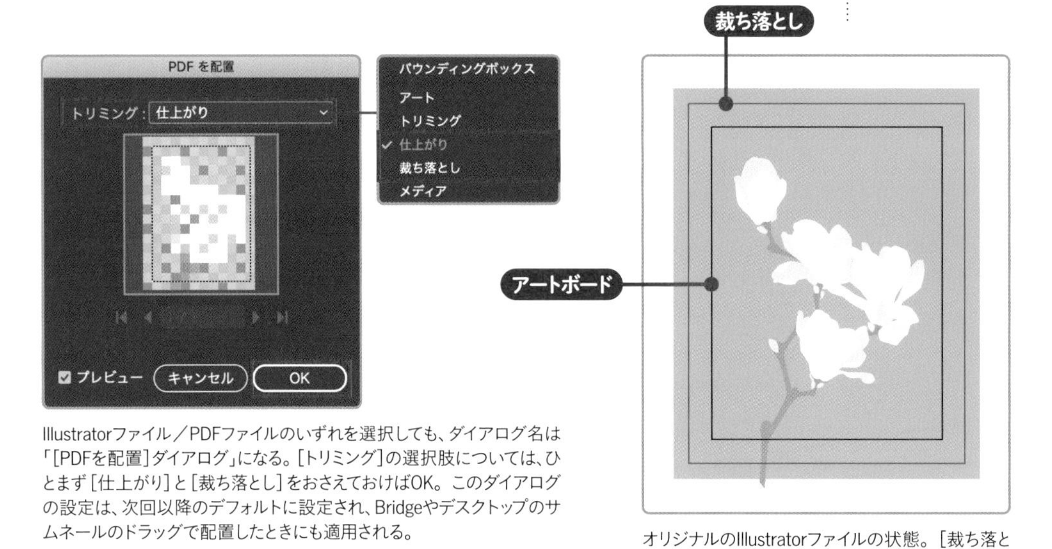

Illustratorファイル／PDFファイルのいずれを選択しても、ダイアログ名は「[PDFを配置]ダイアログ」になる。[トリミング]の選択肢については、ひとまず[仕上がり]と[裁ち落とし]をおさえておけばOK。このダイアログの設定は、次回以降のデフォルトに設定され、Bridgeやデスクトップのサムネールのドラッグで配置したときにも適用される。

オリジナルのIllustratorファイルの状態。[裁ち落とし]が設定されている。

仕上がり

[トリミング：仕上がり]で配置すると、アートボードでトリミングされる。

裁ち落とし

[トリミング：裁ち落とし]で配置すると、[裁ち落とし]の赤枠でトリミングされる。

バウンディングボックス

[トリミング：バウンディングボックス]で配置すると、オブジェクトのサイズになる。ただし、[裁ち落とし]からはみ出した部分については、トリミングされる。

リンク／埋め込みの種類は、配置後も変更できます。リンク画像やリンクファイルを選択すると、**コントロールパネル**に**[埋め込み]**、埋め込み画像を選択すると**[埋め込みを解除]**と表示され、クリックすると変換できます。

リンクパネルでも変換できます。リンクパネルで画像やファイルを選択し、**パネルメニュー**から**[画像を埋め込み]**を選択すると、画像は埋め込み画像に変換され、ファイルの場合は、それに含まれるパスや画像などが直接キャンバスに配置されます。★4 なお、選択したのがファイルであっても、[画像を埋め込み]と表示されます。

★4　Illustratorファイルや PDFファイルを埋め込むと、その時点でパスまたは画像に変換されるので、埋め込みファイルというものは存在しない。

リンク→埋め込み

コントロールパネル

リンクファイル　flower.jpg　RGB　PPI：300　埋め込み　オリジナルを編集　画像トレース　マスク　画像の切り抜き　不透明度：100%

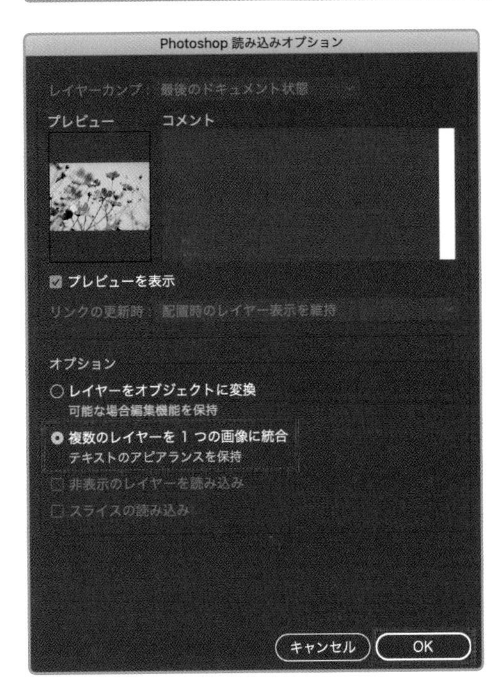

リンク画像を選択し、コントロールパネルで[埋め込み]をクリックすると、埋め込み画像に変換できる。画像の状態によっては、[Photoshop読み込みオプション]が表示される。[オプション]は、[複数のレイヤーを1つの画像に統合]を選択したほうが、何かと問題が起きにくい。[レイヤーをオブジェクトに変換]を選択すると、画像がテキストオブジェクトを含む場合、その部分がIllustratorのテキストオブジェクトに変換される。

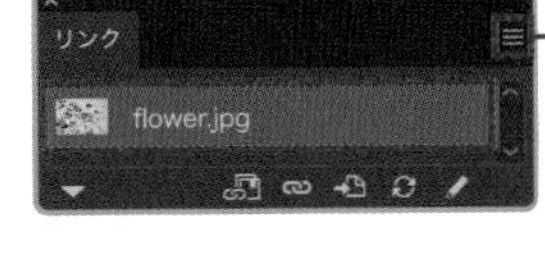

CC ライブラリから再リンク...
リンクを再設定...
リンクへ移動
オリジナルを編集
リンクを更新
画像をライセンス認証...
配置オプション...
画像を埋め込み
Bridge で表示...
リンクファイル情報...

リンク画像を選択してパネルメニューから[画像を埋め込み]を選択すると、埋め込み画像に変換できる。また、埋め込み画像を選択してパネルメニューを開くと、同じ場所に[埋め込みを解除]と表示され、選択するとリンク画像に変換できる。

埋め込み→リンク

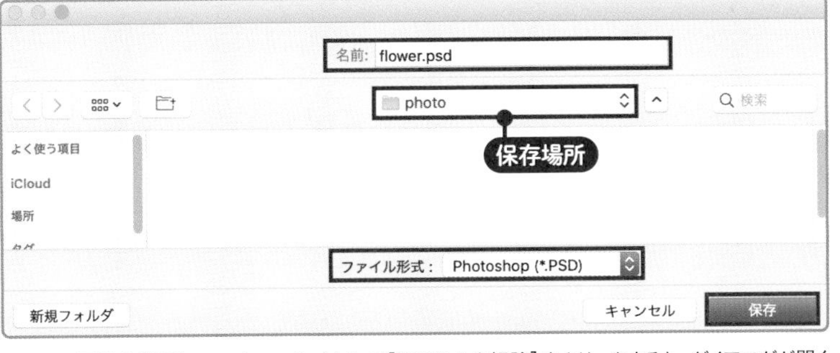

埋め込み画像を選択し、コントロールパネルで[埋め込みを解除]をクリックすると、ダイアログが開く。[名前]と保存場所、[ファイル形式]を設定して[保存]をクリックすると、埋め込み画像がリンク画像に変換される。

7-6-3 配置画像や配置ファイルをトリミングする

配置画像や配置ファイルをトリミングする方法は、**クリッピングマスクを作成する方法**★5と、画像の**カンバスサイズを変更する方法**の2通りがあります。**コントロールパネル**でクリッピングマスクを作成すると、**クリッピングパスは自動的に生成**されます。

画像自体のサイズ（カンバスサイズ）を変更するには、コントロールパネルの**[画像の切り抜き]**を使います。ただし、この操作をおこなうと、リンク画像は**埋め込み画像に変換**されることに注意します。なお、切り抜きは、**リンク画像のコピー**を埋め込み画像に変換したのちにおこなわれるので、オリジナルの画像に変化はありません。★6

★5 コントロールパネルを経由しないクリッピングマスクの作成方法については、P206参照。

★6 埋め込み画像には直接変更が加えられる。リンク画像のように、オリジナルの再配置でリカバリーすることはできない。

クリッピングマスクを自動生成する

Step.1 画像を選択し、コントロールパネルで［マスク］をクリックする

Step.2 必要に応じて、クリッピングパスの形状を変更する

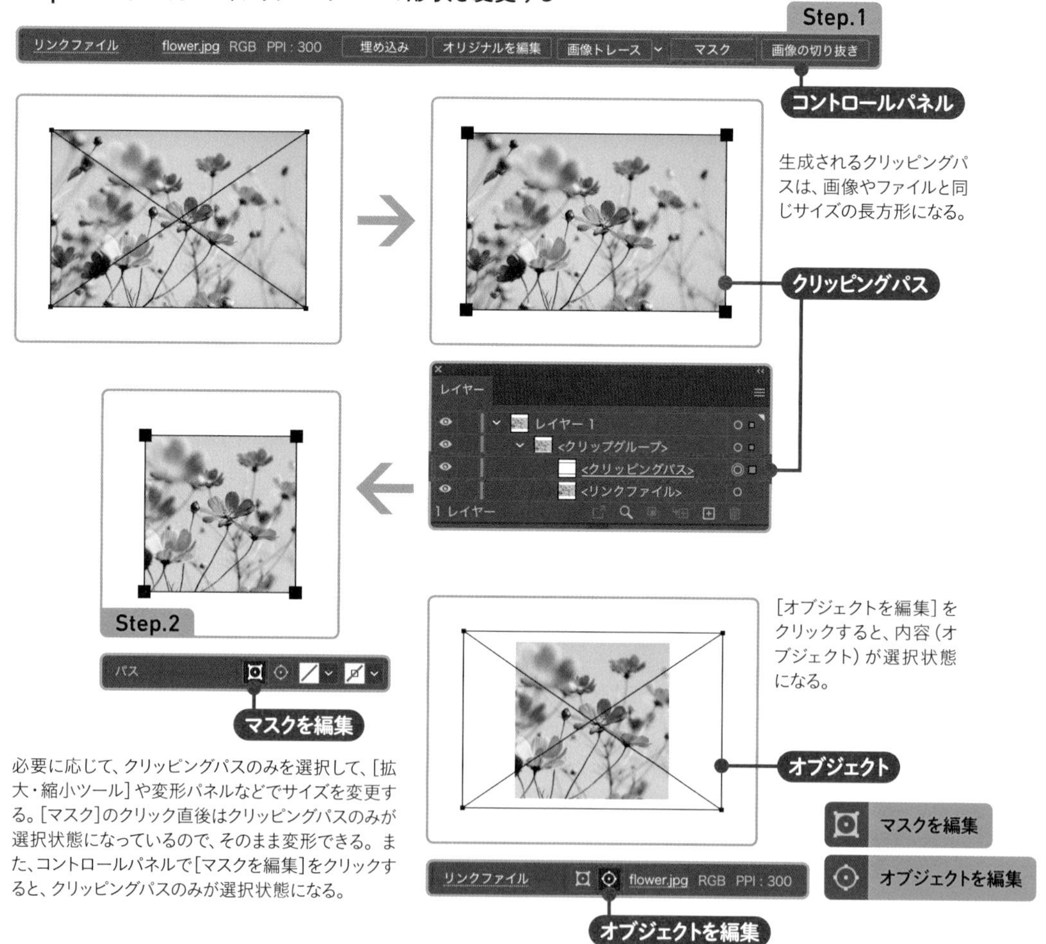

1 準備
2 描画と作成
3 変形
4 塗りと線
5 アピアランス
6 ブラシとパターン
7 その他の操作

画像を切り抜く

Step.1　画像を選択したあと、コントロールパネルで［画像の切り抜き］をクリックする

Step.2　辺や角をドラッグして切り抜く範囲を調整し、コントロールパネルで［解像度］を設定して［適用］をクリックする

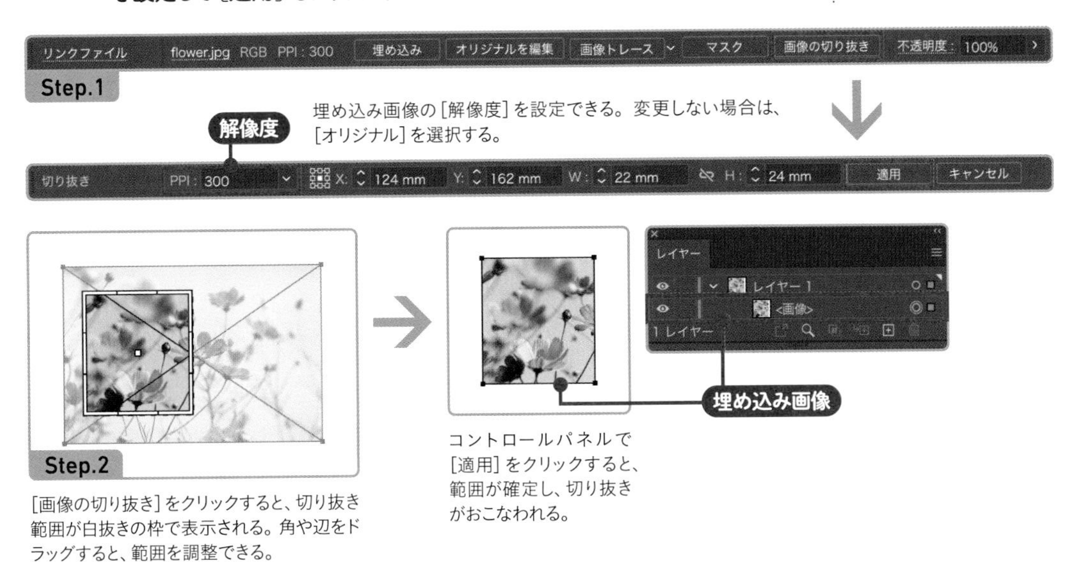

埋め込み画像の［解像度］を設定できる。変更しない場合は、［オリジナル］を選択する。

［画像の切り抜き］をクリックすると、切り抜き範囲が白抜きの枠で表示される。角や辺をドラッグすると、範囲を調整できる。

コントロールパネルで［適用］をクリックすると、範囲が確定し、切り抜きがおこなわれる。

［画像の切り抜き］は、**リンクファイル**に対しても使えますが、こちらも切り抜き後は**埋め込み画像に変換**されます。パスの状態を保持する場合は、**クリッピングマスク**を利用するとよいでしょう。★7

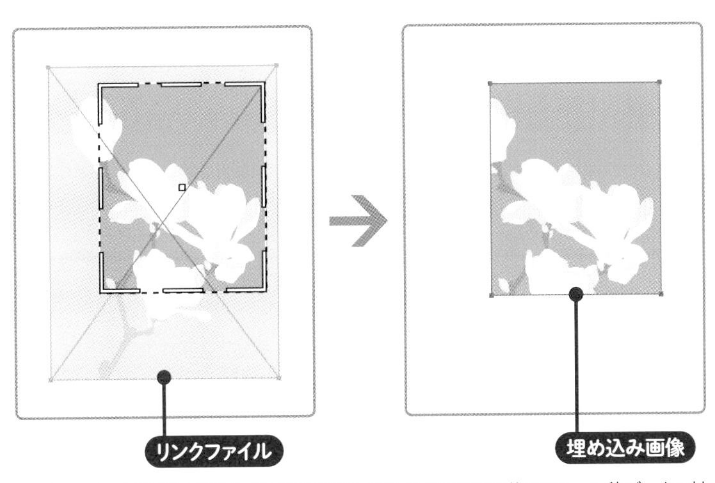

リンクファイルを［画像の切り抜き］で切り抜くと、埋め込み画像に変換される。入稿データに対して使う場合は、［解像度］の設定に注意する。

★7　Illustratorファイルなどを埋め込みで配置、または埋め込みに変換すると、最前面にファイルと同じサイズのクリッピングパスが生成される。パスの状態を保持してトリミングする場合は、これを変形すると便利。このほか、リンクファイルのまま、クリッピングマスクでトリミングする方法もある。

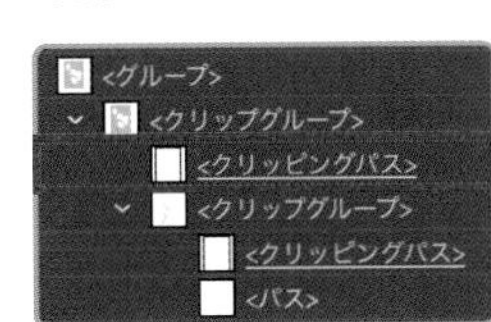

7-7 画像やPDFファイルに書き出す

- **Illustratorのアートワークを、PNG形式やJPG形式の画像として書き出せる**
- **書き出し範囲はおもにアートボードで指定する**
- **オブジェクトサイズで書き出す場合は、アセット書き出しが便利**
- **PDF書き出しは保存の一環なので、現在編集中のIllustratorファイルの保存状況をよく確認してから操作する**

7-7-1 画像として書き出す

Illustratorファイルのアートワークは、**画像**や**ファイル**として書き出せます。**書き出し範囲は、おもにアートボードで指定**します。以下は、選択可能な形式です。★1

★1 [書き出し形式]を利用すると、BMPやTIFFなども選択できる。

形式	詳細	スクリーン*	Web（従来）*	書き出し*
PNG	16,777,216色（=2^{24}）のPNG画像	○	○	○
PNG8	256色（=2^{8}）のPNG画像	○	○	
JPG100	画質100（最高）のJPG画像	○		
JPG80	画質80（高）のJPG画像	○	○（ダイアログで画質を選択）	○（ダイアログで画質を選択）
JPG50	画質50（中）のJPG画像	○		
JPG20	画質20（低）のJPG画像	○		
GIF	GIF画像	×	○	×
PSD	Photoshop形式の画像	×	×	○
SVG	SVGファイル	○	×	○
PDF	PDFファイル（書き出しプリセットは変更可能）	○	×	×

*「スクリーン」は[スクリーン用に書き出し]、「Web（従来）」は[Web用に保存（従来）]、「書き出し」は[書き出し形式]を示す。

JPG形式で書き出す

Step.1　［ファイル］メニュー→［書き出し］→［スクリーン用に書き出し］を選択する

Step.2　［スクリーン用に書き出し］ダイアログで、書き出すアートボードを選択する

Step.3　［形式：JPG80］★2 を選択し、［アートボードを書き出し］をクリックする

★2　［JPG50］などを選択しても、JPG形式で書き出せる。

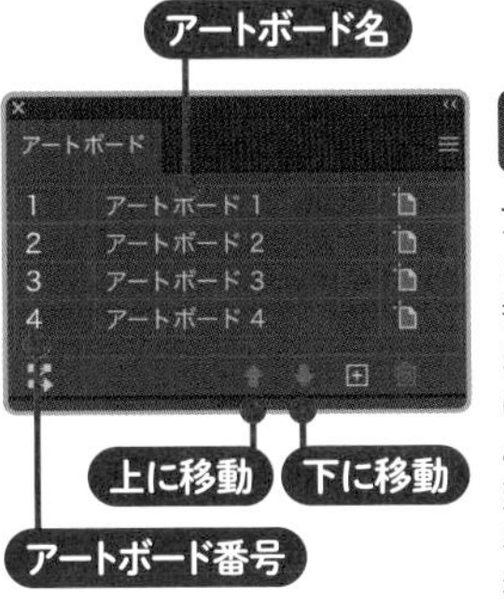

アートボードパネル

アートボード名のデフォルトは「アートボード」＋「数字（作成順）」となる。作業を進めるうちに、アートボードの番号とアートボード名にずれが生じることがあり、そのまま書き出すと、わかりにくいファイル名になる。書き出す前に、アートボード番号とアートボード名の数字が一致するように調整するか、アートボード名をわかりやすいものに変更しておくとよい。アートボード番号は、アートボードパネルのリストの項目をドラッグ、または［上に移動］［下に移動］で昇降を調整できる。

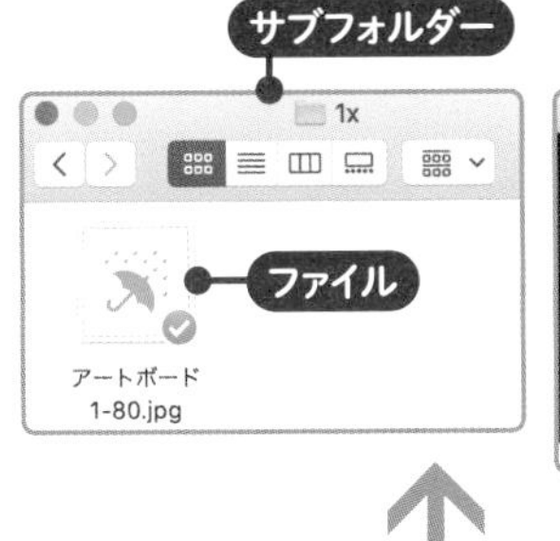

自動生成したサブフォルダーの中に、ファイルが書き出される。

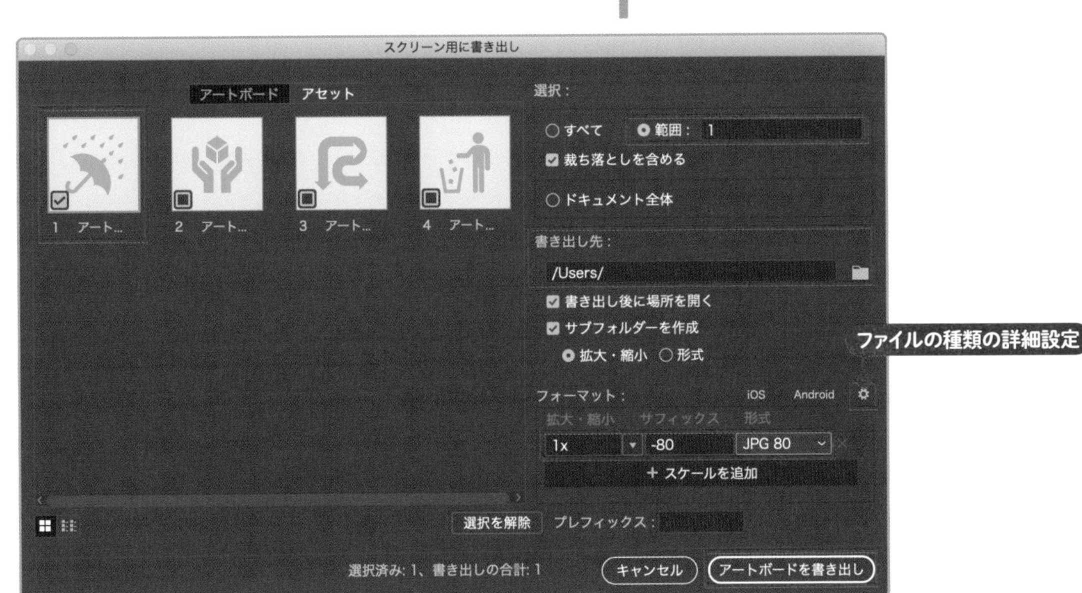

範囲　右のサムネールで選択したアートボードのアートボード番号が反映される。数値で入力することも可能。

書き出し先　ファイルを保存する場所を設定する。［サブフォルダーを作成］にチェックを入れると、デフォルトでは［フォーマット］の［拡大・縮小］の設定を名前に持つフォルダーが作成され、その中に格納される。

フォーマット　書き出されるファイルの名前は、「プレフィックス」＋「アートボード名」＋「サフィックス」＋「拡張子」という構成になる。「プレフィックス（prefix）」は「先頭に付け加える」、「サフィックス（suffix）」は「末尾に付け加える」という意味。［サフィックス］はデフォルトで設定されるが、変更も可能。［プレフィックス］は［フォーマット］欄外（下）にあり、デフォルトは空欄だが、文字を入力するとファイル名に反映できる。［拡大・縮小］では比率や解像度などを設定できる。［形式］でPNG形式やJPG形式などのファイル形式を選択する。［JPG80］などの末尾の数字は画質を示す。

ファイルの種類の詳細設定　［形式の設定］ダイアログが開く。

[Web用に保存(従来)] ★3を利用すると、**GIF形式**でも書き出せます。[ファイル形式]を[GIF]や[PNG-8]に設定すると、**[カラーテーブル]で画像の使用色を確認**でき、また**[カラー]で色数を調整**できるので、色数の確認や減色の用途で使うこともあります。

★3 書き出しメニューが何通りもあるのは、ニーズに応じて随時追加されてきたため。メニュー間の連携はあまりないため、用途に合ったものを選ぶとよい。

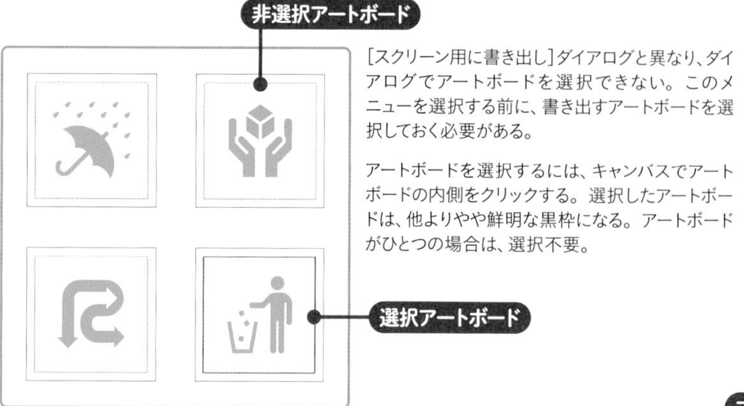

[スクリーン用に書き出し]ダイアログと異なり、ダイアログでアートボードを選択できない。このメニューを選択する前に、書き出すアートボードを選択しておく必要がある。

アートボードを選択するには、キャンバスでアートボードの内側をクリックする。選択したアートボードは、他よりやや鮮明な黒枠になる。アートボードがひとつの場合は、選択不要。

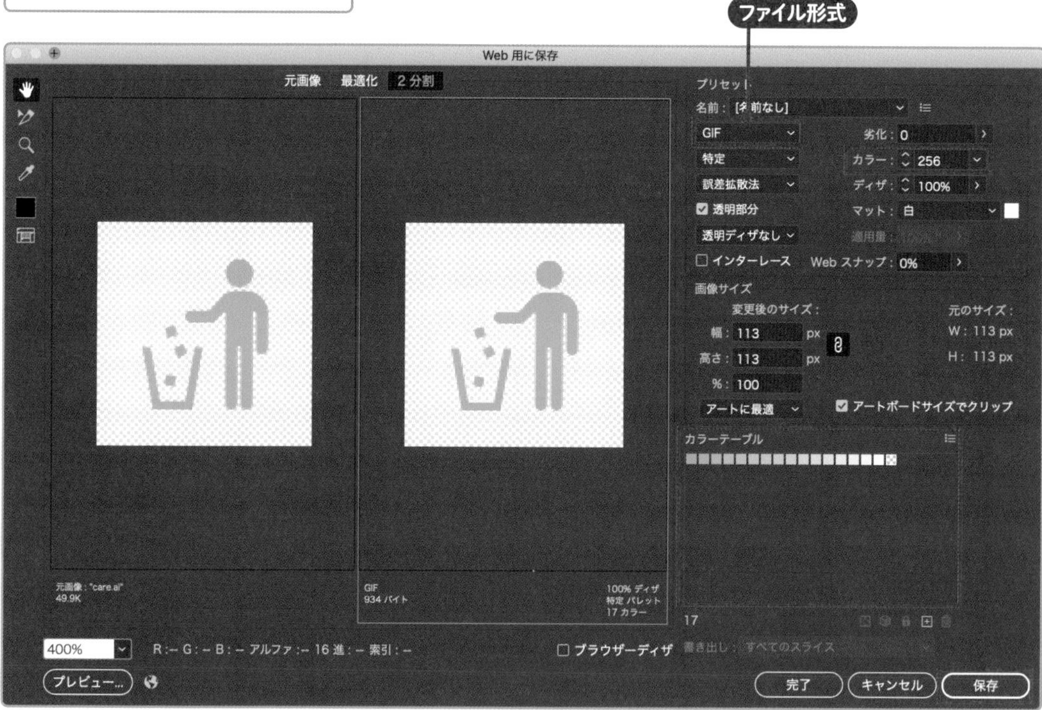

アートボードを選択したあと、[ファイル]メニュー→[書き出し]→[Web用に保存(従来)]を選択すると、このダイアログが開く。[保存]をクリックすると、設定した形式で書き出される。

Photoshop形式で書き出す場合は、**[ファイル]メニュー→[書き出し]→[書き出し形式]**を選択するか、**PhotoshopでIllustratorファイルを開き、PSD形式で保存**します。Photoshopで開くと、サムネールでアートボードを直感的に選択できます。★4

★4 レイヤーを分けて書き出す場合は[書き出し形式]、サムネールで内容を確認しながら書き出す場合はPhotoshopで開く方法が便利。

Photoshop形式で書き出す

Step.1　［ファイル］メニュー→［書き出し］→［書き出し形式］★5を選択する

Step.2　ダイアログで［ファイル形式：Photoshop（psd）］に設定してアートボードを指定し、［書き出し］をクリックする

Step.3　［Photoshop書き出しオプション］ダイアログで［解像度］などを設定して、［OK］をクリックする

★5　［書き出し形式］では、CSSやテキスト形式なども選択できる。選択肢は最も多い。

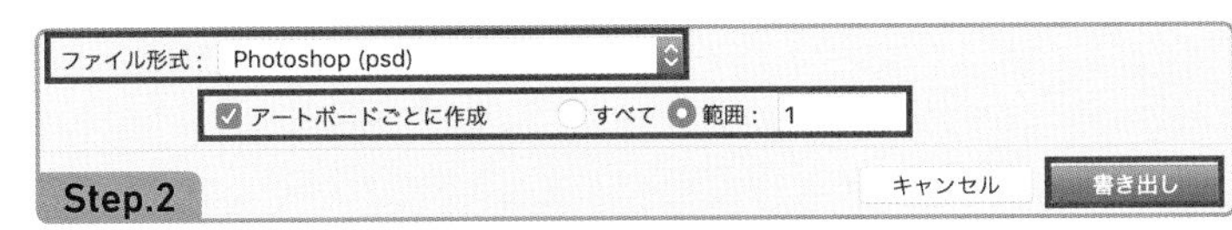

［アートボードごとに作成］にチェックを入れ、［範囲］にアートボード番号を入力すると、アートボードを指定できる。連番で指定する場合、番号を「-（ハイフン）」でつなぐ。

［解像度］はこのダイアログで指定する。レイヤー構造を保持する場合は、［オプション］で［レイヤーを保持］を選択する。なお、［統合画像］を選択しても、透明部分は保持できる。

PhotoshopでIllustratorファイルを開く★6

Step.1　Photoshopで［ファイル］メニュー→［開く］を選択したあと、ダイアログでIllustratorファイルを選択し、［開く］をクリックする

Step.2　［PDFの読み込み］ダイアログでアートボードを選択し、［トリミング］や［解像度］などを設定して［OK］をクリックする

★6　Photoshopで開けば、Photoshopの保存形式をすべて利用できる。アートボードサイズが大きすぎてIllustratorから書き出せなかったものも画像化できる。

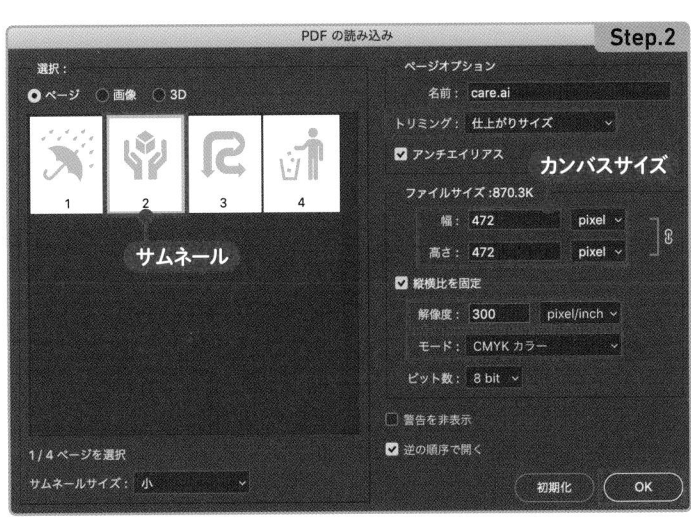

BridgeやデスクトップのサムネールをPhotoshopのドックアイコンへドラッグすると、このダイアログが直接開く。

トリミング　トリミング範囲を指定する。選択肢は、［PDFを配置］ダイアログと同じ。

カンバスサイズ　単位を［pixel］に設定した場合、［解像度］を変更すると、［幅］や［高さ］が自動で調整される。ピクセル数を固定する場合は、先に［解像度］を設定し、そのあと［幅］や［高さ］を設定する。なお、他の単位は［解像度］の影響を受けない。

解像度　［解像度］を指定する。印刷用途なら、原寸で［300ppi］以上が望ましい。

モード　［カラーモード］を指定する。元のIllustratorファイルの設定に揃えるか、用途に合わせて選択する。

7-7-2 アセット書き出しを利用する

Illustratorには、**アセット書き出し**という書き出し方法があります。**アセット**★7は**オブジェクトのサイズに合わせて自動で書き出される**ので、アートボード作成の手間が省けます。

★7 「アセット(asset)」は、「資源」や「長所」などの意味を持つ。Illustratorでは、画像やファイルなどの素材を指す。

アセット書き出しをおこなう

Step.1 ［ウィンドウ］メニュー→［アセットの書き出し］を選択し、アセットの書き出しパネルを開く

Step.2 ［選択ツール］を選択し、オブジェクトをアセットの書き出しパネルへドラッグして登録する

Step.3 アセットを選択したあと、［スケール］を設定して［書き出し］をクリックする

Step.4 ダイアログで保存場所を指定して、［選択］をクリックする

選択ツール

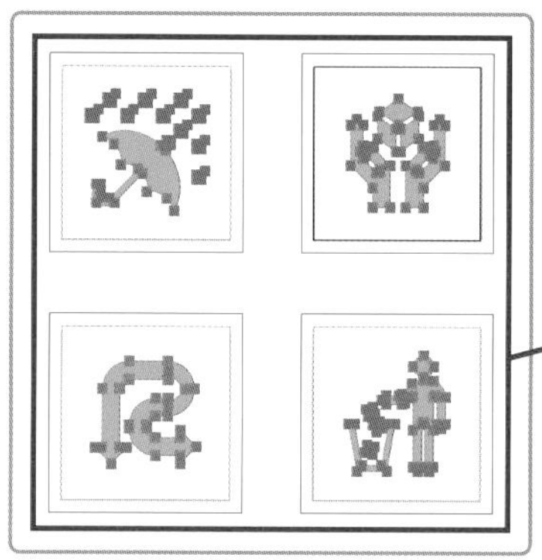

複数のオブジェクトを選択してアセットの書き出しパネルへドラッグすると、それぞれグループごとに個別のアセットとして登録される。

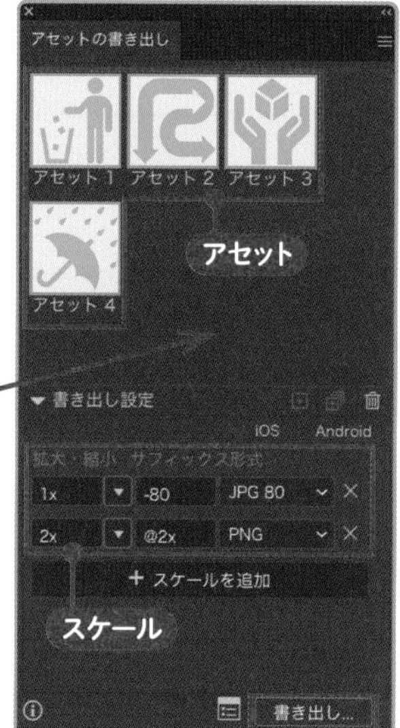

［拡大・縮小］［サフィックス］［形式］の設定の組み合わせを、［スケール］と呼ぶ。設定方法は［スクリーン用に書き出し］の［フォーマット］と同じ。

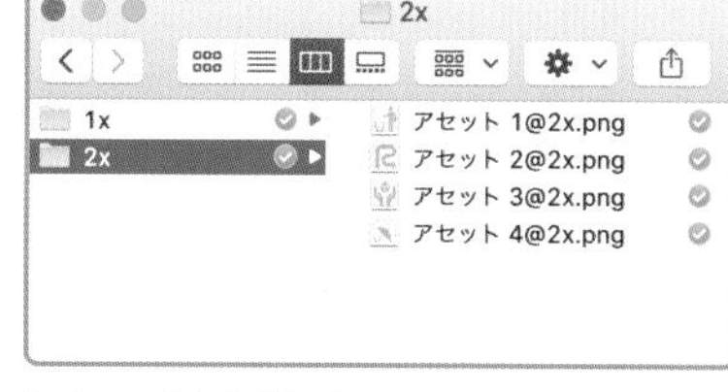

［スケール］を複数設定すると、一度の操作で複数のサイズやファイル形式で書き出せる。［拡大・縮小］の設定が、フォルダー名になる。

書き出されたファイルをPhotoshopで開いたもの。オブジェクトのサイズがそのままカンバスサイズになっている。

アセットの書き出しパネル

アセット書き出しは、カンバスサイズを揃えた書き出しには不向きと思われます。★8 同一サイズのアートボードを複数作成し、それぞれにオブジェクトを配置したあと、［スクリーン書き出し］などでアートボードを選択して書き出すほうが、効率がよいでしょう。アセットの書き出しパネルの［拡大・縮小］にも［幅］や［高さ］などの選択肢がありますが、こちらは、設定したサイズにオブジェクトが引き伸ばされることになります。

★8 アセット書き出しでは、アセットの周囲に余白を設定できない。余白が必要な場合は、透明な長方形とグループ化してから登録する。

7-7-3 PDFファイルとして書き出す

PDF形式で書き出す場合、**別名保存**[★9] または**複製保存**のフローでPDFファイルを作成することになります。そのため、**ファイルの保存状態をきちんと把握**したうえで、操作する必要があります。

★9 [別名で保存]を選択すると、画面に表示されているIllustratorファイルは、この操作によって保存されたPDFファイルに置き換わる。このときIllustratorファイルの保存はおこなわれないため、[別名で保存]は、Illustratorファイルの保存を済ませたあとに選択するとよい。

PDF形式で書き出す

Step.1 [ファイル]メニュー→[複製を保存]を選択し、ダイアログで[ファイル形式：Adobe PDF(pdf)]を選択したあと、アートボードを指定する

Step.2 [Adobe PDFを保存]ダイアログで[Adobe PDFプリセット]を選択し、[PDFを保存]をクリックする

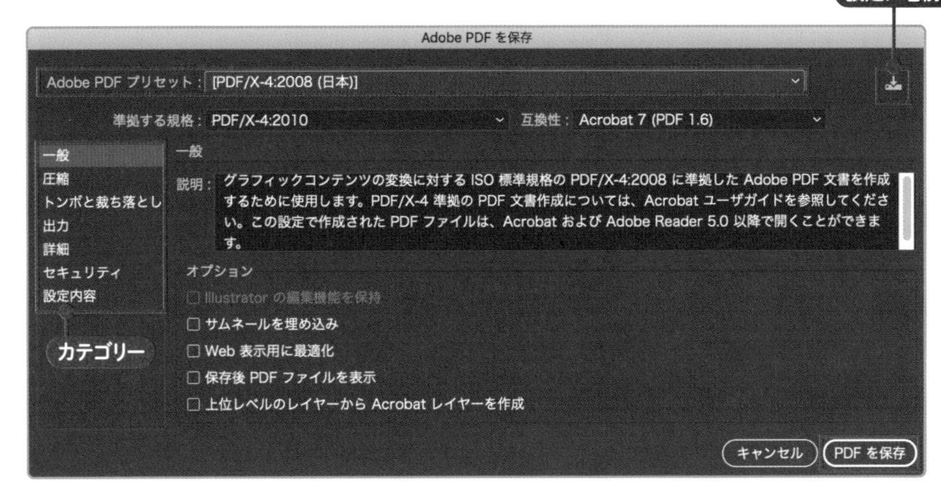

Adobe PDFプリセット [最小ファイルサイズ]はWeb表示向きの設定で、使用色をsRGBに変換する。[プレス品質]と[高品質印刷]はともに印刷向きの設定だが、[高品質印刷]のほうがオリジナルの設定を残せる。[PDF/X-1a:2001(日本)]などは印刷用の設定で、入稿データの書き出しに使う。

カテゴリー カテゴリーを切り替えると、Adobe PDFプリセットのカスタマイズが可能。[設定に名前をつけて保存]をクリックすると、カスタマイズをプリセットとして保存できる。

PDFファイルは、**[スクリーン用に書き出し]ダイアログ**や、**アセットの書き出しパネル**で、**[形式：PDF]**に設定して書き出すことも可能です。[Adobe PDFプリセット]は**[形式の設定]ダイアログ**[★10]**で事前に設定**します。

★10 [形式の設定]ダイアログを開くには、[スクリーン用に書き出し]ダイアログで[ファイルの種類の詳細設定]をクリックするか、アセットの書き出しパネルのメニューから[形式の設定]を選択する。

ファイルの種類の詳細設定

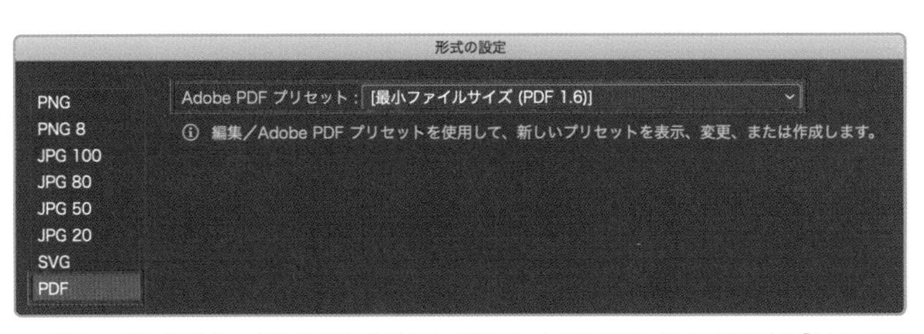

このダイアログで、[スクリーン用に書き出し]ダイアログやアセットの書き出しパネルで使用する[Adobe PDFプリセット]を選択できる。ただし、プリセットの内容の確認や変更はできないので、必要に応じて、[編集]メニュー→[Adobe PDFプリセット]を選択して、内容を確認・変更する。

7-8 テンプレートを活用する

- テンプレートファイルを雛形として、新規ファイルを作成できる
- スウォッチパネルやブラシパネルを空にしたテンプレートファイルを作成しておくと、まっさらな状態からスタートできる
- テンプレートファイルを雛形に新規ファイルを作成するには、[ファイル] メニュー→ [テンプレートから新規] が便利
- 規格サイズのアートボードを並べたテンプレートファイルを用意しておくと、素材制作やラフ出しがスムーズ

7-8-1 テンプレートファイルを作成する

Illustratorには、**テンプレートファイル(.ait)を雛形として、新規ファイルを作成する機能**があります。たとえば、パネルを空にしたテンプレートファイルを作成し、それを雛形として新規ファイルを作成すると、まっさらな状態から作業をスタートできます。また、プロジェクトで使用する素材(ロゴやスウォッチなど)を配置したファイルをテンプレート化して、下準備の手間をカットする、といった使いかたもできるでしょう。

空のテンプレートファイルを作成する場合は、新規ファイルを作成し、パネルを順次空にしていきます。パネルの不要物の選択には、パネルメニューの**[未使用項目を選択]**★1が便利です。このメニューは、パネルの整理にも活用できます。

★1　パネルメニューの[未使用項目を選択]は、他のパネルにもある。[未使用項目を選択]を選択すると、ファイルで使用していないシンボルやブラシなどが、パネルで選択状態になる。新規ファイル作成直後であれば、削除できない性質のものをのぞき、パネルのすべての項目が選択される。

シンボルパネルの未使用項目を削除する

Step.1　シンボルパネルでパネルメニューを開き、[未使用項目を選択] を選択する
Step.2　シンボルパネルで未使用項目を [シンボルを削除] へドラッグする

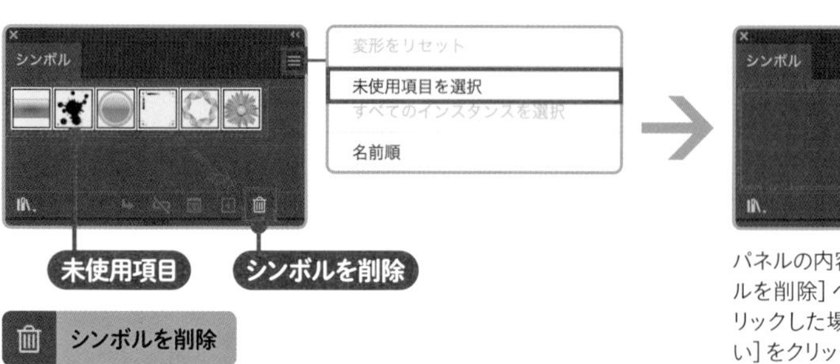

パネルの内容が空になる。[シンボルを削除] へドラッグではなく、クリックした場合、ダイアログで [はい] をクリックすると削除できる。

他のパネルも同様にして空にします。このうち**スウォッチパネルは最後に空にする**ことをおすすめします。デフォルトで用意されているシンボルやグラフィックスタイル、ブラシなどには、**グローバルスウォッチ**や**特色スウォッチ**を使っているものがあり、それらがパネルに残っていると、スウォッチパネルで未使用項目として選択されないためです。

★2　保存したテンプレートファイルを開くと、再度調整できる。

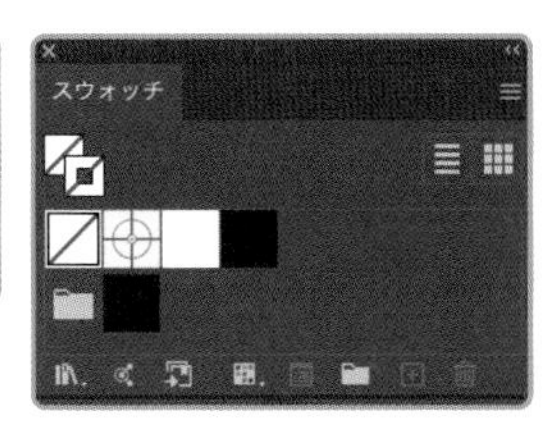

空にしたそれぞれのパネル。ブラシパネルの[基本]やスウォッチパネルの[レジストレーション]など、削除できない項目が残る。なお、スウォッチパネルの[ホワイト]や[ブラック]、[グレー]フォルダーなどは、手動で削除可能。

ウィンドウ定規の原点は、デフォルトは**アートボードの左上角**になります。これを使いやすい位置に変更しておくと、作業前のひと手間が省けます。このほか、**アートボードのサイズや数、[裁ち落とし]の有無や幅**なども、よく使う設定に変更しておくとよいでしょう。ファイルの仕様変更については、1章で解説しています。

調整が終わったら、**[ファイル]メニュー→[テンプレートとして保存]**を選択して、**テンプレートファイルとして保存**します。★2　拡張子は「**.ait**」になります。

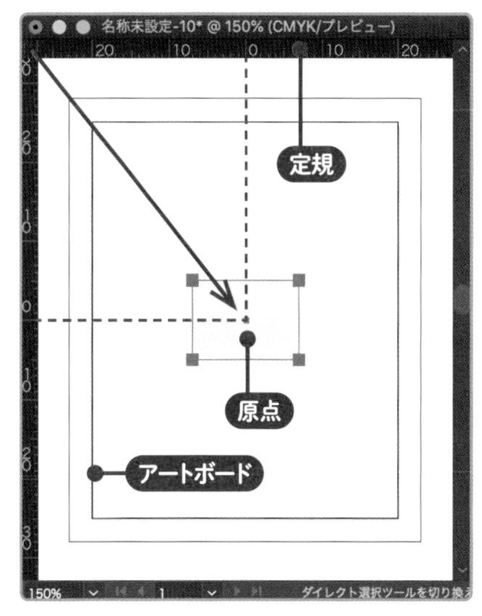

適当な長方形をアートボードの中央に配置し、定規の目盛の交差地点からドラッグを開始して、破線の十字を長方形のセンターポイントにスナップさせると、原点をアートボードの中央に変更できる。

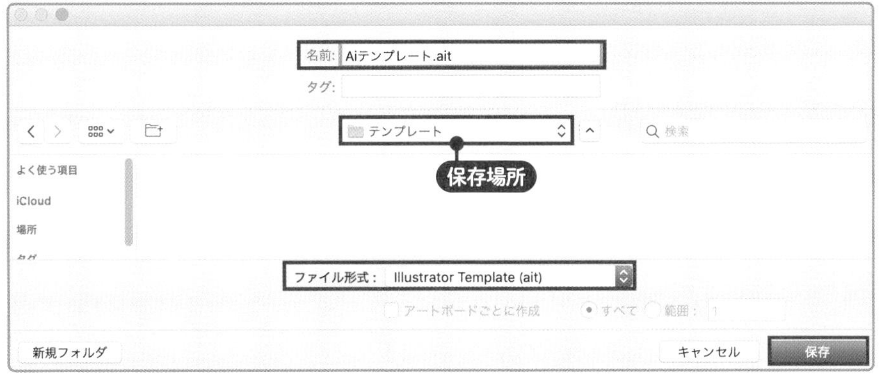

[テンプレートを保存]を選択すると、[ファイル形式:Illustrator Template(ait)]に設定される。[名前]を入力して保存場所を指定し、[保存]をクリックすると、テンプレートファイルとして保存できる。保存場所はどこでもかまわない。

7-8-2 テンプレートから新規ファイルを作成する

テンプレートファイルを雛形として新規ファイルを作成するには、**[ファイル] メニュー→[テンプレートから新規]** を選択します。ダイアログでテンプレートファイルを選択すると、テンプレートファイルのコピーが新規ファイルとして開きます。

★3 [詳細設定] ダイアログをデフォルトに設定する方法については、P16参照。

テンプレートファイル（.ait）を選択して[新規]をクリックすると、それを雛形とした新規ファイルが作成される。Illustrator2021の「Cool Extras」フォルダーにも、テンプレートファイルが用意されている。

[ファイル] メニュー→[新規] を選択した場合、**[新規ドキュメント] ダイアログ**にはテンプレートファイルを呼び出すメニューがないため、**[詳細設定] ダイアログ**を開く必要があります。このダイアログで **[テンプレート]** をクリックすると、[テンプレートから新規]を選択したときと同じ状態になります。[新規]で[詳細設定]ダイアログが開くように設定している場合は、スムーズに操作できます。★3

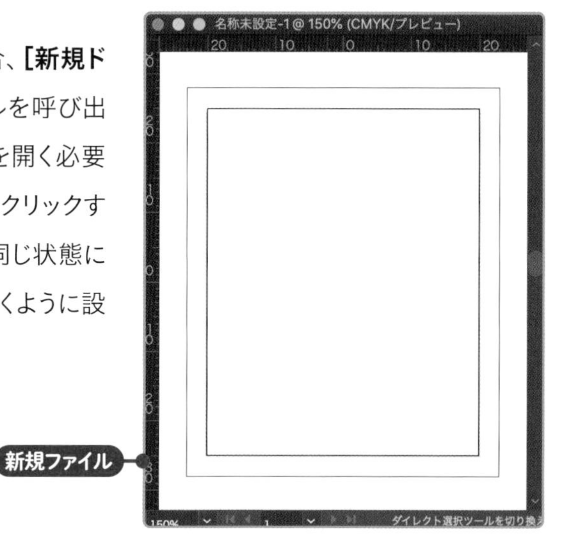

7-8-3 フォーマットファイルを作成する

同じ規格の素材を大量に作成するときなどは、**規格サイズのアートボードを複数配置したテンプレートファイル**を作成し、それを雛形として新規ファイルを作成すると、効率よく作業をスタートできます。アートボードは、[新規ドキュメント] ダイアログや [詳細設定] ダイアログで設定するより、**長方形**★4**を配置してアートボードに変換**したほうが、直感的に設計できます。複数の長方形も、一度の操作で個別のアートボードに変換できます。

★4 アートボードに変換できるのは、4つのアンカーポイントで構成された、回転していない（辺が水平または垂直な）長方形のみ。なお、ライブシェイプである必要はない。

アートボード

アートボードサイズの長方形を、アートボードの中央に配置する。

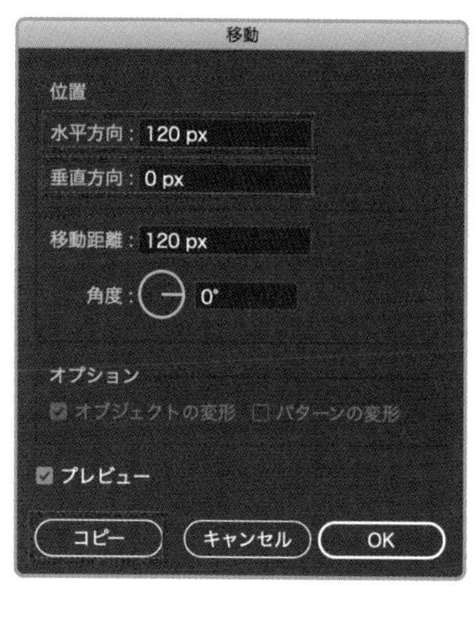

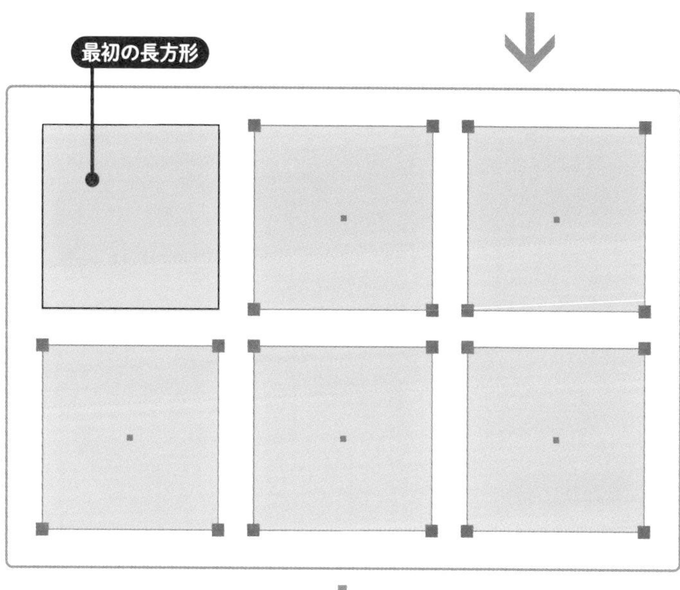

長方形を移動コピー（2回目以降は[command（Ctrl）]＋[D]キー）で等間隔に配置したあと、最初の長方形以外をすべて選択し、[オブジェクト]メニュー→[アートボード]→[アートボードに変換]を選択すると、個別のアートボードに変換できる。

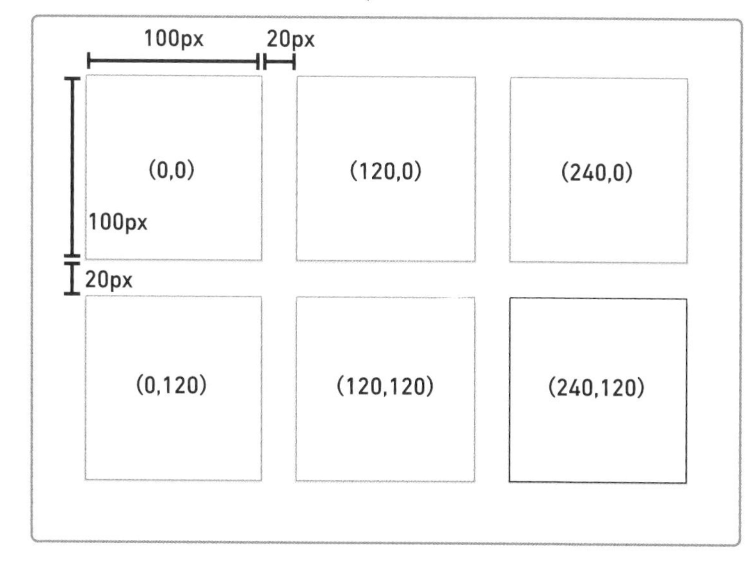

きりのよい数値で等間隔に配置したアートボードは、中央の座標を推測しやすいというメリットがある。異なるサイズを混在させてもかまわない。

最初の長方形を削除し、テンプレートファイルとして保存する。保存前に、アートボードパネルでアートボード番号やアートボード名を整理しておくとよい。

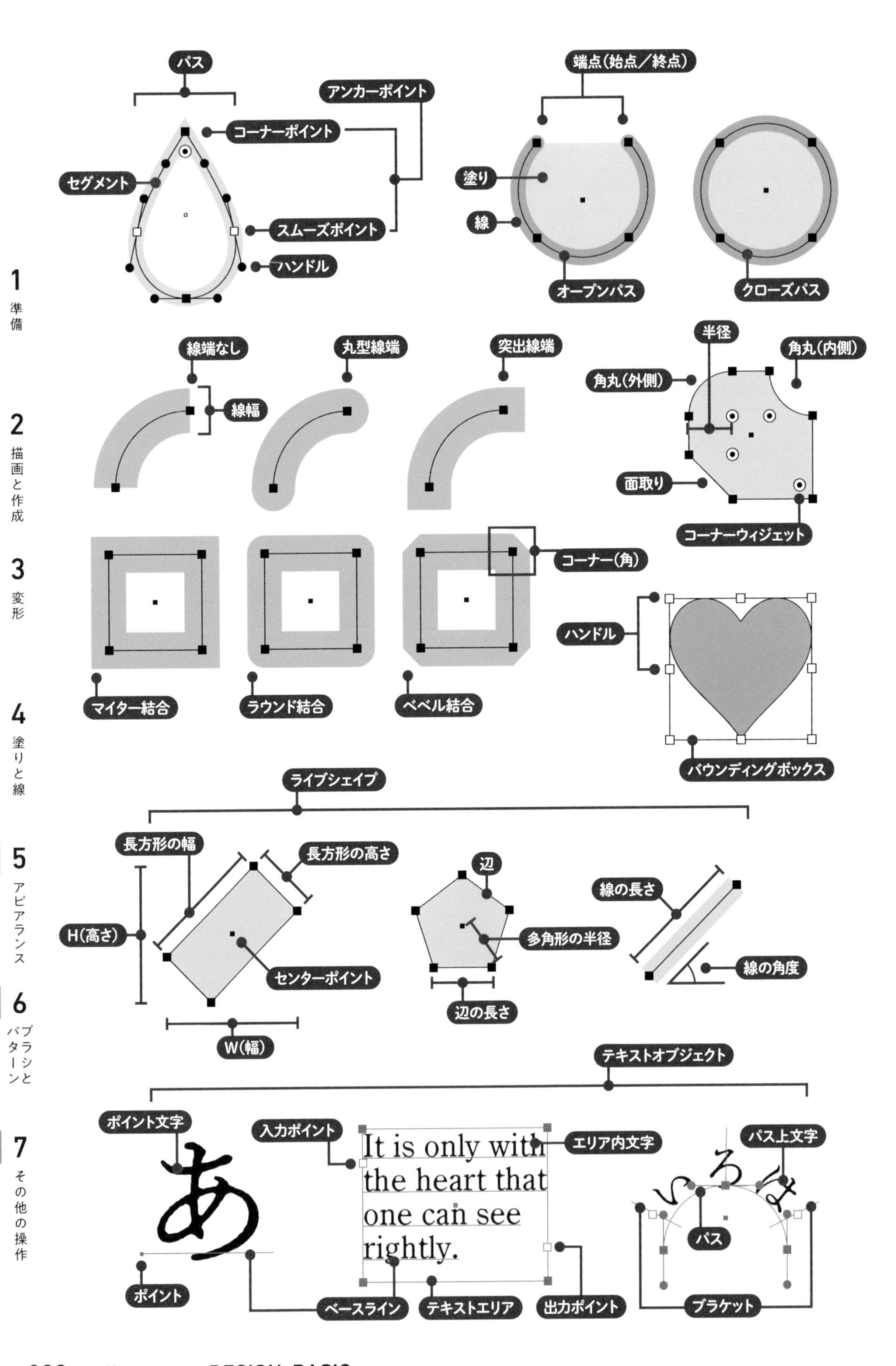
パス
アンカーポイント
コーナーポイント
セグメント
スムーズポイント
ハンドル
端点（始点／終点）
塗り
線
オープンパス
クローズパス
線端なし
丸型線端
突出線端
線幅
半径
角丸（内側）
角丸（外側）
面取り
コーナーウィジェット
コーナー（角）
マイター結合
ラウンド結合
ベベル結合
ハンドル
バウンディングボックス
ライブシェイプ
長方形の幅
長方形の高さ
H（高さ）
センターポイント
W（幅）
辺
多角形の半径
辺の長さ
線の長さ
線の角度
テキストオブジェクト
ポイント文字
入力ポイント
エリア内文字
パス上文字
It is only with
the heart that
one can see
rightly.
あ
いろは
パス
ポイント
ベースライン
テキストエリア
出力ポイント
ブラケット

埋め込み

回転する

リフレクト（反転）する

拡大・縮小する

選択オブジェクト

ターゲットに設定済み

ターゲット外
（アピアランス未設定）

ターゲット外
（アピアランス設定済み）

選択中のアート

階層を開く
（クローズ中）

階層を閉じる
（オープン中）

ダブルクリックで入力ボックスを表示　ダブルクリックでオプションを開く　入力ボックス

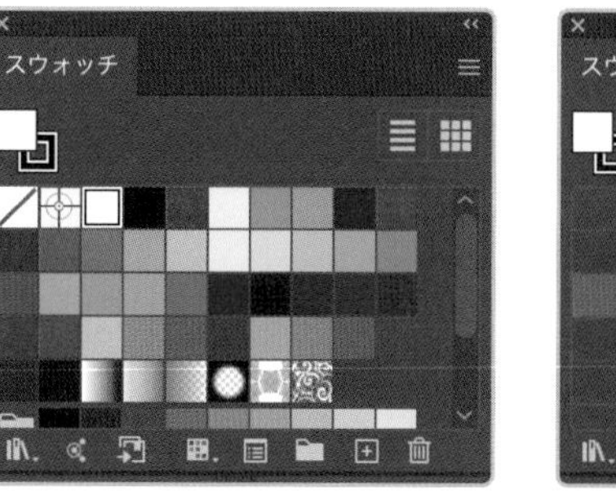

サムネール表示

リスト表示

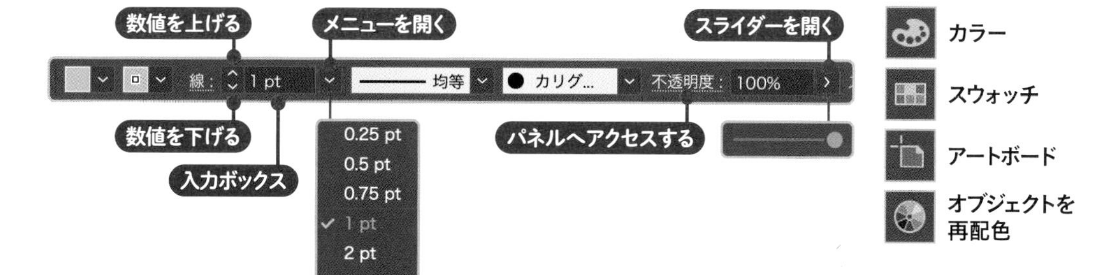

カラー

スウォッチ

アートボード

オブジェクトを
再配色

新規作成／複製

削除

表示／非表示

ライブラリを開く

オプションを開く

詳細オプションを開く

設定ダイアログを開く

パネルメニューを開く

縦横比を固定しない
数値をリンクしない

縦横比を固定する
数値をリンクする

基準点

モードを解除する
通常モードへ戻る

1 準備　2 描画と作成　3 変形　4 塗りと線　5 アピアランス　6 ブラシとパターン　7 その他の操作

STAFF
[デザイン]　井上のきあ
[編　集]　後藤憲司

本書は、2020年5月に発売された電子書籍『きほんのイラレ Illustrator必修ガイド』を元に再編集したものです。

Illustratorデザインベーシック
制作に役立つ基本とテクニック

2021年3月21日　初版第1刷発行

[著　者]　井上のきあ
[発 行 人]　山口康夫
[発　行]　株式会社エムディエヌコーポレーション
〒101-0051　東京都千代田区神田神保町一丁目105番地
https://books.MdN.co.jp/
[発　売]　株式会社インプレス
〒101-0051　東京都千代田区神田神保町一丁目105番地
[印刷・製本]　株式会社廣済堂

Printed in Japan

カスタマーセンター

造本には万全を期しておりますが、万一、落丁・乱丁などがございましたら、送料小社負担にてお取り替えいたします。お手数ですが、カスタマーセンターまでご返送ください。

[落丁・乱丁本などのご返送先]　〒101-0051　東京都千代田区神田神保町一丁目105番地
株式会社エムディエヌコーポレーション カスタマーセンター
TEL：03-4334-2915

[書店・販売店のご注文受付]　株式会社インプレス　受注センター
TEL：048-449-8040／FAX：048-449-8041

内容に関するお問い合わせ先
株式会社エムディエヌコーポレーション カスタマーセンター メール窓口
info@MdN.co.jp

本書の内容に関するご質問は、Eメールのみの受付となります。メールの件名は「Illustratorデザインベーシック　質問係」、本文にはお使いのマシン環境（OS、バージョン、搭載メモリなど）をお書き添えください。電話やFAX、郵便でのご質問にはお答えできません。ご質問の内容によりましては、しばらくお時間をいただく場合がございます。また、本書の範囲を超えるご質問に関しましてはお答えいたしかねますので、あらかじめご了承ください。

ISBN978-4-295-20113-7　C3055